中国海洋大学教材建设基金资助

海洋生物学

主　编　张士璀　何建国　孙世春

中国海洋大学出版社

·青岛·

图书在版编目（CIP）数据

海洋生物学 / 张士璀，何建国，孙世春主编. —青岛：中国海洋大学出版社，2017.10（2023.2重印）
ISBN 978-7-5670-1620-0

Ⅰ.①海⋯ Ⅱ.①张⋯ ②何⋯ ③孙⋯ Ⅲ.①海洋生物学 Ⅳ.①Q178.53

中国版本图书馆CIP数据核字（2017）第273519号

出版发行	中国海洋大学出版社
社　　址	青岛市香港东路23号　　266071
网　　址	http://pub.ouc.edu.cn
出 版 人	杨立敏
责任编辑	魏建功　姜佳君　　电　话　0532-85902121
印　　制	青岛国彩印刷股份有限公司
版　　次	2017年12月第1版
印　　次	2023年2月第3次印刷
成品尺寸	185 mm × 260 mm
印　　张	26.75
字　　数	504千
印　　数	4001～7000
定　　价	88.00元
订购电话	0532-82032573（传真）

总前言

海洋是生命的摇篮、资源的宝库、风雨的故乡，贸易与交往的通道，是人类发展的战略空间。海洋孕育着人类经济的繁荣，见证着社会的进步，承载着文明的延续。随着科技的进步和资源开发的强烈需求，海洋成为世界各国经济与科技竞争的焦点之一，成为世界各国激烈争夺的重要战略空间。

我国是一个海洋大国，东部和南部大陆海岸线1.8万多千米，内海和边海的水域面积为470多万平方千米。这片广袤海域蕴藏着丰富的海洋资源，是我国经济社会持续发展的物质基础，也是国家安全的重要屏障。我国是世界上利用海洋最早的国家，古人很早就从海洋获得"舟楫之便，渔盐之利"。早在2 000多年前，我们的祖先就开启了"海上丝绸之路"，拓展了与世界其他国家的交往通道。郑和下西洋的航海壮举，展示了我国古代发达的航海与造船技术，比欧洲大航海时代的开启还早七八十年。然而，到了明清时期，由于实行闭关锁国的政策，错失了与世界交流的机会和技术革命的关键发展期，我国经济和技术发展逐渐落后于西方。

中华人民共和国成立以后，我国加强了海洋科技的研究和海洋军事力量的发展。改革开放以后，海洋科技得到了迅速发展，在海洋各个组成学科以及海洋资源开发利用技术等诸多方面取得了大量成果，为开发利用海洋资源，振兴海洋经济，做出了巨大贡献。但是，我国毕竟在海洋方面错失了几百年的发展时间，加之多年来对海洋科技投入的严重不足，海洋科技水平远远落后于其他海洋强国，在海洋科技领域仍处于跟进模仿的不利局面，不能最大限度地支撑我国海洋经济社会的持续快速发展。

当前，我国已开始了实现中华民族伟大复兴中国梦的征程，党的十八大提出了

1

"提高海洋资源开发能力，发展海洋经济，保护海洋生态环境，坚决维护国家海洋权益，建设海洋强国"的战略任务，推动建设"一带一路"的合作倡议。这些都进一步表明了海洋开发利用对中华民族伟大复兴的重要性。

实施海洋强国战略，海洋教育是基础，海洋科技是脊梁。培养追求至真至善的创新型海洋人才，推动海洋技术发展，是涉海高校肩负的历史使命！在全国涉海高校和学科快速发展的形势下，为了提高我国涉海高校海洋科学类专业的教育质量，教育部高等学校海洋科学类专业教学指导委员会根据教育部的工作部署，制定并由教育部发布了《海洋科学类专业本科教学质量国家标准》，并依据该标准组织全国涉海高校和科研机构的相关教师与科技人员编写了"高等学校海洋科学类本科专业基础课程规划教材"。本教材体系共分为三个层次。第一层次为涉海类本科专业通识课教材：《普通海洋学》；第二层次为海洋科学专业导论性质通识课教材：《海洋科学概论》《海洋技术概论》和《海洋工程概论》；第三层次为海洋科学类专业核心课程教材：《物理海洋学》《海洋气象学》《海洋声学》《海洋光学》《海洋遥感及卫星海洋学》《海洋地质学》《化学海洋学》《海洋生物学》《海洋生态学》《海洋资源导论》《生物海洋学》《海洋调查方法》等。这套教材将由中国海洋大学出版社陆续出版发行。

本套教材覆盖海洋科学、海洋技术、海洋资源与环境和军事海洋学等四个海洋科学类专业的通识与核心课程，知识体系相对完整，难易程度适中，作者队伍权威性强，是一套适宜涉海本科院校使用的优秀教材，建议在涉海高校海洋科学类专业推广使用。

当然，由于海洋学科是综合性学科，涉及面广，且由于编写团队知识结构的局限性，教材中的谬误和不当之处在所难免，希望各位读者积极指出，我们会在教材修订时认真修正。

最后，衷心感谢全体参编教师的辛勤努力，感谢中国海洋大学出版社为本套教材的编写和出版所付出的劳动。希望本套教材的推广使用能为我国高校海洋科学类专业的教学质量提高发挥积极作用！

教育部高等学校海洋科学类专业教学指导委员会
主任委员　吴德星
2016年3月22日

前　言

　　浩瀚的海洋里生活着多姿多彩、奇妙无比的生物，不仅令世人为之着迷，而且构成了巨大的可再生资源宝库。随着我国建设海洋强国战略的实施，海洋生物资源的开发利用以及海洋生物学的科学研究和教学，也受到了前所未有的重视。在此背景下，教育部海洋科学教学指导委员会于2014年11月在青岛黄海饭店召开海洋科学教材编写讨论会，在这次会议上，委托笔者组织编写海洋生物学教材。作为海洋生物学专业毕业的学生，也作为从事海洋生物学研究和教学30余年的一名"老兵"，我没有理由不接受这一任务，同时邀请我多年老友何建国和孙世春二位教授，共同担任主编。

　　海洋生物学是研究海洋生物现象与本质的科学，是一门综合性很强的交叉学科。它既是海洋科学的一个重要分支，又是生命科学的一个重要分支，涉及广泛的学科知识。因此，编写这样一本教材还是有相当难度的。幸而在各位编写人员共同努力下，历经2年多时间，今天终于定稿了。此时此刻，我由衷感谢本书所有编写人员的辛勤劳动和所付出的努力！

　　本书共分4篇13章。第一篇基础篇，包括第一章和第二章，简要介绍海洋形成与演化、生命起源与进化、海洋生境以及分类学基础知识和分类系统。第二篇海洋生物多样性篇，包括第三章到第七章，主要介绍海洋微生物、海洋植物（包括海藻和海草）和海洋动物（包括无脊椎动物和脊索动物）的主要特征、习性和分布以及系统演化。第三篇结构和功能篇，包括第八章和第九章，主要介绍海洋植物和动物（尽可能以海洋动物为例）的组织以及器官系统的结构与功能。第四篇生态篇，包括第十章到第十三章，主要介绍生态学几个关键问题，即海洋生产力与食物网、海洋生物对环境的适应、海洋生物多样性保护以及全球变化与人类活动对海洋生物的影响。

　　参加本书编写的单位包括中国海洋大学、中山大学、上海海洋大学、集美大学、广东海洋大学、浙江海洋大学、青岛农业大学以及中国科学院海洋研究所。参编人员都有多年从事海洋生物学教学和科学研究的经历。第一章"海洋——生命的摇篮"和第二章"生物分类概述"：张士璀。第三章"海洋微生物"和第四章"海洋真菌"：何建国和黄志坚。第五章"海洋植物"：王广策。第六章"海洋无脊椎动物"第一节"无脊椎动物概述":孙世春、蔡生力和张士璀;第二节"原生动物":何建国和黄志坚;第三节"多孔动物门"和第四节"二胚层动物":蔡生力;第五节"旋裂动物"中"扁形动物门""软体动物门""星虫门""帚形动物门"和"环节动物":栗志民和孙世春,"轮虫门":王鑫,"颚咽动物门""腹毛动物门""腕足动物门""棘头动物门""苔藓动物门""内肛动物门""纽形动物门"和"系统发育":孙世春;第六节"蜕皮动物"和第七节"毛颚动物门":孙世春;第八节"棘皮动物":朱丽岩;第九节"半索动物门":孙世春。第七章"脊索动物门"第一节"脊索动物概述"、第二节"头索动物亚门"、第三节"尾索动物亚门"以及第四节"脊椎动物亚门"的"无颌总纲"与"有颌总纲":赵盛龙;"两栖纲":张士璀;"爬行纲"和"海鸟":刘云;"海兽":王文琪和王鑫。第八章"海洋植物结构与功能":王广策。第九章"海洋动物结构与功能":张士璀。第十章"生产力与食物链":蔡生力和陈桃英。第十一章"海洋生物对环境的适应":何建国和黄志坚。第十二章"海洋生物多样性保护":王文琪、张艳和王鑫。第十三章"全球变化与人类活动对海洋生物影响":周立红和黄文树。全书由张士璀负责统一修改、定稿。

在本书即将付梓之际,有太多的人需要感谢!感谢中国海洋大学出版社魏建功教授在编写过程中的支持并审阅书稿及提出修改意见,感谢李永琪和杨德渐二位先生为本书编写工作提出许多有益建议!本书部分插图由中国海洋大学水产学院的教学挂图加工而成,原图由宫琦老师绘制;曾晓起、马牲、周红、郑小东、兰国宝五位教授及柳郁滨同学提供了部分照片;李新正、周红、郑小东、曾晓起教授等协助鉴定了摄制照片的部分物种;李红岩教授、张宇博士以及马增钰、郭晓敏、辛佳静、冯铄琪、胡玉、杨双双、刘学敏、李娟和王敏等同学帮助设计和处理了许多图片。在此,谨代表全体编写人员对他们的贡献表示感谢!

最后,需要指出的是,由于当前新知识正以空前的速度涌现和积累,加之编写人员水平所限,书中缺点、错误在所难免。恳请读者批评指正,我们一定虚心接受,并会于再版时予以完善。

张士璀
2017年2月27日于中国海洋大学鱼山校区达尔文馆

目　录

第二篇　海洋生物多样性

第三篇　结构和功能篇

绪　论

海洋生物学有着悠久的发展历史。世界上拥有不同文明的沿海国家都有先民食用鱼、贝的记录，并积累了许多有关海洋生物学的基础知识，而18世纪开始的航海探险，则加快了海洋生物学的发展、成熟。如今，海洋生物学已经成为认识和利用海洋的一门重要学科。

第一节　海洋生物学定义与研究范畴

海洋生物学是研究海洋中生命的现象与本质的科学。具体而言，海洋生物学是研究海洋生物的分布、形态、结构、生理、生化、发生、遗传、进化以及生物之间、生物与其所处的海洋环境之间的相互作用和相互影响的学科。海洋生物学既是生命科学一个重要分支，也是海洋科学一个主要学科。它是一门综合性交叉学科，研究内容十分宽泛，主要包括功能生物学、生态学（特别是生物对环境的适应性）和生物多样性三部分内容。

一、功能生物学

功能生物学主要研究有机体如何执行基本生命功能，如生殖、运动、摄食以及与消化、呼吸和新陈代谢有关的细胞活动、生化过程。与生物功能有关的问题可谓多种多样。举例而言，当鲸潜入深海摄食时如何保存氧气呢？为什么有些鱼类只有头部可以保温而另一些鱼类全身都可以保温呢？这些都是功能生物学要回答的问题。

二、生态学

生态学研究的是有机体与其他生物和物理环境的相互作用以及这些作用对有机体分布和丰度的影响。例如，为什么有那么多种生物会共同生活于空间有限的珊瑚礁中？为什么一个优势种可以战胜并驱离其他物种？种群中所有物种都一样重要吗？这些都是生态学要回答的问题。

功能生物学和生态学理论上很容易区分，但在特定情况下，要明确区分两者其实比较困难。为什么呢？因为几乎所有生物的功能都会涉及生态学层面问题，如海胆利用口器摄食海藻，而口器构造必须可以咬碎富于韧性的海藻，同时又能够避免被海藻为了自身防御而合成的毒性化合物所毒害。显而易见，这里口器的功能与生态学产生了密切联系。同样，不联系生物功能而研究生态学也是不得要领的。例如，我们如果不了解抹香鲸（sperm whale）的攻击速度、潜水能力及其颌结构，便难以判断它能捕食什么样的动物。

三、生物多样性

生物多样性是海洋生物学一项基本研究内容。

海洋生物非常丰富，物种数量多，多样性变化巨大。珊瑚礁里可能生存有成百上千个海洋生物物种，但在高纬度岩石海岸物种数量可能不足50种。物种这种分布是如何形成的呢？为什么特定区域物种数量随着栖息环境和时间的变化而不断变化？一种生物生活在一个极具多样性的群落里其最终命运会怎样呢？为什么在珊瑚礁能够有如此多不同种的海洋生物生存呢？这些都是生物多样性要回答的问题，而要回答这些问题，又离不开对功能生物学和生态学的研究。所以，功能生物学、生态学和生物多样性三者相互依存，密不可分。

第二节 海洋生物学发展简史

海洋生物学的发展与航海考察关系密切。航海考察不但促进了海洋生物学发展壮大，也催生出许多滨海生物研究机构。

一、早期的海洋生物学研究

海洋生物学研究始于对海洋生物分布与种类的观察。

生活在海边的人和渔民早在数千年之前就有关于"海的生物学"（biology of the sea）知识，但记录最早的海洋生物学研究可以追溯到科学尚没有出现任何专业分化的时候。早期的海洋生物学家都是应用科学家或者自然哲学家，注重观察生物的用途、解剖结构和习性。我国的《黄帝内经》中，已有用墨鱼和鲍治病的记录；《尔雅》不但记载有海洋动物，而且有海洋藻类。对海洋生物进行科学观察和记录的工作始于亚里士多德（Aristotle；公元前384—前327）以及与他同时代的希腊学者，他们观察并记录下许多沿海生物的分布和习性。亚里士多德不但描述了章鱼和甲壳动物的解剖结构，而且观察到鲨鱼产仔；他还根据血液的有无最早把动物分成无脊椎动物（无血液）和脊椎动物（有血液）。

亚里士多德之后2 000多年时间里，海洋生物学研究都没有什么大的进步。直到18世纪，欧洲一些学者又开始对生物进行观察、分类研究，海洋生物学才有了较大发展。其中，瑞典学者林奈（Carl Linnaeus；1707—1778）是代表性人物，他发明了物种命名的双名法，描述了数百种海洋生物，并发展了宏观分类学。另一位代表人物是法国生物学家居维叶（Georges Cuvier；1769—1832），他发明了动物分类系统，把所有动物分成四类：关节动物（Articulata）、辐射动物（Radiata）、脊椎动物（Vertebrata）和软体动物（Mollusca）。

18世纪也是海洋探索和发现的重要时期。其间，欧洲一些探险家开始了环球航海探险，不但给他们带来了财富、荣誉，也把一些新发现的太平洋领地纳入欧洲版图。其中，有些环球航行具有科学考察性质，科学家被赋予采集陆地和海洋生物标本的任务。法国船长博丹（Nicolas Thomas Baudin；1754—1803）对热带太平洋的航行考察，收集了大量海洋生物标本，特别是软体动物标本；英国船长库克（James Cook；1728—1779）于1770年指导绘制了东澳大利亚地图，他带领的科学家还采集、描述了来自太平洋的大量生物标本，为英国后续大规模航海和标本采集奠定了基础。

直到18世纪末，海洋生物学仍然局限于解剖结构描述、物种的命名和分类研究，对功能生物学和生态学涉及甚少。这一时期，人们关于大洋生命基本一无所知，仅有的一点关于大洋生命的知识要么来自对在大洋上钓到的鱼类或者观察到的其他动物的描述，要么来自有关美人鱼（mermaids）和海怪（sea monsters）的一些传闻。到19世纪初，情况有了较大改变，自然科学研究在欧洲已经相当普及，一些学者开始对海洋和海洋中生命的研究产生兴趣。

二、19世纪海洋生物学研究

19世纪海洋生物学研究以假设的检验和生态学交融为特点。

福布斯（Edward Forbes；1815—1854）是英国第一位海洋生物学家。他早年学习艺术、医学，但痴迷于采集昆虫、贝壳和化石，所以艺术、医学都不成功。后来，他出海参加了一系列航海考察，主要负责用采泥器（dredge）采集海底生物。作为博物学家，他参与了"灯塔号"（Beacon）环地中海航行考察，并发现生物种类随着采集深度的增加而减少，于是他提出了海洋生物学领域第一个重要的假设：无生命区理论（azoic theory），即在水深大于549 m的海底没有生命存在。福布斯还发现不同深度的海洋中生活着不同的生物，指出一个物种分布的深度（depth zone）越深，其地理分布范围也就越宽广，并发表了欧洲海洋生物分布图。可以说，福布斯开启了海洋生物学研究之门，他也因此获得爱丁堡大学讲师职位，这在当时的自然科学界是件令人十分羡慕的事。他启发并吸引了许多欧洲国家的学者加入海洋生物学研究队伍中。挪威海洋生物学家撒斯（Michael Sars）就是其中之一。撒斯于1850年在峡湾地区（fjords）超过549 m处采集到19种生物，从而否定了福布斯的无生命区假设。撒斯的研究工作激发了人们对深海生物学新的兴趣。与此同时，海洋生物学家也开始使用浮游生物拖网采集样品，并且发明了简陋的潜水器，用以观察海洋生物。

达尔文（Charles Darwin；1809—1881）虽然以生物进化论而闻名于世，其实也是一位伟大的海洋生物学家。年轻时，达尔文作为博物学家参加了历时5年（1831～1836年）的"小猎犬号"（H.M.S. Beagle；也有称"贝格尔号"）环球航行考察。他撰写的《小猎犬号航海之旅》（*The Voyage of the Beagle*），成为19世纪最畅销的游记之一。随"小猎犬号"航行期间，达尔文采集了大量的海洋动物标本，后来专攻藤壶（barnacles）分类学研究。

在随"小猎犬号"航行考察时，达尔文逐渐形成了关于珊瑚礁（coral reefs）形成的理论。他认为珊瑚礁的形成是珊瑚向上生长与海底向下沉沦之间形成的平衡所致。这是继福布斯提出的无生命区假设之后，海洋生物学领域出现的又一个重要假设。这一下沉理论发表后，立刻获得认可。此前，多数人认为太平洋中的珊瑚礁是由珊瑚在海底死火山上定居、生长而成，而达尔文则认为珊瑚环绕火山喷发形成的新岩石生长，旧岩石不断下沉，但这种下沉被向上生长的珊瑚所平衡。这一理论成功地解释了环状珊瑚岛（atolls）的形成。就这一点而言，达尔文的下沉理论是对的。大约在下沉理论提出100年后，科学家在太平洋马绍尔群岛的埃尼威托克岛环状珊瑚岛（Enewetak Atoll）打孔，钻透数百米厚珊瑚石后才钻到火山岩。由于珊瑚只在浅水中生长，因此，这一发现表明珊瑚随着岛的下沉向上生长已有几百万年历史。但是，达尔文认为世界上所有珊瑚礁都处于下沉期，并终将形成环状珊瑚岛，这一点又是错误的，因为许多珊瑚礁并不下沉，环状珊瑚岛只是洋底火山上形成的珊瑚礁的一个特例。

继"小猎犬号"航海探险之后，卡朋特（W. B. Carpenter）和汤姆生（C. Wyville Thomson）于1868～1869年领导了"闪电号"（Lightning）海洋探险，并为后来的"挑战者号"（H.M.S. Challenger）远航考察奠定了基础。卡朋特和汤姆生都对海洋生物学有浓厚兴趣，他们一起说服英国政府改装了"闪电号"蒸汽和风帆动力船，对不列颠群岛北部海域进行底拖网考察。与撒斯一样，他们在水深大于549 m的海底发现有海洋生物，再次否定了福布斯的无生命区假设。然而，549 m这一深度对海洋生物学家似乎一直有一种诱惑，那里曾被认为是活化石博物馆，因为许多既存在于古化石沉积中也生活于深海的动物如海百合（crinoids）都可以在那里发现。卡朋特和汤姆生还发现了具有不同温度水体的存在，据认为这是最早的关于海洋水团的发现。

几乎与此同时，真正意义上的渔业科学研究也出现了。英格兰于1863年率先开展了渔业科学研究。这类研究最早是出于发现鱼群和管理鱼群的需要。随后，渔业科学研究在许多国家展开。在美国，钓鱼委员会（Fish Commission）开始了海洋环境特征与鱼类生活史之间联系的研究，而加拿大则在太平洋和大西洋沿岸建立起渔业科学实验室，以加强渔业科学研究。这一时期，渔业科学也可以说是应用海洋生物学的同义词。因此，19世纪也是应用海洋生物学开始发展的时期。

三、环球航海探险极大地促进了海洋生物学研究发展

汤姆生和博物学家默里（John Murray）领导的"挑战者号"环球航海探险（1872～1876年），首次从全球角度分析海洋生物多样性。这次环球航海考察采集了除北极之外全球所有海区的水样和底泥，出版了50卷《挑战者探险队科学考察成果报告》，描述了收集到的大量海洋生物标本，所记载的生物新种达4 400多个。

随"挑战者号"环球航行的化学家布肯南（John Buchanan），否定了海洋中"原始类生物"（bathybius）即所谓的"原始黏液"（primordial slime）的存在。此前，这种"原始黏液"被认为在海底广泛存在，它可以滋生出高级生命。如著名动物学家赫胥黎（Thomas H. Huxley）曾发表过一篇文章，宣称从海底采集的样品中发现了一

种 "略带白色的物质"（a whitish material），即 "原始黏液"，并认为海底存在可以连续不断形成生命的物质。布肯南认为在采集到的样品中所看到的 "白色物质"，不过是用酒精保存而导致的一种假象。海水和酒精混合发生化学反应，产生白色沉淀，而这被赫胥黎错误地以为是神秘的原始类生物，并得出生命连续不断由海底诞生的错误结论。布肯南的发现与同时期巴斯德从实验室研究得到的 "生命不能从无生命物质（inanimate substances）产生" 的结论恰好吻合，因此获得广泛认可。然而，"白色物质" 至今仍是一个未解之谜。海洋学家赖斯（Tony Rice）仍然认为 "白色物质" 不一定是沉淀，而可能是被称为 "海雪"（marine snow）的物质，它悬浮在水体中，有时可以沉降到海底。

航海探险考察促进了海洋生物学研究日益兴盛，也催生出许多滨海生物研究机构。世界上最古老的海洋生物研究机构是意大利那不勒斯海洋生物研究站，成立于1875年。那不勒斯海洋生物研究站为后来各国海洋科学家在海洋工作站参与科学研究提供了典范：工作站为访问学者提供流动海水和仪器设备。1879年，英国成立了普利茅斯海洋研究所；1886年，美国成立了伍兹霍尔海洋生物研究室。同一时期，摩纳哥艾伯特王子装备了数艘快艇和大船用于海洋科学研究，并于1906年在摩纳哥建立了由著名的发明家和海洋学家科斯托（Jacques-Yves Cousteau）担任领导的海洋研究所和博物馆。差不多同一时期，美国的动物学家阿加西斯（Alexander Agassiz）首先用钢琴线取代绳索制作采样器，使之更加小巧好用。总之，在19世纪末与20世纪初这段时间，海洋工作站和海洋生物实验室已遍布欧美多国海滨，从事海洋生物学研究的人员也不断增加。至此，海洋生物学才真正成为一门成熟的学科。

四、海洋生物学研究机构以及探测装备和技术的发展

20世纪初，涉海科研机构和海洋探测技术双双取得长足发展。斯克里普斯海洋研究所于1903年在南加州成立，伍兹霍尔海洋研究所于1930年在科德角成立。此后，美国沿海各地纷纷建立起海洋工作站。这使得美国获得独一无二的远海研究能力，而大量的远海探测设备的应用，尤其是第二次世界大战对航海信息的需求以及航海、深海钻探、遥感技术的发展和应用，极大拓展了人们对海洋生物的认知。与此同时，海洋生物学研究在欧、美各著名大学蓬勃展开。远海和近岸海洋生物多样性的发现以及大量研究成果的出现，导致数十种科学期刊于此时应运而生，为记录、发表相关的研究成果提供了便利。

我国对海洋生物的科学研究始于20世纪20年代。20世纪30年代初在厦门组织

了全国性的"中华海产生物学会"，到30年代中期海洋生物研究中心逐渐转移到青岛。20世纪50年代及以后，在中国科学院、教育部、国家水产局和海洋局系统以及一些省市，先后建立了包括海洋生物学在内的海洋研究机构，开展了全国性的海洋调查、渔场调查、海洋水产养殖以及海洋生物的科学研究，为我国海洋科学的发展打下良好基础。

五、海洋生物学发展的关键取决于实验室研究和海洋探测技术

19世纪前，落后的导航技术、数量有限的航船以及总体简陋的采泥器、浮游生物拖网等严重制约了对海洋生物系统全面的采集。19世纪末，蒸汽船的出现使航海技术以及采样器的快速升降都有了改进，船的航行不再依赖于变化莫测的自然风力。到20世纪，航海探测技术取得很大发展。首先是现代的柴油驱动船只出现，加之无线电三角测量（radio triangulation）技术的应用，使得船舶能够精准航行；再后来，无线电三角测量技术又被更精准的卫星导航系统所取代，导航技术有了极大改进。尽管如此，在20世纪中叶，人类对深海海底仍然无法触及（采集器采集到的小块深海底泥除外）。不过，随着载人潜水艇、遥控潜水器以及便携式水下呼吸器（scuba）的发展，这一情况有了极大改变。毕比（Willian Beebe）被认为是海洋深潜第一人，他1934年乘坐"潜水球"（bathysphere）在百慕大沿海下潜到923 m，创造了当时的深潜纪录。1960年，由不锈钢制造成的深海潜水器（bathyscaph）在西太平洋马里亚纳（Mariana）群岛沿海进行了轰动一时的下潜，直达海沟深处。到20世纪70年代，一些潜水器可以例行性下潜到2 000 m甚至更深，使科学家可以采集深海海洋生物，并对水下生物进行摄影。另外，潜水器的机械手可以开展简单实验，而精确的导航系统使之可以远海航行，这些都给海洋生物采样和研究以极大帮助。无论深海或者近岸采集到的海洋生物，都需要在实验室对其结构、生理和功能进行研究。

特别值得一提的是，我国首台自主设计的深海载人潜水器"蛟龙"号（图绪–1）在2009～2012年接连取得1 000 m、3 000 m、5 000 m和7 000 m海试成功。2012年7月，"蛟龙"号在马里亚纳海沟试验海区创造了下潜7 062 m的我国载人深潜纪录，同时也创造了世界同类作业型潜水器的最大下潜深度纪录。这意味着我国具备了载人到达99.8%以上的海洋深处进行作业的能力。可以预期，"蛟龙"号的运用将极大促进我国包括深海海洋生物学在内的海洋科学研究的发展。

就浅海考察而言，20世纪40年代发展起来的携带便携式水下呼吸器潜水具有重要意义。在20世纪50年代，生物学家戈罗（Thomas Goreau）首次携带便携式水下呼

图绪-1 "蛟龙"号载人潜水器

器潜水考察珊瑚礁,之后便携式水下呼吸器获得广泛应用。如今,携带便携式水下呼吸器潜水可以对浅海丰富的海洋生物群落进行直接观察和试验。一些小型潜水器可以对水深不超过300 m的海洋进行长期观测。在法国尼斯,有一台古怪的潜水器:它由不锈钢外壳构成,通过一根输气软管与水面连接,内部空间狭窄,研究者只能坐在其中一个类似自行车座椅的位置上。在法国维勒弗朗什湾进行的有记录的首次考察中,就在昏暗的海底发现一个汤碗(soup can)。后来,科学家用更加现代的潜水器在同一区域进行考察,看到了能够发出美丽亮光的水母。遥控潜水器(remotely operated vehicles)的发展更提高了深海探测效能。遥控潜水器是不载人潜水器,但可以精确勘测,还可以采集样本。遥控潜水器通过缆绳与母船连接。目前,大量的海洋数据是由无须与母船连接的自动水下航行器(autonomous underwater vehicles)收集。自动水下航行器航行路线预先由计算机程序设定。

　　海洋监测最新进展主要得益于全球定位系统和远程视频观测(remote video observation)台站结合。这种结合可以实时感知海水温度和流速等物理变化以及化学变化。在20世纪70~80年代,美国有一颗卫星叫海岸带彩色扫描仪(Coastal Zone Color Scanner),提供大量图像,并可基于图像光线对水温、叶绿素等参数进行估测。现在,美国有一颗具有更高分辨率的新卫星在进行海岸监测,生物学家正努力使用"地面实况调查"（ground-truthing）建立方程，以便把卫星传回的彩色信息与海上实时监测结果联系起来。长远看，这将有助于对全球数据进行整合分析，而这一点又为当今全球气候变化研究不可或缺。

第三节　研究海洋生物的意义

海洋生物生活在海洋中。在这个特殊而又庞大的环境里生活的海洋生物，也有很多特殊的生命现象和规律。首先，海洋生物具有很高的生物多样性，有许多生物种类为海洋所独有，如半索动物、棘皮动物、栉水母和许多海藻等；海洋中有最大的动物鲸，最长寿的动物贝类（北极蛤*Arctica islandica*可生存400年），最大的植物巨藻。其次，海底表层的平均压力为380个大气压，海洋底栖生物有独特的耐压机制。另外，海洋生物具有耐盐机制，某些海洋生物还有耐高温、耐低温的机能，有些海洋生物可以生活在黑暗的深海，有些海洋生物如深海热泉附近的巨型管虫可以通过共生菌腺苷酰硫酸还原酶催化硫化氢产生ATP提供能量（不需要有机物）。研究海洋生物不但可以提高和丰富对生命现象与本质的认识，而且也是开发利用海洋生物的基础。

一、研究海洋生物的理论意义

近年来，不断有新的海洋生物物种被发现。原以为早在5 000万年前就灭绝的"侏罗纪虾"（*Neoglyphea neocaledonica*），在澳大利亚东北部海底被重新发现。在复活节岛附近新发现一种奇特的生物，身上长满毛，被列为新种属，即"基瓦多毛生物"（*Kiwa hirsuta*）。与此同时，也发现一些新的海洋生命现象。鲨鱼极少生活在水深3 000 m（约占海洋70%水体）以下的水体中，而主要生活在表层水中，所以很容易被渔网捕获。海渊狮子鱼（hadal snailfish）可在水深7 000 m的海底生活（图绪–2）。在水深2 500 m、温度2℃～350℃的海底火山口，存在着包括微生物、软体动物、甲壳动物和鱼类的生物群落。这些新物种和新生命现象的发现，深刻改变了人们对生命现象的传统认识。

海洋是生命的摇篮。地球上生命30多亿年的发展史，其中85%以上的时间完全在海洋中度过。海洋中存在从单细胞到多细胞、原生动物到后生动物、原口动物到后口动物、两胚层动物到三胚层动物以及无脊椎动物到脊椎动物完整的生命进化链条。研

图绪-2　生活在水深7 000 m的海渊狮子鱼（*Notoliparis kermadensis*；自Yancey等，2014）

究海洋生物，可以丰富和加深人们对生命起源和演化的理解。

　　海洋生物作为自然界的一部分，其生存、适应和发展进化过程与宇宙、地球和人类都有密切关系。众所周知，生命是从原始海洋中产生的，生命从海洋到陆地的演化过程是与海洋环境的变化分不开的，海洋动物的发展和进化与海洋演变也是分不开的。海洋生物的结构、功能、生理和行为包含着许多生物学、化学、物理学和数学上的奥秘，这些奥秘的破译可能给人类的创造、发明带来启迪。鮟鱇是一种深海生活的鱼类，其繁殖方式十分奇特。雄鱼与雌鱼形成一种永久的结合体，雄鱼身体萎缩但性腺逐渐变大，成为储存精子的器官。有时一条雌鱼有好几条雄鱼寄生，但没有一条雄鱼被排斥掉。或许人体器官移植的排斥问题可通过研究鮟鱇的这一特殊现象及其机制而得到解决。虾蛄可以像车轮一样滚动前进；海豚用声音来探测水下目标，其灵敏度、准确性和效率是远非人造声呐所能比拟的，人们设计机器人时可以借鉴。海洋动物对磁场、电场以及某些信号物质超灵敏的感知能力，也是人类颇感兴趣的问题。总之，海洋生物学中这些玄妙的课题的研究和解决，将对人类未来的科学技术和日常生活带来难以估量的影响。

二、研究海洋生物的实践意义

人类正面临着人口爆炸、能源短缺和环境污染三大危机的严重挑战。目前，世界人口增长量约为每年1亿，可耕地面积却在减少。因此，一个十分迫切的问题是解决吃饭问题。浩瀚的海洋蕴藏着丰富的生物资源，是人类食物、药物、保健品和精细化工品的重要来源之一。已知可供食用的海洋藻类有近百种，如海带、紫菜；可供食用的海洋动物则更多，全世界所消耗的动物蛋白质（包括饲料用鱼粉在内），有12.5%～20%来自海洋。从海藻中提取的琼胶、卡拉胶、褐藻胶已分别用于食品、酿造、涂料、纺织、造纸和印刷工业；从虾壳、螃蟹壳中提取的几丁质可以制作人造皮肤、缝合线、植物抗病毒剂以及化妆品等；红珊瑚、角珊瑚等海洋生物，既是名贵的装饰品又是工艺品原料；红树林和海草具有护堤防浪等作用，它们的生长区是理想的海洋水产生产基地。也有一些对人类有害的海洋生物，如船蛆、海笋、蛀木水虱等钻孔海洋生物会钻蚀木质建筑，贻贝、牡蛎、藤壶等海洋污着生物会堵塞管道系统，实际生活中须加以防除。研究海洋生物对海洋环境保护和修复、新能源（氢气）生产以及国防建设也有重要意义。

思考题

1. 研究海洋生物有什么意义？
2. 简述海洋生物学发展历史。

第一篇　基础篇

第一章　海洋——生命的摇篮

　　浩瀚的海洋，给生命的形成与演化提供了必要的物质基础和生存环境，是孕育生命"胚胎"的母体，是生命的摇篮。

第一节　海洋的形成与演化

　　海洋的形成与地球起源密切相关。地球大约诞生于46亿年前。它是由巨大而古老的恒星寿命终止时大爆炸所产生的、飘浮在太空中的尘埃聚集而成。最初的地球很小，但由于宇宙中的尘埃及小的星体不断撞击，体积不断增大。

　　地球形成过程中，由高温岩浆活动及火山喷发释放的水蒸气、二氧化碳等气体构成了非常稀薄的早期原始大气层。随着原始大气中的水蒸气不断增多，越来越多的水蒸气凝结成水滴，再汇聚成雨水落到地表，就这样，原始的海洋形成了。

　　海水的成分起初是来自地球形成过程中释放出来的可溶性气体，如CO_2、Cl_2、H_2S、SO_2和NH_3等，因此原始海洋的海水为酸性。原始海洋的酸性海水与岩石中的矿物发生剧烈作用，对岩石造成侵蚀破坏，溶解出的Na^+、K^+、Li^+、Mg^{2+}和Ca^{2+}等阳离子溶于海水。因此，海水中阴离子主要是火山排气作用的产物，而阳离子则主要由被侵蚀破坏的岩石产生。另外，受蚀的岩石也为海洋提供了部分可溶性盐。

　　前寒武纪晚期以来，尽管地球上海水量继续增加，多种元素和化合物从陆地和火山活动不断汇入海洋，但海洋生物的出现，对海水成分产生调节作用，促使碳酸盐、二氧化硅和磷酸盐等沉淀下来，硫酸盐和氯化物含量相对增加，Ca^{2+}、Mg^{2+}和Fe^{3+}等降低，Na^+明显富集，于是海水成分逐渐演变而与现代海水成分相近。对动物化石分析表明，在显生宙期间，海水的盐度变化不大，这说明由于海洋生物的调节作用，海水成分自古生代（距今约5.5亿年）以来，已经处于某种平衡状态。可见，地球海水体积和盐度的显著变化发生在前寒武纪漫长的地球历史时期；自古生代以来，海水体积和盐度已与现代海水大体相近。

第二节　生命起源于海洋

生命起源于海洋的直接证据是在格陵兰、南非和澳大利亚距今约34亿年的古海洋沉积岩中，都发现了细菌化石遗迹（bacteria-like fossils）。生命起源于海洋的一个间接证据是陆生和海洋动物的原生质体以及体液组成都与海水有某些相似之处。例如，俄罗斯学者杰尔普戈利茨发现人类血液的化学成分与海水非常接近。就溶解的化学元素而言，氯：海水为55.0%，血液为49.3%；钠：海水为30.1%，血液为30.0%；氧：海水为5.6%，血液为9.9%；钾：海水为1.1%，血液为1.8%；钙：海水为1.2%，血液为0.8%；其他元素：海水为6.5%，血液为8.2%。这种接近不是一种巧合，而是海洋留在人类身上的烙印。另外，人类胚胎离开母体前，一直在母体羊水内发育，就如同原始生命漂浮在海洋里一样。这是生命起源于海洋的一个象征。

一、原核细胞的形成

在地球原始大气层里，没有氧气（还原性大气圈），但含有氨、二氧化碳、甲烷和乙炔等气体，在强烈紫外线、闪电和宇宙射线等能量作用之下，形成一些活性分子，如氨基酸、碱基和核糖等，并随着雨水汇入海洋，使原始的海水变成一种"稀汤"，成为生命化学演化中心。米勒（S.L.A. Miller）和尤里（H.C. Urey）在20世纪50年代，模拟早期地球的大气条件，把水、氨、甲烷、二氧化碳等放在密闭的仪器里，通过不断放电，合成了若干氨基酸和其他有机物，从而证实了这种合成方式在自然界的可行性。合成的这些有机单体在热力学上有利于聚合作用的海洋中发生，形成蛋白质、核酸等生命物质。它们会偶尔形成小球一样的结构，被称为团聚体（coacervate）或微球（microsphere）。这些团聚体跟周围环境有一定区别，是一种初期的隔离系统。它不溶解于水，能进行类似新陈代谢的一些化学作用，但这样的结构还不稳定，更不能进行真正的生殖作用。

在团聚体样的原始结构中，内部含有核酸和蛋白质，这些物质就有机会相互联系、相互作用，并通过核酸的变化，促使对环境有一定隔离作用的团聚体逐渐演变为原核细胞样的物质体系。在此过程中，由脂质和蛋白质所组成的膜状构造的出现是重要的一环。于是，以核酸和蛋白质为主要成分的一种特殊的物质体系在膜内形成。这就是生命的物质基础——原生质。在原生质里有一个遗传系统，它由脱氧核糖核酸（DNA）和几种核糖核酸（RNA）所组成，又有翻译遗传信息的核糖体，于是产生了最早的原核细胞，它们只能无性繁殖。

20世纪80年代初期，柯里斯（J.B. Corliss）等提出生命起源于海洋底部热泉的新假说。海底热泉的发现，提供了地球早期化学进化和生命演化的自然模型。1979年，美国科学家发现太平洋水深2 500 m海底热泉喷口（水温高达350℃）附近有多种生物生存，其中包括甲烷菌和极端嗜热菌在内的古细菌，它们的RNA与细胞壁、膜结构都不同于真细菌，并且存在多种多样的化学自养代谢方式。如1983年费希尔（A.G. Fisher）等发现极端嗜热菌中存在一种极其原始的代谢方式：以CO_2为唯一碳源（不需要任何有机物），并通过硫呼吸（氢被元素硫氧化产生H_2S）获得能量。因此，现生的极端嗜热菌可能最接近于地球最古老的生命形式。它们可能产生于热水环境，如海底热泉喷口，那里往往温度很高，大量硫、硫化物、氢气、甲烷和二氧化碳等为最早的生命行硫呼吸所必需的物质条件。我国学者张昀1984年在河北北部长城系的大红峪组（距今大约17亿年）的火山岩夹层中，发现冈弗林特型的微生物化石群落，说明这些微生物生活于火山活动地区有水的高温环境中，给生命起源于海底热泉环境提供了可能的证据。

一般认为，最先出现的原核细胞是异养生物，进行厌氧呼吸。对于原始生命而言，氧是一种具有侵蚀力的毒性气体，同时早期大气层没有能吸收紫外线的臭氧隔离层，强烈的紫外线也有着巨大的杀伤力。缺少游离氧、紫外线又到达不了的海洋正好给原始生命——原核细胞提供了合适的生存条件。它们从周围丰富的有机物中得到碳源和能源，直到细菌繁盛而分化成若干类型以后，它们消耗周围有机物的速度便逐渐超过有机物的无机自然合成速度，原始生物世界中就出现了食物问题。大抵在31亿年前，海洋中生命演化的第一个重大事件出现（图1.1），即由细菌之类的原核生物演变出能进行光合作用的光合生物——蓝藻或叫蓝细菌（Cyanobacteria）。蓝藻属于原核生物，但却能利用太阳能由CO_2和H_2O合成碳水化合物，并释放出分子氧。因此，蓝藻光合作用合成的碳水化合物，使地球上的食物有了新的来源，同时产生出氧气。

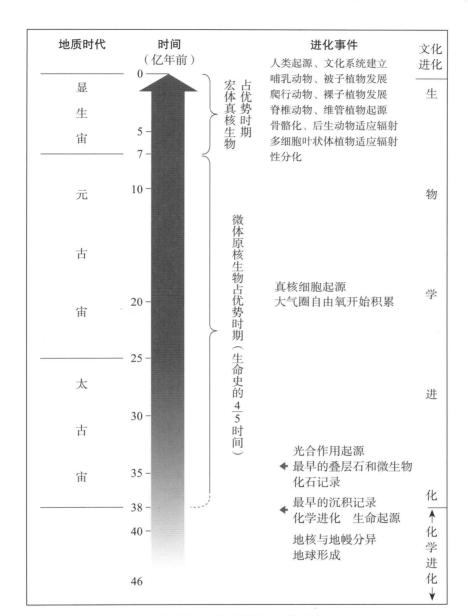

图1.1　地质时代及生命史的划分（仿张昀，1998）

二、真核生物的形成

生命演化进程中的第二个重大事件是真核细胞的形成，发生于14亿年前，此时蓝藻样光合体生物出现了可以抵御氧对生命体侵蚀的酶类。真核细胞形成有2种学说：直接演化说和细胞内共生学说。前者认为真核细胞是通过遗传变异和自然选择逐步由原核细胞演化而来。后者认为真核细胞起源于若干原核生物的共生。具体讲，共生学说是指一种个体较大、行异养的原核细胞，吞吃了另一种行有氧呼吸的原核细胞，随后发生共生作用。如果吞吃的细菌，便在细胞里转化成线粒体；如果吞吃的蓝藻，便在细胞里转化成叶绿体；如果吞吃的螺旋菌，便使螺旋菌转化成微管系统（图1.2）。直接演化说和细胞内共生学说都有一定依据，也有各自难以自圆其说之处，但越来越多的分子系统学证据倾向于支持细胞内共生学说。

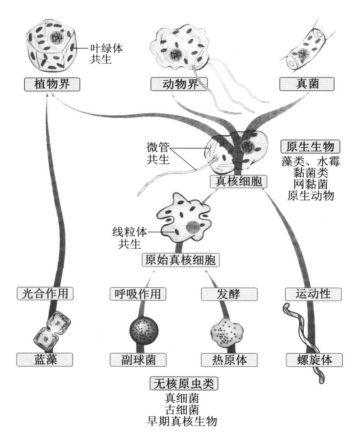

图1.2 真核细胞起源中的共生事件（仿Margulis，1993）

真核细胞出现后，生命演化进程中又一个重大事件是由单细胞真核生物向多细胞生物过渡。多细胞生物出现以后的地质时代称为显生宙。

真核细胞组成的生物，即真核生物。真核生物出现在地球大气层氧气含量增加到一定程度之后，因为不但真核生物行有氧代谢，需要氧气，而且真核生物不能抵御紫外线辐射，只有当大气层氧气达到一定含量形成臭氧层可以屏蔽紫外线以后，真核生物才能生存。真核生物有氧呼吸机制，不但大大提高能量利用效率，而且使氧气消耗于呼吸过程中，起到解毒作用。与此同时，真核生物也发展出多种抗氧化作用分子，如细胞色素、胡萝卜素、过氧化氢酶等。真核生物出现了真正的性别，具备有性繁殖能力，这使其新获得的适应性可通过群体迅速传播开来，从而大大加快生命演化速率。

第三节　生命从海洋走向陆地

在显生宙开始的时候，藻类在海洋中已相当繁盛，然而，此时的地球陆地部分仍相当荒芜。生物由海洋向陆地的发展是生物圈演化的重大事件。陆生植物的出现促进了大气中氧气的循环和积累，这是其他陆生生命演化的先决条件。同时，陆生植物的碳水化合物被视为食物链的基础。接踵而来的是陆生动物的大发展，构成完整的陆生生态系。

一、陆地开拓者与陆生植物起源

最早出现在陆地环境中的生物是藻菌植物（phycomycetes）。最初，它们不是生活于陆地的气生环境，而是在地表的近海低地或淡水水域之中生活。只是随着环境的改变，适应气生环境的组织结构演化完善，陆生植物才完成由水生到气生的飞跃。从此，地球开始披上绿装，大地变得郁郁葱葱，生机盎然。

蓝藻被认为是最早移居到陆地的生物。据推测，前寒武纪海洋潮间带的蓝藻曾不时暴露在高盐的气生环境中，促使它向干燥的陆地环境迁移。绿藻也可能是最早的陆地开拓者，因为绿藻和现生高等植物细胞结构、叶绿体、细胞核和蛋白质比较，彼此相似，存在明显亲缘关系。当藻类和真菌类移居到陆地的气生环境中时，它们很快结合到一起形成地衣，并可在极端干旱和无其他生命的地带生存。最早出现的陆生有胚植物是苔藓类，其祖先可能是现生的一种绿藻类轮藻，随后是维管植物的广泛辐射演化。

二、节肢动物——最早的陆生动物

就已发现的早期陆生动物化石而言，它们大多是昆虫、蜘蛛以及蠕虫，说明它们可能是最早的陆生动物。早古生代陆地的地衣以及蓝藻等形成的藻席完全可以支撑一个由小型节肢动物、蠕虫或者另外一些栖居者所组成的土壤中的动物群落。藻席是一片沃土，富含氧气和有机质，生活在这里的动物可以其中的微生物或其他动物的腐尸为食。在瑞典距今约4.15亿年前的晚志留纪页岩中发现一些陆生动物生活和栖居的遗迹，给这样的群落提供了化石证据（Sherwood-Pike和Gray，1985）。同样，在美国宾夕法尼亚距今约4.3亿年前的晚奥陶纪的古土壤中，也发现有穴居动物的虫管，只是有关穴居动物的身份尚无法确定。

在英国威尔士晚志留纪沉积中所发现的生物化石，可以确定是早期的蜈蚣。早志留纪的节肢动物表皮的碎片表明，陆生动物最初和植物生活在一起。节肢动物最初向陆地的迁移过程很可能与维管植物（具木质部和韧皮部的植物）的形成同期发生或者更早。它们可能个体很小，生活于微生物和藻席之间，并不断开拓着自己的生存空间。到志留纪末泥盆纪初，节肢动物在陆地上有了广泛分布。泥盆纪之初的陆生生态系是一个以节肢动物和蠕虫为主的地下生态系，它们以岩屑和微生物为食物，与今天土壤层中所观察到的生态系截然不同。早泥盆纪的植物都很矮小，难以对陆生动物形成有效保护，同时臭氧层的厚度也不足以对陆生动物形成屏蔽避免紫外线的辐射杀伤。因此，离开水环境保护的动物需要钻到土壤中生活。只有到了晚石灰纪，才出现了最早陆生动物——生活在维管植物中的昆虫，植物上也发现了被其咬嚼过的痕迹。

三、两栖类——成功登陆的脊椎动物

动物由水生到陆生必须满足两个必要条件：有以空气进行呼吸的器官肺和在气生状态下支撑身体的四肢。早期两栖类除具有肺和四肢外，还身披骨甲或者硬质皮膜，能防止皮肤表面水分过度蒸发。现生的两栖类仍喜生活于阴暗潮湿处，并且分泌黏液到体表，以减少水分蒸发。

两栖类实现了登陆的第一步，但仍不能完全离开水环境。它们需要在水中产卵和孵化，幼体以鳃在水中呼吸且有尾，与鱼类颇有几分相似之处。

发现于北美大陆和格陵兰岛的鱼石螈是已知最早的两栖类化石，它已具有五趾的四肢，明显属于两栖动物范畴。鱼石螈化石的一些形态结构与总鳍鱼的化石相似：二者头骨全部被膜原骨质的硬骨所覆盖，头骨数目和排列极其相似，具有迷齿（牙齿中的珐琅质深入到齿质中形成复杂的迷宫样构造）。

原始两栖动物的出现与泥盆纪地理环境有密切关系。在泥盆纪晚期，陆生植物已经相当繁茂，小乔木植物开始遍地发育。当时的气候相当于现代的热带和亚热带的温暖潮湿气候，植物沿江河、湖沼生长。气候炎热和植物枯枝落叶腐烂，导致某些水域

含氧量下降，甚至有些池塘干涸，以至于大量淡水鱼类死亡。

肺鱼由于有内鼻孔，可用鳔呼吸，曾一度被认为是两栖动物的祖先，后来发现其内骨骼退化，头骨骨片特殊，无法与其他鱼类相比；偶鳍的支持骨为单列，也与陆生动物明显不同。因此，肺鱼是两栖动物祖先的观点已被淡忘。然而，鱼类学家发现扇鳍鱼（属总鳍鱼类）偶鳍内的骨骼构造与陆生脊椎动物骨骼相似，偶鳍基部有发达的肌肉，外部覆盖有鳞片，且牙齿形态与早期两栖动物完全相同。因此，普遍接受的观点是古代的扇鳍鱼类在水中周期性缺氧的条件下，逐渐适应用鳔呼吸，在气候干旱时又能以偶鳍支持身体，爬到其他水塘中去。久而久之，由淡水生活的扇鳍鱼逐渐演化成为能够适应陆地生活的两栖类。

以后，羊膜（胎盘最内层包围着羊水的膜）结构的出现使得陆生脊椎动物彻底摆脱了对水的依赖。两栖类中的一支演化出爬行类，爬行类又演化出鸟类和哺乳类。

第四节　海洋——海洋生物之家

海洋生物生活于海洋之中，也可以说海洋是海洋生物的家，是海洋生物的栖息地。海洋包括海水和海底两个组成部分。据估计现生海洋生物大约有200万种，它们或在海水中或在海底生活（图1.3A）。

从水平方向，海水层可分为近岸（neritic）带和大洋（oceanic）区。近岸带又称沿岸或近岸区。近岸带和大洋区在水层垂直方向的界限通常在200 m等深线处。大洋区又称远洋区，占世界海洋大部分，其主要特点是空间广阔，垂直幅度很大。大洋区分为上层（epipelagic zone）、中层（mesopelagic zone）、深层（bathypelagic zone）、深渊层（abyssopelagic zone）和超深渊层（hadalpelagic zone）。上层亦称有光层或光合作用层，即太阳辐射透入该水层的光能可以满足光合作用需求。中层下限在1 000 m左右的深度。中层水域仍有光线透入，但强度较弱，无法满足光合作用需求。深层的下限在4 000 m左右，再向下为深渊层，下限为6 000 m，深渊层以下为超深渊层（图1.3B）。

海底可分为潮间带（intertidal zone）、潮下带（subtidal zone）、深海带（bathyal zone）、深渊带（abyssal zone）和超深渊带（hadal zone）。潮间带是指大潮期的最高潮位和大潮期的最低潮位间的海岸，也就是海水涨至最高时所淹没的地

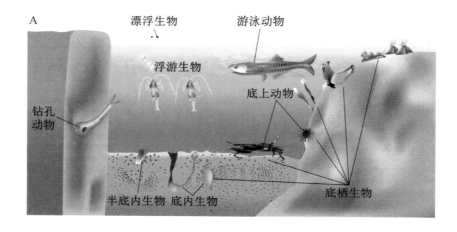

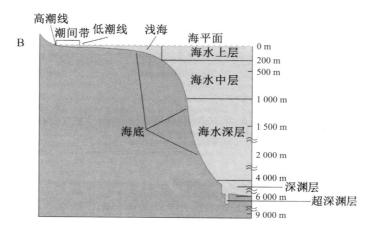

图1.3　海洋生物栖息地（A）和海洋截面（B）（自Levinton，2013）

方至潮水退到最低时露出水面的地方。潮间带以上，海浪的水滴可以达到的海岸，称为潮上带。从潮间带下限至水深200 m处这一水域，称为潮下带。深海带是水深200 ~ 4 000 m这一海底区域。由此向下至6 000 m深处的海底为深渊带，再由此向下至大洋深处的海底为超深渊带。需要指出的是海洋靠近陆地的部分一般都有大陆架（continental shelf）。所谓大陆架是大陆沿岸土地在海面下向海洋延伸的区域，可以说是被海水所覆盖的大陆部分。大陆架通常被认为是陆地的一部分。

　　海洋中的生物大致可分为浮游生物（plankton）、漂浮生物（neuston）、游泳动物（nekton）、底栖生物（benthos）和底层游泳动物（demersal）。浮游生物是在海洋一定水层中营漂浮生活的生物统称，它们种类很多，数量很大，分布也相当广泛，包括原生生物、动物、植物和细菌。浮游生物一般个体很小，游泳能力微弱，不足以抵抗水流和涡流，因而只能随波逐流。漂浮生物是生活在水体表面膜上或附于表面膜下的生物群的统称。海洋漂浮生物种类较多，有细菌、单细胞藻以及甲壳亚门、蛛形纲和昆虫纲动物，偶尔还有蠕虫、腹足类、水螅类和幼鱼等，它们有一定活动能力。游泳动物是指在水层中能克服水流阻力自由游动的动物，包括个体较小的虾、螃蟹、鱼到个体庞大的鲸。游泳动物依靠发达的运动器官可以主动活动，不仅可克服海流与波浪的阻力，进行持久运动，还可迅速发起加速运动，以利于捕捉食物、逃避敌害等。底栖生物，即生活在海底的动物和植物。其中，有些动物可以钻到松软泥沙构成的底质中生活或穴居于底质内管道里，称为底内动物（infauna），如文昌鱼、蛏、蛤蜊、多毛类等；有些动物生活于海底表面，称为底上动物（epifauna），如海胆、海参、牡蛎、藤壶等。在海洋生物中，底栖生物种类最多，数量极大，包括无脊椎动物的绝大部分门类、大型藻类和少数高等植物以及几乎无处不在的微生物。底层游泳动物是生活于海底、可以游泳的动物统称，如底栖鱼类。

思考题

1. 为什么说生命起源于海洋？
2. 生命起源于海底热泉的证据是什么？
3. 真核细胞如何由原核细胞演化而成？
4. 生命是如何从海洋走向陆地的？

第二章 生物分类概述

　　面对地球上数量庞大的物种，科学家意识到需要一种方法将不同的生物归类并命名。古希腊哲学家亚里士多德早在2 500多年前就发明了一种原始的分类系统，即根据生物生存和运动方式（空中、陆上或水中）分类。但是，直到1735年瑞典学者林奈（Carl Linnaeus，1707—1778）才建立了一种科学系统的物种命名方法，并沿用至今。按照林奈命名法，每个物种的名字统一由两个拉丁文单词组成，即学名（scientific name）。

　　一个物种通常依据它与其他物种的亲缘关系来命名。比如，在海洋中发现一个鱼的新种，只有在对该鱼解剖学、遗传学和生殖行为进行全面研究并与其他已知的相似鱼类比较之后，才可能对其命名、分类。分类学有不同学派。同时，分类学不是生物学领域一个静止的学科，而是伴随着新发现和新观念的出现而不断变化的学科。

第一节 分类学

　　"分"意即鉴定、描述和命名；"类"意即归类，按一定秩序排列类群。生物分类学或分类学（taxonomy）是研究现存的和已灭绝的动物、植物和微生物分类的科学，即对动物、植物和微生物的鉴定、命名和描述，把它们科学地划分到一种等级系统，反映它们的系统发育地位。

一、双名法

自然界中的生物种类极其繁多，每种生物都有它自己的名称。由于世界上各种语言之间差异很大，同一种生物在不同的国家、地区以及不同的民族往往有不同的叫法。名称不统一，常常造成混乱，妨碍学术交流。因此，生物学家在很早以前就对创立世界通用的生物命名法进行探索，提出了很多命名法。但多数由于不太科学，没有被广泛采用，直到植物学家林奈在《自然系统》一书中正式提出科学的生物命名法——双名法（binomial system），这个问题才得以解决。物种命名的双名法世界通用。按照双名法，每个物种的学名都由两部分组成：第一部分是属（分类范畴的一个等级，包含许多种生物）名，第二部分是种加词（specific epithet），即种小名。种加词后面还应有命名者的姓名，有时命名者的姓名可以省略。双名法的生物学名称部分均为拉丁文，并规定为斜体，命名者姓名部分为正体，如白氏文昌鱼的学名为 *Branchiostoma belcheri* Gray。根据双名法，任何一个物种都可以明确无误地由两个拉丁文单词确定，世界上不会有两个物种拥有同一个名字。

物种指一群动物或植物，其所有成员在形态上极为相似，以至于可以认为它们是一些变异很小的相同的有机体，其中各个成员间可以正常交配并繁育出有生殖能力的后代。所以，物种是生物分类的基本单元，也是生物繁殖的基本单元。

林奈认为物种是不变的，同一物种不同个体符合于同一"模式"。但是，大量事实说明，同一物种的不同个体往往会存在一定形态差异，如雌、雄个体以及幼体、成体之间都会有些不同。物种的生物学鉴定依赖于可遗传的独有特征的确定。每一物种都有自己的特征，没有两个物种具有完全相同的特征。不过，每个物种又保持一系列祖传的特征。当一个物种地理分布范围较广时，还可能形成一些变异个体，它们在种群内交配繁殖，由此产生的个体被称为"亚种"（subspecies）。亚种学名由三部分组成，如 *Metapenaeopsis mogiensis intermedia* 和 *Metapenaeopsis mogiensis mogiensis* 都是赤虾（*Metapenaeopsis mogiensis*）的亚种。亚种一般是指地理亚种，是种群的地理分化，具有一定的区别特征和分布范围。

二、分类阶元

亚里士多德曾采取性状对比把生物分成十四大类，如把热血动物归为一类，以便与冷血动物相区别；然后根据生物个体大小再进行细分。我国的《尔雅》把动物分为虫、鱼、鸟、兽四类：虫包括大部分无脊椎动物；鱼包括脊椎动物的鱼类、两栖类、

25

爬行类等以及无脊椎动物虾、蟹、贝等；鸟即鸟类；兽即哺乳动物。到17世纪末，英国植物学家瑞（John Ray，1628—1705）对当时所知的植物种类，作了属和种的描述，并提出"杂交不育"作为区分物种的标准。近代分类学诞生于18世纪，奠基人是林奈，他为分类学解决了两个关键问题：一是如前所述建立了双名制；二是确立了阶元系统（classification categories）。林奈把自然界分为植物、动物和矿物三界，在动、植物界下，又设有纲、目、属、种四个级别，从而确立了分类的阶元系统。

今天，分类学家使用的分类阶元是种（species）、属（genus）、科（family）、目（order）、纲（class）、门（phylum）、界（kingdom）。种（物种）是基本单元，近缘种合归为属，近缘属合归为科，科隶属于目，目隶属于纲，纲隶属于门，门隶属于界。有时候，分类阶元上下可以附加次生单元，如总纲（超纲）、亚纲、次纲以及总目（超目）、亚目、次目等。

第二节　系统树

分类学是系统生物学的一个组成部分。分类需要列出物种的独有特征，最理想的分类是能准确反映物种的系统发生（phylogeny）。系统生物学从不同层次水平研究生物多样性，其目的之一就是确定物种的系统发生即进化历史（evolutionary history）。当我们说两个物种（或者两个属或两个科的生物）密切相关时，是指它们具有最近的共同祖先。

系统发生树或系统发育树（phylogenetic tree），又称为进化树（evolutionary tree），主要用来表示系统发生研究的结果，描述物种之间的演化关系，是一种亲缘分支分类法（cladogram）。在进化树中，每个节点代表相应分支最近的共同祖先，而节点间的线段长度对应演化距离（如估计的演化时间）。

系统生物学家为了发现物种之间亲缘关系，需要收集有关物种的各种数据，包括化石、同源性和分子数据。系统生物学家很注重运用化石、同源性和分子数据组合，去确定某一类特定生物的共同祖先；一旦确定了共同祖先，就能知道它们是如何进化的，并据此对它们进行分类。

一、化石

化石是存留在岩石中的古生物遗体或遗迹，可以用来了解生物的演化历史。化石的一个优点是可以给出具体年代，缺点是有时候难以确定化石与现存或已经灭绝的生物之间关系。例如，古生物学家迄今难以根据龟化石确定现生的龟和鳄鱼之间亲缘关系的远近。根据对龟化石研究，有人认为龟具有爬行类共同祖先的特征，是原始的爬行类，与进化较晚的鳄鱼的亲缘关系较远；也有人认为龟和鳄鱼亲缘关系较近。分子生物学研究似乎更支持龟和鳄鱼有比较近的亲缘关系。

如果化石记录完整，对生物演化解释的分歧就会少些。然而，生物化石往往不完整，这是因为多数生物遗体只有坚硬的部分如骨骼和牙齿可以保留下来，而软体部分有机质容易腐烂，很难保留。这也是为什么很难发现最早的被子植物（有花植物）是何时进化的原因。

二、同源性

同源性（homology）指来源于共同祖先的相似性特征。一般根据比较解剖学和胚胎学证据确定同源性。同源性结构（homologous structures）是指发育上具有相同来源的结构，虽然它们的形态和功能可能不一定相同。例如，海狗的前肢和海鸟的翅形态明显不同，但它们互为同源性结构。

由于趋同进化（convergent evolution）和平行进化（parallel evolution）的关系，确定同源性有时比较难。趋同进化是指不同的物种在进化过程中，由于适应相似的环境而获得相似的表型和结构。由趋同进化而呈现出的相似性称为"类似性"（analogy）。类似性结构来源于胚胎不同胚层，但形态和功能相似，如昆虫的翅和蝙蝠的翼。平行进化一般是指两个或更多个不同类群的生物在进化过程中，因生活于极为相似的环境中而获得相似的表型和结构。有时候，明确区分一些特征、性状是原始的还是衍生的，或者是趋同的还是平行的，并不容易。

三、分子数据

DNA碱基序列的突变可以导致物种形成（speciation）。因此，系统生物学家认为亲缘关系越近的物种，它们DNA之间碱基序列的变化就越小。同样，由于DNA编码蛋白质，所以物种的亲缘关系越近，它们蛋白质氨基酸序列之间的变化也越小。

由于DNA和蛋白质的分子数据更为直接与容易量化，有时可以把因趋同进化或者形态变异而难以区分的物种关系理清。特别是相关软件的突破，使得可以运用电脑快速、准确分析核酸和氨基酸序列，而核酸和氨基酸序列数据在网上又可以自由获取。所以，数据的准确性和可获得性的结合，使得分子系统学成为当今研究物种亲缘关系的标准方法。

（一）蛋白质

在氨基酸测序成为常规方法前，免疫学技术常被用来大致判断膜蛋白的相似性。通常用一个物种的细胞去免疫兔子，制备抗体，用所获得的抗体与另一物种的细胞相互作用；反应越强，表明两个物种的细胞相似性越大。

随着蛋白质测序技术越来越成熟，确定特定蛋白质的氨基酸差异数量也变得非常容易。所以，根据不同物种同一蛋白之间氨基酸的序列差异，研究它们的亲缘关系也变得相对普及。细胞色素c（cytochrome c）是存在于所有好氧生物中的蛋白，其氨基酸序列在许多生物中都已被确定。鸡和鸭细胞色素c只有3个氨基酸差异，而鸡和人细胞色素c有13个氨基酸差异。正如预期，鸡和鸭亲缘关系比鸡和人更近。不过，因为现有的蛋白质数据仍相对有限，所以，现在的多数进化研究更多使用RNA和DNA数据。

（二）RNA和DNA

所有细胞都含有合成蛋白质所必需的核糖体。编码核糖体核糖核酸（rRNA）的基因与其他基因相比，在进化过程中非常保守。因此，rRNA序列是物种之间相似性的一个可靠指标。根据rRNA序列，所有生物已成功被归纳为3个域（domain）：真细菌域、古细菌域和真核生物域。

DNA杂交可以确定DNA分子之间相似性。进行DNA分子杂交前，先要将两种生物的双链DNA分子分离成为单链，这个过程称为变性。然后，将两种生物的DNA单链放在一起，其中存在互补的部分就能相互作用，形成双链区，这个过程叫杂交。亲缘关系越近的两个物种，DNA分子之间杂交程度越高。例如，细菌与真核生物DNA之间形成杂交分子的可能性很小，而不同细菌的DNA之间杂交时，某些互补片段能形成杂交分子。

由于DNA杂交量化比较困难，所以通过基因和基因组序列比较、确定物种之间相似性或者进化关系，受到了广泛重视，并且变得十分普遍。基于单个同源基因差异构建的系统发生树被称为基因树（gene tree），因为这种树代表的仅仅是单个基因的进化历史，而不是物种的进化历史。基于多个基因或者基因组数据构建的系统发生树被称为物种树（species tree）。以前，形态学和胚胎学资料表明文昌鱼和脊椎动物亲缘关系比海鞘和脊椎动物亲缘关系近，但是，基因组数据分析颠覆了上述观点，证明海鞘和脊椎动物的亲缘关系比文昌鱼和脊椎动物亲缘关系更近。基因树和物种树的构建所需要的软件，网上都可以自由下载。

进化过程中，线粒体DNA（mtDNA）比细胞核DNA突变速度快10倍，所以，研究相近物种之间的系统进化关系，多倾向于选择mtDNA序列。例如，北美鸣鸟（songbirds）分为东部亚种和西部亚种，据认为这是10万年前冰川消退、两者隔离所致，但是mtDNA序列分析发现它们早在250万年前就已经彼此分离。可见，以前的观点基于冰河作用，存在缺陷，但新的假设还需要解释鸣鸟亚种形成的原因。

（三）分子钟

当核酸发生中性（与适应无关的）突变并以相对恒定速率积累时，这些突变就可以起到分子钟（molecular clock）的作用，用来指示物种亲缘关系和进化时间。用鸣鸟亚种mtDNA序列作为分子钟，推算它们的核酸在250万年中大约发生了5.1%的突变。核酸和蛋白质分子的进化速度都具有相对恒定性，可以用以构建系统树和确立物种亲缘关系。一般而言，蛋白质进化缓慢（分子钟慢），适于研究远缘物种间的系统关系，而DNA进化速度较快（分子钟快），适于分析近缘物种间的进化关系。根据分子钟构建的系统进化关系通常是一种假设，一般还需要化石记录证明。只有化石记录和分子钟证据一致时，系统树才具有可信性。

第三节　生物系统学

生物系统学（biosystematics或systematics）是生物学最为基础的支撑学科之一，它系统地研究生物及其层次系统，研究成果形成生物的分类系统。生物系统学的核心内容是生物种类的多样性及其相互关系。生物系统学分3个主要学派：支序系统学（cladistic systematics）、表型系统学（phenetic systematics）和传统系统学（traditional systematics）。

一、支序系统学

支序系统学又称亲缘分支分类学，它基于生物共有的衍生特征进行分类，构建系统发生树。所构建的系统发生树，称为进化分支图（cladogram），可以据此追溯生物的进化历史。

进化分支图的构建需要列表总结所有拟比较的物种的特征，同时选择一个合适物种作为外类群（outgroup），如研究脊椎动物之间演化关系时可以选择文昌鱼作为外类群。支序系统学判别系统发育关系远近的唯一标准是共同祖先的远近，共同祖先可以通过特征分布分析来发现。支序系统学将物种特征分为祖征（plesiomorphy）和共有衍生特征（synapomorphy，也叫共有衍征）。祖征存在于外类群和所比较物种的共同祖先中，如脊索是文昌鱼和脊椎动物的祖征。在一个或者部分物种中出现的特征（如长筒形身体）都不能包含在进化分支图中。只有共有衍征才是共同祖先的证据；共有祖征及由趋同进化或平行进化形成的相似性均不能作为共同祖先的证据。进化分支图的进化支（clade）包含共同祖先及其所有后裔，也可以说进化支包含所有具有同源性的物种。

图2.1有3个进化支，其大小各不相同，因为第2、3个进化支包含在第1个进化支内，而第3个进化支又包含在第2个进化支内。注意，位于进化树基部的共同祖先具有

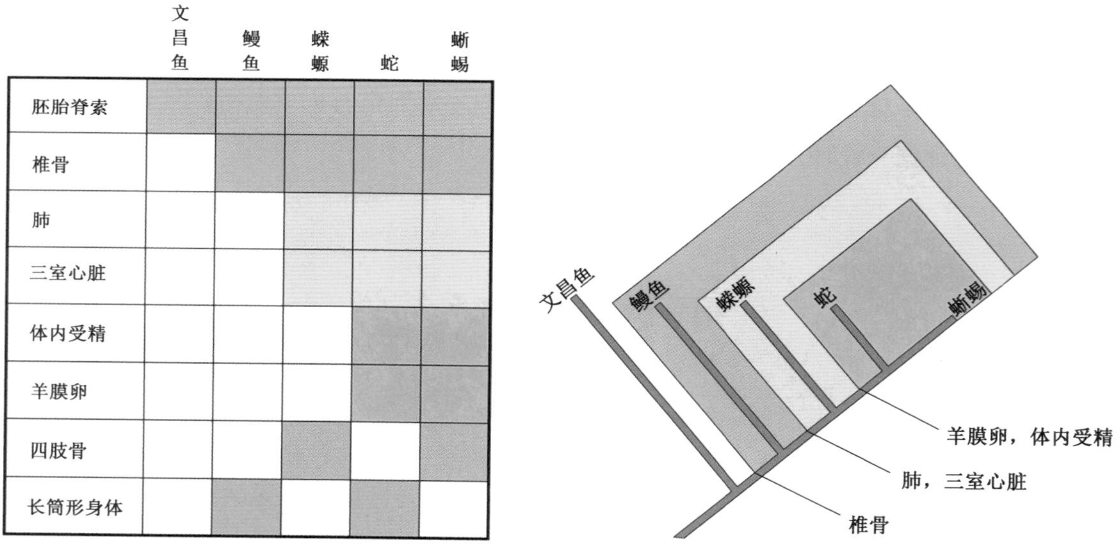

左图：首先作表列出所有类群的特征。分析表中哪些特征是原始的（脊索），哪些特征是衍生的（浅绿、浅黄、深黄）。共有的衍生特征为区分类群基础。右图：进化分支图中，共有的衍生特征按进化顺序列出，并用以确定进化支。每个进化支都具有共同祖先，其中所有物种都具有相同的共有衍生特征。构建进化分支图时，没有使用四骨附肢和长筒形身体特征，因为它们分散在不同类群中

图2.1　进化分支图的构建（仿Mader，2001）

原始特征：胚胎脊索；接下来是脊椎动物共有的特征：肺和三室心脏；最后是羊膜卵和体内受精。这是动物进化史中脊椎动物特征出现的顺序。所有被比较的动物都属于第1个进化支，因为它们都是脊椎动物；蝾螈、蛇和蜥蜴属于第2个进化支，共同特征是具有肺和三室心脏；只有蛇和蜥蜴属于第3个进化支，共同特征是有羊膜卵和行体内受精。

支序系统学常使用最大简约法（maximum parsimony）分析系统发生，即根据离散型性状包括形态学性状和分子序列（DNA、蛋白质等）的变异程度，构建生物的系统发育树，并分析生物物种之间的演化关系。在最大简约法的概念下，生物演化应该遵循简约性原则，即所需变异次数最少（演化步数最少）的进化树可能为最符合自然情况的系统树。

二、表型系统学

表型系统学又称数值分类学，它根据物种相似性性状的数量进行分类。表型系统学认为，建立反映真正系统演化关系的分类是不可能的，比较好的生物分类是依赖于没有人为偏见的方法。所以，他们测量两个物种尽可能多的性状，包括形态学、细胞学和生物化学等多种性状，计算共有的性状数量并据此推测两者的亲缘关系。通常，表型系统学不考虑共有的衍生特征是否是趋同进化或者平行进化的结果。

三、传统系统学

达尔文《物种起源》一书问世不久，传统系统学便诞生了，并沿用至今。传统系统学主要根据解剖学特征进行分类，并基于进化原理构建系统发生树。传统系统学与支序系统学不同，分类时既重视生物是否拥有共同祖先，也考虑生物形态结构的差异程度。因此，有些物种因适应新环境而出现较多变异时，可能就不会和与其具有共同祖先的动物分成同一类。换言之，传统系统学不像支序系统学那样，严格要求所有物种都必须是单源的。

图2.2是依据传统系统学绘制的系统发生树，鸟类和哺乳类分别属于不同纲动物，因为具有毛发和乳腺的哺乳类、具有羽毛的鸟类以及具有鳞片皮肤的爬行类明显不同。据此，传统系统学认为鸟类和哺乳类由爬行类演化而来。但是，根据支序系统学爬行类、鸟类和哺乳类属于一个进化支，起源于能够产卵的共同动物祖先。哺乳类隶属于一个纲，因为它们都具有毛发、乳腺和3块中耳骨。按照支序系统学，爬行动物是否作为独立一个纲存在还是个问题，因为恐龙、鳄鱼、蛇和蜥蜴所具有

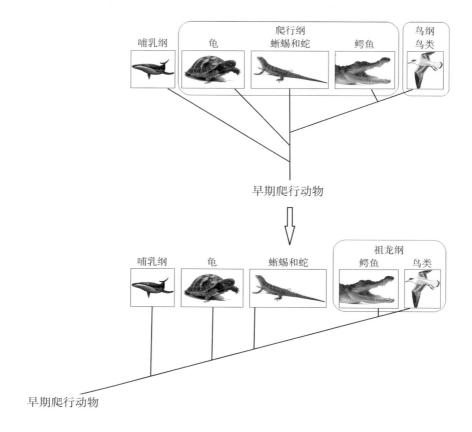

上图：按传统观点，哺乳类和鸟类隶属于不同纲。下图：按支序系统学，鳄鱼和鸟类具有最近的共同祖先，应属于一个亚纲

图2.2　爬行动物系统发生的传统观点和支序分类学观点（仿Mader，2001）

的唯一共同点就是它们不是鸟类或哺乳类。相反，鳄鱼和鸟类具有共同的衍生特征，且为蛇和蜥蜴所没有。化石记录也表明蛇和蜥蜴分别来自不同的祖先。鸟类和鳄鱼各自适应不同生活方式，看起来好像不同，但实际上它们属于一个纲即祖龙纲（Archaeosaurs）。

第四节　分类系统

生物学界很长时期把生物只分动物界（Animalia）和植物界（Plantae）。顾名思义，植物是扎根于土壤、不会运动的生物；动物是会活动、能运动的生物。17世纪末随着光学显微镜技术日臻完善，单细胞生物被发现，而这些单细胞生物既无法归为植物也无法归为动物。到19世纪末，德国学者黑格尔（Ernst Haeckel）建议在动物界和植物界基础上，另外增加一个新界即原生生物界（Protista）。原生生物（protists）主要包括单细胞微小生物。到1969年，魏特克（R.H. Whittaker）又提出了五界分类系统：植物界、动物界、真菌界（Fungi）、原生生物界和原核生物界（Monera）。基于细胞类型（原核或真核）、组织水平（单细胞或多细胞）和营养类型（自养型、异养型或腐生异养型），所有生物都可以归为这五界之中。

分类的五界系统把真菌（酵母、蘑菇和黏菌）划为单独一界。真菌是真核生物，可以形成芽孢（spores），具几丁质细胞壁，没有鞭毛。它们是腐生性生物（saprotrophs），从腐烂的有机物摄取营养。植物、动物和真菌都是多细胞生物，不同的是它们的营养方式：植物通过光合作用自给营养，动物通过采食（ingestion）异养，而真菌则为腐生异养。

在五界分类系统中，原生生物界包括一些难以归类的生物。它们是真核生物，多数为单细胞生物，也有多细胞生物。原生生物营养方式多样，可以是自养型，也可以是异养型，还可以是腐生异养型。原核生物界生物都是原核生物（monerans），其细胞核缺乏核膜。原核生物界只有一类生物即细菌，所以所有原核生物都可称为细菌。五界分类系统如图2.3A所示。其中，原核生物位于系统树基部，原生生物由原核生物进化而成，而真菌、植物和动物则分别通过一条独立的进化途径由原生生物进化而成。

到20世纪90年代，又出现了三域分类系统（three-domain system），对五界分类系统提出质疑。"域"也可称为总界，是比"界"更高的分类阶元。分子生物学数据表明，存在两类原核生物：细菌和古细菌（archaea）。细菌和古细菌有很大区别，以至于完全可以把它们归为不同的域中。如前所述，rRNA进化过程中突变非常缓慢；实际上它只在主要进化事件发生时才会发生突变。rRNA序列测定表明，所有生物都由1个共同祖先，沿着3条独立途径进化而成（图2.3B），形成3个世系（lineages）：细菌域（Domain Bacteria）、古菌域（Domain Archaea）和真核生物域（Domain Eukarya）。

细菌域和古菌域都是原核单细胞生物，它们可以无性繁殖；两者的区别在于rRNA碱基序列不同以及质膜、细胞壁成分的差异。生物系统学一直试图把细菌域和古菌域生物归类到不同的"界"中。古菌生活于极端环境，而这种环境与原始地球环境具有相似性。例如，甲烷菌（methanogens）生活于沼泽、湿地等厌氧环境；嗜盐

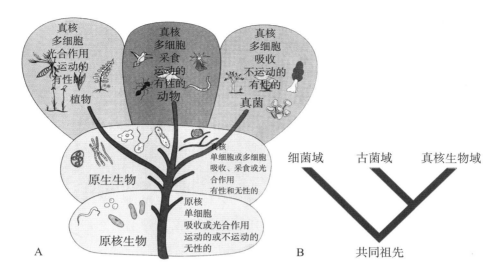

图2.3 五界分类系统（A）和三域分类系统（B）

菌（halophiles）喜生于盐湖等高盐环境；嗜热嗜酸菌（thermoacidophiles）喜生于热泉、间歇性喷泉等高温、酸性环境。细菌和古菌的差异至少部分源于古菌适应极端环境。古菌质膜中各种脂肪具有多分支属性，被认为有利于抵抗极端环境。古菌生活的极端环境可以引起细菌和真核生物细胞的磷脂双层膜分解。古菌的细胞壁化学属性多样，且与细菌细胞壁绝对不同。多数原核生物是细菌，它们数量庞大，生活于地球各个角落。

真核生物域生物包括单细胞生物和多细胞生物，它们的细胞核都有核膜包围。真核生物域生物普遍以有性方式繁殖，存在各种生活史。真核生物域生物分别隶属于4个"界"：植物界、动物界、真菌界和原生生物界。原生生物不是单系类群，所以，有人建议将原生生物界划分为多个不同的"界"。五界分类系统中，除原生生物界以外，目前认为其他生物都是单系类群。

思考题

1. 何谓双名法？

2. 什么是分类阶元？

3. 如何构建系统树？

4. 生物系统学包括哪些学派？各学派的特点是什么？

5. 什么是生物五界分类系统？各界的主要特点是什么？

第二篇　海洋生物多样性

第三章　海洋微生物

海洋微生物是能够在海洋环境中生长繁殖、个体微小、单细胞或个体结构较为简单的多细胞或没有细胞结构的一群低等生物，主要包括海洋病毒、海洋细菌、海洋古菌和海洋放线菌等种类。

海洋微生物虽然是体积最小、结构最简单的生物类群，却在地球的生物进化过程中扮演了重要角色，没有微生物就没有地球上的生命。目前所知的其他生物都起源于微生物，地球其他的生命形式和生态系统也依赖于微生物。微生物是海洋环境中重要的初级生产者，它们直接或间接地供养着大多数的海洋动物。它们也是海洋中重要的分解者，在海洋生态系中的物质循环和能量流动中起着不可替代的作用。一些微生物通过初次合成或循环利用的方式给其他生产者提供必需营养成分，在海洋食物链中发挥巨大作用。

许多海洋微生物活性物质化学结构独特，具有特殊生理活性，药用前景广阔，是开发新型药物的重要资源。人类已经从海洋微生物中分离到一批具有抗肿瘤、抗病毒、抗菌、抗压、抗凝血等特点的活性物质。海洋中还有许多微生物能够产生一些高效酶，可开发成工业、农业、环保和食品用制剂。当然，海洋中也有一些微生物是有害的，海水养殖业的重大病害主要是由微生物造成的，有些海洋微生物也对人有害。另外，港口、码头、船只的污损也与微生物作用有关。

第一节　海洋病毒

生活于海洋中的病毒统称为海洋病毒，它们是海洋环境中仅含有1种类型核酸（DNA或RNA）、活细胞内专性寄生复制（或游离存在海水中）的非细胞结构的微生物。它们能够通过细菌滤器，在细胞外具有一般生物大分子特征，进入宿主细胞与细胞内分子相互作用而表现出新陈代谢的生命特征。

一、一般特性

海洋病毒是海洋生态系统中个体最小的生物成员，直径一般为20～200 nm。其结构简单，主要由核酸（DNA或RNA）及包在外部的蛋白质衣壳构成（图3.1）。病毒不能独立完成复制及新陈代谢，只能利用宿主的生物代谢机制完成生命周期。所有形式的原核和真核生物都能被病毒感染。在海洋生态系统和生物圈中，病毒的丰富程度和重要性在最近十几年中才被认识。

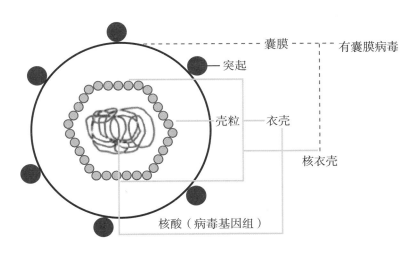

图3.1　病毒结构示意图

根据感染对象，海洋病毒一般可以分为噬菌体、藻类病毒（噬藻体）、无脊椎动物病毒、脊椎动物病毒等种类。海洋噬菌体是感染细菌的海洋病毒，是海洋生态系统重要的参与者，同时在海洋食物链中起到至关重要的作用。海洋噬菌体裂解造成的致死率约占异养细菌死亡率的60%。噬菌体在控制细菌群落方面的作用可能比鞭毛虫更重要。海洋蓝细菌、海洋真核藻类等重要的海洋初级生产者也可被海洋病毒所侵染。在40多个类群的真核藻类中已发现有病毒和病毒样颗粒（VLPs）。海洋病毒在海洋生态系统中的重要作用日益得到重视。大量的研究表明，病毒对食物网中的各主要角色均有一定程度的影响，使得食物网环中的物质流向更为复杂化。病毒还能够影响沉积物中微生物的种群动态。

病毒性传染病给世界水产养殖业带来了巨大危害和损失，成为水产养殖业发展中亟待解决的一大难题。在经济海洋生物中发现的病毒种类已逾100种。世界动物卫生组织（World Organization for Animal Health，OIE）列出的水产动物必须申报的16种鱼类疾病中病毒病占10种，8种甲壳类疾病中病毒病占7种。我国对虾、贝等无脊椎动物以及鱼类的病毒病研究比较深入。按宿主范围大致可分为海水鱼类病毒病、海水甲壳动物病毒病、海水贝类病毒病三大类。另外，还有海水棘皮类病毒病、海水爬行类病毒病和海水两栖类病毒病等。

二、分布

海洋病毒多种多样，具形态多样性及遗传多样性。海洋中病毒的密度分布呈现近岸高、远洋低；海洋真光层中较多，随海水深度增加逐渐减少，在接近海底的水层中又有所回升。海洋中病毒颗粒（VPS）密度有时可达$10^6 \sim 10^9$个/毫升，超过细菌密度$5 \sim 10$倍。海洋病毒在海水中的存在方式包括游离、吸附于无机或有机颗粒、海洋生物非感染性携带、海洋生物急性或慢性感染以及海洋生物溶源性感染。游离于海水中的病毒含量极高，其中主要是噬菌体和藻类病毒。近几年的研究表明，水体中的病毒丰度远远高于先前的估计。据测定，病毒颗粒密度北大西洋约为1.49×10^9个/毫升，切斯贝克海湾为1.01×10^7个/毫升，长岛海湾为1.5×10^7个/毫升，而加利福尼亚圣塔海区为$1.5 \times 10^7 \sim 2 \times 10^7$个/毫升。按个体数量来计算，病毒是海洋中丰度最高的生物群体。

海洋病毒在海水中的含量会随其他因子的变动而变化。病毒与藻类、细菌的关系非常密切。在近岸海域和大洋中，当藻类大量繁殖，特别是春、秋季赤潮发生时，藻类生长旺盛，受感染的机会增加，从而导致病毒的丰度升高。随着时间的推移，病毒含量越来越高，直至藻类生长开始衰退，病毒含量才会随之减少。研究表明，病毒的丰度与海水中细菌的数量也有很好的相关性。细菌丰度与病毒丰度的相关性达到67%。工业和生活废水的排放及河流的汇入，将大量有机物携带入海水中，使附近海水富营养化，藻类和细菌大量繁殖，随之也会出现病毒的大量增殖。

三、病毒分类原则

国际病毒分类委员会（International Committee of Taxonomy of Viruses, ICTV）采纳的分类体系包括目、科（包括总科或亚科）、属、种（包括亚种、株和变种）。根据ICTV提出的分类原则，病毒的分类地位主要依据以下8个特征确定。

（1）病毒基因组类型、结构及基因功能等，如核酸类型（DNA或RNA），单链或双链；单分子还是多节段，基因组的相对分子质量，线形或环状；G+C的含量、基因组开放阅读框的数目和位置、基因转录特征、翻译特征及翻译后加工特征。

（2）病毒体的形态和大小。

（3）病毒的结构。

（4）病毒的理化特性。

（5）病毒的抗原性及血清型。

（6）病毒的宿主范围及复制特性。

（7）病毒的蛋白质结构及组成。

（8）病毒的流行病学特征。

根据病毒的核酸类型，可分为RNA病毒和DNA病毒两大类（图3.2），约17个科。

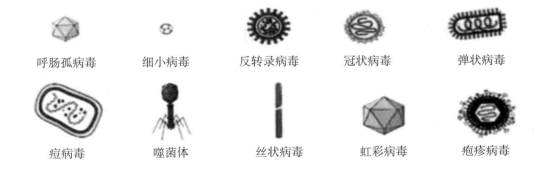

呼肠孤病毒　　　细小病毒　　　反转录病毒　　　冠状病毒　　　弹状病毒

痘病毒　　　噬菌体　　　丝状病毒　　　虹彩病毒　　　疱疹病毒

图3.2 部分病毒形态

DNA病毒包括细小病毒科（Parvoviridae）、虹彩病毒科（Iridoviridae）、疱疹病毒科（Herpesviridae）、腺病毒科（Adenoviridae）、多瘤病毒科（Polyomaviridae）、痘病毒科（Poxviridae）等。

RNA病毒包括正黏病毒科（Orthomyxoviridae）、副黏病毒科（Paramyxiviridae）、布尼亚病毒科（Bunyaviridae）、弹状病毒科（Rhabdoviridae）、反转录病毒科

（Retroviridae）、小RNA病毒科（Picornaviridae）野田病毒科（Nodaviridae）、黄病毒科（Flaviviridae）、呼肠孤病毒科（Reoviridae）、双生病毒科（Birnaviridae）等。

第二节　海洋细菌

细菌细胞无核膜和核仁，DNA不形成染色体，无细胞器，具有细胞壁，属于原核生物（图3.3）。个体直径一般在1 μm以下，呈球状、杆状、弧状、螺旋状或分支状；不能进行有丝分裂，以二等分裂为主；能游动的种类以鞭毛运动为主。海洋细菌是海洋微生物中的一大类群。

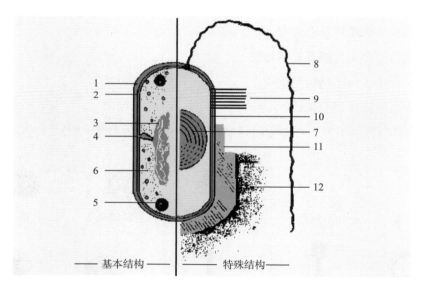

1.细胞壁；2.细胞膜；3.核质体；4.间体；5.贮藏物；6.细胞质；7.芽孢；8.鞭毛；9.菌毛；10.性菌毛；11.荚膜；12.黏液层

图3.3　细菌细胞构造

近岸海水中存在着众多暂时生长在海洋环境中的陆生细菌，因此严格地说，海洋细菌是指那些只能在海洋中生长与繁殖的细菌。一般来说，真正的海洋细菌具有3个基本特征：

（1）至少在开始分离和初期培养时要求生长于海水培养基中。

（2）生长环境中需要氯或溴元素存在，可在寡营养条件下存在。

（3）需生活于镁含量较高的环境中。

目前，大部分海洋细菌在已有的培养基中是不可培养的。

一、习性与分布

风浪、潮汐及径流等的运动和人类及生物的活动使陆源细菌进入近岸海域和远洋上层水，并适应生存，因此在这些环境中的海洋细菌的生理生化特性与陆生细菌相似。但在深海的细菌，因深海环境具有高盐、高压、低温、高温（部分区域）和低营养等特点，其生理、生态特性与陆源细菌迥然不同，主要体现在以下6个方面。

（1）嗜盐性：海水的显著特征是含有高浓度的盐分，嗜盐性是海洋细菌最普遍的特性。

（2）嗜冷性和嗜热性：在海洋中，由于海流不断运动以及海水巨大的热容量，所以海洋水温的变化范围比陆地小得多，90%以上水体的温度是在5℃以下。绝大多数海洋细菌都具有在低温下生长的特性。另外，海洋中有大量的热泉，有些海洋细菌可以在高温环境中生长。

（3）嗜压性：水深每增加10 m，静水压力递增1个标准大气压。压力增加导致一系列物理化学的复杂变化，包括pH、水的结构和气体溶解度的改变，浅海和陆源细菌不适合在深海中的生长。深海嗜压细菌具有适应高压的能力，能在高压环境中保持结构和酶系统的稳定性。

（4）低营养性：海水呈寡营养状态，营养物质较少，有机碳平均水平相当低。某些浮游型海洋细菌适应于低营养的海水，因此分离培养海洋细菌不用营养丰富的培养基。

（5）趋化性与附着生长：绝大多数海洋细菌具有运动能力。某些细菌还具有沿着某种化合物的浓度梯度而移动的能力，这一特点称为趋化性。海水营养物质虽然较少，但海洋中各种固体表面和不同性质的界面上却吸附积聚着相对丰富的营养物质，从而为海洋细菌的生长繁殖提供营养丰富的微环境。由于具有趋化性，细菌易于在营养水平低的情况下黏附到各种颗粒表面进行生长繁殖，营养物质缺乏时附着能力可不同程度地提高。

（6）发光性：少数海洋细菌属具有发光的特性，这类细菌可从海水中或者从活的或死的海洋动物（如鱼、虾）体表、消化道以及因感染细菌而发光的器官上分离到，为异养型海洋细菌。目前，这类细菌主要为发光杆菌属（*Photobacterium*）和射光杆菌属（*Lucibacterium*）2个菌属。

海洋细菌除以上特性外，多态性也是常见的特性，同一株细菌的纯培养中，往往可观察到多种形态的细菌个体。

海洋细菌数量多、分布广。海洋细菌种类、数量及分布与海洋环境密切相关。海洋细菌数量在水平分布上，沿岸地区由于营养盐丰富，数量较多；随着离岸距离越大，细菌密度呈递减趋势；内湾和河口细菌密度最大。在细菌的垂直分布上，基本是随深度增加密度减小，但海洋底层却有大量的细菌。

多数海洋细菌到目前为止是不可培养的，也就是说在目前已有的常温常压培养基中不能生长。采用传统培养方法，在每毫升近岸海水中一般可分离到$10^2 \sim 10^3$个菌落，有时超过10^5个；而在每毫升深海海水中，有时分离不出一个细菌。海洋底泥中由于含有相对多的养分，细菌密度较高，每克底泥中细菌数量一般为$10^2 \sim 10^5$个，高的可达到10^5个以上。

海洋细菌较小，在培养基上生长较慢，相对于非海洋细菌，对糖的分解能力较弱，而对蛋白质分解能力较强。一般而言，在海水中，革兰氏阴性菌（G^-）占优势（有人认为可达90%以上），在大洋沉积物中，革兰氏阳性菌（G^+）居多。芽孢杆菌在海水中少见，但在大陆架沉积物中则最为常见；球菌在海水中也较少见；能游动的杆菌和弧菌在海洋水体细菌中占优势。

在海洋调查中，有时会发现某水层中的细菌数量剧增，出现不均匀的微分布现象，这主要是由于海水中有机物分布不均匀。特别是浮游植物的暴发性生长（如赤潮），释放到海水中可作为营养物质的有机物增多，造成海洋细菌在某一深度出现一个密度高峰。除有机物外，季风、海流、温度及盐度等环境因素也可造成海洋细菌在某海域密集化。

二、分类

1. 根据营养物质的性质分类

根据生长所需要的营养物质的性质不同，海洋细菌一般分为自养和异养两种类型。

海洋自养细菌是指在海洋环境中能以简单的无机碳化合物（二氧化碳、碳酸盐）作为生长碳源的细菌。根据它们生长所需要的能源不同，又可分为海洋光能自养细菌和海洋化能自养细菌。海洋光能自养细菌因其含有细菌叶绿素等色素，能够直接利用光能，以无机物如分子氢、硫化氢或其他无机硫化合物作为供氢体，使二氧化碳还原成细胞物质。海洋化能自养细菌生长所需的能量来自无机物氧化过程中放出的化学能。

海洋异养细菌是指在海洋环境中不能以无机碳化合物作为生长的主要或唯一碳源物质的细菌，通常指那些必须利用多糖作为碳源，利用蛋白质、氨基酸作为氮源的细菌。其中，海洋光能异养细菌需要有机体作为供氢体才能利用光能将二氧化碳还原成细胞物质；海洋化能异养细菌是从氧化某些有机化合物过程中获取能量，其碳源主要来自有机化合物，氮源可以是有机的也可以是无机的。

根据其利用有机化合物的特性，海洋异养细菌又可分为腐生型和寄生型两种：腐生型以无生命的有机体作为营养物质；寄生型可以寄存在活的动、植物中，从活的动、植物体内获得生长所需的营养物质。

2. 根据对氧的需要分类

根据海洋细菌对氧的需要情况，可以分为海洋好氧细菌、海洋兼性厌氧细菌和海洋厌氧细菌。其中，海洋好氧细菌是指那些具有完善的呼吸酶系统，能够将分子氧作为受氢体进行氧化呼吸来获取能量，在无游离氧的环境中不能生长的细菌；海洋厌氧细菌是指那些因缺乏完善的呼吸酶系统而不能利用分子氧，只能进行无氧发酵获取能量的细菌；海洋兼性厌氧细菌是指既可在有氧条件下进行新陈代谢，又可在无氧条件下进行新陈代谢的细菌。

目前，国际上有3个影响较大、比较全面的细菌分类系统，即美国细菌学家协会出版的《伯杰氏细菌学手册》、苏联克拉西里尼科夫的《细菌和放线菌的鉴定》和法国普雷沃的《细菌分类学》。其中，《伯杰氏细菌学手册》是当前国际上普遍采用的细菌分类系统。至1974年，已经是第8版，编写队伍也进一步国际化和扩大化。分子生物学等新技术的发展，使原核生物的分类从以表型、实用性鉴定指标为主的传统体系向鉴定遗传型的系统进化分类体系逐渐转变。于是，从20世纪80年代初起，美国细菌学家协会组织了20余国的300多位专家，合作编写了4卷本的新手册，书名改为《伯杰氏系统细菌学手册》（*Beygey's Mannual of Systematic Bacteriology*）。自1984年《伯杰氏系统细菌学手册》第1版发行以来，细菌分类学取得了很大的进展。新描述的属超过170个，而且新定名的种的数量也成倍增长，特别是DNA和蛋白质的测序使细菌的系统发生分析变得可行。《伯杰氏系统细菌学手册》第2版在前版基础上，积累了大量的细菌系统发生学方面的资料，于2001年起分成5卷陆续发行，目前已经出齐。

除上述两版的《伯杰氏系统细菌学手册》外，还有一部重要的细菌分类书籍，书名为《原核生物》（*Procaryotes*）。该书的第2版（1992年）完全遵照原核生物系统发生的顺序，描述了每个分支中的细菌属或更高的分类单元，以反映原核生物分类和系统发生的最新进展。该书的第3版共分7卷，7 000余页，已于2006年10月出版发行，其内容丰富，但没有像《伯杰氏系统细菌学手册》那样广泛地被原核生物分类学者引用。

按照《伯杰氏系统细菌学手册》第2版，有180种细菌属于海洋细菌，最常见的有假单胞菌属（*Pseudomonas*）、弧菌属（*Vibrio*）、无色杆菌属（*Achromobacter*）、黄杆菌（*Flavobacterium*）、螺菌属（*Spirillum*）、微球菌属（*Micrococus*）、八叠球菌属（*Sarcina*）、芽孢杆菌属（*Bacillus*）、不动杆菌属（*Acinetobacter*）和发光杆菌属（*Photobacterium*）等。

三、系统发生

生物学家通常根据形态学和生理生化特征对生物进行分类，随后又发展了可衡量生物进化过程的方法，即根据系统发生体系进行分类。20世纪70年代，Woese和他的同事开创了利用rRNA序列分析方法分析原核生物的多样性。由于这个方法的先进性，以及同时出现的分子生物学技术的重大进步和计算机对大量信息的处理，人们对生命世界的认识向前迈进了一大步。

核糖体由两个亚单位组成，可以通过高速离心分开。原核生物核糖体的沉降系数是70S，包含50S和30S两个亚基。真核生物核糖体是80S，由60S和40S两个亚基组成。随着研究的深入，科学家发现核糖体的小亚基rRNA（small subunit rRNA, SSU rRNA），即原核生物中的16S rRNA和真核生物中的18S rRNA，可以作为系统发生比较研究中使用的选择性分子。

利用SSU rRNA序列分析，Woese确立了细胞生命中3个明显的世系，称为域（domain）。细菌域和古菌域具有原核细胞结构，而真核生物域具有更复杂的真核细胞结构。生命三域分类系统的最大贡献，是让人们意识到古菌不是以往所认为的细菌的一个特殊类群（它们多年来一直被称为古细菌，即archaebacteria）。事实上，在系统发生中它们与真核生物域的亲缘关系比与细菌域的亲缘关系更近。细菌域和古菌域是完全不同的类群，虽然都有简单的细胞结构，但它们拥有各自的进化历史，存在着根本性区别。

在16S rRNA序列基础上建立了细菌域进化谱系树，按照《伯杰氏系统细菌学手册》第2版，细菌域分为23个门，这些门中又有一些主要分支，多数分支的代表种都能在海洋中发现。当采用16S rDNA序列来分析海洋细菌的多样性时，许多分支中只含尚不能够培养的种类。

变形菌门（Proteobacteria）是细菌中最大而且生理状态最为多样的类群之一，因此人们在研究细菌多样性时往往会受变形菌门的影响。变形菌门中的所有成员都是革兰氏阴性菌，但其代谢类型却非常多样化。基于16S rDNA序列，变形菌门又被进一步分为5个纲，即α–、β–、γ–、δ–和ε–变形菌纲。在这5个纲中都有来自海洋的种类，α–和γ–变形菌纲在海水细菌中尤为重要。α–变形菌纲有两个主要的、在系统分类上相关的类群，即玫瑰杆菌属（Roseobacter）和鞘氨醇单胞菌属（Sphingomonas）。这两个属的许多种已从海洋环境中分离培养出来。多数易于培养的海洋细菌都在γ–变形菌纲中，并且这个类群的成员以往一直被认为是具有最大优势的海洋细菌。新的研究结果表明，α–变形菌纲的代表种类是海水中具有最大优势的细菌。相反，γ–变形菌纲中的微生物是人工培养最常见的种类，而它在用分子生物学方法构建的数据库中却不是最常见的，尽管γ–变形菌纲的成员因在常规的琼脂培养基上能形成菌落而最容易从世界各地的水体中分离出来。一些最常见的属（如弧菌属、假单胞菌属、埃希氏菌属及沙门氏菌属等）都在γ–变形菌纲中。

不同来源的证据（尤其是对真核生物细胞器中核酸和蛋白质的分子分析）支持了关于真核生物是从原始的原核细胞经过系列内共生进化而来的理论，这个理论是在1970年由Lynn Margulis提出的。依据生命三域分类系统，Wolfram Zilig提出最初的真核细胞是从前细菌域（pre-Bacteria type）细胞和前古菌域（pre-Archaea type）细胞间融合后进化而来的。真核生物域细胞和古菌域细胞有些特征（尤其是蛋白质的合成机制）相同，有一些特征（尤其是细胞膜脂）和细菌域细胞相同。根据Lynn Margulis的假设，随后的共生事件导致叶绿体（可能从蓝细菌祖先而来）和线粒体（可能从原始细菌而来）的进化。在现代海洋系统中，有许多证据支持这个假说。内共生的过程（也就是通过吞噬营养和混合营养而保留细胞器）在海洋原生生物中是非常普遍的。

伴随着分子生物学技术的发展，以16S rDNA测序技术为代表的分子生物学方法广泛应用于细菌分类学的研究，标志着细菌分类从表型水平发展到基因型水平，这是细菌分类学很大一步跨越和一次极为重要的变革。过去往往只限于对在实验室条件下可培养的一些细菌进行研究，而对那些尚不能被培养的细菌，只能据其与被广泛研究的种类之间的关系、生境以及与其活性相关的地球化学现象来推测其可能具有的特性。现在，基因测序意味着能够通过分析基因编码的关键酶类预测尚未被培养细菌种类的代谢本质。

第三节　古生菌

　　古生菌，简称古菌，大多数栖息于高温、高酸碱度、高盐或严格厌氧状态等极端环境中，这些环境与早期地球环境类似，故而得名。古菌个体微小，直径通常小于1 μm，但形态各异，呈球形、杆状、叶片状或块状，也有三角形、方形或不规则形状的。

　　早期一直认为海洋古菌只存在于海洋极端生境（高温、高盐、厌氧）中。20世纪90年代开始，人们发现古菌广泛分布于大洋、近海、沿岸等非极端环境海域，对海洋生态系统具有举足轻重的作用。

一、习性与分布

　　古菌在海洋中的种类和数量分布极不平衡。一般而言，古菌大量存在于海水中，是海洋浮游生物的主要组成类群；而在海洋沉积物中，除极端环境外，古菌仅占沉积物中原核生物的2.5%~8%，或更少。在类群分布上，不同海域存在不同的分布特点。Karner等（2001）的研究表明，太平洋表层海水中多为广域古菌，随深度增加，泉生古菌所占比例高达39%，从而成为海洋浮游生物中最丰富的菌群代表；相反，南极极地深海处的浮游生物中，则存在数量较多的广域古菌。Kim等（2005）的研究表明，韩国江华岛的潮滩沉积物的古菌中，广域古菌和泉生古菌所占的比例分别为48.1%和53.9%。此外，无论是海水还是沉积物中，均存在海洋特有的古菌类群——类群Ⅰ、类群Ⅱ、类群Ⅲ、类群Ⅳ以及其他一些新的古菌系统类型，并已从各海域中分离获得了许多新属种的古菌。其中产甲烷古菌（methanogenic archaea）与硫酸盐还原古菌（sulfate-reducing archaea）是海洋厌氧环境中碳和硫循环的主要贡献者。

二、分类

　　目前，古菌域的系统发生树分为4个主要分支（门），即广域古菌门（Euryarchaeota）、泉生古菌门（Crenarchaeota）、初生古菌门（Korarchaeota）和纳米古菌门（Nanoarchaeota）。对许多海洋古菌的了解还仅限于分离自环境样品中的古菌基因序列，大部分海洋古菌还没有被培养出来。

广域古菌门包括甲烷产生菌、嗜热化能异养的热球菌属和火球菌属、极端嗜热的硫酸盐还原菌和铁氧化菌（古球状菌属和铁球状菌属）、极端嗜盐菌。广域古菌门的大多数成员对有机物进行厌氧生物降解的最后一步能够产生甲烷。甲烷产生菌一般是嗜温菌（mesophilic）或嗜热菌（thermophilic），可以从动物消化道、缺氧沉积物和腐烂物等很多地方分离到。甲烷产生菌也作为厌氧原生动物的内共生体，发现于白蚁的后肠中。能消化木材和纤维素的船蛆和其他海洋无脊椎动物的消化道中的纤毛虫很可能含有内共生古菌。嗜热产甲烷菌也是海底热泉喷口处微生物的重要组成部分。产甲烷古菌是无氧海洋沉积物中产生大量甲烷的主要原因，其中很多甲烷以甲烷水合物的形式存在。甲烷水合物作为未来的能量来源，对全球具有重要意义。甲烷的去向也是非常重要的，因为它作为温室气体将影响着气候变化。广域古菌门的嗜热化能异养菌是在热泉喷口处发现的极端嗜热菌，其最适生长温度超过80℃，在古菌域系统发生树上，它们的位置与细菌域中产液菌属和热袍菌属的位置相似。热球菌是直径为0.8 μm、运动性很强的、专性厌氧的化能异养球菌。古球状菌也是极端嗜热菌，发现于热泉喷口的浅沉积物处和海底火山口周围，铁球状菌属的成员也发现于热泉喷口处。极端嗜盐菌生活在NaCl浓度大于9%的环境中，目前已分离鉴定的约有20个属，大部分类型都可在高盐极端环境中发现。

泉生古菌门在系统发生上与广域古菌门截然不同，尽管许多种类有相似的生理特征，包括极端嗜热的特性。大多数已被培养的代表菌种是从陆地温泉中发现的，但其他一些种类则发现于海底热泉喷口处（图3.4）。它们在代谢中可利用的电子供体和受体范围很广，或者营化能自养，或者营化能异养，大多数是专性厌氧菌。

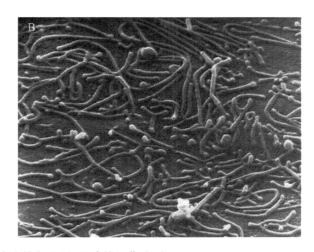

图3.4　海底热泉（A）和嗜热细菌（B）

初生古菌门在进化上与嗜冷的泉生古菌门比较近，但是又与嗜热微生物有许多共同点，它们在系统进化树上又处于根部，为生命热起源提供了一定的证据。

纳米古菌门迄今只发现1个种，即骑行纳米古菌，是与火球菌营共生的专性共生菌。纳米古菌的细胞直径大约为400 nm，基因组只有0.48 Mb，是迄今所知的除病毒外的最小生物。实验发现，这种古菌极端嗜热，在100℃依然可以生存。

三、系统发生

在系统发生中古菌域与真核生物域的亲缘关系比与细菌域的亲缘关系更近。细菌域和古菌域是完全不同的类群，虽然都有简单的细胞结构，但它们拥有各自的进化历史，存在着根本性区别。16S rDNA分类法已证实古菌是原核生物中一个完全独立的域。

思考题

1. 海洋微生物的概念及其在海洋系统中的作用是什么？
2. 海洋病毒有哪些特点？是如何分类的？
3. 海洋细菌有哪些特点和种类？
4. 海洋古菌有哪些特点？是如何分类的？

第四章 海洋真菌

海洋真菌属于真核生物，在海洋中分布广泛，从潮间带高潮线或河口到深海、从沙滩到深海沉积物中都有真菌。已知的海洋真菌种类较少，总共不超过500种。

第一节 一般生物学特性

海洋真菌是一类具有真核结构的生物，能形成孢子，通常为菌丝状或多细胞，只有酵母菌在发育阶段有单细胞出现，能在海水中繁殖和完成生活史。许多海洋真菌既能产生无性孢子进行繁殖，也能产生能运动的有性配子进行有性生殖。

海洋真菌包括海洋酵母菌和海洋霉菌。海洋酵母菌呈球形、卵形或椭球形；有细胞核、液泡和颗粒体物质，为单细胞真核生物；通常以芽殖为主，有的能产生子囊孢子；个体较大，（1.25～5.2）μm×（2.5～15）μm；生长适温通常为12℃左右，最低生长温度为2℃。海洋霉菌是在营养基质上能形成绒毛状、蜘蛛网状或絮状菌丝体的一类真菌，也称海洋丝状真菌。

海洋真菌适应海水的酸碱度，耐高渗透压能力较强，一般寄生于海藻和海生动物，或者生长于浸沉在海水中的木材上，也可生长在含盐的湿地和沼泽中。一些来源于海洋的真菌称为专性海洋真菌；另一些来源于陆地或淡水，但能在海洋环境中生长与繁殖的真菌，称为兼性海洋真菌。

第二节　海洋真菌多样性

　　海洋真菌是继海洋放线菌之后，成为开发抗肿瘤活性物质和生物制品的重要资源。目前，已从海洋真菌中发现了多种具有抗肿瘤活性的物质，它们大多为生物碱类、萜类、大环内酯类、海藻糖类化合物等。如Atsushi等已从海洋青霉菌（*Penicillium* sp.）的培养物中提取到吲哚生物碱（communesins）及三肽酰胺（fellutamide）两种产物，证明对小鼠淋巴细胞性白血病细胞（P388细胞）均有显著的细胞毒性；从与海鱼胃肠道共生的曲霉菌的菌丝体中分离到一系列细胞毒性化合物喹唑啉类生物碱（fumiquinazolines A ~ G）。Gerwick研究小组从加勒比海真菌 *Lyngbya majuscula* 中分离得到的化合物有丝分裂抑制剂（curacin A），是一种具有潜力的抗肿瘤剂。

一、习性与分布

　　海洋真菌广泛分布于海洋环境中。海洋酵母菌适应海洋环境因素（如渗透压、静水压、温度、酸碱度等）的能力较强，因此在海滨、大洋及深海底质中都能分离到，但其数量较细菌少，在近岸海域中仅为细菌的1%。有些真菌可附生于浮游生物和动物体上，因而在大洋中也有分布；有些海洋真菌的生长要求适宜的栖生场所，因此多集中分布在沿岸海域，它们在海洋中不如细菌常见。由于海洋真菌营腐生或寄生生活，特别是许多海洋真菌有特定的寄主，所以其地理分布取决于寄主的地理分布。另外，海水中溶解氧浓度和海水温度也是影响海洋真菌生存重要因子。几乎所有真菌都可在小于海水NaCl浓度的条件下生长，因此耐盐性不能作为区分海洋真菌与陆地真菌的标志。海洋真菌同海洋细菌一样有嗜压和嗜冷的类型，如生存于水深超过500 m海洋环境中的真菌，具有适应高压和低温的能力。

　　大多数海洋真菌依赖于某种基质栖息，只有少数真菌不依赖基质自由生活。根据海洋真菌的栖生习性可划分为木生真菌、附生藻体真菌、红树林真菌、海草真菌、寄生动物体真菌等生态类型（表4.1）。木生真菌能分解木材和其他纤维物质，为数量最多的一类高等海洋真菌。木质在海岸和深海地区都是很普遍的基质，因此在海洋环境条件下，木生真菌也是分布最广的高等海洋真菌。在已知的100余种海洋木生真菌中，子囊菌类有70多种，半知菌类约有30种，担子菌类只有几种。在海洋真菌中，约有1/3与藻类有关系，其中以子囊菌类居多。红树是热带、亚热带潮间带沼泽地的挺水植物。栖生在红树林的海洋真菌多半是腐生菌，其中有子囊菌类20余种，半知菌类约20种，担子菌类很少。海洋真菌能分解红树叶片，产生的有机碎屑营养很高，可作为浮游生物和底栖生物的食料，在以红树叶片开始的腐屑食物网中具有重要意义。海草是生活在沿岸海区底部的有根开花植物。海草真菌数量较少。寄生动物体真菌可寄生在动物体表，在分解动物体中的纤维素、几丁质、蛋白质等过程中起重要作用。一些海洋真菌是引起海洋鱼类和无脊椎动物病害的重要致病菌。

表4.1　海洋真菌的生态类型

类型	数量	种类	分布	生活方式	作用
木生真菌	最多	子囊菌、半知菌	温带、极地、浅海及深海	腐生、寄生、共生	强烈分解木材和其他纤维物质
寄生藻体真菌	约占1/3	子囊菌、酵母	随藻类的分布而分布	腐生、寄生、共生	
红树林真菌	较多	子囊菌、半知菌、担子菌	热带、亚热带、潮间带、盐泽地	腐生	分解红树叶片
海草真菌	较少	子囊菌、半知菌	广泛分布	腐生、寄生	低等海洋真菌，是重要的致病菌
寄生动物体真菌	较少	子囊菌、半知菌	广泛分布	腐生、寄生	

注：引自贺运春（2008）

二、分类

真菌是地球上重要的生物类群之一。《真菌词典》第7版（1983）记载真菌64 200种，第8版（1995）记载真菌72 065种，第9版（2001）记载已被描述的真菌种类达80 060种。根据《真菌索引》（*Index of Fungi*）统计，全球每年发现真菌新种数量为800种左右。Hawksworth（1991）认为在过去发表的新种中有些是不经意重复描述，并认为新种和重复描述的新种比例大约为2.5∶1。《真菌词典》第9版提出的80 060种已排除了可能被重复描述的真菌种类。在文献中有关真菌的记载已达32万种，但很多新种在发表后没有人去核对。Hawksworth（1991）根据已描述的英国真菌种类数量和植物种类数量的比例（6∶1）以及地球上已认识的25万种植物，认为地球上真菌的种类应是150万种左右。可见，地球上的真菌种类确实繁多，目前人类认识的真菌可能只有1/10。

关于真菌的分类位置，一直存在争议。多年来人们把真菌划在植物界，但目前多数学者认为真菌应独立成界。已知的海洋真菌种类较少，还不到陆地真菌的1%，总共不超过500种。海洋真菌可分为海藻寄生菌、木材腐生海水菌和匙孢囊目3类。海藻上的寄生种类有根肿菌属、破囊壶菌属、水霉属、冠孢壳属、隔孢球壳属、球座菌属、近枝链孢属和变孢霉属等。常见的木材腐生海水菌有冠孢壳属、海生壳属、木生壳属、桡孢壳属、白冬孢酵母属、拟珊瑚孢属、腐质酶属和无梗孢属等。匙孢囊目寄生在红藻上，分解卤素的能力较强。

三、系统发生

关于生物分界和真菌属于哪一个界的问题一直是人们争论的焦点。魏特克于1969年提出"五界学说"，首次将真菌独立为界。魏特克的"五界学说"对生物的起源与进化的研究产生了深刻影响，也逐渐被各国学者所采纳。我国的植物学家胡先骕（1965）主张将真菌独立为界，并提出在界级之上应设总界，将病毒归入始生总界（Protobiota），其他生物归入胞生总界（Cytobiota）。我国昆虫学家陈世骧（1979）提出应将生物分为3个总界，即非细胞总界（包括病毒界）、原核总界（包括细菌界和蓝藻界）及真核总界（包括植物界、真菌界及动物界）。

Patterson和Sogin（1992）选取有代表性的75个分类单位的生物，通过16S rRNA及相关基因序列分析，推论了各类群生物之间的相互关系，主张将生物分成原核域（Domain Prokaryota）和真核域（Domain Eukaryota），在原核域下分细菌界（Bacteria）和古菌界（Archaea），在真核域下分原生动物界（Protozoa）、藻物界（Chromista）、植物界（Plantae）、动物界（Animalia）及真菌界（Fungi）。随着对各类群真菌和各生物类群的超微结构的观察以及生物化学和分子生物学数据的获得，越来越多的证据表明，传统意义上的真菌不再被认为是单系起源和进化的，而是多元起源和进化的。

思考题

1. 海洋真菌有哪些特点？
2. 海洋真菌包括哪些种类？
3. 海洋真菌有哪些作用？

第五章　海洋植物

　　海洋植物是一类生活在海洋中利用叶绿素进行光合作用的自养生物，是海洋的初级生产者。海洋植物门类繁多，包括低等的海藻以及高等的海草、红树林等，结构或简单或复杂，是海洋生物的重要成员。

第一节　海藻

　　海藻可分为大型海藻和微型海藻，二者一起构成海洋的主要初级生产者。海藻具有重要的经济价值，许多种海藻可直接作为食物、肥料、动物饲料等；还有一些海藻可生产具有特定生理功能的代谢产物，如岩藻黄素、不饱和脂肪酸和其他一些重要的抗氧化物质等，在人类保健方面具有重要价值。海藻在维持健康稳定的海洋生态系统中的作用不可或缺，不仅可以净化海水环境，为海洋动物提供栖息地、避难所和繁育场地等，而且可以维持近海生态平衡。

一、一般特征概述

　　海藻含有光合色素，可以进行光合作用，属于低等海洋植物。海藻藻体无根、茎、叶的分化，一般通过"固着器"固定于岩礁、沙砾等基质上，栖息于海底或潮间带。海藻形态多样，包括丝状体、叶状体、管状体、膜状体和树状体等，在一定程度上重演了藻类进化的历程。藻体大小各异，从显微镜下才能观测到的微米级的单细胞微藻到长达几百米的多细胞巨藻均有记载。海藻的繁殖方式复杂多样，同一物种通常具备多种繁殖方式。生活史既有简单的无世代交替，也有复杂的多世代交替。海洋环境的特殊性导致了海藻的分布多样性，许多海藻物种都有特定的分布区域和生长环境。

（一）生物学特性

海藻生存环境多样，具有多样的光合色素、生活史以及繁殖、发育方式，能够进行光合作用。海洋中不同的水层具有不同光吸收能力，因此不同水层中的海藻光合色素组成呈现高度的多样性，除光合反应中心色素（共有）外，其主要捕光色素系统有类群差异。因此，漫长的物种进化过程和多变的生态环境使海藻生活史表现出很高的多样性，其繁殖、发育方式也呈现出复杂性。

1. 生存环境

海洋是地球上最大的水体，从潮间带、潮下带一直到深度为200 m的海水中都有海藻的分布（图5.1）。根据生活习性，海藻可以分为底栖和浮游两类。大型海藻广泛地分布于海洋潮间带及潮间带以下的透光层，是海洋植物中的重要成员，约占海洋初

图5.1　潮间带大型海藻一角——马尾藻类形成巨大的生物量

（2015年3月拍摄于三亚鹿回头）

级生产力的10%左右。海藻主要类群有绿藻、褐藻和红藻，其中绿藻主要分布在潮间带，褐藻和红藻主要分布于潮下带，其分布情况一方面取决于海藻对逆境胁迫的应对能力，另一方面取决于生物间的相互竞争。

2. 光合色素组成及光合作用产物

海藻光合色素组成同海水深度密切相关。太阳光透过海水时，波长长的光逐渐被海水吸收，仅波长短的光可以到达较深水层；在水深200 m处，仅剩下蓝光。因此，不同水层的海藻光合色素组成呈现出高度的多样性。海藻的光合色素组成可以归纳为3个类型：绿藻型［叶绿素（Chlorophyll, Chl）］，捕光色素复合体为叶绿素a/b–类胡萝卜素蛋白复合体，如绿藻门；杂色藻型（黄素），捕光色素复合体为叶绿素a/c–岩藻黄素蛋白复合体，如褐藻门；红藻型（藻红蛋白），捕光系统为藻胆体，如红藻门。

海藻中含有与高等植物不同的贮存物质，如红藻多糖、褐藻昆布多糖等。不同门类的海藻有其特有的光合贮存物质，主要为糖类和甘露醇。

3. 生活史多样性

与陆地高等植物相比，海藻的生活史复杂多样，包括二倍孢子体和单倍配子体等。海藻的生活史中既包括多细胞形态，还包括单细胞形态（孢子、配子和合子等）。海藻生活史的多样性呈现进化的特性，较为原始的生活史类型一般为单倍体构成的简单无世代交替，然后进化到多世代交替的生活史类型，这种类型由可独立生活的不同倍性个体构成。不同倍性个体的大小与物种类型密切相关，表现为不同类型的海藻占优势的世代也各不相同，例如，海带占优势的世代为二倍孢子体世代，紫菜占优势的世代为单倍配子体世代，江蓠单倍配子体和二倍孢子体则无明显区别。海藻生活史中还有多种类型的单细胞形态，如孢子（游孢子、四分孢子、壳孢子和单孢子等）、配子（雌配子和雄配子）和合子（果孢子），在胁迫条件下有的海藻还能形成休眠孢子，不同类型的孢子具有不同的发育特点。

海藻的生活史一般可以分为以下5种类型。

（1）单倍体生活史：该类型的藻体为单倍体，合子是其二倍体阶段，但随后减数分裂又形成单倍体。这种生活史类型的代表物种包括衣藻属（*Chlamydomonas*）和鞘藻属（*Oedogonium*）等。

（2）等世代交替生活史：孢子体和配子体的形态大小基本相同，难以区分。配子体可以产生单倍的配子，配子既可以发育成单倍的配子体，也可以结合形成合子，并发育成二倍孢子体；孢子体既可以通过有丝分裂产生二倍的孢子，孢子附着后发育为新的二倍孢子体，又可以经过减数分裂形成单倍的孢子，并发育成单倍配子体，如石莼属（*Ulva*）和水云属（*Ectocarpus*）等。

（3）不等世代交替生活史：这种生活史有两种类型。第一种类型以二倍孢子体为宏观世代，单倍配子体为微观世代，如海带属（*Laminaria*），其孢子体为大型的叶状体，叶状体成熟后形成孢子囊，孢子囊母细胞进行减数分裂，产生单倍游孢子，条件适宜时游孢子萌发为雌、雄配子体；配子体成熟后产生卵子或者精子，二者结合形成受精卵，萌发出孢子体幼苗，孢子体幼苗不断分化生长成大型叶状体。第二种类型以单倍配子体为宏观世代，二倍孢子体为微观世代，如紫菜属（*Porphyra/Pyropia*），其叶状体成熟后产生果胞和精子囊器，分别释放雌、雄配子，二者结合后形成果孢子囊，分裂后产生果孢子，果孢子萌发后形成丝状体，丝状体成熟后释放壳孢子，壳孢子萌发后形成大型的配子体——叶状体（图5.2）。

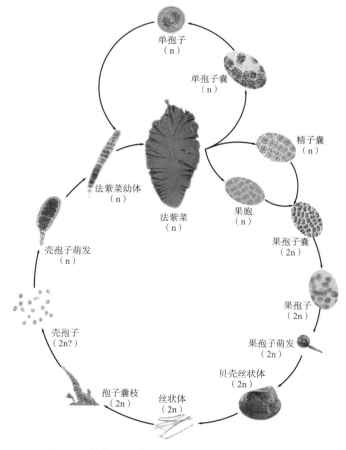

图5.2　紫菜属海藻生活史（自王旭雷等，2016）

（4）三世代生活史：这种生活史类型的代表物种是大型红藻龙须菜

［*Gracilariopsis lemaneiformis*（Bory de Saint-Vincent）Dawson, Acleto & Foldvik］，其生活史由四分孢子体、果孢子体和配子体3个世代组成。四分孢子体的孢子囊经减数分裂产生单倍的四分孢子，萌发形成雌、雄配子体。配子体成熟后，雄配子体产生精子，精子和雌配子体上的卵子结合，发育为二倍体的果孢子体，果孢子体成熟后释放二倍体的果孢子，并萌发形成四分孢子体。

（5）二倍体优势生活史：这种类型生活史的单倍体阶段短暂且不能独立生活，一般由减数分裂产生配子，配子是生活史中唯一的单倍体，雌、雄配子结合成合子后又恢复到二倍体世代。因此，整个生活史中只有孢子体世代，没有能独立生存的配子体世代。如羊栖菜［*Sargassum fusiforme*（Harvey）Setchell］为雌雄异体，二倍孢子体经减数分裂形成单倍卵囊和精子囊，分别发育形成卵子和精子，卵子和精子结合形成二倍体的合子，合子发育成为孢子体，完成生活史。

4. 繁殖

海藻的繁殖方式复杂多样，既有无性繁殖，也含有性繁殖，往往一个物种具备多种繁殖方式。无性繁殖是不通过有性生殖细胞（雌性配子和雄性配子或卵子和精子）的形成和结合，而直接产生新个体的生殖方式。有性繁殖即通过两性生殖细胞的结合，由合子（受精卵）产生新个体的生殖方式。

藻类无性繁殖的方式复杂，有的通过营养细胞、藻体断裂或形成无性繁殖孢子进行繁殖，也有的通过假根进行营养繁殖，还有的通过孤雌生殖和无配生殖进行繁殖。例如，红毛菜目海藻的无性繁殖孢子——单孢子，鼠尾藻科海藻的假根营养繁殖，海带目海藻的雌配子体通过孤雌生殖形成孢子体，红毛菜目海藻配子体的体细胞通过无配生殖形成孢子体，海带目海藻的雄配子体也存在以无配生殖方式产生孢子体。

藻类有性繁殖方式也呈现出多样化的特点。如红藻的精子为没有鞭毛的不动精子，而褐藻和绿藻的精子为具有鞭毛的游动精子；红藻的雌性生殖器官称为果胞，与褐藻和绿藻的卵子不同，红藻的果胞分化程度低，若未受精可逆转为营养细胞或无性生殖细胞。

海藻无性繁殖周期短，繁殖速度快。有性繁殖丰富了生物多样性，大量的雌、雄配子提高了繁殖率。海藻的有性和无性生殖相互补充，有利于藻体更好地适应环境，在进化和物种竞争中具有重要的意义。

（二）海藻与人类关系

海藻具有很高的经济价值，不仅可供食用，也可作为化学工业、药品工业、藻胶工业和新型生物能源的原料。紫菜的多种加工产品是深受人们喜爱的健康食品，海带也是日常餐桌上常见的食品；从海带中提取的碘和褐藻胶，被广泛应用于医药卫生业、食品工业及纺织工业；从石花菜和江蓠等红藻中提取的琼胶，可用于食品、化妆品和培养基中，在食品工业和生物医药研究中发挥着重要的作用；从麒麟菜和角叉菜等红藻中提取的卡拉胶，也是食品工业和化妆品工业的原料之一；另外，海藻里的很多生物活性物质具有抗氧化、抗癌、增强免疫力等多种作用，如从褐藻里提取的岩藻黄素、红藻里提取的藻胆蛋白等。有些海藻有望成为新型生物能源的原料，如将巨藻发酵可以产生沼气。由此可见，海藻资源的有效开发将为人类带来巨大的经济效益和社会价值。

海藻是海洋生态系统的主要初级生产力。藻类的光合作用效率为6%～8%，远高于陆地植物（1.8%～2.2%），在地球碳循环中占有重要地位。藻体生长需要吸收、同化水体中大量的氮、磷等无机化合物，能够缓解水体富营养化，减少海洋赤（绿）潮和养殖动物病害的发生，对近海海洋生态环境修复具有重要作用。另外，海藻细胞壁的多聚糖具有吸附重金属离子的位点，可吸附大量重金属离子，净化水质，提高水产品质量安全。同时，部分海藻是近海海洋动物的食物来源，如海带、裙带菜〔*Undaria pinnatifida*（Harvey）Suringar〕、鼠尾藻〔*Sargassum thunbergii*（Mertens ex Roth）Kuntze〕、龙须菜等，是海珍品海参、鲍鱼的饵料。此外，部分大型海藻还为海洋生物提供栖息地、繁殖和避难场所。

二、分类

不同类型海藻所含色素的种类不同，光合作用产物也不尽相同。据此，可以将海藻分为12个门，其中，单细胞藻类主要分属于在硅藻门和甲藻门，而大型底栖海藻主要分属于蓝藻门、红藻门、绿藻门和褐藻门。

（一）硅藻门（Bacillariophyta）

硅藻为单细胞藻类，一般聚集成丝状、带状或呈星状。硅藻细胞被由二氧化硅为主要成分的细胞壁包裹。这种硅质细胞壁也叫硅质壳，它由2个紧密吻合的瓣片构成，上面具有花纹。色素体1个或多个，含叶绿素a、叶绿素c、胡萝卜素、岩藻黄素、硅藻黄素和硅甲藻素多种色素。硅藻光合产物主要是脂类。

硅藻多通过细胞分裂行无性繁殖，硅质壳两部分分离，每一半分泌产生1个新的硅质壳。经历数代无性繁殖后，硅藻也能通过配子的结合或自配形成复大孢子。复大孢子最终发育成较大细胞，显示物种特征外壳结构。

硅藻是高效的光合工厂，是海洋中主要的初级生产者，为地球贡献了相当分量的有机碳和氧。硅藻是水生动物的食料。硅藻死亡后，硅质壳最终沉入海底，形成一种硅质软泥，称为硅藻土。海底大片区域都有硅藻土覆盖。硅藻土有许多用途，可做耐火、绝热（保温）材料，也可做澄清啤酒的过滤材料，还可做牙膏中的温和研磨剂。

现已发现硅藻有12 000种，主要为海生，大多数属于浮游生物。硅藻门包括中心硅藻纲和羽纹硅藻纲（图5.3）。

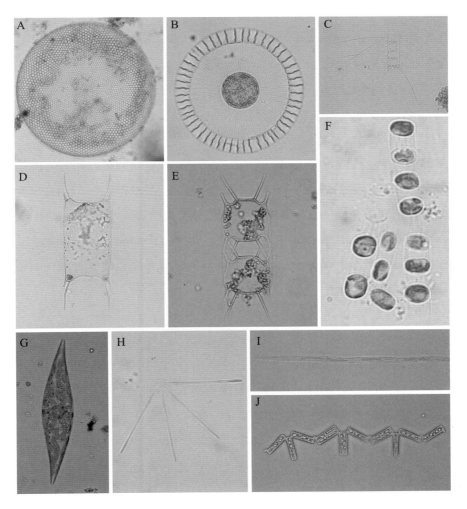

A. 虹彩圆筛藻（*Coscinodiscus oculusiridis*）；B. 太阳漂流藻（*Planktoniella sol*）；C. 劳氏角毛藻（*Chaetoceros lauderi*）；D. 中华齿状藻（*Odontella sinensis*）；E. 活动齿状藻；F. 中肋骨条藻（*Skeletonema costatum*）；G. 海洋曲舟藻（*Pleurosigma pelagicum*）；H. 佛氏海线藻（*Thalassionema frauenfeldii*）；I. 尖刺伪菱形藻（*Pseudonitzschia pungens*）；J. 菱形海线藻（*Thalassionema nitzschioides*）

图5.3 硅藻门（A～E，G～J董树刚供图；F孙世春供图）

1. 中心硅藻纲（Centricae）

中心硅藻纲物种细胞呈圆盘形、圆柱形、三棱形、多棱形。硅质壳花纹辐射对称排列。细胞外面有突起和刺毛。没有壳缝或假壳缝，不能运动。中心硅藻纲物种大多分布于海洋中，淡水种类很少。本纲包括圆筛藻目（Coscinodiscales）、盒形藻目（Biddulphiales）和管状硅藻目（Rhizosoleniales）3个目。圆筛藻目代表种如中肋骨条藻（*Skeletonema striata*）和线形圆筛藻（*Coscinodisus lineatus*）；盒形藻目代表种如并基角毛藻（*Chaetoceros decipiens*）和中华盒形藻（*Biddulphia sinensis*）；管状硅藻目代表种如笔尖形根管藻（*Rhizosolenia styliformis*）。

2. 羽纹硅藻纲（Pennatae）

羽纹硅藻纲物种为单细胞或单细胞个体接成的丝状群体。壳面线形、椭圆形至披针形，花纹左右对称。有壳缝或管壳缝。色素体一般两块，片状，位于细胞带面两侧。通常为自由行动的底栖种类，浮游生活者很少。本纲包括无壳缝目（Araphidinales）、单壳缝目（Monoraphidinales）、双壳缝目（Biraphidinales）和管壳缝目（Raphidionales）4个目。无壳缝目代表种如长毛海藻（*Thalassiothrix longissima*）；单壳缝目代表种如三角褐指藻（*Phaeodactylum tricornutum*）；双壳缝目代表种如诺氏曲舟藻（*Pleurosigma normanii*）；管壳缝目代表种如尖刺拟菱形藻（*Pseudonitzschia pungens*）。

（二）甲藻门（Pyrrophyta）

甲藻多数物种为单细胞藻类，细胞球形或卵形。大多数甲藻具有纤维素构成的细胞壁（少数裸露无壁），也叫壳，由许多具有花纹的甲片相连而成。壳分上壳和下壳两部分，在两部分之间有一横沟，与横沟垂直还有一纵沟。在两沟相遇处生出两根鞭毛，一根缠绕着细胞中部的横沟，另一根自由摆动，这是甲藻一个最突出特点。鞭毛可以使甲藻在任何方向上运动。色素体1个或多个，含叶绿素a、叶绿素c、胡萝卜素和叶黄素等多种色素。海水甲藻光合产物主要是脂类，淡水甲藻光合产物主要是淀粉。

甲藻主要通过简单的细胞分裂繁殖，或是在母细胞内产生无性孢子，进行孢子生殖；有性繁殖仅发现于少数种类。甲藻在海岸附近大量繁殖，形成藻华使海水颜色变红，即赤潮。有些甲藻会释放毒素，因此，赤潮期间捕获的海产品可能具有毒性。

根据国际上最新的分类系统，甲藻门藻类统一划分归为甲藻纲，包括18个目，超过3 000个物种。其中，代表类群为多甲藻目（Peridiniales）、原甲藻目（Prorocentrales）、膝沟藻目（Gonyaulacales）、鳍藻目（Dinophysiales）和裸甲藻目（Gymnodiniales），它们都是海洋甲藻的常见类群（图5.4）。《中国海藻志》（第六卷甲藻门甲藻纲角藻科）记述了我国海域角藻科94种（含变种、变型），《中国海洋生物名录》收录的我国海域甲藻物种有6目22科43属302种（含变种、变型）。

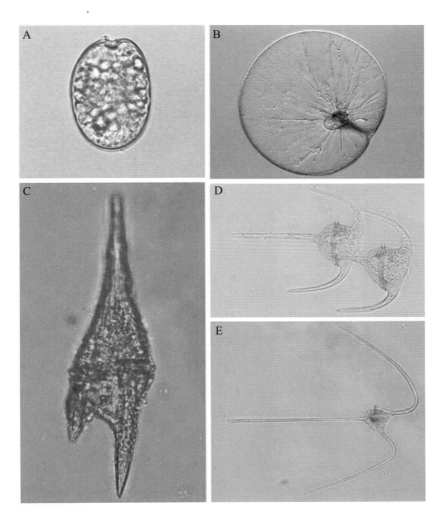

A. 原甲藻（*Prorocentrum* sp.）；B. 夜光藻（*Noctiluca scintillans*）；C. 叉状角藻（*Ceratium furca*）；D. 三角角藻；E. 大角角藻（*Ceratium macroceros*）

图5.4　甲藻门（A自Liu等，2017；B～D董树刚供图）

（三）蓝藻门（Cyanophyta）

　　蓝藻物种是单细胞、丝状体或非丝状的群体，是地球上出现最早的自养生物，在生物进化中具有重要地位。蓝藻是原核生物，没有完整的细胞核结构，没有核膜和核仁，仅有核质体集结在细胞的中央区，这是蓝藻与其他藻类最大的区别。蓝藻细胞壁两层，内层为固有膜，外层为胶质鞘，胶质鞘的形态结构是蓝藻分类的依据。蓝藻体内含有多种色素，包括叶绿素a、β-胡萝卜素、叶黄素、玉米黄素、藻胆蛋白（藻蓝蛋白、藻红蛋白和别藻蓝蛋白）等。因所含色素种类和比例不同，蓝藻呈现不同的颜色。由于藻体细胞内没有叶绿体，各种色素分散在细胞质内。蓝藻通过细胞分裂、营养繁殖或产生非运动性孢子如异形胞、厚壁孢子等进行繁殖。

蓝藻属广温性类群，广布于世界各大海区。据资料统计（截至2004年），现存的海生蓝藻约有2 000种。蓝藻门下分4个目：颤藻目（Oscillatoriales）、色球藻目（Chroococcales）、念珠藻目（Nostocales）和真枝藻目（Stigonematales）。据《中国海藻志》（第一卷蓝藻门）记载，我国海域内报道的蓝藻物种有4目22科13亚科52属123种，其中有些物种藻体较大，如刷状习藻 [*Caldora penicillata*（Gomont）Engene, Tronholm & Paul] 可达2.5 cm，巨大鞘丝藻（*Lyngbya majuscula* Harvey ex Gomont）丝体长可达5 cm，海苞菜（*Brachytrichia quoyi* Bornet & Flahault）藻体直径也可达5 cm。

（四）红藻门（Rhodophyta）

红藻物种主要为多细胞体，形态多样，根据藻体结构可大致划分为3种类型：进化地位较低的红藻、进化地位较高的红藻以及处于二者之间的红藻。进化地位较低的红藻主要是由单列细胞组成的简单无分支或具有分支的丝状红藻；进化地位较高的红藻，藻体已有薄壁组织结构，有皮层和髓层的分化；中间类型的红藻，藻体由丝状体组成，分为单轴和多轴两种类型。红藻体内含多种色素，包括叶绿素a、β-胡萝卜素、叶黄素、玉米黄素、藻胆蛋白，其中藻红蛋白是藻胆蛋白的主要成分，含量较高。藻胆蛋白的3种成分在细胞中含量不同，因而藻体呈现不同的颜色，从鲜红色到紫红色不等。红藻的光合作用产物为红藻淀粉，通常为小颗粒，附着在叶绿体上或分布于细胞质中。一般认为，红藻的生长方式大多为顶端生长，少数为居间生长或散生长。红藻的生殖方式包括无性繁殖和有性繁殖。有性繁殖方式为卵式生殖，雄性繁殖结构为精子囊，可产生不动精子；雌性生殖结构为果胞。红藻生活史中都有果孢子体和配子体，部分具有孢子体。

据可考证的化石证据，红藻的出现可追溯至12亿年前，是最古老和进化最为成功的真核生物类群之一。红藻门是大型海藻中最大的一个类群，迄今已有记载的红藻超过7 000种，且分布广泛，遍布于世界各大洲、大洋，甚至极地也有它们的分布，是水生环境的重要成员。我国报道的红藻门海藻有14目39科166属569种及变种，隶属于红毛菜纲和真红藻纲。

1. 红毛菜纲（Bangiophyceae）

该纲的藻体简单，主要为单细胞、丝状或膜状，细胞单核；生长方式为散生长或顶端生长，缺乏胞间联丝，但在紫菜丝状体阶段（conchocelis phase）存在类胞间连丝（孔状连丝），叶绿体呈星状，位于细胞中央或呈片状分布在细胞的侧壁；线粒体和高尔基氏体有时紧密地贴在一起。红毛菜纲大多数物种的有性生殖不甚清楚，如存在有性生殖，可具有单倍和双倍的生活史，但缺乏四分孢子体，它们可能是等世代生活史或不等世代生活史。无性生殖主要通过产生单孢子，单孢子囊既可以是局部的营养细胞转化而成，也可以是整个的营养细胞转化而成。单孢子一般比营养细胞颜色更深，肉眼可以鉴别出来。有性生殖的雌性生殖细胞称为果胞，雄性生殖细胞称为精子，由营养细胞转化形成。红毛菜目紫菜属物种的果胞在形态上几乎与营养细胞相同，只是在果胞的一端或两端出现轻微的突起，称为原始受精丝，受精后可分裂成4、8、16或32个果孢子。

2. 真红藻纲（Florideophyceae）

红藻门以真红藻纲物种数最多，藻体结构也更为复杂。该纲物种多数生长于岩石上，少数附生于其他藻体上。藻体多为中小型个体，形态多样，为膜状体、假膜体或丝状体。细胞间具有孔状连丝。多数物种细胞内含有侧生的带形或盘形叶绿体。细胞具有单核或多核，但顶端细胞和生殖细胞仅有单核。藻体生长方式多为顶端生长。无性繁殖由孢子体经减数分裂产生四分孢子。普遍具有有性繁殖，果胞具有分化高级的受精丝，1个精子囊只产生1个精子，合子发育成果孢子体，由果孢子体产生果孢子，再发育成孢子体。

（五）绿藻门（Chlorophyta）

绿藻门物种的藻体多为绿色，外部形态多样。细胞壁含有纤维素和果胶，叶绿体所含色素主要为叶绿素a、叶绿素b、叶黄素及胡萝卜素等；此外，叶绿体内还含有淀粉核，光合作用的产物为淀粉。因为这些特征与高等维管束植物相似，所以从进化角度看，绿藻门可能与高等维管束植物的亲缘关系更接近。

根据生殖细胞的形态结构和生殖方式的不同，绿藻门可以分为两个纲：绿藻纲（Chlorophyceae）和接合藻纲（Conjugatophyceae）。我国海生绿藻只有绿藻纲。

绿藻纲的藻体形态多样，既有游动或不动的单细胞体和多细胞体，也有分支或不分支的丝状体，还有叶状或管状的多核体。藻体具有单个或多个细胞核。叶绿体形态各异，有片状、星状、网状、环状或粒状，侧生或中轴生。运动细胞具有鞭毛，一般为两根等长顶生鞭毛，少数为4根，此外还有1根、6根、8根鞭毛，甚至还有一轮环状排列的鞭毛。生殖方式包括无性繁殖和有性繁殖，无性繁殖产生不动孢子、游孢子、厚壁孢子或营养繁殖；有性繁殖多为同配或异配生殖，少数为卵式生殖。

（六）褐藻门（Phaeophyta）

褐藻门物种藻体多呈褐色，均为多细胞藻体，形态结构复杂多样。较为简单的藻体由单列细胞组成分支丝状体，进化地位较高的藻体有类似根、茎、叶等器官的分化，内部一般具有表皮、皮层和髓部组织的分化。藻体细胞壁分为两层，内层为纤维素，外层为藻胶质。藻胶质中以褐藻胶居多，褐藻糖胶次之。叶绿体多为粒状、侧生，除含有叶绿素、胡萝卜素外，还含有特有的褐藻黄素（岩藻黄素），所以藻体通常呈现褐色。光合作用的产物主要为褐藻淀粉和甘露醇。褐藻的繁殖方式有3种，分别为营养繁殖、无性繁殖和有性繁殖。营养繁殖又可分为营养体繁殖和藻体断折，如漂浮马尾藻［*Sargassum natans*（Linnaeus）Gaillon］通过藻体断折形成新的个体；无性生殖多为孢子生殖，通常由单室孢子囊或多室孢子囊产生梨形具两根鞭毛的游动孢子进行繁殖，少数种类可形成不动孢子；大多数物种可进行有性生殖，生殖方式多样，包括同配、异配和卵式生殖等。孢子和配子均为梭形或梨形，两根不等长的侧生鞭毛，其中一根为茸鞭型鞭毛。大多数褐藻的生活史中具有世代交替，包括等世代交替和不等世代交替。藻体多营定生生活，都有"固着器"。褐藻门已知的约有250个属1 500种，几乎全部生活于海洋。我国海洋褐藻门有1纲13目28科74属378种及变种。

三、习性与分布

海藻是一种原始的单细胞或者多细胞的生物体，在长期的进化和适应过程中，不同的藻类占据不同的生态位进行生长和繁殖。我国海岸线绵长，纵跨北冷温带、北暖温带、北亚热带、热带4个海洋温度带，沿岸基质类型可分为礁石、沙砾、红树林和珊瑚礁等，蕴藏了丰富的海藻资源。海藻物种间的差异极大，其习性与分布也各不相同。因此，认识海藻的垂直分布、区系分布、不同世代分布以及环境因子对其分布的影响对研究海藻生态系统尤为重要。

（一）垂直分布

垂直分布是指海藻沿着潮带分布的情况。潮带一般分为潮上带、潮间带和潮下带3部分。大多数海藻固着生长于沿海的岩石、沙砾等基质上或石沼中，沿潮上带至潮下带分布的大型藻类主要依次为蓝藻、绿藻、褐藻和红藻，不同潮带之间具有混杂或过渡分布区。潮上带海藻种类较少，只有少量抗逆海藻的分布；潮间带海藻物种丰富，主要由绿藻、褐藻和部分红藻组成；潮下带则主要分布着大型的褐藻和红藻。

同一属不同物种的海藻，其分布也有所不同。例如，紫菜多生长在潮间带的礁石或其他附着基上，其中长紫菜［*Pyropia dentata*（Kjellman）N.Kikuchi & M.Miyata］生长于干潮线附近，直至浪花所能达到的地方也有少量分布；甘紫菜（*Porphyra tenera* Kjellman）至满潮线30 cm附近开始生长直到干潮线附近，干潮线以下也能生长。

海藻对光能的利用能力不同，其垂直分布范围也不相同。与陆地植物类似，根据生态学特征的不同可将海藻分为阳生型和阴生型。阳生型海藻的光合作用速率在一定范围内随着光强的增加而增强，可以有效地利用高光进行光合作用，如大型绿藻浒苔（*Ulva prolifera* O.F.Müller）、石莼（*Ulva lactuca* Linnaeus）和大型红藻紫菜、海萝［*Gloiopeltis furcata*（Postels & Ruprecht）J.Agardh］（图5.5）等。这些海藻一般生长在潮间带，退潮时藻体暴露于空气中，接受太阳辐射。最近有研究报道，退潮时暴露于空气中的海藻可以利用阳光和空气中的二氧化碳短暂进行光合作用。然而，若暴露时间过长，由于水分的蒸发造成高渗环境，光合作用受到限制，藻体进入休眠状态。当涨潮时，藻体重新浸没于海水中，可在短时间内恢复生理活性，重新获得水分和营养盐进行生长。因此，大型海藻中阳生型海藻光合作用最强。阴生型海藻可以

图5.5　生长于潮间带上部岩石上的大型海藻——海萝（2015年1月拍摄于青岛汇泉湾）

通过增加叶绿素含量有效地利用弱光进行光合作用，如大型褐藻海带、裙带菜、铜藻〔*Sargassum horneri*（Turner）C.Agardh〕等，主要生长在大干潮线以下，一般不会露出水面。这些海藻的生长过程需要足够的光照来进行光合作用，但是过强的光照又会抑制藻体的生长，所以其适宜生长水层有一定的范围。除了与水深有关之外，还与海水的透明度有关。如在海带的原产地日本北海道，海水清澈，透明度高，海带可以生长在水深6～15 m处的潮下带；在同纬度的我国海区，海水相对比较混浊，透明度低，海带适宜生长在水深1～3 m的潮下带。阳生型和阴生型海藻在生态区域中有着不同的分布，既可保证藻体自身的生长和繁殖，同时还确保了近海生态系统的平衡和循环，促进了海区的生物多样性。

（二）区系分布

区系分布即水平分布，是指海藻在不同纬度的分布情况。曾呈奎等曾建议将我国海藻区系划分成4个区系：黄海西部、东海西部、南海北部及南海南部。夏邦美等认为我国三沙市南海诸岛底栖海藻区系具有一定的独立性及明显的热带性，南海诸岛将共同组成南海南部海藻区系中的珊瑚岛海藻区系。

海藻物种繁多，有些种类适应范围较广。如红藻门的紫菜是一种广温性的海藻，北起辽宁南至广东的沿海，均有分布，其中圆紫菜〔*Porphyra suborbiculata*（Kjellman）Sutherland, Choi, Hwang & Nelson〕分布最广，我国的南北海岸都有生长，甘紫菜在沿海分布也较普遍。同样，绿藻门的浒苔也为世界性的温带种，可全年生长，分布于潮间带的石沼中或岩石上，产于我国各海区。然而，有些海藻的分布具有明显的地理特异性，如边紫菜（*Porphyra marginata* Tseng et Chang）仅产于辽东半岛和山东半岛沿海。据统计，黄海沿岸的特有属最多，有29属，绝大多数为亚寒带和较典型的冷温带物种；南海区系的特有属也较多，有11属，大多为热带性的物种，各海区的特有物种说明了该海藻区系与其他海藻区系存有区别。

除了各个海区具有特有种属之外，许多海藻的分布有一定的界限。黄海沿岸常见的一些冷温种可分布到浙江沿海，如红藻门的日本异管藻（*Heterosiphonia japonica* Yendo）、鸭毛藻〔*Symphyocladia latiuscula*（Harvey）Yamada〕等；许多暖水性海藻向北的分布也有一定的界限，如红藻门的殖丝藻〔*Ganonema farinosum*（Lamouroux）Fan et Wang〕和鲜奈藻（*Scinaia boergesenii* Tseng）等是以海南岛为其分布北界，红藻门的纤丝乳节藻（*Galaxaura filamentosa* Chou）和凝花菜〔*Gelidiella acerosa*（Forsskål）Feldmann et Hamel〕以台湾岛为其分布北界。总体而言，在各海区褐藻门海藻的种类自北向南分布逐渐减少，而绿藻门和红藻门海藻的种类则逐渐增多。

（三）不同世代分布

大多数真核海藻可进行有性生殖，生活史具有孢子体世代和配子体世代交替出现的现象。依据其生活史中孢子体和配子体的形态、大小、构造和生活独立性，绝大多数大型海藻的生活史主要集中在等世代交替和不等世代交替两种类型中。等世代交替是指孢子体世代和配子体世代具有同等优势，孢子体和配子体外表形状、大小、构造等特征几乎完全一样，并且都能进行光合作用，独立生活。然而，两者细胞中染色体数量上有二倍体和单倍体的区别，这种类型只见于藻类植物，如绿藻门的石莼属、红藻门的江蓠属等。不等世代交替是指孢子体和配子体外表悬殊：一类是孢子体世代占优势，典型代表为海带，海带生长的宏观阶段是孢子体，孢子体一般为两年生，而配子体藻体很小，生活时间很短，在适宜的条件下两周即可成熟；另一类是配子体世代占优势，如大型红藻条斑紫菜［*Pyropia yezoensis*（Ueda）Hwang & Choi］和坛紫菜［*Pyropia haitanensis*（Chang & Zheng）Kikuchi & Miyata］，其叶状体是宏观的配子体世代。

对于生活史为同型世代交替的海藻而言，其孢子体和配子体占据同样的生态位，两者的习性和分布基本一致。然而，对于异型世代交替的海藻而言，孢子体和配子体形态各异，对环境的适应能力不同，其习性和分布存在着一定的差异。以紫菜为例，其宏观世代的单倍叶状体具有极强的抗逆性，据报道，在白天退潮时，大多数紫菜藻体失水85%～95%，同时伴随着高渗、高光等胁迫，一旦藻体浸没到海水中，仍可快速复苏。紫菜丝状体则不同，对环境要求较高，因其具有溶解碳酸钙的特殊能力，所以钻入含有石灰质的贝壳中"度夏"并进行生长。相对于叶状体来说，紫菜二倍丝状体可以耐高温，但是对于高光和失水的耐受力很低，在太阳光下照射5分钟或干出30分钟都会造成紫菜丝状体的死亡。

（四）影响海藻分布的因素

海藻的分布与多种生态因素有关，如温度、盐度、pH、营养盐和含氧量等，但水温是决定海藻区系特征的最重要因素。我国沿海海藻的分布呈现从北向南冷水种和冷温种逐渐减少、暖水种逐渐增多的变化规律，充分说明了温度的重要性。

大多数海藻固着生长于沿海的岩石等基质上或石沼中，但是也有一部分呈漂浮生长。例如，当绿潮暴发时，许多大型海藻（主要是绿藻）在海面上漂浮并伴随着生物量的快速增加，造成严重的生态灾害。引起绿潮的海藻物种有很多，主要包括石莼属、硬毛藻属（*Chaetomorpha*）和刚毛藻属（*Cladophora*）等。这些海藻在漂浮过程中，受到许多环境因素的影响，如温度、盐度、洋流、营养盐等。一般认为，海水的富营养化是导致绿潮暴发的最重要原因，无机营养盐丰富如氮、磷等为藻体的大量繁殖提供了充足的物质基础。另外，在绿潮暴发时，其他一些合适的环境因素（如光照、温度和降水量等）也起到了重要的作用。有研究认为，几种可以形成绿潮的大型绿藻，如硬毛藻［*Chaetomorpha linum*（Müller）Kützing］、扁浒苔（*Ulva compressa* Linnaeus）和缘管浒苔（*Ulva linza* Linnaeus）等，其最高生长速率均出现在水温15℃～20℃。对2009年和2010年黄海绿潮暴发的比较研究表明，这两年最早观测到漂浮浒苔时的水温分别为11.7℃和14.4℃，大面积绿潮形成时的水温分别为17℃和17.5℃，也说明了温度在绿潮的形成过程中的重要性，所以绿潮暴发与温度的升高具有明显的相关性。除了自然分布之外，海藻还有人为干涉的栽培活动，藻类栽培不但提高了海藻的生物量，创造了巨大的经济价值和社会效益，同时还可改善海洋环境，形成生态效益。海藻栽培受多种环境因素的限制，其中苗种的培育起到了关键的作用。海藻自然种群产生的生殖细胞在遗传上是有差别的，在成体上表现出性状分离现象，以海带为例，表现为个体生长发育速度不同、对高温适应能力不同、对碘的吸收与积累不同等，为新品种的选育提供了遗传学基础。海带原产于日本北海道，20世纪30年代引至我国大连，后又引至山东半岛的烟台和青岛，不但在这些海区栽培取得成功，同时在部分海底发现了海带的自然繁殖。特别值得一提的是，以曾呈奎为代表的老一辈海藻学家发明了海带夏苗培育技术，实现了海带南移栽培，进一步扩大了我国海带的养殖区域。到目前为止，北起辽宁大连，南至广东汕头都实现了海带的栽培。

四、藻类系统发生

人们认识藻类的历史悠久，早期分类学家根据藻类形态特征将其作为植物界的一大类群。18世纪中期，林奈将植物界划分为四大类：藻类、真菌、苔藓和蕨类。19世纪后期，恩格勒系统中藻类作为1个纲隶属于隐花植物类、原植体植物门（菌藻植物门）。以后，在很长时间内藻类学家和植物学家发现越来越多的物种，并统称为藻类，如何对这一类群进行系统分类就成为一个亟待解决的问题。Blackmann提出了著名的并行进化理论：假定藻类的共同祖先为一种原始的无色鞭毛类，不同色素组成的藻类进化速率不同而导致藻体形态有明显的差别。

20世纪60～80年代，藻类超微结构和分子系统学揭示了许多新现象，发现了许多藻类的新类型。在此基础上，针对藻类系统发育过程出现了许多新理论，其中最主要的是真核藻类起源于内共生，这一理论称为"内共生学说"。目前，国内外出版的有影响力的藻类学著作中关于藻类的演化均以"内共生学说"作为理论依据。

根据"内共生学说"，藻类可划分为4个类群。

第一类群是原核藻类，即蓝藻，其特征是细胞内不含细胞核，含有叶绿素a和藻胆蛋白。

第二类群属于真核藻类，如硅藻。该类群藻体含有叶绿体，且叶绿体具有两层膜。这些藻类是由需氧吞噬型原生生物吞噬蓝藻演变而来。原生生物含有线粒体和过氧化物酶体，靠吞噬蓝藻来维持生命活动。然而，由于某些原因，少数原核蓝藻细胞留在原生生物细胞质内，成为内共生体。这样的内共生对双方都有利，一方面原生生物为蓝藻提供了一个更加稳定的细胞质环境，另一方面共生蓝藻的光合作用产物为宿主——原生生物提供了所需的营养。最终在进化的过程中，该共生蓝藻的质膜成为叶绿体内膜，宿主的食物泡膜成为叶绿体外膜。灰色藻门（Glaucophyta）代表了此进化过程的中间阶段，其内共生体还没有完全演变成叶绿体，光合作用由内共生蓝藻完成。红藻门和绿藻门则代表了这一进化途径的完整阶段，其内共生体演变为成熟的叶绿体。红藻门的物种含有叶绿素a/b和藻胆蛋白，无鞭毛，光合产物为红藻淀粉。绿藻门的物种含有叶绿素a/b，光合产物为淀粉，存储在叶绿体内。

第三类群包括裸藻门（Euglenophyta）和甲藻门（Dinophyta）。裸藻门物种含有叶绿素a/b，只有1根鞭毛，储存物质为裸藻淀粉。甲藻门物种含有叶绿素a/c_1，通常细胞由横沟分隔为上锥部和下锥部，多数有鞭毛。这些藻类的叶绿体具备3层膜。这一类群的进化途径最早由Robert Edward Lee（1977）提出。吞噬型原生生物吞噬真核藻类的叶绿体，进入食物泡。通常情况下，叶绿体是原生生物的食物。然而，在特殊情况下，叶绿体作为共生体保留在原生生物的食物泡中。宿主的食物泡膜演变为裸藻门和甲藻门藻类叶绿体的第3层膜。

第四类群的藻类叶绿体具有4层膜，包括隐藻门（Cryptophyta）、异鞭藻门（Heterokontophyta）、普林藻门（Prymnesiophyta）。隐藻门物种含有叶绿素a/c和藻胆蛋白，核形体在叶绿体的第3层和第4层膜之间，储藏物质淀粉以粒状的形式在叶绿体第2层和第3层膜之间，周质体在细胞膜内。异鞭藻门物种则含有叶绿素a/c和岩藻黄素，储存物为金藻昆布多糖，鞭毛有尾鞭型和茸鞭型。同异鞭藻门类似，普林藻门物种也含有叶绿素a/c和岩藻黄素，储存物为金藻昆布多糖，然而该门物种有两条尾鞭型鞭毛，也有附着鞭毛。该类群的藻类是由二次内共生进化而来。首先，吞噬型原生生物吞噬了能进行光合作用的真核藻类，该光合藻类共生在原生生物的食物泡内。食物泡内环境呈酸性，含有大量的二氧化碳，而内共生光合藻类含有核酮糖二磷酸羧化/加氧酶（RuBisCo），可将二氧化碳作为碳源进行光合作用。食物泡膜最终和宿主的内质网融合，演变为叶绿体的第4层膜，其外表面有核糖体。通过进化，共生体的线粒体丢失，原生生物体内的线粒体完全取代了共生体内的线粒体。同时，调控共生体的某些基因转移到宿主细胞核内，共生体细胞核减小、功能减少。如隐藻门藻类具有核形体，即共生体退化的细胞核，异鞭藻门和普林藻门藻类的核形体进一步退化，直至完全消失。

第二节　海草

一般认为，海草是海藻登陆进化成为高等维管植物后，随着地球环境的演变尤其是海平面的升高，重返海洋的结果。因此，海草具有陆地单子叶植物的生物学特点，同时又特化出适应海洋环境的一些结构特征，如通气组织。

一、一般特征概述

海草是一类完全适应海洋环境的水生高等被子植物，具有根、茎、叶的分化，在分类上属于单子叶植物。海草在海洋中营沉水生活，并在海水中完成开花、传粉和结果等整个生活史过程。与海洋藻类相比，海草植株因具有维管束等输导组织，所以具有相对发达的机械支持系统。在长期的演化过程中，海草为适应海洋环境进化出了一些抵抗潮汐与海浪的特殊结构，如具有发达的根状茎并与沉积物紧密结合在一起，增强植株的固着力。海草的根一般从根状茎的基部长出，多呈肉质并具有一定的厚度。海草的叶片扁平，通常为丝带状、卵圆形、圆柱形等，能在海水中随水流摆动以接受充足的阳光。海草的花器官一般较小，花瓣呈白色，生于叶簇基部，部分海草物种极少开花，花药及柱头较长，花粉呈球形或细长，成熟后通常以胶状团的形式释放，随水流进行传粉。某些海草物种的花也可伸出水面。大多数海草雌雄异株，少数物种为雌雄同株，即便是雌雄同株的物种由于雌蕊早熟，难以同株授粉或同花授粉。海草具有典型的水生植物所特有的组织结构，即通气组织，属于一种特化的薄壁组织，由规则排列的气道或腔隙构成，以利于叶片的漂浮并保持直立，同时便于气体交换。海草的维管束高度不发达，叶表皮具有叶绿体。

　　海草的生长速度和寿命与其大小成反比，个体越小的海草，生长速率越快，寿命越长。所有的海草都具地下茎，且能进行无性繁殖，大多数海草主要通过地下茎的延展以形成草甸，尽管海草可进行有性繁殖，但无性繁殖似乎成为海草繁殖的重要方式。

　　海草与海藻生活在类似的海洋环境中。海藻是低等的海洋植物，结构相对简单，呼吸消耗较低，因此，在相似的海洋环境中海藻往往比海草具有更强的竞争优势。尽管如此，海草群落具有独特的功能，因为海草群落是地球上现存的生产力最高的植物群体之一，其生产力可以与生物多样性极高的珊瑚和红树林群落相媲美。另外，海草还具有极其重要的生态功能，在近岸海底形成的海草群落不仅可以为一些重要的海洋动物提供食物、栖息地和育幼场所，提高浅海海域的生物多样性，而且能降低波浪和水流对海底基质的扰动，从而保持海水的透明度，还可起到防止海岸侵蚀的作用。因此，海草是近海生态系统中重要组成部分。

二、习性与分布

　　海草主要生长在低潮带和浅海的泥滩、沙洲以及珊瑚礁上，具有地下茎，且通过地下茎进行无性繁殖。因此，在自然环境中海草通常丛生，并形成群落（图5.6）。由于受到水体中光照条件的限制，海草一般生长在水深小于30 m处。大部分海草生长在潮下带，但部分物种如大叶藻（*Zostera* spp.）、虾海藻（*Phyllospadix* spp.）和二药藻（*Halodule* spp.）则生长在中潮带，在极端情况下有些海草甚至可以在深达50 m的水下生存繁衍。

　　为适应水体中低CO_2浓度的环境条件，很多水生大型植物进化出可有效利用

图5.6　大叶藻（箭头所指；2016年10月拍摄于青岛汇泉湾）

水中较高浓度的碳酸氢根的能力，海洋大型植物同样如此。海草中的许多种类都介于C3植物与C4植物之间，具有一定的二氧化碳浓缩系统。很多海草都具有利用水中的碳酸氢根的能力，其通过在叶片表面附近形成一层极薄的酸性不流动水层利用碳酸氢根，此酸性区域的存在促进了碳酸氢根向二氧化碳的转化。但是，与同样生活在海水中的大型藻类相比，海草的光合作用受到海水中可利用碳源浓度的严重制约。

海草生长在浅海区，易受自然因素（飓风、潮汐等）和人类活动（废水处理、海水淡化等）的影响，因此海草进化出一定的抗逆功能。如在盐度10、20和40，矮大叶藻的光合活性几乎没有显著变化，但在盐度为60的高盐中，其光合活性显著下降，但光化学淬灭（NPQ）值升高，表明矮大叶藻可以通过调节来进行自身保护。

根据现有资料，海草在全球有十大分布区域，分别是北太平洋区、智利区、北大西洋区、加勒比海区、西南大西洋区、东南大西洋区、地中海区、南非区、印度洋–太平洋区和南澳大利亚区。我国北方海域的海草属于中北太平洋区，主要分布在辽宁、河北和山东等近海，代表物种主要为大叶藻（*Zostera marina*）。我国南方的海草属于中印度洋–太平洋区，主要分布在福建、台湾、广东、香港、广西、海南和西沙群岛等海域，其中广东、广西的海草代表性物种为喜盐草（*Halophila ovalis*），海南和台湾则以泰来藻（*Thalassia hemprichii*）为优势种。

三、分类

全球范围内共有59种海草，隶属于4个科12个属。我国共发现20种，隶属大叶藻属（*Zostera*）、喜盐草属（*Halophila*）、川蔓藻属（*Ruppia*）、虾海藻属（*Phyllospadix*）、丝粉藻属（*Cymodocea*）、二药藻属（*Halodule*）、针叶藻属（*Syringodium*）、泰来藻属（*Thalassia*）、海菖蒲属（*Enhalus*）和全楔草属（*Thalassodendron*）等10个属。

海草是草本植物，具有根、茎、叶的分化，茎又包括直立茎和地下茎。根据海草的形态可分为3个类群。第一类群的海草无舌形叶，但在其地下茎结节处生有1对有柄叶或在直立茎的远端结节处生有2片至多片小叶。这个类群只包括喜盐草属（*Halophila*），其直立茎在海草植物中最短，如贝克喜盐草（*H. beccarii*）和小喜盐草（*H. minor*）的直立茎还不到1 cm。第二个类群的海草具有明显的直立茎，且在直立茎的顶端生有舌形叶片。此类群包括水鳖科（Hydrocharitaceae）的泰来藻属（*Thalassia*）和丝粉藻科（Cymodoceaceae）的所有属。第三个类群的海草无可见的直立茎，但在地下茎结节处生有舌形叶。此类群包括水鳖科（Hydrocharitaceae）的海菖蒲属（*Enhalus*）、波喜荡科（Hydrocharitaceae）和大叶藻科（*Zosteraceae*）的所有属。该类群中大叶藻属的部分物种的叶片长达10 cm，海菖蒲属的叶片长度达1 m甚至更长。下面，介绍几种常见海草。

（一）大叶藻（*Zostera marina*）

大叶藻为多年生海洋植物，具有地下茎，直径为2～4 mm；地下茎的节间伸长，为10～35 mm，每节生有1片先出叶，节上生有须根。直立茎呈管状，稍扁，分支稀疏，颜色为淡绿色。先出叶只有叶鞘而无叶片，叶鞘长度为2～5 mm，为膜质，半透明状，呈闭合的套管状，顶端钝，腹侧稍微凹陷，具有3条叶脉。其营养枝较短，具有3～8片叶；叶鞘也为膜质，呈管状，长度为5～15 cm。叶片为线性，长度可达50 cm以上，宽度为3～6 cm，全缘，先端钝圆或稍微具有突尖；初级叶脉为5～7条，中脉于顶端稍微加宽，并与侧脉在叶端下面连接在一起，呈拱形；次级叶脉间隔为1.5～5 mm，与初级叶脉接近垂直或稍微倾斜上升。生殖枝长度可达1 m，分支稀疏，具有多个佛焰苞，佛焰苞的梗呈扁平状，宽度为1～2.5 mm。肉穗花序，长度为4～6 cm，穗轴呈扁条形，雄蕊的花药长为4～5 mm，宽度约1 mm，通常情况下无苞片状的附属物；雌蕊的子房长为2～3 mm，花柱长为1.5～2.5 mm，柱头一般为2个，刚毛状，长约3 mm。果实椭球形至长球形，长度约4 mm，具喙；外果皮为褐色，通常为干膜质或近革质，具有纵纹。种子为暗褐色，具有清晰的纵肋。

（二）喜盐草（*Halophila ovalis*）

喜盐草也具有地下茎，其地下茎柔软细长，不分支，容易折断。节间长为1～5 cm，直径约1 mm，每节生细根1条或多条，具有2枚鳞片，鳞片为膜质，透明，近圆形。叶一般无柄，也有的有柄，叶柄长为1～4.5 cm，叶片为线形、披针形、椭圆形或卵圆形，颜色为淡绿色，且有褐色斑纹，长度为1～4 cm，宽为0.5～2 cm，叶全缘或有锯齿。叶脉为3条，中脉明显，缘脉2条，中脉与缘脉间以横脉相连。喜盐草雌雄同株或异株，花为单性花，具有由2枚苞片组成的佛焰苞，苞片为膜质，呈椭圆形。雄花具有3枚被片，呈覆瓦状排列，雄蕊3枚，与花被互生；花药被分割成2～4室，花粉为球形，通常多粒花粉粘连成链状；雌花无梗或几乎无梗，具有线形的花柱3～5枚，花柱细长，每个花柱具有3个柱头，呈细丝状，长度为2～3 cm，子房1室，通常略呈三角形，长度为1～1.5 mm，子房上生有3枚极小的退化的花被片。果实为卵形，直径为3～4 mm，具有喙，长度为4～5 mm，果皮为膜质，种子少数至多数，为球形或近似球形，直径一般小于1 mm，种皮具有疣状凸起与网状的纹饰。花期为每年11～12月。

（三）泰来藻（*Thalassia hemprichii*）

泰来藻为多年生海洋大型被子植物，能在水中完成整个生活史。泰来藻的根具有纵向气道；茎包括地下茎和直立茎，地下茎匍匐生长，节与节间存在不定根；直立茎一般从地下茎的节处长出，直立茎的节间较短，节呈环纹状密集排列。叶略呈镰刀状弯曲，长度6~12 cm，有时可达40 cm，宽度为4~8 mm，叶的基部具有膜质的鞘。泰来藻一般为雌雄异株，雄株花序具有2~3 cm长的花柄，雄性佛焰苞由2个苞片组成，雄花1枚，包含在佛焰苞内，具有3片花被，裂片为花瓣状，呈卵圆形，雄蕊一般为3~12枚，大多数情况下是6枚，雄蕊的花丝较短；雌花的佛焰苞内有内花1朵，无花梗，具有3片花被，6枚花柱，柱头2裂，长度为10~15 mm，子房为圆锥形，侧膜胎座。果实近球形，颜色淡绿，长径为2~2.5 cm，短径为1.8~3.2 cm，果实由顶端开裂成8~20个果爿，果爿向外卷，厚度为1~2 mm。种子数目较多。

拓展阅读5-1　红树植物（Mangrove）

红树植物是12个属（如*Rhizophora*、*Avicennia*和*Bruguiera*等）60多种高等植物的总称。红树植物常常成片生长在海岸上长期被海水浸没的软质泥沙上，取代盐沼植物成为热带和亚热带地区海岸的独特风景，是红树林生态系统的重要组成部分。红树植物通过胎生方式（viviparous）繁殖，成熟的种子在母株上直接萌发并生长。幼株在母株上可以长到30 cm长，然后从母株上脱落，随海水漂流，当遇到合适的生长基质后，再开始营固着生长。

红树林多位于陆海交界的河口区，河水中的悬浮颗粒有机物被红树植物发达的根系拦截后成为营养丰富的生长基质。这些底质沉积物的颗粒细，内部气体交换缓慢，而且富含大量的细菌，因此含氧量低。红树植物发达的气生根系（pneumatophores）从底质中伸出，地上部分有大量的气孔，在低潮的时候空气中的氧气可以通过这些气孔结构进入根内，并被进一步运送到地下部分。红树植物生长在半海水或完全海水环境中，对高盐具有很强的耐受性。海水中的盐度高，水势低，红树植物通过液泡积累盐离子以及在胞内合成渗透调节物（如甜菜碱、脯氨酸、糖类等）提高胞内渗透压、降低水势，以便于从外界环境中摄取水分。红树植物虽然属于C3植物（CO_2同化的最初产物是光合碳循环中的三碳化合物3–磷酸甘油酸的植物），但是对水分的利用效率非常高。红树植物叶片肥厚，表面具有蜡层，叶片上的气孔在高盐时或中午时处于关闭状态，仅仅在气温相对较低、蒸发较慢的时候才完全打开，这样能有效地减少水分损失。另外，叶片上特殊的盐腺结构还有助于将多余的盐分泌至胞外以降低盐离子累积对细胞造成的伤害。

红树林的树冠层是多种鸟类、蝙蝠、蟹类以及多种昆虫等的栖息和捕食场所，大部分的鸟类和蝙蝠以昆虫和鱼类为食物，蟹类则主要以碎屑为食。红树植物的叶片除了部分被陆生摄食者啃食以外，其余的脱落以后成为红树林生态系统的重要能量输入源，形成的较大碎屑是一些碎食动物（如蟹类、海参等）的重要食物来源，一些较小的碎屑最终进入底质沉积层，被丰富的微生物群落系统进一步降解为可供红树植物和其他底栖藻类吸收利用的营养物质。

红树林具有重要的经济价值和生态价值。红树植物除了可以作为薪柴和造船、建筑木材以外，红树林形成的保护性屏障可以减少海风、海浪对沿岸陆基的侵蚀。红树林为多种动物、植物提供栖息和繁育场所，含有丰富的细菌和真菌群落，生物多样性高。据估计全球60%～75%的低纬度海岸都有红树林分布，红树林生态系统的初级生产速率与热带湿润常绿林和珊瑚礁生态效应相当，全球红树林系统对海岸沉积碳存储的贡献达到10%～15%，并将10%～11%的陆源碳输送至海洋，其生态意义由此可见一斑。

图5.7　广西东兴北仑河口的红树林

四、系统发生

与海藻相比，海草的种类较少，表明海草可能起源较晚，但是化石记录和间接证据（如动物群的化石）并不支持这一推论，而是证明海草出现在被子植物分化的早期。现在普遍认为被子植物起源于约4亿年前，已有的证据表明在约1亿年前被子植物就出现在海洋环境中，并为优势物种，说明海草在被子植物的进化的早期就已形成。

海草的祖先可能是滩涂植物（沼生植物或红树植物）或淡水水生植物。海草起源于滩涂植物这一假说的主要依据是一些海草有木质茎，而淡水水生植物少有木质茎，多为草本，而且根枝草属（*Amphibolis*）和全楔草属（*Thalassodendron*）的海草为胎生，这与部分红树林植物相同。海草起源于淡水水生植物的假说认为淡水水生植物的许多特性（基部分生组织、广泛存在的气腔组织等）是被子植物适应海洋环境所必需。尽管所有的被子植物（包括陆生植物）起源于早期的水生植物，但没有确凿证据证明水生植物（海草的可能祖先）的进化早于海草。此外，最古老的化石海草（*Thalassocharis* sp.）的茎中无气腔组织。最晚出现的海草属始于晚始新世，距今约4 000万年。虾海藻属（*Phyllospadix*）和海菖蒲属（*Enhalus*）在其他海草属出现很长时间后才形成。海菖蒲（*Enhalusacoroides*）是唯一不能水媒传粉的海草，可能起源于淡水祖先——苦草属（*Vallisneria*）。

海草的化石很少，依赖于DNA序列分析的种系发生成为研究海草进化的重要工具。化学分类法（如对植物体内糖的存在形式的分析）认为海草为多元起源。对海草叶绿体基因组序列的分析也表明海草有多个祖先，包括水鳖科的淡水植物祖先，大叶藻科的盐沼生植物或红树植物以及川蔓藻科的祖先。

海草的进化历史主要是其获得适应海洋环境特性的过程。为适应海洋环境，海草结构发生如下变化：叶片具叶鞘以应对波浪与潮汐的扰动；水媒传粉，保证其可在海水中进行繁殖（海菖蒲除外）；发达的气腔组织，保证气体的流动使处于缺氧环境的地下结构获得充足的氧气。

尽管海草进化的过程还不明确，但海草物种却很保守。虽然化石记录证明一些海草物种灭绝，但是对现有资料的研究表明以往的海草种类并不明显多于现有物种。对于海草种类较少的原因目前争论较多，但大多数学者认为主要是由于海草的有性生殖率较低和扩散范围较小。海草可以通过水媒进行传粉，但其传播距离较短，从而使海草的基因流动被限制在较小的范围之内。因此，与陆生植物相比，海草的遗传多样性较低，尽管也有报道认为特定海草场的遗传多样性较高。总之，目前对海草起源与进化存在多种理论或假说，仍有许多未解之谜。

思考题

1. 列举大型海藻主要生活史类型并指出其代表性物种。

2. 简述我国海藻分布特征。

3. 根据"内共生学说"，藻类可划分为几个类群？简要指出各类群特点。

4. 概述我国常见海草的形态特征。

第六章 海洋无脊椎动物

何谓动物？简单说，与利用光合作用的多细胞有机体植物不同，动物是依赖消化吸收其他有机物来获取能量和有机分子的异养性多细胞生物。动物与真菌也不同，真菌依赖于细胞外消化，而动物通常在一根中央管腔内消化食物。绝大多数动物行有性生殖，经过减数分裂产生单倍体的异形配子（卵子或精子），结合形成合子（受精卵）发育成二倍体有机体。

某些单细胞生物如变形虫、纤毛虫等也具有动物的某些属性如异养、运动等，统称为"原生动物"（protozoans），但按照现代系统学观点，它们并不是严格意义的动物（见拓展阅读6−1）。仅出于方便编排的目的，本书暂将这类单细胞生物也放在本章介绍（见本章第二节）。

各类多细胞动物形态结构千差万别，但它们具有一些共同而且重要的特征，表明它们是单系类群（monophyletic group），即地球上所有的动物来自一个共同的原生生物祖先。动物可以分为没有脊椎骨（内骨骼）和软骨的无脊椎动物以及具有脊椎骨和软骨的脊索动物。无脊椎动物种类约占整个动物种类的98%，是地球上多样性最为丰富的生物类群。

第一节 无脊椎动物概述

据估计，业已描述的无脊椎动物有137万多种，包括多孔动物、两胚层动物、旋裂动物（如涡虫、吸虫、沙蚕、蚯蚓、贝类等）、蜕皮动物（如常见的线虫、虾、蟹、昆虫等）、毛颚动物和棘皮动物等门类。

一、形体结构

动物进化过程中，其形态结构也在不断地发生变化。从现存的各类动物形态结构和考古发现的动物化石，可以看出动物形态结构的大致演化历史，其中最值得关注的是5方面具有关键意义的形态结构演化是身体机制的对称性、组织的形成和特定结构功能的分化、体腔的形成、原口和后口，以及身体分节。

（一）对称性

动物分类的一个重要标准是对称性。除了海绵动物个体生长没有固定规律外，其他所有动物都有固定的形态和特有的对称性。部分动物为辐射对称（radial symmetry），而大多数动物为两侧对称（bilateral symmetry）。辐射对称是指沿任何包含中轴线的平面都可将动物身体分成相同的两部分，如刺胞动物门的水母、海葵、珊瑚等。两侧对称是指通过动物身体中央轴，只有一个切面将动物分成左右相等的两部分，因此两侧对称又称为左右对称。除海绵动物和刺胞动物外的其他多细胞动物都属于两侧对称。需要指出的是棘皮动物海星成体呈辐射对称，但其幼体阶段具有两侧对称性。两侧对称动物除了有左右之分外，还有前端和后端以及背面和腹面之分。辐射对称动物通常生活于某种基质上，即固着生活。辐射对称动物可以从一个中心向所有方向运动。两侧对称动物通常比较活跃，可以前端向前持续运动，有助于主动捕食。与之相适应的是动物神经组织在身体前端集中，演化出脑、感觉器官（如眼、耳）等，也称感觉器官头部集中化（cephalization）。

（二）胚层

动物胚胎发育一个主要事件是胚层（germ layers）的建立。动物卵子受精后经过一系列有丝分裂，形成囊胚（blastula）；囊胚植物极细胞向内凹陷形成一个新的腔，称为原肠腔（archenteron），它与外界连接的开口称为胚孔（blastopore）。构成原肠腔壁的细胞层叫内胚层（endoderm），而包裹在内胚层细胞外面的细胞层叫外胚层（ectoderm，图6.1）。少数动物只有外胚层和内胚层2个胚层，但多数动物具有3个胚层，即除外胚层和内胚层之外，还有一个位于两者之间的中胚层（mesoderm）。

胚层是形成动物各种结构的基础。仅有2个胚层的动物称为二胚层动物（diploblastic），而具有3个胚层的动物称为三胚层动物（triploblastic）。两胚层动物（海绵除外，它只有细胞水平的结构）只有组织水平的结构（没有器官），三胚层动物有器官水平的结构。三胚层动物都呈两侧对称性。

（三）体腔

动物胚胎发育又一个重要事件是体腔（coelom）的出现。所谓体腔是指动物体内脏器周围的腔隙。少数两侧对称动物无体腔（acoelomate）。扁形动物门（Platyhelminthes）和颚咽动物门（Gnathostomulida）等都是无体腔动物，其内胚层和中胚层组织直接连接，间隙仅由一些细胞和结缔组织填充。轮形动物（Rotifera）、线虫（Nematoda）等为假体腔（psudocoelomate）动物，它们只有一个以中胚层的纵肌为界限，里面以内胚层的消化管壁为界限，没有体腔膜，内部充满体腔液的假体腔。真体腔（coelomate）完全由中胚层发育而来，体腔外围被一层由中胚层形成的上皮包被，称为体腔膜（peritoneum）。大多数无脊椎动物和脊椎动物都属真体腔动物。体腔的出现扩大了容纳和支持内脏器官的空间，器官表面处于游离状，增加了物质交换的机会。

一些低等小型真体腔动物的营养物质和氧气以及体内代谢废物可以通过体腔内的液体输送或废物排泄，而较高等的动物演化出一个网管状结构的循环系统进行物质输送或废物排泄。循环系统内流动的液体流经消化道将营养物质输送到远离消化道的组织，流经呼吸器官（肺或鳃）将氧气输送到远离呼吸器官的组织。循环系统还通过液体与组织、细胞间的相互扩散，将代谢废物包括二氧化碳运送到身体特定的排泄器官排出。

循环系统分为开放循环系统（open circulating system）和封闭循环系统（closed circulating system）2种。无脊椎动物的循环系统多为开放型循环。在开放循环系统中，血液从动脉血管出来后，进入血窦，与体液混合浸润组织细胞，然后再进入静脉血管，循环回心脏。少数无脊椎动物，如环节动物的蚯蚓和部分软体动物（如章鱼等）有封闭型循环。在封闭循环系统中，血液完全在血管中流动，与体液隔离，因此，其流动速度和物质交换效率比开放循环系统更加有效。具开放循环系统的动物一般活动较缓慢，对氧的需求量较低。

（四）身体分节

真体腔动物出现了分节现象（metamerism），即动物身体沿纵轴分成许多相似的部分，每个部分称为一个体节（segment）。环节动物除头部外，身体其他部分的体节基本相同。身体分节的动物门类并不多，除环节动物之外，还有节肢动物和脊索动物。身体的分节不仅在外部形态上可以区分，而且在内部器官的排列上也可以区分。环节动物的循环系统和神经系统等都按体节重复排列。体节的出现使动物身体的运动更加灵活，而且不同部位的体节会出现功能上的分工，对动物头、胸、腹和有关节的附肢等的进化都有帮助。

（五）原口动物和后口动物

动物受精卵发育到原肠胚（gastrula），所形成的胚孔也称原口。大多数无脊椎动物如扁虫、纽虫、线虫、环节动物、软体动物和节肢动物等，其胚孔在胚胎发育至成体后成为动物的口，故称为原口动物（Protostomia）。相反，棘皮动物和脊索动物胚胎的胚孔在胚胎发育后期形成动物肛门，而在胚孔相对的另一端重新开口发育成为动物的口，因此它们称为后口动物（Deuterostomia；图6.1）。

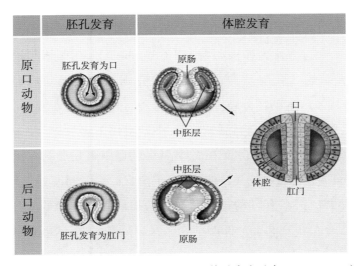

图6.1　前口动物和后口动物的胚层、体腔发育（自Raven，2011）

二、分类与系统演化

传统动物学主要依据形态和发育特征将动物分为35个门。由于不同学者采用的分类依据不同或对相同证据的重要性的评估不同，同时什么样的类群应给予门级、什么样的类群应给予纲级地位也缺乏客观、统一的标准，目前动物界高级阶元的分类系统仍存较多的争议。最近20多年来，根据分子系统学研究结果，一些门类被合并、降级，另一些较低分类层级的类群被提升为门。因此，不同著作中列出的动物门的数目常有明显差异，如Edgecombe等（2011）将动物分为36个门，Nielsen（2012）列出了38个门（不含二胚虫门Dicyemida和直泳虫门Orthonectida），而在WoRMS（World Register for Marine Species；http:// www.marinespecies.org）系统则只列出了30个门（不含只有淡水种的微颚动物门Micrognathozoa及只有陆生种的有爪动物门Onychophora）。

如图6.2所示，多细胞动物与原生动物中的领鞭虫类（门，Choanoflagellata）为姐妹群关系，推测它们可能起源于一个类似领鞭虫的单细胞祖先。现生的动物中，多孔动物（poriferans）的领细胞（choanocyte, collar cell）与领鞭虫具有类似的形态，且有报道称在其他动物如纽形动物（ribbon worms, nemerteans）也具有类似的领细胞，为这一假说提供了有力的比较形态学支持。

作为动物界最早分化出的多孔动物门［有些研究将其分为3个门：钙质海绵门（Calcarea）、硅质海绵门（Silicea）和同骨海绵门（Homoscleromorpha）］具有很多原始的特征，如缺乏明显的组织和器官分化，摄食等功能由单细胞完成。除多孔动物以外的多细胞动物多出现了明显的组织、器官分化，有人称之为真后生动物（Eumetazoa）。过去认为栉板动物门（Ctnophora）和刺胞动物门（Cnidaria）是具密切亲缘关系的二胚层动物，最近的研究则显示栉板动物先于扁盘动物门（Placozoa）与其他后生动物分歧。除上述几个门类，其他真后生动物因均具有两侧对称的体制（有的次生演化为辐射对称，但幼虫仍两侧对称），被称为两侧（对称）动物（Bilateria）。这一分支在后续演化过程中首先分为异无腔动物（门，Xenacoelomorpha）和有肾动物（Nephrozoa）两支。后者起源后迅速进化出了现今所见的大部分动物门类。有肾动物包括原口动物和后口动物两大分支。原口动物包括了日常所见的大部分没有脊椎的动物，又分旋裂动物（Spiralia）、蜕皮动物（Ecdysozoa）和毛颚动物（Chaetognatha，箭虫）三大分支，前两个分支又分别包含若干门类。后口动物的一支演化为以海星、海参、海胆等为代表的棘皮动物门（Echinodermata）和以柱头虫为代表的半索动物门（Hemichordata），另一支演化为包括文昌鱼、海鞘、鱼、蛙、龟、蛇、鸟、兽等在内的脊索动物（Chordata）。

除脊索动物外，上述其他动物均无脊索/脊椎，常通称为无脊椎动物（invertebrates）。在动物学教科书中无脊椎动物通常还包括单细胞的原生动物。所有动物门类中，有爪动物门的种类全部陆生，微颚动物门目前只记录1种（生活于淡水），其他所有门类全部或部分种类生活于海洋中。扁盘动物生活于海洋中，身体简单，扁盘状，由单层纤毛细胞构成，目前各大洋发现的此类动物均归为黏丝盘虫（*Trichoplax adhaerens*，图6.3A）一种。异无腔动物在一些论著中又分为异涡动物门（Xenoturbellida）、无肠动物门（Acoela，图6.3B）和纽涡动物门（Nemertodermatida，图6.3C）3个门，它们在传统分类系统中均是扁形动物门（Platyhelminthes）涡虫纲（Turbellaria）下的分类单元。这些动物生活于海洋或淡水，总计约380种。传统的中生动物门（Mesozoa）现分为二胚虫门和直泳虫门两个

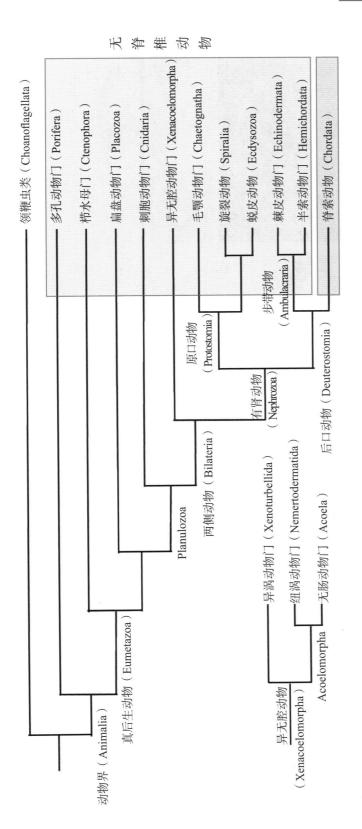

图6.2 动物界系统发育要览（左下小图示异无腔动物的类群及相互关系）

（基于Edgecombe等，2011；Dunn等，2014）

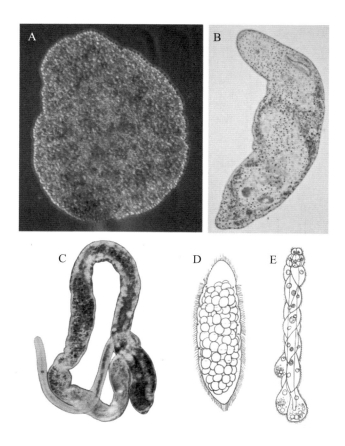

A. 黏丝盘虫*Trichoplax adhaerens*；B. *Proporus* sp.；C. *Nemertinoides elongatus*；D. 直泳虫 *Rhopalura ophiocomae*；E. 二胚虫*Dcyemennea abelis*

图6.3 扁盘动物门Placozoa（A）、异无腔动物门Xenacoelomorpha（B，C）、

直泳虫门Orthonectida（D）和二胚虫门Dicyemida（E）

（A自Eitel等，2013；B自Curini-Galletti等，2012；C自Meyer-Wachsmuth等，

2014；D，E自McConnaughey，1963）

门。直泳虫的身体呈简单的蠕虫状，由一层纤毛细胞包围一团生殖细胞组成，已知约20种，为海洋涡虫、多毛类、双壳贝类、棘皮动物等的寄生虫，可在宿主体内游动（图6.3D）。二胚虫的身体由外层的具纤毛的套细胞包围里面的轴细胞构成，已记录100余种，全部为头足类的寄生虫（图6.3E）。这两类动物的系统地位尚存争议，有人认为应属于旋裂动物分支。对这几个小门类，本书不做进一步介绍。

第二节　原生动物（Protozoa）

原生动物大多是单细胞有机体，因此也称为单细胞动物。原生动物细胞在结构与机能上的多样性及复杂性是多细胞动物中任何一个细胞所无法比拟的。构成原生动物的细胞具有一般细胞所具有的基本结构——细胞核、细胞质和细胞膜，同时具有各种细胞器（organelle），能完成多细胞动物所具有的生命机能，如营养、呼吸、排泄、生殖及对外界刺激产生反应等。因此，从细胞水平上说，构成原生动物的细胞是分化最复杂的细胞（图6.4）。

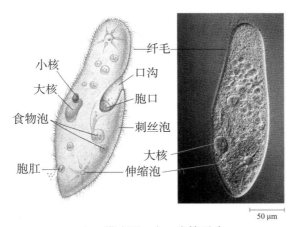

左：模式图；右：光镜照片

图6.4　原生动物典型代表——草履虫

原生动物除单细胞个体外，也有由多单细胞个体聚合形成的群体，看起来像多细胞动物，但又不同于多细胞动物，这主要在于细胞分化程度不同。多细胞动物体内的细胞一般分化成为组织，或再进一步分化为器官、系统，协调活动成为统一的整体，而组成原生动物群体的各个单细胞个体，细胞一般没有分化，有的只有生殖细胞和体细胞的分化，群体内各个单细胞个体具有相对的独立性。

原生动物多为全球性分布，多生活于海水及淡水，底栖或浮游，但也有不少种生活在土壤或寄生在其他动物体内。在进化上，原生动物是多细胞动物的祖先。

一、一般生物学特性

下面从形态特征、营养代谢以及繁殖3方面，对原生动物做介绍。

（一）形态特征

原生动物个体微小，一般需要显微镜才能进行观察。但不同种类形态差异也很大，直径小到1～2 μm，大到50 mm，大多数种类在5～300 μm之间，而个别种类个体较大，如货币虫可达3 cm以上，放射虫群体甚至长达3 m以上。

大多数原生动物只有一个核，少数为多核种类。有孔虫和纤毛虫类有2种类型的核，呈核双态现象，多倍体的大核（macronucleus）和双倍体的小核（micronucleus），两者执行不同的功能，大核主要司营养，而小核主要司生殖（图6.4）。

原生动物细胞结构复杂，细胞质可以分为外质（ectoplasm）和内质（endoplasm）。外质透明清晰、较致密；内质不透明，含有颗粒。这种区分在变形虫很明显，并能看到外质与内质互相转化。由外质还可以分化出一些细微结构，如刺丝囊（nematocyst）、极囊（polar capsule）、刺丝泡（trichocyst）、毒囊（toxicyst）、肌丝（myoneme）等，外质也参与构成运动细胞器，如鞭毛、纤毛及伪足等。内质中含有细胞质特化的执行一定机能的细胞器，如色素体（chromatophore）、眼点（stigma）、食物泡（food vacuole）、伸缩泡（contractile vacuole）等以及细胞基本结构线粒体、高尔基体等。

大多数的原生动物都有专门的运动胞器，即鞭毛、纤毛、伪足等司运动的细胞器。肉足动物的伪足是由虫体表面的临时性细胞质突起所形成，除作为临时运动胞器外，也兼作捕食工具，当虫体遇到食物时，即伸出伪足进行包围，并借助吞噬作用将食物吞入。

（二）营养和代谢

原生动物的营养方式多样化。在植鞭毛虫类，内质中含有色素体，色素体中含有叶绿素、叶黄素等，它们的色素体像植物的色素体一样，利用光能将二氧化碳和水合成碳水化合物，即进行光合作用，自己制造食物，这是植物性营养（holophytic nutrition）。孢子虫类及其他一些寄生或自由生活的种类，能通过体表的渗透作用从周围环境中摄取有机物质而获得营养，称为腐生性营养（saprophytic nutrition）。绝大多数的原生动物是通过取食活动而获得营养，例如，变形虫通过伪足的包裹作用（engulfment）吞噬食物，纤毛虫通过胞口、胞咽等细胞器摄取食物，称为动物性营养（holozoic nutrition）。

绝大多数原生动物的呼吸作用（respiration）是通过气体的扩散（diffusion），从周围的水中获得氧气，线粒体是原生动物的呼吸细胞器；少数腐生性或寄生的种类，它们生活在低氧或完全缺氧的环境下，是利用糖的发酵作用产生能量来完成代谢活动。

淡水生活的原生动物以及某些海水或寄生的种类，具伸缩泡（contractile vacuole），当细胞质内水分过多时，能聚集水分，自行收缩将水分通过体表排出，维持着体内水分的平衡并兼有排泄作用，其数目、位置、结构在不同类的原生动物中不同。

（三）繁殖

原生动物的生殖可分为无性生殖和有性生殖两类。

1. 无性生殖

无性生殖包括以下4种方式。

（1）二分裂（binary fission），即细胞核经有丝分裂，一分为二，细胞质也分裂产生两个相同的子个体。

（2）复分裂（multiple fission），为顶复类普遍存在的生殖方式，核先行发生多次分裂形成多核体，然后每核周围的胞质再分裂形成众多的子个体。

（3）质裂（plasmotomy），在某些多核的种类，如蛙体蛙片虫*Opalina ranarum*，在核不分裂的情况下，细胞质直接分成2个或多个部分（核分配到子细胞质中）。

（4）出芽生殖（budding），与二分裂不同，出芽生殖的结果是一大一小母子两代细胞共存，出芽生殖有时可产生多个子个体。

2. 有性生殖

有性生殖包括配合生殖和接合生殖两种方式。

（1）配合生殖（syngamy），即两个单倍体的配子结合成合子（zygote），与高等动物的精卵结合相似。根据配子的形态可分为同配生殖（isogamy）和异配生殖（anisogamy）。

（2）接合生殖，见于纤毛动物，与配合生殖不同，接合生殖没有两个个体合二为一的现象，二者在互相交换核后即彼此分开，经过复杂的细胞核与细胞质的分裂而产生具营养期核的子个体。这个过程在不同的种群甚至同属内不同的种间亦不尽相同。

二、习性与分布

原生动物一般身体微小，适应各种环境生活。它们分布于全球各地，从高山至平原，从赤道到极地，从海洋表面到数千米深处的海底都有原生动物分布。

原生动物与人类生活十分密切，许多原生动物如草履虫、四膜虫等常常被人们用作生理生化和细胞遗传的实验材料，使人们获得许多科学知识。某些海洋原生动物如有孔虫、放射虫等，由于在地层中的存活年代不同，人们可利用它们在地层出现的层位、数量、种类和组合的差异来判断地层年代，从而在石油勘探工作中发挥作用。原生动物是食物网中一个重要环节，既可以摄食细菌、有机碎屑、营养物质，又可以作为其他小型动物的食物，在生态系统的调控方面发挥重要作用。

有些寄生性原生动物如睡眠虫、疟原虫和肠痢疾虫侵害人类，危及生命；蚕微粒子虫寄生在蚕体上使家蚕产生疫病死亡，直接影响丝绸业；鱼孢子虫寄生在鱼体上使鱼发病，影响渔业经济。在我国沿海，某些海洋原生动物成为养殖业的祸患，一些营附着生活的原生动物缘毛类，如钟形虫和累枝虫等，大量附着在虾、贝的体壁或壳壁上，妨碍虾、贝的摄食和运动，导致虾、贝的发病和死亡；刺激隐核虫是海水养殖鱼类主要病原，每年都会导致我国养殖鱼类的大量死亡。某些海洋原生腰鞭毛虫和夜光虫在海洋中过量繁殖导致赤潮，覆盖了渔场的海水表层，使鱼、虾缺氧和中毒而大量死亡，其危害十分严重。

拓展阅读6-1 原生生物（Prostists）和原生动物

原生生物和原生动物是两个不同的概念，同时两者又有密切联系。根据1866年黑革尔（Haeckel）给出的定义，原生生物包含所有单细胞生物，但并不局限于真核生物，而现代观点则把原生生物限定为单细胞的真核生物，包括经典的原生动物、原生植物（如硅藻）和单细胞的真菌类。学术界普遍认为原生生物是并系或多系发生的、单细胞的、显微级真核生物的集合体，而不是一个单源形成的自然群体。

三、原生动物分类

已记录的原生动物约6.6万种。对于原生动物的分类动物学家一直有争论，有的将原生动物分为5纲，即鞭毛虫纲（Mastigophora）、肉足虫纲（Sarcodina）、纤毛虫纲（Ciliata）、孢子虫纲（Sporazoa）和吸管虫纲（Suctoria）。经典的分类把原生动物门分为4个纲，即鞭毛虫纲、肉足虫纲、孢子虫纲和纤毛虫纲。随着发现种类的增加，近年来对原生动物传统的分类系统进行了多次修正。

比较一致的看法认为：

（1）鉴于许多鞭毛虫的生活史中有变形期，许多肉足虫的生活史中有鞭毛期，有的种类本身就兼有鞭毛和伪足，所以把鞭毛虫纲、肉足虫纲合并为肉鞭动物亚门。

（2）传统的孢子虫纲内有些种类的生活史中并不出现孢子，应当分出来。电子显微镜观察发现某些种类在子孢子或裂殖子时期其顶端有一个复杂的亚显微结构——由极环、类椎体、表膜下微管、微孔、棒状体、微丝组成的顶复体，因而将其独立为顶复动物亚门，与微孢子虫亚门、黏体动物亚门、囊孢子虫亚门并列。

（3）传统的分类中把盘蜷虫类放在肉足纲内，现已证明它的丝网并不是伪足，而是坚硬的、无生命的丝，因而独立为盘蜷动物亚门。

参照原生动物学家协会分类和进化委员会主席N·D·莱文于1980年与16位分类学家协商的一个方案，现在一般的学者将该方案中7个门下降为7个亚门、亚门下降为超纲，原生动物仍作为一个门。

（一）肉鞭动物亚门（Sarcomastigophora）

肉鞭动物亚门也称质走亚门（Plasmodroma），分3个总纲。

1. 鞭毛虫总纲（Mastigophora）

一般具有鞭毛，鞭毛为运动器，有时兼作捕食和附着用。鞭毛通常1～6条，少数种类多些。鞭毛的着生部位和方式各个种类有所不同。

大多数鞭毛虫身体裸露，但在涡鞭毛虫（腰鞭毛虫）类体表却被有纤维质的板壳。浮游生活种类通常有空泡结构，而行植物营养的种类除具色素体外，常有感光胞器，如眼点和光感受器。

营养方式有光合营养（也称植物性营养或自养）、腐生性营养［也称渗透营养（osmotrophy）］和动物性营养［也称吞噬营养（phagotrophy）］3种。渗透营养和吞噬营养也称异养。根据营养方式不同，分为2个纲：

（1）动鞭毛虫纲（Zoomastigophorea）：鞭毛虫无色素体，不能自己制造食物，营养方式为异养，具1至多条鞭毛。包括领鞭毛虫目（Choanoflagellida）、动体目（Kinetoplastida）、原滴虫目（Proteromonadida）、曲滴虫目（Retortamonadida）、双滴虫目（Diplomonadida）、毛滴虫目（Trichomonadida）、超鞭毛虫目（Hypomastigida）等。超鞭毛虫目为动鞭毛虫纲中结构最复杂的一类。鞭毛数目极多，成束排列或散布在整个体表，是白蚁及一些以木质为食的昆虫消化道内共生的鞭毛虫，超鞭毛虫可把宿主肠道内的纤维素分解成可溶性的糖，供宿主吸收。

（2）植鞭毛虫纲（Phytomastigophorea）：具鞭毛1～2根，一般具有色素体，能进行光合作用而营自养生活，体表具皮膜或细胞壁；行无性生殖或有性生殖；大多数种类营自由生活。包括隐鞭毛虫目（Cryptomonadida）、腰鞭毛虫目（Dinoflagellata）、眼虫目（Eugleneida）、金滴虫目（Chrysomonadina）、硅鞭毛虫目（Silicoflagellida）、团藻虫目（Volvocida）等。在传统植物学/藻类学中，这几类植鞭毛虫分别称为隐藻门（Cryptophyta）、甲藻门（Pyrrophyta）、裸藻门（Euglenophyta）、金藻门（Chrysophyta）、硅鞭藻目（Dictyochales，属于金藻门）、绿藻门（Chlorophyta，部分）等。

2. 蛙片总纲（Opalinata）

本总纲动物是一类个体较大、几乎全部寄生于蛙等两栖类动物肠道内的动物。无胞口，靠体表渗透获得食物。

3. 肉足总纲（Sarcodida）

肉足总纲又称根足总纲（Rhizopoda），以细胞质突起形成的伪足（pseudopodium）作为运动和捕食胞器。本总纲动物体外通常没有坚实的皮膜，因而无固定的体形和胞口，任何部位都能形成伪足，吞噬与胞饮作用可于体表的任何部位进行。结构简单，内部细胞质可分为两层，外层厚而透明，称为凝胶质，内层富含颗粒而稀薄，因而具较大的流动性。也有许多种类在细胞外面覆盖有虫体分泌的几丁质、钙质、锶质或胶质外壳，壳上有或大或小的开孔，也称壳口，伪足由此伸出。伪足形状很多，最常见的有叶状、片状或指状、丝状、根状等。

本总纲现生种类约12 000种，其中4 600种为海洋的有孔虫类。通常根据伪足的结构、壳的形态及生殖方式，分为根足纲（Rhizopodea）和辐足纲（Acantharea）。

（1）根足纲：本纲动物伪足分布规则，伪足通常呈丝状、叶状或网状。包括变形虫目（Amoebida）、裂核目（Schizopyrenida）、表壳虫目（Arcellinida）、单室目（Monothalamida）、有孔虫目（Foraminifera）等。

有孔虫目种类很多，包括1 000多个属，6 000余种。大多数生活于海洋中，以营底栖生活为主，少数为浮游种类。海洋浮游有孔虫为典型的大洋性浮游动物，数量很大，自潮间带至深海均有分布，分布最深的记录是在千岛–堪察加海沟的10 687 m处。它们死亡后大量沉积在海底，而形成球房虫软泥（*Globigerina* ooze）。据报道，在大西洋海底，约有2 000万平方千米是由有孔虫形成的。有孔虫是一种古老的动物，各个地质时期的有孔虫，种类演化明显，形成的化石种类很多，而且都保存较好，因此常被用作确定地质年代的标准化石和古沉积环境的指相化石。

我国海区发现有孔虫1 500余种，其中浮游有孔虫约30种，最主要是球房虫科（Globigerinidae）的种类。外壳呈塔式螺旋形或扭螺旋形，房室呈球形、卵形或棍棒形。

（2）辐足纲：身体一般为球形，伪足针状，常呈放射状排列，并有轴丝支持，故称轴状伪足，具浮游或捕食功能。本纲动物通常分为4个亚纲。

1）等辐骨亚纲（Acantharea）：虫体多为球形或近球形，内有一个格笼状的中央囊，将细胞质分为内外两部分，内外部分可通过囊上微孔相通。具10～20条硫酸锶质的棘针；棘针一般汇集于细胞中心，作贯通或辐射排列。棘针间有辐射排列的辐伪足。主要有节棘目（Arthracanthida）、全射棘目（Holacathida）、黏合棘目（Symphyacanthida）、松棘目（Chaunacanthida）、辐射目（Actineliida）等5个目。

2）多囊亚纲（Polycystinia）：大多数种类具硅质骨骼，而形成单或多格状的壳，外有或无放射棘，或生有1至多条骨针。中央囊呈笼状，上具众多多角形的孔格。外质空泡状，常充满共生藻类。少数种类群体可由数百个个体组成。其中，泡沫目（Spumellarida）种类的数目与数量在放射虫中占了很大的比重，因为骨骼是硅质，它与罩笼虫目的种类同样可保存在地层内，溯自寒武纪本类动物已有发现。本亚纲动物被认为是放射虫最原始的一类群，细胞质体中央有一个球形或拟球形的中央囊，中央囊有分布均匀专门让轴足通过的通道。本类动物与其他目的放射虫不同的地方就是有群体种类。泡沫虫目的骨骼由无定形硅构成，并包含有机物质，其骨骼结构形式有赖于轴足系统，轴足起源于中央囊内，轴体由微管系组成。罩笼虫目（Nassellarida）的中央囊上开孔集中于一极，外骨骼仅具1个开口，如壶状小笼虫（*Cyrtocalpis urceolus*）、单角石峰虫（*Lithomelissa monoceras*）。

3）稀孔亚纲（Phaeodaria）：骨骼由硅质与有机质混合构成，通常具中空的棘刺。中央囊壁厚，一极有1个充作胞口的星芒状主孔，另有2个副孔，故又称三孔类。根据骨骼的有或无以及形态，本亚纲又分为暗囊目（Phaeocystida）、暗球目（Phaeosphaerida）、暗瓮目（Phaeocalpida）、暗天目（Phaeogromida）、暗贝目（Phaeoconchida）、暗树目（Phaeodendrida）等6个目。

4）太阳亚纲（Heliozoia）：本亚纲动物无中央囊，骨骼如存在则为硅质或有机质。轴伪足呈放射状遍体排列。本亚纲下分结球目（Desmothoracida）、太阳虫目（Actinophryida）、列足目（Taxopodida）、中阳目（Centrohelida）等4个目，主要为淡水种类，海水种类少数。

（二）顶复动物亚门（Apicomplexa）

在过去的分类系统中，隶属于孢子纲，现根据对其超显微结构的了解特立为亚门。外形与孢子虫相似，主要营寄生生活，细胞器结构简单，生活史中有孢子形成过程，主要特征为在其感染期，子孢子或裂殖子顶端有顶复合体结构。这一结构包括极环（polar ring）、微丝（microneme）、棒状体（rhoptry）、类锥体（conoid）以及由极环发出的微管。其中，类锥体和棒状体等结构为与酶有关的细胞器，参与侵入宿主细胞的作用。体表的微孔通常认为系汲取宿主营养的入口，也有报道为虫体发育过程中代谢产物的排出通道。

顶复动物的生活史复杂，除一些原始的种类无有性生殖外，一般具有性和无性两种生殖方式，并表现出世代交替现象。顶复动物全部为寄生种类，几乎所有营养和运动胞器均不存在，其运动系通过虫体扭动爬行或体表纵向皱褶的波动驱使。顶复动物下分2个纲7个目，其中帕金纲（Perkinsea）种类极少，孢子纲（Sporovoa）种类繁多。

孢子纲下分3个亚纲，共6个目。全部营寄生生活，大多具顶复合器，无运动器，或只在生活史的一定阶段以鞭毛或伪足为运动器。其中，真簇虫目（Eugregarinida）虫体通常分为头节、前节和后节，头节由类锥体部分特化而来，营细胞外寄生，无裂殖生殖，成熟的孢子体（滋养体）大，有性生殖为同配或近于同配，配子体产生数量相同的两性配子。本目共有500多种，大多寄生于节肢动物、环节动物的消化道内。常见的有长杆棘头虫（*Sthlocephalus longicollis*）、武装蛹体虫（*Corycella armata*）、对虾簇虫（*Nematopsis penaeus*）、对虾头叶簇虫（*Cephalolobus penaeus*）等。簇虫（Gregerines）为虾类肠胃中常见的原生动物，须寄生于贝类完成其生活史，故驱除虾池中的贝类可防止本虫感染。真球虫目（Eucoccidiida）成熟的滋养体小，营细胞内寄生，体不分节，也不形成并子体。有性生殖为异配。生活史分为孢子生殖、裂体生殖和配子生殖3个阶段。本目动物种类繁多，几乎全部寄生于脊椎动物体内，如海水中的埃伯聚簇虫（*Aggregata eberthi*）、间日疟原虫（*Plasmodium vivax*）等。

（三）微孢子虫亚门（Microspora）

微孢子虫亚门动物为细胞内寄生，个体极小，主要寄生在节肢动物体内，少数在鱼类等脊椎动物体内。与黏孢子虫不同的是微孢子虫为单细胞起源，成熟的孢子壳不分瓣，电镜下壳壁可分为3层，外层片层状，内层为膜质，中间夹有透明几丁质层，通常认为壳质为宿主细胞内物质参与生成。

本亚门动物分为2纲：二型孢子纲（Rudimicrosporea）和微孢子纲（Microsporea）。二型孢子纲只有异型目（Metchnikovellida），微孢子纲包括小孢子目（Minisporida）和微孢子目2个目。其中，微孢子目近年来研究报道较多。本目动物特征比较典型，其极丝起源于高尔基体，具孢质和后端的孢囊，单核或双核。如存在孢囊时，则孢囊由宿主物质所构成。微孢子虫（microspora）是一类古老的细胞内专性寄生微生物，具单细胞孢子，孢子内含1~2个核、原始的高尔基体和似原核生物的核糖体，不含线粒体。寄主范围涉及从原生动物到哺乳动物（包括人），是许多具有经济价值的昆虫、甲壳类、鱼类、啮齿类、灵长类等动物的病原体。

国内对微孢子虫的研究主要集中在昆虫，特别是家蚕，取得了很多重要成果。鱼类是微孢子虫的主要宿主之一，目前已报道的鱼类微孢子虫有100多种，包括一些分类位置不明确的种类及超寄生类群。尽管种类繁多且分布十分广泛，但相对于整个微孢子虫目，所有鱼类微孢子虫有着较固定的分布，表现出一定的宿主特异性。由于寄主与寄生虫的协同进化，鱼类微孢子虫为适应寄主及其生活环境而较之其他微孢子虫有着明显的形态结构和系统发育上的差异，它们彼此有着较近的亲缘关系，是微孢子虫门中较独特的一个类群。微孢子虫寄生引起的微孢子虫病给水产养殖业造成了巨大的经济损失。其危害主要体现在以下两方面：一是对寄主的危害，主要表现在影响宿主的生长发育、降低宿主抗病能力、造成寄生部位病变，严重时使水产动物失去商品价值，甚至引起宿主的死亡。如感染严重抑制了大鳞大麻哈鱼的免疫功能，表现在对其他病原体的抵抗力明显降低。二是对生态系统的影响，微孢子虫病引起宿主大量死亡，从而破坏了宿主区系原有的生态平衡，如格留虫（*Glugea hertuigi*）的寄生导致欧洲胡瓜鱼大量死亡，引起胡瓜鱼的种群结构改变，破坏了原有的生态平衡。

（四）囊孢子虫亚门（Ascetospora）

囊孢子虫亚门动物个体较小，主要特征是孢子具有1个或多个孢原质，无极囊和极丝，全部营寄生生活。包括星孢子纲（Stellatosporea）、无孔纲（Paramyxea）等。

（五）黏体动物亚门（Myxozoa）

黏体动物亚门又称黏孢子虫，绝大多数寄生于鱼类体内，主要特征为孢子系多细胞起源，具有1～7个极囊（通常为2个），各极囊内均盘曲有一条可弹出的极丝，借此附于宿主身上。孢子壳分2～7瓣（通常为2瓣），壳瓣一般为几丁质。壳内极囊后有一可变形的孢质，此为侵入宿主物质，内含两个胞核（感染前期和未成熟时）或1个合子核。除此核外，孢质后方另有2个壳核（瓣核，后将消失），每个极囊也各有一极囊核。因此，本类动物是含有多核的形态统一体（合胞体），这种情形和某些具多小核的纤毛虫相类似，但两者的起源与发展方向迥然不同。在黏孢子虫的多个核内，仅合子核为生殖核，其余核只与某些结构的形成和代谢有关。

本亚门动物种类较少，约900种，根据孢子内孢质和极囊的数目而分成2纲3目。黏孢子虫纲（Myxosporea），孢质1～2个，极囊1～6个（通常2个），壳瓣大多为2片，少数可多至6片，主要于鱼类体内寄生。如双壳目（Bivalvulida），大多具2个壳瓣，极囊2～4个，分布于壳面或壳缝上，同极或两极排布，如萨白弧形虫（*Sphaeromyxa sabrazesi*）、鲮单极虫（*Thelohanellus rohite*）、中华尾孢虫（*Henneguya sinensis*）等。近年来，在海水鱼类中发现的本纲种类很多。放射孢子纲（Actinosporea），孢子具3个极囊、3个壳瓣以及3个以上的孢质。营养期退化，主要寄生于环节动物等体内，常见的如放射孢子目（Actinomyxida）的掘沙六枪黏孢虫（*Hexactinomuxon psammoryetis*）、未名三枪黏孢虫（*Triactinomyxon ignotum*）等。

（六）纤毛动物亚门（Ciliophora）

纤毛动物亚门为原生动物中结构最复杂的一个亚门。其基本特征是纤毛或由纤毛形成的胞器至少在生活史中某一个阶段中出现。绝大部分终生有纤毛，纤毛作为运动和摄食及触觉器官。细胞体明显分为内质和外质，外质能分泌一个胶质或假几丁质的外壳，内生有纤毛和刺丝胞（Trichocyst）。内质含有细胞核、食物泡、伸缩泡、色素粒和结晶粒等。在真纤毛虫类具有两种细胞核，大核专司代谢，也称营养核（vegetative nucleus），小核专司生殖，也称生殖核（reproduction nucleus）。无性生殖行横分裂，有性生殖为接合生殖（conjugation）。

本亚门动物除少数寄生、共生和共栖生活种类外，大多数营自由生活，其分布广泛。根据其体表及口区纤毛分化程度、银线系结构等分为3个纲。

1. 动基片纲（Kinetofragminophorea）

动基片纲动物口区纤毛与体纤毛几乎无差异，分化程度很低，几乎不构成任何特殊的纤毛胞器。口通常位于虫体的顶或亚顶端的体表或略下陷的前庭内。胞咽壁大多有支持结构或刺杆。分成4个亚纲。

（1）裸口亚纲（Gymnostomatia）：动物体纤毛分布均匀，口区纤毛无特化，至多形成触毛或两两排列的围口系统，口位于前或亚前端，银线系大多为细碎格状或方格形。包括前口目（Prostomatida）、侧口目（Pleurostomatida）。

（2）前庭亚纲（Vestibuliferia）：动物胞口大多位于前或亚前端，口前庭明显存在，前庭内纤毛器为体纤毛的延伸部分特化，除自由生种类外，许多为寄生或共栖种类。包括毛口目（Trichostomatida）、肾形目（Colpodida）。

（3）下口亚纲（Hypostomatia）：虫体背腹扁平或筒状，胞口位于腹面，体纤毛常有退化或集中现象，常形成围口纤毛系统。营自由生活或内外共栖生活。包括篮口目（Nassulida）、管口目（Cyrtophorida）、漏斗毛目（Chonotrichida）。

（4）管亚纲（Suctoria）：成体固着生活，通常无纤毛而有吸管以作捕食工具，无性生殖为出芽方式，接合生殖有大、小配合体之分，游动的小配合体具纤毛。海水、淡水均有分布。少数种类可内共栖生活。主要有吸管虫目（Suctorida），如海水中的结节壳吸管虫（*Acineta tuberosa*）；栖于淡水鱼鳃表的中华毛管虫（*Trichophrya sinensis*）；附于海水钩虾体表的奇异枝吸管虫（*Dendrocometes paradoxus*）等。

2. 寡膜纲（Oligohymenophorea）

寡膜纲动物口前庭内纤毛明显与体纤毛相区分，通常形成左侧的小膜（大多为3片）和右侧的口侧膜，胞口多在腹或前腹面，有些种类可形成群体。

（1）膜口亚纲（Hymenostomatia）：口前庭明显存在，其内小膜或咽膜是由3～4列（少数可多列）毛基粒构成，大多数为自由生，少数借柄固着。包括膜口目（Hymenostomatida）、盾纤毛目（Scuticociliatida）、无口目（Astomatida）等。

（2）缘毛亚纲（Peritrichia）：虫体大多为倒钟形，无体纤毛，顶部有大的口围盘和口围。围口纤毛在口围盘形成单和复动基列，以逆时针方向旋入漏斗状口前庭内。大多数种类固着或附着生，有些可形成树状群体。无性繁殖为纵分裂，有性繁殖时两接合个体有大小之分，且结合后形成单一的接合体。本类动物肌丝极发达，故有很强的伸缩性。除少数生活于土壤中外，海、淡水广泛分布，尤其在污水环境中，为常见的水生动物主要病原生物之一。如缘毛目（Peritrichida）的虱性车轮虫（*Trichodina pediculus*，在淡水水螅体上常见）、污水中的似钟虫（*Vorticella similis*）、海洋中的交替聚缩虫（*Zoothamnium alternans*）、海洋钟虫（*Vorticella marina*）和杯形靴纤虫（*Cothurnia calix*）等。

3. 多膜纲（Polyhymenophora）

多膜纲动物体形多样，体纤毛常发生各种特化或退化，围绕口区形成数量众多的围口小膜，其典型结构为每片小膜由3～4列动基列构成。口右侧的口侧膜可为1～2片，少数种类有自身分泌而成的壳室。绝大多数为自由生，广泛分布于各种生境。包括异毛目（Heterotrichida）、齿口目（Odontostomatida）、寡毛目（Oligotrichida）、内毛目（Entodiniomorphida）、腹毛目（Hypotrichida）等。

四、系统发生

原生动物是单细胞动物，要讨论原生动物系统发生，必然要涉及生命起源和细胞起源问题。理论上讲，首先由无机物发展到简单的有机物，由简单的有机物发展到复杂的有机物（如核酸、蛋白质那样复杂的大分子），发展出具有新陈代谢功能但还无细胞结构的原始生命。又经历漫长的年代，才由非细胞形态的活性物质发展成为有细胞结构的原始生物。由原始生物进化发展，分化出原始的植物和动物，后者包括形形色色的原生动物。

原生动物中哪类动物最原始呢？这一问题，目前还没有很好解决。早期有人认为肉足类变形虫结构简单，比较原始，但是它是吞噬性营养，需要摄食细菌和其他原生动物等，所以它不会是最早出现的原生动物。纤毛类结构复杂，且行吞噬性营养，也不可能是最早出现的原生动物。囊孢子虫全部是寄生的，寄生的种类是由独立生活的种类而来，因此也不可能是最早出现的原生动物。相比较而言，肉鞭类可行3种营养方式，因此一般认为它们是最原始的一类原生动物。但是，肉鞭类中到底是哪一类最早出现，这个问题也有争论。早先认为有色鞭毛虫最早出现，因为它们可以自己制造食物，然而其色素体结构过于复杂，很难想象最早出现的原生动物能有如此复杂的色素体结构。于是，有人提出最早出现的原生动物不是有色鞭毛虫，而是行渗透性营养的无色鞭毛虫，因为无色渗透性营养的鞭毛虫一般结构比较简单，所以这种说法被多数人接受。需要指出的是，肉鞭类原生动物是由与现生的无色鞭毛虫有些类似的无色鞭毛虫（也可叫作原始鞭毛虫）演化而来，原始鞭毛虫历经漫长岁月，逐渐演化出现有的形形色色肉鞭类原生动物。

很多肉足虫如有孔虫，其配子具鞭毛，根据生物发生律，说明其祖先是有鞭毛的，因此，可以推测肉足类原生动物也是从原始鞭毛虫演化而来。某些种类如变形鞭毛虫具鞭毛和伪足，这说明它们和肉足虫亲缘关系密切。纤毛虫可能是在原始鞭毛虫演化成鞭毛虫的过程中，又分出一支形成的，因为纤毛与鞭毛的结构是一致的，说明两者的关系较近。

对原生动物系统发生以及各类动物之间关系，目前认识还有限。相信随着科学研究越来越深入，会变得越来越清晰。

第三节　海绵动物（Spongia）

海绵动物因多孔如絮而得名，又因其体表多孔，而被称为多孔动物（Porifera），主要是指在海洋中营固着生活的一类单体或群体动物，是最原始的一类后生动物。海绵动物曾一度被认为是植物或是共栖于其体内的动物分泌而成的结构，后经过显微观察、生理学和胚胎学研究确定其是一类多细胞动物。

一、形态特征

海绵动物形态结构表现出很多原始性特征，也有特殊结构，其身体由多细胞组成，但细胞间保持着相对的独立性，还没有形成组织或器官。海绵动物的身体由2层细胞构成体壁，体壁围绕一中央腔，中央腔以出水口与外界相通。体壁上有许多小孔或管道，并与外界或中央腔相通（图6.5）。

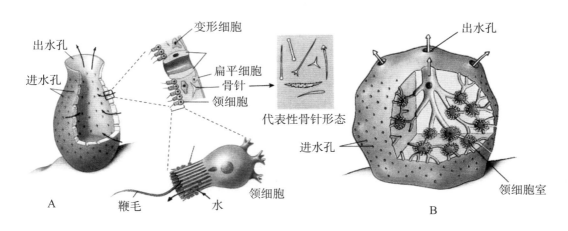

A. 海绵内部结构；B. 海绵外形图

图6.5 海绵的形态结构（自Castro等，2007）

海绵动物体壁外层和内层分别由扁平细胞（pinacocyte）和领细胞（choanocyte）组成。扁平细胞呈多边形，中部稍膨大有保护功能，有些扁平细胞含有可收缩肌纤维，具收缩能力，有助于改变海绵表面积；领细胞呈卵形，游离面具有1根可摆动的长鞭毛，看似原生动物。贯穿于海绵内外体壁间，有一些呈圆柱形的孔细胞（porocyte），两端开口，构成进水小孔。海绵动物体壁内层和外层之间的中间层充满半流体基质，内含可游走的变形细胞（amebocyte；图6.5A）。海绵动物没有神经细胞或者其他可以协调细胞之间活动的细胞。所以，海绵在一定程度上被认为只是原生动物集合体。

海绵动物体内的具鞭毛的领细胞与原生动物的领鞭毛虫类具有相似性。除此之外，在绝大多数后生动物中都不曾发现类似细胞。因此，海绵动物被认为在动物进化中很早就分离出来，并演化成区别于其他后生动物的一个侧支，所以常被称为侧生动物（Parazoa）。

二、习性

海绵动物绝大多数生活于海洋，只有少数生活于淡水。海绵动物依靠领细胞的鞭毛摆动产生从进水孔流到中央腔或者从中央腔流到出水口的水流。海绵动物看似不甚活跃，其实一个高仅10 cm的海绵，每天过滤的海水可多达100 L。它过滤如此多海水，只是为了满足新陈代谢需要。

海绵动物是固着的滤食性动物，即定生于一个地方，通过水流摄取食物，并完成呼吸、排泄等生理活动。领细胞鞭毛摆动驱动水流中的细菌、硅藻、原生生物、有机碎屑等经过海绵体壁，被领细胞吞食并消化成食物泡，或者被领细胞转运到变形细胞中消化；未被消化的颗粒被变形细胞、领细胞排入中央腔，随水流经出水孔排出。变形细胞不但具有"循环器"功能，即可以把营养从一个细胞输送到另一个细胞，而且可以产生生殖细胞和骨针（spicules，图6.5A）。

海绵动物除领细胞鞭毛的摆动以驱动水流外，也具有利用天然水流的本领。利用天然能量可以节省从食物获得的化学能量，这种本领对因固着生活而获取食物困难的海绵来说，是一种宝贵的环境适应。

海绵动物可以通过断裂和出芽行无性生殖，也可行有性生殖（详见第九章第九节）。海绵动物多数为雌雄同体，但雌性和雄性细胞往往不同时成熟，这样可以避免自体受精。海绵动物没有特化的生殖腺，生殖细胞来源于中间层的变形细胞，也有人认为生殖细胞由领细胞演变而成。卵子和精子释放到中央腔，受精后发育成具纤毛、能浮游的幼虫，可以游泳到另一地方，附着后逐渐长成成体（图6.6）。浮游幼虫使得行固着生活的海绵获得一个浮游阶段，以利于物种扩散。不同海绵其浮游幼虫形态类型不同，主要有樽海绵的两囊幼虫（stomoblastula）和白枝海绵的中实幼虫（parenchymula）2种类型。

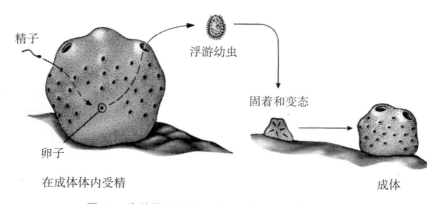

图6.6 **海绵的生殖及生活史**（自 Castro等，2007）

三、分类

现存海绵动物有6 000余种，大小、形态和颜色变化很大。海绵分类依据其骨针类型。有些海绵具有骨针组成的内骨骼。骨针是针状结构，具有1～6个星状分支。海绵动物分为4纲25目。

（一）六放海绵纲（Hexactinellida）

六放海绵纲，又称三轴海绵纲（Triaxonida）或玻璃海绵纲（Hyalospongiae）。

本纲海绵具硅质骨针，无海绵质丝，全部为海生，多分布于水深为500～8 500 m的深海。600余种，分为4个目：双盘海绵目（Amphidiscosida）、六放海绵目（Hexactinosida）、灯网海绵目（Lychniscosida）和松盾海绵目（Lyssacinosida）。

（二）钙质海绵纲（Calcarea）

本纲海绵具钙质骨针，无海绵质丝，全部为海生，多分布于近岸浅水，常见如白枝海绵（Leucosolenia）、毛壶（Grantia）、碗海绵（Scypha）、樽海绵（Sycon）等。以单体或群体存在，球形或杯状，有400余种，分为6个目：篓海绵目（Clathrinida）、白海绵目（Leucettida）、白枝海绵目（Leucosoleniida）、尊海绵目（Sycettida）、纤维海绵目（Inozoida）和紧束海绵目（Sphinotozoida）。

（三）寻常海绵纲（Demospongiae）

本纲海绵具海绵质丝，是海绵动物中最大的一个纲，常见种有枇杷海绵（*Tethya*）、穿贝海绵（*Cliona*）、真海绵（*Euspongia*）、蜂海绵（*Haliclona*）和淡水的针海绵（*Spongilla*）等。寻常海绵纲种类分布很广，从淡水到咸水、从潮间带到水深8 000 m以上的深海都有分布。有4 000多种，分为13目：同骨海绵目（Homosclerophorida）、离骨海绵目（Choristida）、旋星海绵目（Sphinotozoida）、网石海绵目（Lithistida）、韧海绵目（Hadromerida）、小轴海绵目（Axinellida）、群海绵目（Agelasida）、软海绵目（Halichondrida）、繁骨海绵目（Poecilosclerida）、简骨海绵目（Haplosclerida）、真海绵目（Verongida）、网角海绵目（Dictyoceratida）和枝角海绵目（Dendroceratida）。

（四）硬骨海绵纲（Sclerospongiae）

本纲海绵基部具蜂巢状的钙质团块，许多出水孔位于钙质团块上方，出水管汇集呈星状。常见于热带浅海的具珊瑚的洞穴和隧道中，如角孔海绵（*Ceratoporella*）。种类很少，约15种，分属2个目：角孔海绵纲（Ceratoporellida）和板骨海绵目（Tabulospongida）。

四、系统发生

海绵动物与原生动物有密切的关系，如不具器官和消化管，行细胞内消化，具领细胞和变形细胞等。但是，海绵为多细胞动物，具水管系统，细胞出现功能分化，这些显然比原生动物高级。海绵与其他后生动物如刺胞动物也有一些相同之处，如大多固着生活，两层细胞，有中间胶质层（中胶层）。海绵的中实幼虫相似于刺胞动物的浮浪幼虫。但海绵细胞分化水平低，个体细胞分散后能聚合，无真正的组织、胚层、口、神经细胞等，与其他后生动物区别巨大。因此，有学者认为海绵是单细胞动物向多细胞动物演化过程中分化较早的一个盲支或侧支，故称其为"侧生动物"（Parazoa）；也有学者认为海绵动物只是原生动物集合体，属细胞级动物，不同于有组织的刺胞动物或有器官系统的扁形动物。

第四节　二胚层动物（Diploblastica）

二胚层动物指成体构造只有2个胚层（内胚层和外胚层）构成的动物。二胚层动物的特点是辐射对称、具有2个胚层、有组织分化、有原始消化腔及原始神经系统。多孔动物在动物进化上只是一个侧支，二胚层动物才是真正后生动物的起点。所有后生动物都经过二胚层动物阶段的进化而发展起来。因此，二胚层动物在动物进化史上占有重要地位。二胚层动物仅有刺胞动物门和栉板动物门。

一、刺胞动物门（Cnidaria）

刺胞动物门又称腔肠动物门（Coelenterata），因其体壁中有刺细胞而得名。刺胞动物在身体对称性、组织分化、消化腔、原始肌肉和神经的形成上与多孔动物存在极大差异，属于真正的后生动物，故称真后生动物（Eumetazoa）。

（一）形态特征

刺胞动物多数为辐射对称。从侧面看，没有头尾、前后以及背腹面之分，只有口面（oral surface）和对口面（也称反口面；aboral surface）之分（图6.7A）。刺胞动物体壁由内、外两层细胞组成，两者之间为中胶层。外层细胞来自外胚层，构成保护性表皮；内层细胞来自内胚层，围成一个内腔，称消化循环腔（gastrovascular cavity），因而它具有消化功能，同时还能将消化后的营养物质输送到身体各部分，兼具循环功能。刺胞动物有口，无肛门，消化后的废物仍由口排出。口即为胚胎发育时的原口，与高等动物比较，可以说，腔肠动物相当于处在原肠胚阶段。腔肠动物的骨骼主要为外骨骼，具有支持和保护功能，多由几丁质、角质和石灰质构成（图6.7B）。很多珊瑚虫具有骨针或骨轴，它们存在于中胶层或突出于体表面。

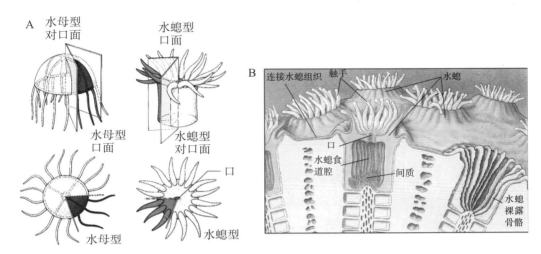

A. 刺胞动物的辐射对称和水螅型与水母型两种形态；B. 水螅内部结构

图6.7　刺胞动物的外部形态和内部结构（自Castro等，2007）

刺胞动物组织分化简单，一般分为上皮、基底、肌肉、神经四类，以上皮组织占优势，由它形成身体内、外表皮，并分化形成感觉细胞、消化细胞等。上皮细胞内包含有肌肉纤维，称为上皮肌肉细胞（epithelium-muscular cell），兼具上皮和肌肉的功能。刺胞动物在中胶层近外皮层一侧，分布有神经细胞，上面具形态上相似的突起，相互连接起来形成一个疏松的神经网，构成最原始的散漫神经系统或称扩散神经系统。神经细胞又与内、外皮层的感觉细胞和皮肌细胞相联系，组成了神经肌肉体系。

（二）习性与分布

少数刺胞动物如水螅为淡水生，绝大部分种类生活于海水，以热带和亚热带海洋的浅水区最丰富，有些种类也可生活于深海。

刺胞动物没有神经中枢，神经传导的方向不固定，传导速度很慢。刺胞动物的神经肌肉体系对外界物理的、化学的、机械的或食物的刺激都能产生有效的反应，并借此进行捕食、逃逸（避敌）和调节身体的活动。

刺胞动物具有的刺细胞（cnidocyte）和刺丝囊（nematocyst），为特有的捕食、

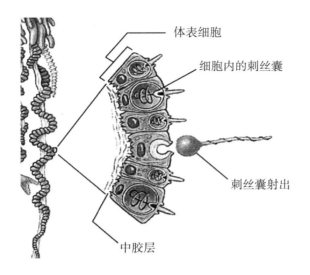

体表细胞

细胞内的刺丝囊

刺丝囊射出

中胶层

图6.8　刺胞动物的刺丝囊和刺丝（自Castro等，2007）

抗敌武器，也是刺胞动物分类的依据之一。刺细胞多产生于外胚层，由间质细胞形成。刺细胞朝外的一端有刺针。刺细胞内有细胞核和具刺丝的刺丝囊，刺丝囊有多种形状。当刺针受到刺激时，刺丝囊随即向外抛出刺丝，把毒汁注入敌害或捕获者体内，使之麻醉或死亡（图6.8）。

刺胞动物无专门的呼吸和排泄器官。呼吸作用是借体内、体表的细胞与周围的水进行气体交换来维持，即从细胞表面周围的水中得到氧，同时又把二氧化碳排入水中。因其消化循环腔内的水不断流动，又与外界水周而复始的循环，腔内的水始终含有较多游离的氧，可供体内消化循环腔表面细胞呼吸之用。排泄作用也以同样的方式进行。代谢产生的废物由体表的细胞排入周围的水中或排入消化循环腔的水中，然后经口排出。

刺胞动物一般都具水螅型和水母型两种基本形态，在生活史中交替出现，形成世代交替现象，而世代交替是适应水中生活方式的结果。水螅型适应水中固着生活，身体呈圆筒状，一端有用作固着的基盘，另一端是口，口周围有触手；水母型适应水中漂浮生活，体呈圆盘状，其突出的一面称外伞，凹入的一面称下伞。下伞中央有一悬挂的垂管，管的末端是口，口进去是消化循环腔。伞缘有触手和感觉器官，下伞缘有向内突入的环状薄膜，称环膜。若将水母型沿其横轴向上翻转180°，使下伞向上，则两种形态的结构基本相似（图6.7A），只是水母型较扁平，中胶层较厚，在伞缘有神经环、平衡囊或触手囊。有的刺胞动物如水螅类同时具有水螅型和水母型，有的刺胞动物如钵水母类水螅型退化或无，水母型发达，有的刺胞动物如珊瑚类则只有水螅型，而没有水母型。

刺胞动物有无性和有性生殖两种方式。无性生殖与海绵动物相似，为出芽生殖和断裂生殖，如海葵的无性生殖连有基盘碎裂（即基盘在移动时留下的小块，在固着物上再生成小海葵）或以身体纵裂的方式产生新个体。有性生殖的种类多是雌雄异体，也有少数为雌雄同体。雌雄同体的种类仍是异体受精。生殖腺由间质细胞分化而成，有的种类如水螅类来源于外胚层，有的种类如钵水母类和珊瑚类来源于内胚层。受精卵经过卵裂、囊胚期到原肠胚期，发育成体表长满鞭毛的浮浪幼虫（planula larvae）。这种幼虫生活一个时期后沉入海底，附在固体物上，再发育成新个体（图6.9）。在水螅型和水母型同时具备的种类，水螅世代可用无性生殖方式产生水母型，水母世代长大成熟后，又以有性生殖方式产生水螅型。生活史中的这种现象，称为世代交替。

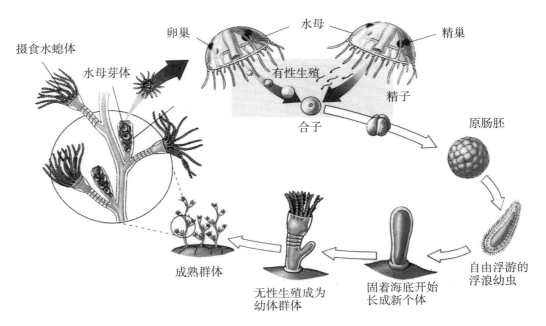

图6.9 刺胞动物的繁殖、生活史及世代交替（自Castro等，2007）

（三）分类

刺胞动物现存种类大约有11 000种，一般分为3个纲，即水螅纲、钵水母纲和珊瑚纲。一般认为水螅纲最原始。

1. 水螅纲（Hydrozoa）

本纲物种多数生活在海水中，少数为淡水生活。该纲动物形态多样。水螅体附着生活，呈树枝状；水母体较小，透明。水螅纲动物的刺细胞经常伤及在沿海活动的人类，故有"水魔"之称。水螅纲有3 000余种，代表物种如水螅、桃花水母、僧帽水母等。共分为9个目：花水母目（Anthomedusae）、软水母目（Leptomedusae）、多孔螅目（Milleporina）、柱星螅目（Stylasterina）、淡水水母目（Limnomedusae）、盘囊水母目（Disconanthae）、管水母目（Siphonophora）、硬水母目（Trachylina）和辐射水母目（Actinulida）。

2. 钵水母纲（Scyphozoa）

本纲物种全部生活在海水中，多数为大型水母，水螅型很小或退化。其水母型的构造比水螅纲的构造复杂，个体直径通常为2～40 cm，大者可达2 m。钵水母纲动物行浮游生活，游动能力较弱，基本随水漂流。钵水母纲动物如海蜇能对海洋动物和人类形成致命的伤害，同时又是人们喜爱的水产食品。本纲有200余种，代表物种如霞水母、海月水母和海蜇等。分为4个目：十字水母目（Stauromedusae）、冠水母目（Coronatae）、旗口水母目（Semaeostomeae）和根口水母目（Rhizostomeae）。

3. 珊瑚纲（Anthozoa）

本纲物种全部为海生，主要生活在热带浅海海底，为独立或成群的水螅型，没有水母型。除海葵外，珊瑚纲动物都可分泌钙质外骨骼，形成被称为"海底花园"的珊瑚礁（岛）。珊瑚纲动物在生长过程中能吸收海水中的钙和二氧化碳，然后分泌出碳酸钙，形成自己的外壳。单体的珊瑚虫只有小米粒大小，它们一群一群地聚居在一起，一代代地新陈代谢，生长繁衍，同时不断分泌出碳酸钙，并黏合在一起。这些碳酸钙经过压实、石化，逐渐形成岛屿和礁石即所谓的珊瑚礁（岛）。

珊瑚礁结构可以影响其周围的物理和生态环境。珊瑚礁为许多动物如蠕虫、软体动物、海绵、棘皮动物和甲壳动物等提供了生活环境，也是热带海洋鱼类的繁殖地和幼鱼生长地。海边的珊瑚礁可作为天然海堤。珊瑚骨骼如红珊瑚还可制作工艺品。

珊瑚纲动物现生2 000余种，代表物种如海葵、石珊瑚和红珊瑚等；化石近5 000种。本纲动物分为12个目：根枝珊瑚目（Stolonifera）、石花虫目（Telestacea）、软珊瑚目（Alcyonacea）、苍珊瑚目（Helioporacea）、柳珊瑚目（Gorgonacea）、海鳃目（Pennatulacea）、群体海葵目（Zoanthinaria）、海葵目（Actiniaria）、石珊瑚目（Scleractinia）、珊海葵目（Corallimorpharia）、角海葵目（Ceriantharia）和黑角珊瑚目（Antipatharia）。

（四）系统发生

刺胞动物是真正的多细胞动物的开始。从其个体发育看，海生的刺胞动物都要经过浮浪幼虫阶段，因此有学者推测：最原始的刺胞动物是能够自由游泳、具纤毛的动物，可能由一种群体鞭毛虫，部分细胞移入后形成原始的二胚层动物，最后发展成为刺胞动物。

在现存的刺胞动物中，水螅纲是最低等的一类，因为其水螅型和水母型的构造都比较简单，生殖腺来自外胚层。钵水母纲水螅型退化，水母型发达，结构较复杂。珊瑚纲无水母型，只有结构复杂的水螅型。钵水母纲和珊瑚纲动物的生殖腺都来自内胚层，因此可以认为它们可能起源于水螅纲，之后沿着不同的路径发展而成。

二、栉板动物门（Ctenophora）

栉板动物门也称栉水母门，它们与刺胞动物门一样是二胚层动物。

（一）形态特征

栉板动物身体由外面的表皮层、内部的胃层以及中间中胶层组成，呈球形、卵形、袋形或长带状，沿口面和对口面呈两辐对称；具口和复杂的胃循环管；无骨骼及循环、排泄、呼吸系统；具扩散式神经网，对口端有固定的感觉区。它们与刺胞动物的区别是体表通常具8条栉毛带（comb band），也称栉板（comb plate），各由1列纤毛组成，为运动器官；2只触手上通常有黏细胞而无刺细胞。

（二）习性

栉板动物全为海生，多数种栖息于大洋的热带和亚热带海区，营浮游、爬行或固着生活。主要吞食小型浮游动物如桡足类、磷虾、糠虾和贝类的幼体等，有些种类还能吞食鱼卵和仔鱼。栉板动物摄食方式各有不同：球栉水母利用触手上的黏细胞分泌黏液黏取小型浮游甲壳动物或贝类为食；长瓣水母摄食时口端朝前游动，口瓣张开，口瓣的内表面分泌黏液以黏着食饵，然后借助于耳瓣上纤毛的颤动，逐渐将食饵送入口内；蝶水母的摄食与其他兜水母类不同，口瓣并不分泌黏液，食饵接触口瓣内壁后，口瓣立即关闭，食饵遂被吞食。栉板动物在海区聚集，对于海洋动物幼虫、鱼卵等具有毁灭性的危害。

栉板动物是一类发光生物，发光细胞位于子午管处生殖细胞的外侧。发光细胞液泡发达，含有许多分散的颗粒。

栉板动物雌雄同体，生殖腺位于子午管的内壁，呈长条状，精巢、卵巢各在一侧。生殖细胞成熟后，精子由精孔排出，接着卵子也由生殖孔排放。卵子在体外受精，行定型卵裂。除了球栉水母和风船水母等是直接发育外，其他栉板动物如兜水母、带水母和扁栉水母都要经过幼体变态才能变为成体。

（三）分类

栉板动物共约110种，分为2个纲7个目，我国东海和南海北部已经鉴定的有6种。

1. 有触手纲（Tentaculata）

本纲动物有触手，有6个目：球水母目（Cydippida）、扁栉水母目（Platyctenida）、美光水母目（Ganeshida）、海萼水母目（Thalassocalycida）、兜水母目（Lobata）和带水母目（Cestida）。

2. 无触手纲（Nuda）

本纲动物无触手，仅瓜水母目（Beroida）一目。

（四）系统发生

栉板动物在进化上属于比较特殊的一个类群，与刺胞动物接近，但比刺胞动物略高等。有学者认为爬行的栉板动物可能进化为较高等的两侧对称的扁形动物，但更多学者认为栉板动物是进化上的一个盲端支流。

第五节　旋裂动物（Spiralia）

旋裂动物是具有螺旋式卵裂动物的集合，是两侧对称动物的一大分支，与蜕皮动物和毛颚动物共同组成原口动物。旋裂动物包括三大分支：

（1）狭义的冠轮动物（Lophotrochozoa），包括传统的软体动物门、环节动物门、纽形动物门、螠门（现归于环节动物门）、须腕动物门（Pogonophora；现归于环节动物门）、星虫门组成的担轮动物（Trochozoa；一个不常用的名词）以及由腕足动物门、帚形动物门、苔藓动物门（外肛动物门）、内肛动物门和微轮动物门（环口动物门；Cycliophora）组成的触手冠动物（Lophophorata）。Lophotrochozoa一词即由Lophophorata和Trochozoa缩合而成。

（2）吮吸动物（Rouphozoa），包括扁形动物门和腹毛动物门，它们普遍缺乏额外的摄食器官而通过咽的吸吮和卷包摄食，故而得名。

（3）有颚动物（Gnathifera），包括轮虫门、棘头动物门（也有人认为应并入轮虫门）、颚咽动物门和微颚动物门（Micrognathozoa），它们的主要共同特征是咽部均具有复杂的咀嚼器。

在很多文献中，"冠轮动物"常被广义用作旋裂动物的同义词，但上述吮吸类和有颚类并不具有担轮、触手冠等特征，不算是严格意义的冠轮动物。狭义的冠轮动物和吮吸动物共同组成的分支也称为扁担轮动物（Platytrochozoa）。另外，也有学者为旋裂动物的不同分支提出了其他一些名称，如 Platyzoa、Eutrochozoa、Syndermata、Acanthognatha、Schizocoelia等，不一一介绍。

上述动物中，微颚动物门只发现1种，生活于淡水；微轮动物门只发现1属2种，共栖于螯虾的口器上。本书对它们不做进一步介绍。

一、轮虫门（Rotifera）

轮虫是动物界最小的多细胞动物之一，其直径一般在50～2 000 μm之间。由于头冠（轮盘）上的纤毛不断摆动，在显微镜下就像在转动轮子，所以称它们为"背着轮子的动物"，并由此而得名。

（一）主要特征

已发现的约2 200种轮虫中，有30多种可群体生活，其余均单独生活。它们的身体两侧对称，不分节，一般可分为头、躯干和足部三部分（图6.10A）。除海轮虫等极少数种类外，大多轮虫在身体最前端有一个被称为头冠的纤毛质区域，具有很强的伸缩性，只有在游泳、摄食等活动时，头冠才完全伸展易被观察。有些种类，头冠特化为两个车轮状的轮盘。轮虫的头冠在形态上变化很大，是其分类的重要依据之一，头冠是轮虫的最典型特征。轮虫另一个典型特征是咀嚼囊，内有一套复杂的咀嚼器。雌性轮虫消化系统完全，由咽特化成而来的咀嚼囊非常发达，具很厚的肌肉壁，极易观察。咀嚼囊的内壁角质层特化成轮虫特有的一套咀嚼器。典型的咀嚼器包括四部分：柱部、枝部、钩部和柄部。柱部单独存在，与枝部相连；柄部位于咀嚼器的最外侧，与钩部相连。有些咀嚼器还有前咽片、副片等结构。咀嚼器形式多样，是分类的重要依据，常见的有枝型、砧型、杖型、钳型、槌型、槌枝型和舌型咀嚼器（图6.10B～H）。不同类型的咀嚼器与轮虫的摄食方式密切相关，像舌型、砧型、杖型和钳型咀嚼器可伸出口外攫取食物，而枝型、槌型和槌枝型咀嚼器则在咀嚼囊内磨碎食物。轮虫还有一个典型特征是体壁发达，含有特殊的角蛋白纤维层。轮虫体壁中的角蛋白纤维层是由表皮细胞质变致密演化而来，当这层结构特别加厚，轮虫的表皮外层就变硬形成一个透明光滑盔甲，称被甲或兜甲。被甲上常有尖细的棘刺、棘突等结构（图6.10A）。

轮虫缺乏呼吸和循环系统，它们直接通过体表扩散作用进行气体交换，宽大的假体腔充满体腔液，是体内物质循环的介质。轮虫的体细胞数目较恒定，有900～1 000个，后期身体的生长则来自细胞的增大。它们的组织器官几乎都是合胞体结构，并且在胚胎发育时期就已确定。轮虫一般有足，末端有1～4个尖而能动的趾，趾和足内的足腺相连（图6.10A），足腺分泌的黏液可让轮虫暂时附着或永久性固着生活。

大多数轮虫繁殖方式为卵生，但卵通常不直接排入水中，而是通过母体后部的一条短的带状物挂在体外呈现"带卵"现象，并在此发育至孵化。晶囊轮虫（Asplachna）等少数种类可以进行卵胎生，它们的卵在孵化之前，一直留在母体内，直到孵化出幼体才离开母体，但胚胎发育所需的养分由卵供给。

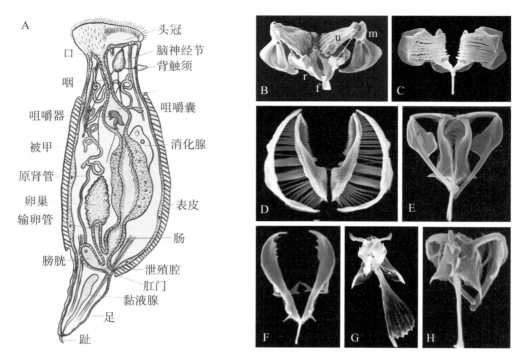

A. 轮虫侧面观。B ~ H. 轮虫不同类型的咀嚼器：B. 槌型（f 柱部，r 枝部，u 钩部，m 柄部）；C. 槌枝型；D. 枝型；E. 钳型；F. 砧型；G. 舌型；H. 杖型

图6.10　臂尾轮虫内部构造模式图

（A仿Hudson，宫琦绘；B，C自Segers，2005；D ~ F，H自Fontaneto，2005；G自Hendrik，1998）

（二）习性与分布

轮虫广泛分布在全球咸、淡水体中，许多种类为世界性分布。它们大多底栖生活，其中有些种类兼营浮游生活，少数轮虫可生活在潮湿土壤、陆生植物的表面，或寄生在一些动物的体表。大多轮虫滤食水体中的微藻、细菌或有机碎屑，少数种类能捕食个体较大的原生动物、其他轮虫、枝角类和桡足类。

浮游生活的轮虫虽然种类不多，但它们在淡水中的数量庞大。如果食物充足，营浮游生活的淡水轮虫密度可超过1 000个/升，在淡水多细胞浮游动物中，轮虫和枝角类、桡足类在数量上占据着绝对优势，因而被人们广泛认知。在已知的轮虫中，约有400种可生活在咸水中。海水轮虫在浮游和底栖类群中都有出现。

由于繁殖迅速、大小适合以及易于培养等优点，轮虫作为鱼、虾、蟹等开口饵料在水产动物育苗中得到广泛使用，特别是淡水的萼花臂尾轮虫（*Brachionus calyciflorus*）、壶状臂尾轮虫（*B. urceus*）以及咸水的褶皱臂尾轮虫（*B. plicatilis*）、圆型臂尾轮虫（ *B. rotundiformis* ）。轮虫也是水环境监测和生态毒理学等领域经典的模式生物。

（三）分类

根据咀嚼器、头冠和生殖系统等特点，可将轮虫门分为海轮虫纲、蛭态纲和单巢纲。海轮虫纲是轮虫中最小的一个类群，目前只发现4种，80%轮虫的种类属单巢纲，剩余种类则属蛭态纲。

1. 海轮虫纲（Seisonidea）

目前发现的海轮虫都寄生在海洋甲壳动物叶虾的体表。海轮虫的头冠退化，不能用来摄食和运动，咀嚼器为舌形，缺乏被甲。雌、雄均为双倍体，大小相当。雌性具有成对卵巢但缺乏卵黄腺，只能进行有性生殖，没有休眠的阶段。

海轮虫纲的种类很少，只有海轮虫（ *Seison* ）和拟海轮虫（ *Paraseison* ）两属共3种。环纹拟海轮虫（ *P. annulatus*，图6.11B ）可通过从口中伸出咀嚼器刺穿寄主叶虾的体壁，以吸食叶虾体液。

2. 蛭态纲（Bdelloidea）

本纲轮虫除了靠头冠上纤毛的摆动在水里游泳外，头部和足部的假体节能极度地伸展和收缩，像水蛭一样在底物上移动，蛭态轮虫的名称也由此得来。身体圆筒形，不具被甲，咀嚼器为枝型；具成对卵黄腺和卵巢；头背侧有吻。趾平时收缩，只有在爬行时才展露；在足后端靠近趾的位置常有一对不能收缩的刺棘。生活史中没有雄体，只有雌体，进行孤雌生殖。它们可通过脱去身体水分缩成一团，以隐生方式度过恶劣环境。

本纲有450余种，主要栖息在淡水及陆地潮湿生境中，仅少数见于海洋，如海参蔡氏轮虫（ *Zelinkiella cynaptae*，图6.11H ）共栖或寄生于海参的体表。

3. 单巢纲（Monogononta）

本纲许多种类具被甲；咀嚼器多种多样，但不是枝型或舌型；雌性具卵黄腺和卵巢各一个；大多种类具有雄性个体，一般在环境恶劣的条件下出现，个体很小，除生殖系统外，身体其他结构显著退化，不摄食，寿命比雌性短。平时雌性主要以孤雌生殖的方式产生后代，许多种类能进行周期性的有性生殖产生休眠卵。

本纲动物已知有1 600余种。大多数生活于淡水，海生较少。浮游生活的如褶皱臂尾轮虫（ *Brachionus plicatilis*，图6.11A ）、颤动疣毛轮虫（ *Synchaeta tremula*，图6.11C ）、螺形龟甲轮虫（ *Keratella cochlearis*，图6.11D ）等；底栖生活的如狭甲轮虫（ *Colurella colurus*，图6.11E ）、德国前翼轮虫（ *Proales germanica*，图6.11F ）、海洋

中吻轮虫（*Encentrum marinum*，图6.11G）等。其中，不少种类在海水、半咸水、淡水中均可生存。

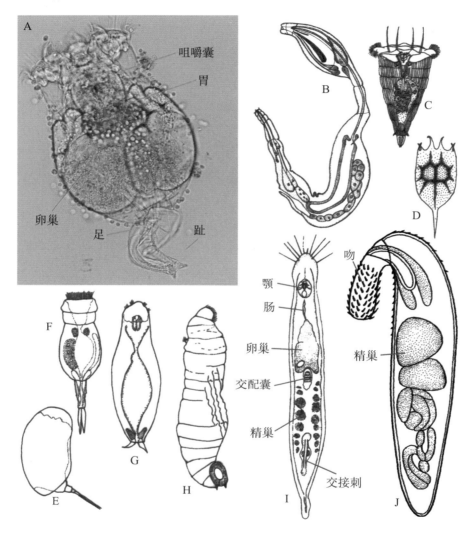

A. 褶皱臂尾轮虫（*Brachionus plicatilis*）；B. 环纹拟海轮虫（*Paraseison annulatus*）；C. 颤动疣毛轮虫（*Synchaeta tremula*）；D. 螺形龟甲轮虫（*Keratella cochlearis*）；E. 狭甲轮虫（*Colurella colurus*）；F. 德国前翼轮虫（*Proales germanica*）；G. 海洋中吻轮虫（*Encentrum marinum*）；H. 海参蔡氏轮虫（*Zelinkiella synaptae*）；I. 詹纳颚咽虫（*Gnathostomula jenneri*）；J. 鲈鱼小棘吻虫（*Micracanthornhynchina motomurai*）

图6.11　轮虫门（A～H）、颚咽动物门（I）和棘头动物门（J）

（A孙世春摄；B～D仿王家辑，1961；E～G仿Turner，1988；H仿Hyman，1967；I仿Nogrady，1982；J仿Sterrer，1982）

二、颚咽动物门（Gnathostomulida）

颚咽动物是生活于海洋底质间隙中的一类小型底栖动物，于1956年首次发现，因咽内具咀嚼器而得名。

颚咽动物身体呈蠕虫状，两侧对称，不分节，体长一般不超过1 mm。体表遍生纤毛，表皮细胞单纤毛，体壁具环肌和纵肌层，无体腔。消化管不完全，具口，但肛门退化；咽发达，具一个复杂的咀嚼器，由1对颚和1个基板构成。无循环和呼吸系统，排泄器官为具单纤毛的焰细胞。雌雄同体，直接发育。

颚咽动物已知约100种，全部海生。颚咽动物是典型的沙隙小型底栖动物，见于世界各海洋中，自高潮带至水深数百米的海底均有分布。多数生活于富含有机质的细沙中，常可生活于无氧环境，在粗沙、泥和珊瑚礁间亦有分布，如詹纳颚咽虫（*Gnathostomula jenneri*，图6.11I）。

三、棘头动物门（Acanthocephala）

棘头动物是一类高度适应寄生生活的动物，因头端有吻、吻上具钩棘而得名。这类动物曾长期作为一个独立的门，近年的分子系统学研究结果显示它们可能是一类高度特化的轮虫，与后者共同组成合皮动物（Syndermata），但WoRMS仍将棘头动物作为一个独立的门。

棘头动物身体呈蠕虫状，两侧对称，不分节；三胚层，具假体腔；身体前端具吻，可缩入吻鞘内，吻具钩/棘，生活时以吻刺入宿主肠壁固定身体；体壁具环肌层和纵肌纤维，表皮为一层厚的合胞体，内具由复杂管道组成的腔隙系统；无口和消化管，通过体表吸收营养；无呼吸和循环系统，执行循环功能的是腔隙系统；大多无排泄系统，少数具原肾。雌雄异体，雌性生殖系统具特殊的子宫钟，体内受精。

棘头动物成体几乎全部为脊椎动物的消化道寄生虫，生活史中常以无脊椎动物作中间宿主。

棘头动物已知约有1 150种。部分种类寄生于鱼类等海洋动物中，如我国沿海的鲈鱼小棘吻虫（*Micracanthornhynchina motomurai*，图6.11J）等。

四、扁形动物门（Platyhelminthes）

扁形动物门包括自由生活的涡虫和寄生生活的吸虫、绦虫等，是一类两侧对称、背腹扁平、三胚层、无体腔、不分节、具不完全消化管的蠕虫状动物。因其身体背腹扁平而得名。

（一）主要特征

扁形动物体长从不足1 mm到数米不等。身体扁平，呈叶片状或带状，少数为卵形或线形。身体两侧对称，即通过身体的中央轴只有一个切面可以将身体分成镜像相似的2个部分。这种体制使动物的身体明显分化出前后、左右和背腹6个方位，机能上出现了明显的分化。背面的各种色素和较为发达的腺体具有保护作用，腹面的运动和摄食器官主司运动和摄食，神经系统和感觉器官向体前端集中，为脑的分化和发展奠定了基础，使动物的运动从不定向转为定向，对外界环境的感应更为准确和迅速，提高了对环境的适应能力。两侧对称的体制使动物不仅适于游泳而且适于爬行，成为动物由水生向陆生过渡的重要条件之一。

1. 皮肤肌肉囊

扁形动物的体壁由外胚层形成的单层表皮和中胚层形成的多层肌肉紧贴在一起组成，使体壁呈囊状，包裹着身体，称为皮肤肌肉囊。由于生活方式的不同，不同扁形动物的表皮有所不同：自由生活的涡虫的表皮有杆状体，当它们受到外界刺激时杆状体排出，弥散有毒黏液，供捕食和防御敌害之用，其腹面表皮具有纤毛，可用于运动；寄生的吸虫和绦虫的表皮则没有杆状体和纤毛。表皮底下是一薄的非细胞构造的基膜，再下面是中胚层形成的肌肉层（包括环肌层、斜肌层和纵肌层；图6.12）。这种包裹身体的皮肤肌肉囊具有保护和运动的作用。

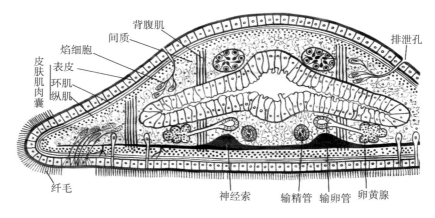

图6.12　涡虫的横切面模式图（宫琦绘）

2. 不完善的消化系统

扁形动物的消化管由口、咽和肠组成，口和咽源于外胚层内陷，肠是由内胚层形成的盲管。由于没有单独的肛门，不能消化的残渣只能由口排出，故称不完全消化管。不同扁形动物的消化系统差异较大，自由生活的种类肠通常具有分支，延伸到身体各部，以辅助营养物质的运输，结构复杂，而寄生生活的种类消化系统趋于退化或完全消失。

3. 原肾型排泄系统

扁形动物开始有了比较原始的排泄系统，称为原肾管的排泄系统。原肾是由身体两侧外胚层内陷形成的，包括焰细胞、原肾管（排泄管）和原肾孔（排泄孔）。在电镜下，可以发现所谓的"焰细胞"其实是由2个细胞组成的。其中，位于排泄管顶端的是帽细胞，与其相连的为管细胞，帽细胞生有2条或多条鞭毛/纤毛，悬垂在管细胞中央，鞭毛不断打动，犹如火焰，故名"焰细胞"。可能是通过焰细胞的鞭毛不断打动，在原肾管的末端产生负压引起实质中的液体经过管细胞上细胞膜的过滤作用，Cl^-、K^+等离子在管细胞处被重新吸收，产生低渗液体或水分，经过管细胞膜上的无数小孔进入管细胞和排泄管，最后经排泄孔排出体表。原肾管的功能主要是调节体内水分的渗透压，同时也排出一些代谢废物。真正的排泄物如含氮废物主要是通过体表排出的。

4. 梯式神经系统

扁形动物的神经系统比腔肠动物有了显著的进步，表现在神经细胞向前集中，形成了原始的神经中枢，主要包括脑神经节及向后分出的若干纵神经索，在纵神经索之间有横神经相连，形状如梯形，特称为梯式神经系统。脑神经节与神经索都有神经纤维与身体各部分联系。

自由生活的种类有了比较明显的感觉器官，如眼点和平衡囊等，而寄生生活的种类感觉器官不发达或完全退化。

5. 生殖系统

扁形动物大多数为雌雄同体，但也有雌雄异体和雌雄异形。其生殖系统包括生殖腺（中胚层起源）和生殖导管，如输卵管、输精管等，以及有利于生殖细胞成熟和排出的一系列附属腺，如前列腺、卵黄腺等，类似于高等动物的生殖系统。繁殖时一般进行交配和体内受精。

6. 发育和生活史

受精卵的卵裂方式为螺旋卵裂。胚后发育有多种类型。淡水涡虫常直接发育；海水涡虫常间接发育，具浮游生活的戈特氏幼虫（Götte's larva）或牟勒氏幼虫（Müller's larva）期；寄生者常具复杂的生活史，多经数个虫期及宿主转换（图6.13G）。

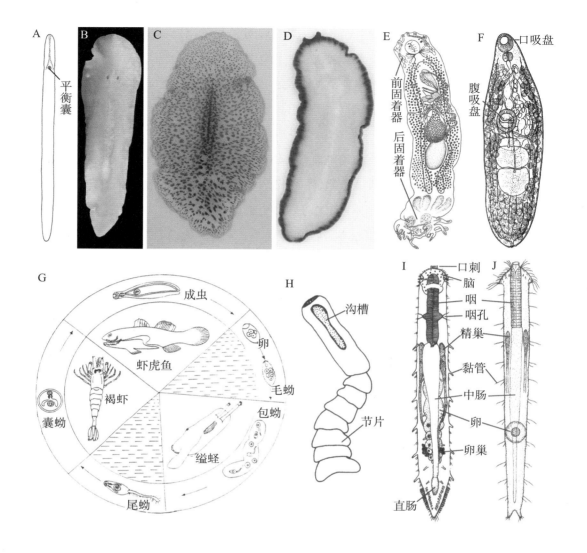

A. *Retronectes thalia*；B. 薄背涡虫（*Notoplana*）；C，D. 我国沿海的两种涡虫；E. 海鲶血梗虫（*Hamatopeduncularia arii*）；F. 食蛏泄肠吸虫（*Vesicocoelium solenophagum*）；G. 食蛏泄肠吸虫的生活史；H. 副头槽绦虫（*Parabothriocephalus*，幼体）；I. 巨毛虫（*Macrodasys*）；J. 新毛虫（*Neodasys*）

图6.13　扁形动物门Platyhelminthes（A～H）和腹毛动物门（I，J）

（A仿Sterrer和Rieger，1974；B～D孙世春摄；E，H自张剑英等，1999；F自唐崇惕、许振祖，1979；G自杨德渐等，1999；I，仿Meglitsch和Schram，1991；J仿Hummon，1982）

7. 再生

有些涡虫有很强的再生（regeneration）能力，即由身体残留的部分可生出丧失部分。再生具极性，即体前部再生头的能力强，内侧生头、外侧生尾的能力强。有些涡虫可通过身体的断裂再生进行无性生殖。

（二）习性与分布

涡虫主要营自由生活，多数种类分布于海洋中，如平角涡虫（*Planocera riticulata*）；少数淡水生，如三角涡虫（*Dugesia*）；有些涡虫生活于热带及亚热带潮湿的陆地，如笈蛭涡虫（*Bipalium*）。水生种类一般底栖生活，少数营浮游生活，一般肉食性。有些涡虫共栖于海洋动物体表，还有的可寄生在软体动物、甲壳动物和棘皮动物体内。单殖吸虫多数营外寄生生活，寄生于鱼类等变温动物。吸虫和绦虫一般营内寄生生活，往往具有复杂的生活史和宿主转换（即具有成虫寄生的终末宿主和幼虫寄生的1个或多个中间宿主）。有些吸虫和绦虫是人体寄生虫，可严重危害人体健康，如日本血吸虫（*Schistosoma japonicum*）、华枝睾吸虫（*Clonorchis sinensis*）、猪带绦虫（*Taenia solium*）等。一些鱼类寄生虫如三代虫（*Gyrodactylus*）、指环虫（*Dactylogyrus*）可严重危害养殖鱼类。

（三）分类

扁形动物约25 000种，传统根据形态、生活方式等分为涡虫纲、单殖纲、吸虫纲和绦虫纲。近来根据分子系统学研究结果将扁形动物分为链涡类（Catenulida）和杆状体类（Rhabditophora）两大分支，后者包括大部分涡虫和所有寄生的吸虫、绦虫，而其中的单殖类、吸虫类和绦虫类共同构成的一支被称为新皮类（Neodermata）。然而，各类群的分类层级尚无普遍接受的意见。本书按传统观点介绍如下。

1. 涡虫纲（Turbellaria）

涡虫纲大部分种类个体小，身体扁平，体长通常在几毫米到十几毫米之间，个别种类身体呈带状，最大体长可达60 cm。涡虫的背部多具有保护色，皮肤肌肉囊腹面具有纤毛，表皮层部分区域有腺细胞和杆状体，有利于运动、捕食和防御。神经系统和感觉器官较为发达，能迅速对外界刺激，特别是水流、光线和食物等做出反应。感觉器官包括眼、耳突、触角和平衡囊等。

涡虫纲已知有4 500余种，绝大多数自由生活，分布于海水、淡水或潮湿的土壤中，也有少数在其他无脊椎动物的体表/体内寄生或共栖生活。其中的链涡虫目（海生代表如*Retronectes thalia*，图6.13A）在新分类系统中被提升为纲。我国沿海分布常见种有平角涡虫（*Planocera riticulata*）、薄背涡虫（*Notoplana*）等（图6.13B～D）。

2. 单殖纲（Monogenea）

单殖纲动物身体较小，体长一般0.15～20 mm。身体形状不一，有指状、叶片状、圆盘状或圆柱状等。身体前、后端分别具有前固着器（前吸器）与后固着器（后吸器），一般以后固着器为主要固着器官。前固着器有时具吸盘、腺体等附属构造。后固着器结构较为复杂，多具几丁质构造，为分类的重要依据之一。体表大都具有短的、分散的微绒毛，或不具微绒毛但有浅的小窝。一般海生者体形较大，形态较为多样。

单殖纲已知有3 000余种。绝大多数是外寄生虫。宿主主要为鱼类，少数寄生于甲壳类、头足类、两栖类及爬行类。典型寄生部位为鱼类的鳃，但也可以寄生在皮肤、鳍和口腔、鼻腔、膀胱等处。有极少数种属寄生于鱼类的胃肠及体腔。如在南海发现海鲶血梗虫（*Hamatopeduncularia arii*，图6.13E）寄生于多种海鲶的鳃部。

3. 吸虫纲（Trematoda）

吸虫纲的种类均为寄生生活，多数营内寄生生活，少数营外寄生。运动机能退化，体表无纤毛、无杆状体。神经、感觉器官趋于退化。具有口吸盘和腹吸盘。消化系统包括口、咽、食道和肠（趋于退化）。生活史复杂，一般包括卵、毛蚴（miracidium）、胞蚴（sporocyst）、雷蚴（redia）、尾蚴（cercaria）、囊蚴（metacercaria）和成虫等数个阶段。前几期幼虫常寄生于软体动物体内，尾蚴钻出中间寄主后，在水中直接钻入终末寄主，或钻入第二中间寄主（虾、蟹、昆虫、软体动物、鱼类），或附于植物等生物体上，脱去尾部形成囊蚴，后者被吞食后感染终末寄主（图6.13G）。

吸虫纲是扁形动物门最大的一个类群，已记录超过11 000种。海生种类如食蛏泄肠吸虫（*Vesicocoelium solenphagum*）幼虫寄生于缢蛏（*Sinonovacula constricta*）体内，成虫寄生于虾虎鱼类的体内，其生活史中具有毛蚴、包蚴、尾蚴、囊蚴等幼虫阶段（图6.13F，G）。

4. 绦虫纲（Cestoda）

绦虫纲动物的成虫全部寄生于宿主消化道内。身体自前向后包括头节、颈节和节裂体，节裂体由重复的多个节片组成。身体前、中、后部的节片依次为未成熟节片、成熟节片和孕节片。头节上生有吸盘、吸沟或倒钩等结构，用于吸附在宿主的肠壁上，并将整个身体悬挂在宿主的肠内，不会因宿主肠的蠕动而脱落。感觉器官退化。消化管完全消失，靠皮层吸收营养物质。绦虫的皮层具有细胞突起形成大量微毛结构。多数种类雌雄同体，每个节片分别具有一套雌性和雄性生殖系统，繁殖能力极强。除个别种类直接发育外，多数种类具幼虫期，并具一个中间宿主，包括甲壳类、软体动物、环节动物、脊椎动物等，而终末宿主几乎全部为脊椎动物。

绦虫纲已知1 000余种。广为人知的如猪带绦虫（*Taenia solium*）寄生在人的小肠内，体长可达2～4 m；海洋中的鲸绦虫（*Polygonoporus giganticus*）体长可达30 m。

很多绦虫为鱼类寄生虫，如副头槽绦虫（*Parabothriocephalus*，图6.13H）寄生于鲈鱼的肠内。

五、腹毛动物门（Gastrotricha）

腹毛动物（图6.13I，J）是一类两侧对称、身体不分节以及具完全消化管、原肾和单纤毛表皮细胞的体形微小的蠕虫状后生动物。因身体腹面生有纤毛而得名。

腹毛动物多数体长小于1 mm，最大4 mm。身体呈蠕虫状，两侧对称，背面略隆起，腹面较平。大致分为头部和躯干部两部分。

体壁由角质膜、表皮和肌肉层构成。体表常具角质膜特化而成的鳞、板、刺等构造。体表纤毛局限于头部和腹面，常不连续排列，有纵带、横带、簇状、片状等多种排列方式。体表还具有一种特殊的圆柱状突起，称为黏管，内部与黏腺细胞相通，用于暂时附着。体表纤毛外面常由自体表延伸的角皮层所包裹，这与其他动物不同。具环肌和纵肌束，但不形成完整的皮肤肌肉囊。体壁与消化管之间的空间被各种内部器官所填满，没有明显的体腔。消化管完全，具较发达的咽，咽腔横断面呈三角形，中肠由单层上皮构成。口刺和口部纤毛具有辅助摄食的作用，也可通过肌质咽的收缩吸吮食物。无专门的呼吸器官和循环系统。淡水种类常具原肾，两侧各具1个或1团焰（管肾）细胞（solenocyte，cyrtocyte），每个焰细胞具1~2条鞭毛，在虫体两侧各具1个原肾孔，原肾的功能主要是排除体内多余的水分。中枢神经包括1对脑神经节和1对侧神经索。感觉器官包括纤毛丛、纤毛窝、眼点等，在头部较为集中。

巨毛目为雌雄同体，既有同时雌雄同体也有雄性先熟雌雄同体。受精卵多由体壁破裂的方式释放。鼬虫目一般行孤雌生殖，其雄性生殖器官退化并失去功能，或完全缺如。发育为直接发育，无幼虫期。

腹毛动物常世界性分布，见于世界各地的淡水或海水中，是间隙动物群落中常见的小型动物，常集群生活，以疏松的底质间隙中最为常见，亦见于沉积碎屑表面。有些腹毛动物生活于植物或动物的体表，极少数腹毛动物在水层中浮游生活。也有极少数为半陆生。腹毛动物以细菌、微藻、原生动物、碎屑等各种微小的有机颗粒为食。寄生种尚未发现。

腹毛动物已知近800种，分为2个目。其中，巨毛目（Macrodasyida）的种类生活于海水或半咸水，如巨毛虫（*Macrodasys*）等（图6.13I）。鼬虫目（Chaetonotida）绝大多数生活于淡水，少数生活于海水、半咸水或半陆生，海生者如新毛虫（*Neodasys*，图6.13J）等。

六、环节动物门（Annelida）

环节动物因身体分节而得名，包括陆生的蚯蚓和水生的沙蚕、水蛭等。它们是一类两侧对称、三胚层、真分节、具裂生真体腔以及以疣足和刚毛为运动器官的蠕虫状无脊椎动物。

（一）主要特征

环节动物有以下一些主要特征。

1. 身体分节

环节动物身体一般呈两侧对称的蠕虫状，体长从几毫米到3 m。身体由若干相似的体节构成，一般分为头部、躯干部和尾部（肛部）。头部位于身体前端，多由口前叶和围口节组成；躯干部位于头部和尾部之间。尾部具肛门，位于体之后端由1节或若干节组成。环节动物每个体节之间在内部以节间隔膜相分隔，体表相应地形成节间沟，为体节间的分界。多数环节动物除前、后端少数体节外，其余体节在形态和功能上基本相似，称为同律分节。体节不但外表上相似，而且循环、排泄和神经等内部器官也按体节重复排列（图6.14A）。环节动物的体节数常随着生长不断增多，尾节的前部区域是生长带（节生长区），由这个区域不断向前分裂、分化出新的体节。因此，身体生长是从后端连续增加体节的结果，最老的体节靠近头部。分节的出现促进了动物形态结构和生理功能向高一级水平的分化与发展。

2. 体壁和真体腔

环节动物的体壁由外及内包括角质膜、表皮层、不明显的基膜/环肌层、纵肌层和体腔膜（图6.14B）。环节动物既有体壁中胚层又有脏壁中胚层，在体壁和消化管之间出现了一个很大的空腔即体腔，并有体腔膜所覆盖，称为真体腔或次生体腔。在胚胎发育初期，由两个中胚层细胞发育为两团中胚层带，后来每团细胞中间裂开形成体腔囊；随着体腔囊不断扩大，囊胚腔逐渐缩小，最后左、右体腔囊在背腹部中央处愈合，形成背肠系膜和腹肠系膜。在背肠系膜和腹肠系膜中，遗留下来的假体腔部分即背血管和腹血管的管腔。体腔囊靠近内侧的中胚层即肠壁的肌肉层和体腔膜的脏层，体腔囊靠近外侧的中胚层即体壁的肌肉层和体腔膜的壁层。由于体壁中胚层和脏壁中胚层包围的真体腔是由中胚层裂开而成，故称裂体腔。真体腔的出现和中胚层进一步分化密切相关。消化管壁出现了肌肉层，使肠壁能够蠕动，提高了消化能力。同时，真体腔的出现还促进了循环、排泄和神经系统的发展，使动物体的结构更加复杂，各种机能更趋完善。

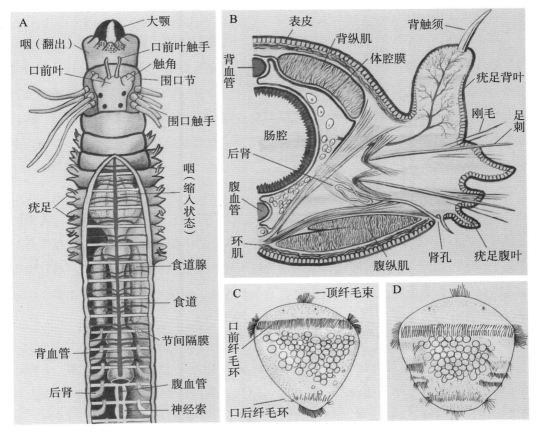

A. 沙蚕（*Nereis* sp.）的纵剖；B. 沙蚕的横切面（通过疣足）；C. 日本刺沙蚕（*Neanthes japonica*）的担轮幼虫；D. 刺沙蚕的后担轮幼虫

图6.14　沙蚕（宫琦绘）

3.疣足和刚毛

疣足和刚毛为环节动物的运动器官。海生种类一般具有疣足，每个体节有1对疣足，它是由体壁向外突出的扁平的叶状结构，体腔也伸入其中。疣足分成背叶和腹叶。背叶的背侧和腹叶的腹侧有一指状的背须和腹须，有触觉作用。有些种类的背须特化成疣足鳃或鳞片等。在背叶和腹叶内各有1个起支撑作用的足刺。在背叶和腹叶边缘各有1束刚毛（图6.14B）。除运动功能外，由于疣足内密生微血管网，也可进行气体交换。陆地和淡水生活的蚯蚓、水蛭等没有疣足，但蚯蚓有刚毛。蚯蚓的刚毛自上皮内陷的刚毛囊生出，是由囊底部的1个成刚毛细胞分泌的几丁质构成的。由于牵引肌的作用，刚毛能自由伸缩，使动物能进行爬行运动。疣足和刚毛的出现，增强了动物的运动能力。

4. 循环系统

环节动物循环系统的是真体腔的形成过程中压缩原体腔（囊胚腔）而成。环节动物的循环系统是典型的闭管式循环系统，由背、腹纵形血管、环形血管及其分支血管以及与各血管相连的微血管网组成（图6.14A，B）。血液始终在血管内流动，不流入组织间的空隙，故称闭管式循环。血液循环有一定的方向（在背血管由后向前、在腹血管由前向后流动），流速较恒定，血压较高，可有效地提高营养物质、氧气与代谢废物的运输效率。

5. 排泄系统

环节动物的排泄器官为后肾。后肾管一般按体节排列，每节1对或多对。典型的后肾管为1条迂回盘曲的管子，一端开口于前一体节的体腔，称为肾口，具有带纤毛的漏斗；另一端开口于本节腹侧体表或消化道，称为肾孔（图6.14A，B）。后肾管可排除体腔中的代谢废物，由于肾管上密布毛细血管网，血液中的代谢废物和多余的水分也排入肾管。

6. 神经系统

环节动物的神经系统比扁形动物的神经系统更为集中。一般由"脑"（神经节）、围咽神经环、咽下神经节、腹神经索组成。脑由位于口与咽背面的1对咽上神经节组成，从"脑"发出，在两侧围绕咽向后向下，于腹侧与咽下神经节相连接。由此向后延伸的腹神经索纵贯全身。腹神经索是由包围在结缔组织鞘内的两条紧密、平行排列的神经联合而成，在每个体节中都有一个膨大的神经节，整体形态似链锁状，故称链式神经系统（图6.14A）。链式神经已有简单的反射弧式的神经传导。

7. 生殖和发育

环节动物大都进行有性生殖，雌雄同体和雌雄异体者皆有。生殖系统的发育与真体腔的形成密切相关，生殖细胞都是直接或间接来自中胚层形成的体腔膜。有些种类形成固定的生殖腺和生殖导管；有些种类没有固定的生殖腺，仅在生殖季节由体腔上皮产生生殖细胞，成熟后，破体壁排到水中或由体腔管、肾管排出。

受精卵经螺旋卵裂，通过内陷或外包，或两者结合形成原肠胚。陆生和淡水类群为直接发育，而海生种类一般间接发育；胚胎孵化为担轮幼虫（trochophore）。担轮幼虫形似陀螺，体中部具2圈纤毛环，分别称口前纤毛环（前担轮）和口后纤毛环（后担轮），有的在肛门前还有1圈纤毛，称端纤毛环（端担轮）。此外，幼虫的顶端具一顶纤毛束，并具神经组织构成的顶板（图6.14C，D）。担轮幼虫不仅出现于环节动物，也存在于其他一些动物类群如软体动物等，对探讨动物演化关系具重要意义。

（二）习性与分布

环节动物广泛分布于世界各地的海水、淡水和潮湿的陆地。多毛纲绝大多数在海洋中底栖生活，穴居于泥沙或石缝中，有的种类营管栖生活。常以腐烂的有机物为食，有些类以捕食小型无脊椎动物为生。寡毛纲大多栖息于潮湿、富含有机质的中性土壤内，也有少部分为淡水生。陆栖蚯蚓类经常在地面下钻洞，翻松土壤，改变土壤的理化性质，有利于植物生长。蛭纲大多数生活在淡水中，少数生活在海洋中，还有部分栖息在森林或草丛中。多数营动物体外暂时性寄生生活，吸食动物血液或体液，少数为杂食性或肉食性。

（三）分类

环节动物已知现生种17 000余种或22 000多种。传统分类系统包括多毛纲、寡毛纲和蛭纲。近年来主要根据分子系统学研究成果，将原来的螠门并入环节动物门并降格为多毛纲下的螠亚纲，原来的须腕动物门和被套动物门（罩翼动物门，Vestimentifera）亦并入环节动物门，组成多毛纲下的西伯加科（Siboglinidae）。此外，在新的分类系统中，由寡毛纲和蛭纲组成的类群被给予纲的级别，即环带纲。这些新的分类观点已被WoRMS所采纳，现作简要介绍。

1. 多毛纲（Polychaeta）

以沙蚕（Nereididae）为代表的多毛纲动物一般具明显的头部和较为发达的感觉器官。头部由口前叶和围口节构成，其上常有眼、触手、触须和项器，但管栖和穴居种类的头部和感觉器官退化。同律分节一般明显，在每一体节两侧生有一对疣足。消化系统包括口、咽或吻、食道、胃、肠、直肠和肛门，有的还具腺体如沙蚕的食道腺。大多数具闭管式循环系统和后肾，但有些原始种类无循环系统，有的则具原肾管或原肾管与体腔管结合。多数多毛类具典型的链式神经。多毛类一般雌雄异体，无固定的生殖腺和生殖管，生殖腺只在生殖季节出现。生殖腺来自体腔上皮，精子由肾管排出，卵成熟后由体背侧临时开口排出，在海水中受精。本纲一些类群在形态上有明显的特化，如螠类和西伯加类均无疣足，西伯加类无消化管和链式神经，螠类无明显的分节现象等。

多毛纲是环节动物中比较原始、种类最多的一类，已记载有12 000种，分为3个亚纲：

（1）游走亚纲（Errantia）：体节数目较多且相似，疣足发达，具足刺及刚毛。头部感觉器官发达，咽具颚及齿。主要包括爬行、游泳的种类，以及少数管居及穴居的种类。常见的双齿围沙蚕（*Perinereis aibuhitensis*，图6.15A）、岩虫（*Marphysa*，图

　　A. 双齿围沙蚕（*Perinereis aibuhitensis*）；B. 双齿围沙蚕头部（吻翻出）；C. 西伯加虫；D. 缨鳃虫；E. 岩虫（*Marphysa* sp.）；F. 海颗体虫（*Aeolosoma maritimum*）的前部；G. 一种海生鱼蛭；H. 单环棘螠（*Urechis unicinctus*）；I. 管口螠（*Ochetostoma* sp.）；J. 弓形革囊星虫（*Phascolosoma arcuatum*）；K. 裸体方格星虫（*Sipunculus nudus*）

图6.15　环节动物门（A～I）和星虫门（J，K）

（A，B，E柳郁滨摄；D，G，I，J孙世春摄；C自杨德渐等，1999；

F自Westheide和Bunke，1970；H曾晓起摄；K兰国宝摄）

6.15E）等是重要的经济种类，我国已开始人工养殖。

（2）隐居亚纲（Sedentaria）：身体多分区，疣足不发达，不具足刺及复杂的刚毛，口前叶不具感觉器官，但头部具有用以取食的触须等结构，无颚片及齿，鳃常限制在身体的一定区域内。常见种类如缨鳃虫（*Sabellidae*，图6.15D）等。西伯加虫（图6.15C，原来的须腕动物门）亦属于本亚纲。

（3）螠亚纲（Echiura）：身体不分节，具有不能完全缩入躯干部的匙状吻。常见种类如单环棘螠（*Urechis unicinctus*，图6.15H）、管口螠（*Ochetostoma*，图6.15I）等。

2. 环带纲（Clitellata）

常见的环带纲动物包括水蛭、旱蛭和蚯蚓等。头部不明显，缺乏发达的感觉器官。身体上没有疣足，有环带（生殖带）。环带（clitellum）是位于身体的特定位置的某些体节形成的衣领状或指环状结构，此处的节间沟和刚毛消失。在繁殖期，环带上的腺细胞分泌蛋白质和黏液，形成一个套在环带外面的蛋白质环，是形成卵茧的场所。环带纲动物都是雌雄同体，直接发育。

环带纲动物约10 000种。分为2个亚纲。

（1）寡毛亚纲（Oligochaeta）：体节明显，头部一般无触手和眼，体节上多数有刚毛，无疣足，背侧各环间常有背孔，成体有环带，闭管式循环系统，无吸盘。多数生活于陆地如环毛蚓（*Pheretima*）或淡水如颤蚓（*Tubifex*）；少数生活于海洋，如沿岸拟仙女虫（*Paranais litoralis*）、海颤体虫（*Aeolosoma maritimum*，图6.15F）等。

（2）蛭亚纲（Hirudinea）：身体背腹扁平，无刚毛，前、后端有吸盘。体节数一般固定为34节，末7节愈合为后吸盘。体前端常具2～10对眼点。肌肉发达，体腔因被肌肉和来源于体腔上皮的葡萄状组织分割充填而缩小，并形成一些腔隙或管道（血窦）。蛭类常营暂时性的体外寄生生活，吸食宿主血液，有些种类可捕食其他无脊椎动物。本亚纲动物大多数生活于淡水，如医蛭（*Hirudo*）；少数生活于陆地，如山蛭（*Haemadipsa*）。海生蛭类约有100种，如鱼蛭科（Piscicolidae）的部分种类（图6.15G）。

七、星虫门（Sipuncula）

星虫是一类两侧对称、不分节、具真体腔和翻吻的蠕虫状动物。因口周围的触手展开呈星芒状，故称星虫。

身体柔软，长筒状，形似蠕虫，不具体节，无疣足，亦无刚毛。体长一般约10 cm，最大可达30～40 cm。星虫的身体分为前部较细的吻部和后区较粗的躯干部。吻是摄食和钻穴的辅助器官。吻前端具口，口的周围有触手，展开似星芒状。吻后是较粗的躯干，在躯干前端腹面的两个开口是肾孔，在躯干前端背面中央的开口是肛门。多数种类体表具乳突，因而表面较粗糙。在珊瑚礁中生活的星虫，躯干前常具钙质或角质的盾，盾管星虫（Aspidosiphon）躯干后端还具钙质尾盾。体壁与环节动物相似，包括角质层、表皮、环肌、纵肌及体腔膜。体腔宽大，无隔膜，充满具循环功能的体腔液和变形细胞。内脏器官均浸在体腔液中，其中有2或4条收吻肌，前端连接吻部，后方附着在体腔壁上。消化管为U形的螺旋管道，通常长达体长的2倍，包括口、食道、中肠、直肠、直肠盲囊、肛门等。肛门位于躯干前端的背面中央。循环系统包括背血管、围脑神经节血窦、触手冠和下唇血窦、血管丛等，其中背血管有收缩作用。无专门的呼吸器官，皮下血管丛是交换气体的主要器官。排泄器官为1对后肾管。中枢神经包括食道背面的脑神经节、环食道神经环和腹神经索。雌雄异体，生殖腺位于收吻肌基部的腹膜上。精、卵形成后，即掉到体腔，再经肾管排出身体。体外受精。发育过程经过担轮幼虫期。

星虫全部生活在海洋中，从潮间带直至水深6 000 m的深海均有分布。除幼虫期外，皆营底栖生活。多数种类栖息在热带和亚热带浅海泥沙内和珊瑚礁间。摄食小型动物、藻类、泥沙中的有机物等。根据栖息环境，可归为3个类型：穴居泥沙型、穴居珊瑚礁型（于珊瑚礁钻孔穴居，或栖于礁石洞隙和缝隙间）和共栖型（于热带、亚热带海域共栖于珊瑚和群体海绵内）。

星虫已知有300余种。分为2个纲。革囊星虫纲（Phascolosomida）的弓形革囊星虫（*Phascolosoma arcuatum*，即可口革囊星虫（*P. esculenta*，俗称泥丁，图6.15J）和方格星虫纲（Sipunculida）的裸体方格星虫（*Sipunculus nudus*，俗称沙虫，图6.15K）是我国沿海的重要经济种类，既可食用，亦可入药，目前已开始人工养殖。

八、软体动物门（Mollusca）

软体动物包括常见的河蚌、蜗牛、各种海蛤、海螺、乌贼、章鱼等，因大多数种类具有贝壳，故又称为"贝类"。软体动物的物种多样性很高，已记载的约为11.5万种，其中化石种类有3.5万种。很多软体动物如扇贝、牡蛎、珠母贝、乌贼、贻贝等是重要的捕捞对象和水产养殖品种。

（一）主要特征

软体动物的身体一般由贝壳、外套膜、头部、足部和内脏团5部分构成，其中除贝壳外的4部分也合称为软体部（图6.16A）。

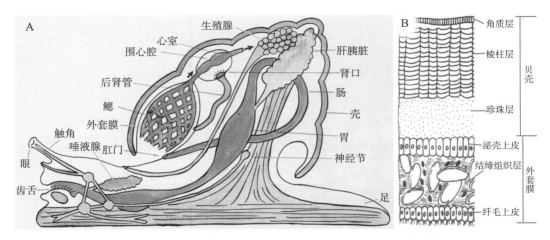

图6.16　软体动物（腹足类）的模式构造（A，宫琦绘）和贝壳与外套膜构造示意图（B）

1. 贝壳

绝大多数软体动物，具有1个、2个或多个壳，如文蛤具2个瓣状壳，红螺具有1个螺旋形壳，角贝具1个象牙状壳，石鳖有8块壳板，乌贼的壳（海螵蛸）则为内壳。贝壳分3层，最外一层为角质层，中间为棱柱层，内层为珍珠层（图6.16B）。贝壳的主要成分为碳酸钙（占全壳95%），并含少量的贝壳素及其他有机物，在无机物成分中还有镁、铁、磷酸钙、硫酸钙、硅酸盐和氧化物等。贝壳是一种保护器官，当动物活动时，头和足伸出壳外，一旦遇到危险便缩入壳内。

2. 外套膜

外套膜为贝类背侧皮肤的一部分褶襞延伸而成，由内、外表皮和结缔组织及少数肌肉纤维组成（图6.16B）。外套膜的主要功能是分泌贝壳，贝壳的角质层、棱柱层和珍珠层分别由外套膜的不同部位分泌形成。此外，外套膜内有血管分布，可以进行呼吸；某些贝类还依靠外套膜的纤毛摆动，参与滤食活动。外套膜的形状随贝类的种类不同而不同：石鳖是被覆在体躯的全背面；蛤类的外套膜则悬于体躯的两侧，包蔽身体全部；乌贼、章鱼等的外套膜则呈筒状，包蔽整个内脏囊，仅露出头部。在外套膜和内脏囊之间，与外界相通的空腔，称外套腔。

3. 头部

头部位于身体的前端，有口、眼、触角和其他感觉器官（图6.16A）。不同类群头部的发育情况有很大差别，头足类头部最为发达，掘足类的头部不发达，双壳类则没有明显的头部。

4. 足部

足是身体腹面的一个肌肉质突起，形状变化很大：有的呈块状，如鲍（*Haliotis*）；有的呈斧状，如文蛤（*Meretrix*）；有的呈柱状，如角贝（*Dentalium*）；还有的特化为环绕在头部的几条腕，如乌贼（*Sepia*）、蛸（*Amphioctopus*）。营固着生活的种类，在成体时足部退化，如牡蛎（*Crassostrea*）；营附着生活的种类，足退化而有发达的足丝，如贻贝（*Mytilus*）；营穴居生活的种类，足部发达形似犁，用来挖掘泥沙，适于潜穴。足是运动的器官，可以用来爬行（玉螺*Glossaulax*）、附着（毛肤石鳖*Acanthochiton*）、挖穴（缢蛏*Sinonovacula*）、浮游（拟海若螺*Paraclione*）和捕食（乌贼）等。

5. 内脏囊（内脏团）

内脏囊位于身体的背面足上壳下，包括心脏、肾脏、胃、肠和消化腺等内脏器官。除某些腹足类外，都呈左右对称。

6. 消化系统

软体动物的消化系统，可分为消化管和消化腺2部分。消化管包括口、口腔、食道、胃、肠和肛门。消化腺包括唾液腺、食道腺、消化盲囊或肝脏（图6.16A）。

口为简单的开孔，口后一般具球状膨大的口腔。口腔在双壳类缺乏，其他类口腔内一般具有发达的颚片和齿舌。齿舌为软体动物的特有结构，位于口腔底部舌突起的表面，动物摄食时口吻翻出，用齿舌舔取食物。齿舌上有许多小齿，其形状、数目和排列方式变化很大，为鉴定种类的重要依据。食道有时具有腺体、嗉囊等附属构造。食道后为胃，胃侧有时具有盲囊。在双壳类和某些腹足类，胃内具几丁质的胃楯或角质、石灰质的咀嚼板。在多板类、腹足类、头足类的口腔内，常有唾液腺管的开口。在消化管的中段，即胃或肠的前段，有被称为肝脏的消化腺开口。大多数草食的软体动物还具有消化作用的晶杆，自晶杆囊伸达于胃。

7. 呼吸系统

软体动物用鳃、外套膜或由外套腔壁形成的"肺"进行呼吸。鳃是水生软体动物的主要呼吸器官，通常由皮肤伸张而成。为了区别于其他类型的鳃，软体动物的鳃特称为本鳃。本鳃位于外套腔中，其构造随种类而不同，在原始的种类左右成对，每一片鳃在鳃轴两侧生有并列的小瓣鳃叶，使全鳃呈羽状称为楯鳃，如仅在鳃轴的一侧着生鳃叶，使全鳃呈栉状的称为栉鳃。鳃的数目和位置随种类而有变化，如石鳖可有6~88对。因种类而异，双壳类通常具1对鳃，头足类有1~2对，多数腹足类只有1个鳃（图6.16A）。某些软体动物本鳃消失，在皮肤表面形成二次性鳃，以营呼吸。陆生软体动物无本鳃，在其外套腔壁密生血脉网，形成一种肺室，用于在空气中呼吸。

8. 循环系统

软体动物的循环系统有开管式和闭管式2种类型。大多数软体动物的循环系统为开管式，由心脏、血管和血窦3部分组成。在头足类，演化成为接近于闭管式的循环系统，包括心脏、动脉血管、静脉血管，以及与动、静脉血管相联络的微血管。心脏位于背侧围心腔中，由心室和心耳2部分构成。心室常为1个，壁较厚。心耳的数目和位置常与鳃的数目和位置对应。单板类和头足类的四鳃亚纲有2对心耳，在多板类、双壳类和头足类的二鳃亚纲均为1对心耳，多数腹足类只有1个心耳。软体动物的血液一般无色，内含变形血细胞，有些种类血液含有血红素或血清素。

9. 排泄系统

软体动物的主要排泄器官为呈管状的肾脏（后肾）。肾脏一端开口于围心腔，称肾口，另一端开口于外套腔，称肾孔（排泄孔）。后肾一般成对出现，但某些腹足类只有1个后肾。肾脏不仅输送收集于围心腔内的废物，其管壁的腺质细胞也能吸收血液中的代谢产物。除肾脏外，许多种类围心腔壁上的腺体（围心腔腺）、后鳃类肝脏中的部分细胞亦具有排泄作用。

10. 神经系统

原始的软体动物如无板类、多板类和单板类，神经中枢由围绕食道的环状神经和由此派生的足神经索及侧神经索组成。其他软体动物中枢神经一般是由几对神经节和它们之间的联络神经组成。主要神经节有脑神经节、足神经节、侧神经节和脏神经节4对。从脑神经节派生出的神经分布到头部，足神经节的分支到达足部，侧神经节的分支到达外套膜和鳃，脏神经节的分支到达内脏各器官。这些神经节大多集中在身体的前部。除了腹足类的侧神经节外，一般每一对神经节都有横的神经连索相连，各神经节之间复有纵连索互相联络，包括脑足神经连索、侧足神经连索和侧脏神经连索（图6.16A）。头足类的几对神经节常集中在头部，形成发达的脑。

软体动物的主要感觉器官有触角、眼和平衡囊等。

11. 生殖和发育

软体动物大多数为雌雄异体，少数雌雄同体，但某些种类有性转变现象。生殖腺由体腔壁形成，生殖输送管内端通向生殖腺腔，外端开口于外套腔或直接与外界相通。

交尾行为只见于头足类和大部分腹足类。产卵方式多样，双壳类和原始腹足类的卵一般分散产出，但大部分水生腹足类和头足类产出的卵均由胶状物质黏附在一起，形成固着在外物上的卵群，且常包裹在卵袋内。有些种类的卵在母体的鳃腔中孵化，还有少数种类如田螺行卵胎生，即受精卵在母体内发育成幼体。

软体动物的卵裂方式为螺旋式。除头足类是不完全卵裂（盘裂）外，均为完全不等卵裂。胚后发育有的是直接发育，如头足类；有的是间接发育，如多数双壳类，具担轮幼虫和面盘幼虫（veliger）期，面盘幼虫继续发育，变态后为稚贝。一些淡水蚌类具特殊的钩介幼虫（glochidium），寄生在淡水鱼类的鳃或鳍上。

（二）习性与分布

在软体动物中，腹足类的分布最广，无论是平原和高山、海洋和湖川，从热带到两极，都有它的踪迹。其次是双壳类，它们全部水生，在海洋和淡水中均分布很广。其余类群则完全生活在海洋里。软体动物的水平分布范围主要取决于它们对外界温度和盐度等因素的适应能力。广温性种类可以分布在不同的气候带，如船蛆（*Teredo navalis*）的分布几乎遍及全世界，红条毛肤石鳖（*Acanthochiton rubrolineatus*）、泥蚶（*Tegillarca granosa*）、单齿螺（*Monodonta labio*）、金乌贼（*Sepia esculenta*）和短蛸（*Octopus ocellatus*）等在我国沿海广泛分布。有些软体动物，适温范围窄，水平分布范围相对较小，如眼形隐板石鳖（*Cryptoplax oculata*）、解氏珠母贝（*Pinctada chemnitzi*）、水字螺（*Harpago chiragra*）、锦葵船蛸（*Argonauta hians*）等只能生活在热带和亚热带海区；另一些则仅分布于我国北方沿海，如润泽角口螺（*Ceratostoma rorifluum*）等。对盐度适应能力强的软体动物，例如，游螺（*Neritina*）、耳螺（*Ellobium*）、河蚬（*Corbicula fluminea*）等可以生活在半咸水和淡水中；近江牡蛎（*Ostrea rivularis*）和吉村马特海笋（*Martesia yoshimurai*）等为海洋性种类，但能在盐度较低的水中繁殖；三角帆蚌（*Hyriopsis cumingii*）等则只能生活于淡水中。

软体动物的垂直分布范围也很广，例如，霍氏萝卜螺（*Radix hookeri*）在海拔5 470 m以上的地方有分布，深海团结蛤（*Abra profundorum*）可生活在水深5 800 m的深海海底，翁戎螺（*Pleurotomaria*）分布于水深3 700 ~ 3 900 m的深海。海生种类大多数分布于潮间带和浅海，如滨螺（*Littorina*）、黑荞麦蛤（*Vignadula atrata*）等分布于高潮线附近；毛蚶（*Scapharca subcrenata*）、栉孔扇贝（*Chlamys farreri*）、大马蹄螺（*Trochus niloticus*）和管角螺（*Hemifusus tuba*）等生活在潮间带或浅海。有些种类如鹦鹉贝（*Nautilus pompilius*）在深海和浅海中均有分布。

与形态多样性相对应，软体动物的生活类型也表现出高度多样化，主要有下列几类：

（1）游泳生活型：头足类多具有较强的游泳能力，能抵抗波浪及海流进行自由游泳，常具纺锤形或流线形的身体，如乌贼、枪乌贼均是洄游性的游泳动物。

（2）浮游生活型：这一生活类型的软体动物在水中过着随波逐流的漂浮生活，不能抵抗海流和波浪。如腹足类中的异足类（Heteropoda）和翼足类（Pteropoda）的足特化为鳍，漂浮在水中；海蜗牛（*Janthina janthina*）的贝壳薄而轻，能依靠浮囊使身体漂浮于海中营浮游生活。

（3）底栖生活型：绝大多数软体动物营底栖生活，又可分为底上生活型和底内生活型。底上生活型包括匍匐生活型、固着生活型和附着生活型，底内生活型又可分为穴居和凿穴生活型（钻蚀或穿孔贝类）等类型。

匍匐生活型的软体动物大多是腹足类和多板类，这类动物喜欢在岩石表面或泥、沙滩以及海藻上面爬行生活，对干旱、温度和盐度的变化具有较强的耐受力。如鲍、马蹄螺（*Trochuss*）、荔枝螺（*Thais*）等大都生活在岩礁或珊瑚的缝隙间；斑玉螺（*Natica tigrina*）、中华蟹守螺（*Cerithium sinense*）、织锦芋螺（*Conus textile*）等常在滩地上爬行，但也稍能钻入泥沙中生活。匍匐生活的种类，壳随栖息环境而异，足部发达用以爬行和附着。鲍生活在岩石缝间，壳低而扁平，没有厣，能用足紧紧地附着在岩石上。

固着生活型都是用壳固定在岩石或其他物体上生活，一经固着即终身不能移动。如敦氏猿头蛤（*Chama dunkeri*）和牡蛎的幼虫结束浮游生活后以左壳固着，海菊蛤（*Spondylus*）和反转拟猿头蛤（*Pseudochama retroversa*）则是以右壳固着。固着生活的软体动物，足部退化，甚至完全消失，壳常坚厚而粗糙，或者壳面长有棘、刺。

附着生活型的软体动物都是双壳类，足部退化但有发达的足丝，以足丝附着在岩礁、竹、木、贝壳等外物上生活，如贻贝、扇贝、珠母贝等。附着的贝类，可以把旧足丝放弃稍作移动，再分泌新足丝附着于新的环境。

穴居生活型是指那些用足挖掘泥沙而埋栖的软体动物，绝大多数是双壳类。如泥蚶和大沽全海笋（*Barnea davidi*）生活在软泥底质，菲律宾蛤仔（*Ruditapes philippinarum*）、青蛤（*Cyclina sinensis*）等生活在泥沙或沙泥滩中，尖紫蛤（*Sanguinolaria acuta*）、楔形斧蛤（*Donax faba*）、黄边糙鸟蛤（*Trachycardium flavum*）等生活在比较洁净的沙内。

凿穴生活的软体动物有2类：一类专门凿穿岩石、珊瑚或其他动物的硬壳穴居，如光石蛏（*Lithophaga teres*）、楔形开腹蛤（*Gastrochaena cuneiformis*）和住石蛏（*Petricola lithophaga*）等；一类专门凿穿木材或居住在海滩的红树中，如船蛆和马特海笋（*Martesia striata*）等。凿穴的双壳类一般具有发达的水管，壳薄，壳面有肋纹，闭壳肌发达。

（4）寄生、共生和群聚：腹足类的内壳螺（*Entoconcha*）、内寄螺（*Entocolax*）和双壳类的内寄蛤（*Entovalva*）等，寄生在棘皮动物身体上，身体构造退化，缺乏壳，常以一端附于寄主肠壁，另一端游离。砗磲与一种单细胞隐藻虫黄藻（zooxanthellae）共生，在砗磲的外套膜中有一种称为玻璃体的结构，能聚合光线使虫黄藻大量繁殖，而砗磲可利用虫黄藻作为自身养料的一部分。有些软体动物如近江牡蛎有时聚集在一起形成贝堆，贻贝也具有较强的群聚习性，群聚的密度可达每平方米1 000个以上。

（三）分类

软体动物高级阶元的分类主要依据对称性、壳、鳃、外套膜、神经、运动器官等，传统上分为7个纲，即无板纲、多板纲、单板纲、掘足纲、腹足纲、双壳纲和头足纲。近年来，很多学者主张将无板纲的2个亚纲提升为纲，即腹沟纲和尾腔纲。

1. 无板纲（Aplacophora）

无板纲为软体动物中的原始类群，体形呈蠕虫状，没有壳。头小，口在前端腹侧，躯体细长或粗短。外套膜极发达，体表被覆具石灰质细棘的角质外皮，腹侧中央具一腹沟。体后有排泄腔，多数种类在腔内有1对鳃，腔后为肛门。神经系统为围绕食道的一个神经环和向后延伸的2对神经索组成，一般没有明显的神经节。无触角和眼等感觉器官。肠为直管状，齿舌有或无。心脏为1心室1心耳，血管系统退化。雌雄同体或异体，个体发育过程中有担轮幼虫期。

已知约320种，全部海生。如腹沟（亚）纲（Solenogastres）的新月贝（*Neomenia*，图6.17A）和尾腔（亚）纲（Caudofoveata）的毛肤贝（*Chaetoderma*，图6.17B）。

2. 多板纲（Polyplacophora）

多板纲动物体呈椭圆形（俯视），左右对称，背稍隆，腹平。背面具8块石灰质壳，多呈覆瓦状排列。壳不能覆盖整个身体，在壳与外套膜边缘之间具裸露的环带。环带的表面有角质层或生有石灰质的鳞片、骨针或角质毛等。头部不发达。口腔内有齿舌。足宽大，吸附力强，可在岩石表面缓慢爬行。足四周与外套膜之间有一狭沟，即外套沟，沟内有多对栉鳃着生于足两侧。神经系统由围绕食道的环状神经和向后派生的2对神经索组成，也是贝类中原始型。

多板纲动物全部海生，已知约940个现生种和430个化石种。我国常见种如红条毛肤石鳖（*Acanthochiton rubrolineatus*）、日本花棘石鳖（*Liolophura japonica*，图6.17D）、平濑锦石鳖（图6.17E）、日本宽板石鳖（*Placiphorella japonica*，图6.17F）等。

3. 单板纲（Monoplacophora）

单板纲被长期认为已绝灭了近4亿年，直到1952年丹麦"海神"调查船在太平洋水深3 570 m处海底发现了现生的种类。单板类的神经系统、消化系统、鳃的位置和结构等均与多板类相似，但只有1个帽状的壳，而且有些器官有较明显的假分节现象，这与腹足纲或多板纲不同。

单板纲已记录现生种约30种，绝大多数生活于各大洋水深1 800～6 500 m的海底，如新碟贝（*Neopilina*，图6.17C）。

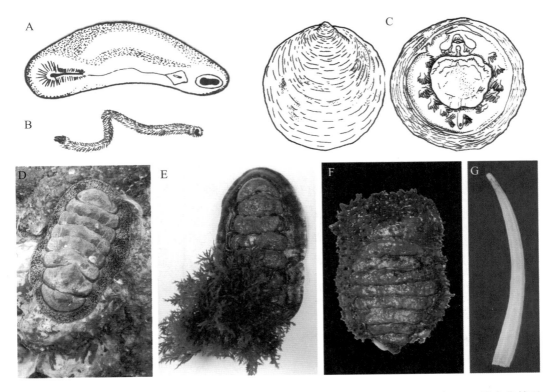

A. 新月贝（*Neomenia*）；B. 毛肤贝（*Chaetoderma*）；C. 新碟贝（*Neopilina*）；D. 日本花棘石鳖（*Liolophura japonica*）；E. 平濑锦石鳖（*Onithochiton hirasei*）；F. 日本宽板石鳖（*Placiphorella japonica*）；G. 八角角贝（*Dentalium octangulatum*）

图6.17 无板纲Aplacophora（A，B）、单板纲Monoplacophora（C）、多板纲Polyplacophora（D～F）和掘足纲Scaphopoda（G）

（A～C仿杨德渐等；D～F孙世春摄；G自王如才等，1988）

4. 掘足纲（Scaphopoda）

本纲动物具有一个两端开口，呈长圆锥形、牛角状或象牙状的壳，粗的一端为前端，称头足孔，细的一端为后端，称肛门孔。外套膜呈管状，前、后端有开口。足部发达呈圆柱状，用来挖掘泥沙。头部退化成身体前端的一个突起。神经系统主要由脑神经节、侧神经节、脏神经节和足神经节及其连接的神经索组成，结构简单。全部海生，底栖生活。

已知约有520种，如八角角贝（*Dentalium octangulatum*，图6.17G）等。

5. 腹足纲（Gastropoda）

本纲动物的足部发达，位于身体的腹面，故名腹足类。通常有一个螺旋形的壳（图6.18A），所以亦称为单壳类或螺类，偶有双壳者如双壳螺（*Berthelinia*）。头部发达，有口、眼及1对或2对触角。内脏囊常因发育过程中经过旋转而左右不对称。神经系统由脑神经节、侧神经节、脏神经节和足神经节及其连接的神经索组成。心脏位于身体的背侧，有1个心室，1个或2个心耳。雌雄同体或异体，发育期间经担轮幼虫期和面盘幼虫期。

腹足纲为软体动物种类最多的一个纲，已记录现生种有60 000 ~ 80 000种。海洋、淡水和陆地都有分布，遍及全世界。传统分为3个亚纲：

（1）前鳃亚纲（Prosobranchia）：通常有外壳。本鳃简单，常位于心室的前方，故称前鳃类。发育期间发生扭转，使侧神经节与脏神经节的神经连索左右交叉成"8"字形，故也称扭神经类（Streptoneura）。由于扭转，鳃和肛门等器官移至身体前方。海水、淡水和陆地均有分布。常见海生种类如脉红螺（*Rapana venosa*）、疣荔枝螺（*Thais clavigera*）、多变鲍（*Haliotis varia*）、嫁蝛（*Cellana toreuma*）、翁螺（玉兔螺，*Calpurnus verrucosus*）、宝贝（*Cypraea*）、水字螺（*Harpago chiragra*）、织锦芋螺（*Conus textile*）和管角螺（*Hemifusus tuba*）（图6.18A ~ I）等。

（2）后鳃亚纲（Opisthobranchia）：除捻螺类（Acteocinidae）外，侧神经节与脏神经节的神经索左右不交叉成"8"字形。水中呼吸，本鳃和心耳一般在心室的后方，也有本鳃消失代以二次性鳃者。外套腔大多消失，存在者概为开放状态。壳一般不发达，有退化倾向，也有完全缺者。除捻螺类外都有厣。雌雄同体，两性生殖孔分开。全部海生。如蓝斑背肛海兔（*Bursatella leachii*）、三叶突尾海牛（*Ceratosoma trilobatum*）、肿纹叶海牛（*Phyllidia varicosa*）、安娜多彩海牛（*Chromodoris annae*）、黑边舌尾海牛（*Glossodoris atromarginata*，图6.18J ~ O）和泥螺（*Bullacta exarata*）等。

（3）肺螺亚纲（Pulmonata）：本鳃消失，外套腔壁密生血管网以营呼吸，如此变态的外套腔称为"肺"，但并不限于空气中呼吸，某些淡水种类亦能在水中呼吸。头

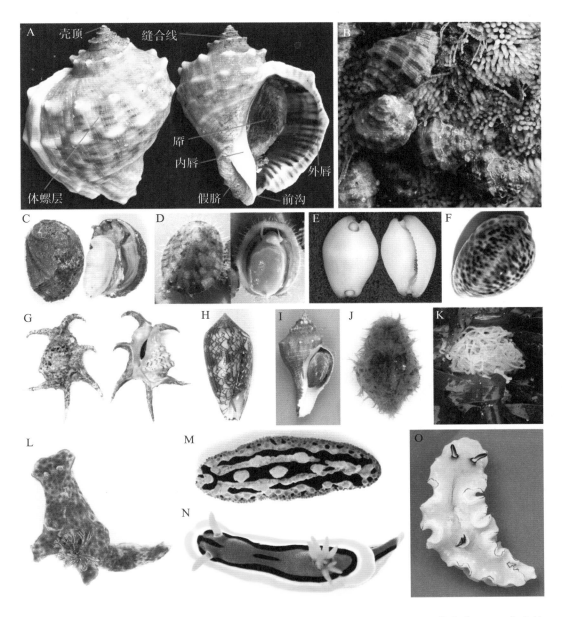

A. 脉红螺（*Rapana venosa*）；B. 疣荔枝螺（*Thais clavigera*）及其卵袋；C. 多变鲍（*Haliotis varia*）；D. 嫁蝛（*Cellana toreuma*）背面（左）和腹面（右）；E. 翁螺（*Calpurnus verrucosus*）；F. 宝贝（*Cypraea* sp.）；G. 水字螺（*Harpago chiragra*）；H. 织锦芋螺（*Conus textile*）；I. 管角螺（*Hemifusus tuba*）；J. 蓝斑背肛海兔（*Bursatella leachii*）；K. 海兔卵袋（海粉）；L. 三叶突尾海牛（*Ceratosoma trilobatum*）；M. 肿纹叶海牛（*Phyllidia varicosa*）；N. 安娜多彩海牛（*Chromodoris annae*）；O. 黑边舌尾海牛（*Glossodoris atromarginata*）

图6.18　腹足纲（A～C，E，H～L，O孙世春摄；D曾晓起摄；F，G，M，N刘邦华摄）

部发达，具有1~2对触角，眼睛位于触角的基部或顶端。胚胎期有厣，成体时多消失或不同程度退化或包在外套膜内。雌雄同体，直接发育。多栖息于陆地或淡水。海生者如日本菊花螺（*Siphonaria japonica*）、石磺（*Onchidium verrulatum*）等。

6. 双壳纲（Bivalvia）

双壳纲因具左、右两片壳而得名，因这类动物的鳃通常呈瓣状，故在很多文献中亦称瓣鳃类（纲，Lamellibranchia）。身体左右侧扁，有左、右2片壳。头部退化，足部发达呈斧状，故又名无头类纲（Acephala）或斧足类（纲，Pelecypoda）。心脏有1个心室2个心耳。肾1对，一端开口于围心腔，另一端开口于外套腔。神经系统简单，由脑侧神经节、脏神经节、足神经节及相连的神经索构成。大多数雌雄异体，少数雌雄同体。发育期间经担轮幼虫和面盘幼虫期。全部水生，大部分海生，少数淡水生。

常报道本纲有15 000~20 000现生种，但新近统计除去同物异名可能只有9 200种（Hubert，2015）。因依据的主要分类特征不同，本纲有多种分类系统，本书从Newell（1965）的分类系统，分为6个亚纲：

（1）古列齿亚纲（Palaeotaxodonta）：两壳等大。铰合齿数多，分成前、后两列。闭壳肌2个。鳃呈羽状，原鳃型。如指纹蛤（*Acila divaricata*，图6.19A）。

（2）隐齿亚纲（Cryptodonta）：多数两壳等大，小而薄，文石质。铰合齿不发育，或具栉齿。外韧带。闭壳肌多为等柱，外套线完整，偶具小外套湾。具原鳃。海生，多埋栖滤食。种类少，如矩蛏蜴（*Acharax johnsoni*，图6.19B）。

（3）翼形亚纲（Pteriomorphia）：两壳等大或不等大。铰合齿数多，排成1列；或退化。前闭壳肌较小或完全消失。鳃为丝鳃型。常见种有泥蚶、光石蛏、紫贻贝（*Mytilus galloprovincialis*）、翡翠贻贝（*Perna viridis*）、裂江珧（*Pinna*）和牡蛎（*Carassostrea*）等（图6.19C~G）。

（4）古异齿亚纲（Palaeoheterodonta）：两壳一般等大。铰合齿分裂，或分成位于壳顶的拟主齿和向后方引伸的长侧齿，或退化。闭壳肌2个。鳃为真瓣鳃型。本亚纲多数为化石类群，现生者主要为生活于淡水的珠蚌类（Unionoida），如三角帆蚌（*Hypriopsis cumingii*）等。

（5）异齿亚纲（Heterodonta）：壳变化大，形状多样。铰合齿数少或不存在。一般有前、后闭壳肌各1个，大小接近。鳃为真瓣鳃型。多数海生，如短文蛤（*Meretrix petechialis*）、大竹蛏（*Solen grandis*）、船蛆（*Teredinidae*）、砗磲（*Tridacna*）、猿头蛤（*Chama*，图6.19H~L）和西施舌（*Mactra antiquata*）等。少数生活于淡水，如河蚬（*Corbicula fluminea*）。

（6）异韧带亚纲（Anomalodesmata）：两壳常不等大。铰合齿缺或弱，韧带常在壳顶内方的匙状槽中。鳃为真瓣鳃型或隔鳃型。如长柄杓蛤（*Cuspidaria steindachneri*，图6.19M）、孔螂（*Poromya*）等。

A. 指纹蛤（*Acila divaricata*）；B. 矩蛏螂（*Acharax johnsoni*）；C. 光石蛏（*Lithophaga teres*）；D. 紫贻贝（*Mytilus galloprovincialis*）；E. 翡翠贻贝（*Perna viridis*）；F. 裂江珧（*Pinna* sp.）；G. 牡蛎（*Carassostrea* sp.）；H. 短文蛤（*Meretrix petechialis*）；I. 大竹蛏（*Solen grandis*）；J. 船蛆（*Teredinidae* sp.）；K. 砗磲（*Tridacna* sp.）；L. 猿头蛤（*Chama* sp.）；M. 长柄杓蛤（*Cuspidaria steindachneri*）

图6.19 双壳纲（A，B，M自徐凤山，1999；C～L孙世春摄）

7. 头足纲（Cephalopoda）

头足纲动物头部和足部很发达，足环生于头部前方，故名头足类。大多数能在海洋中做快速、远距离的游泳。头部的两侧有1对发达的眼。多数种类具内壳（图6.20E），或者壳退化，但原始种类具外壳（图6.20F，G）。神经系统较复杂，神经节集中在头部。足部特化，由8条或10条腕及1个位于腹面的漏斗组成。心脏有2个或4个心耳，与鳃的总数相等。口内有颚片和齿舌。多数种类在内脏的腹侧具墨囊。雌雄异体，体内受精。直接发育。全部海生，肉食性。

A. 金乌贼（*Sepia esculenta*）背面观；B. 短蛸（*Octopus ocellatus*）；C. 短蛸的卵（产于空贝壳内）；D. 中华蛸（真蛸，*Octopus sinensis*，遁入岩礁缝隙）；E. 乌贼的内壳（海螵蛸）；F. 鹦鹉螺（*Nautilus*）；G. 船蛸（*Argonauta argo*）

　　图6.20　头足纲（A宫琦绘；B郑小东摄；C～F孙世春摄；G自王如才等，1988）

头足纲动物现生种约650种，化石种超过9 000种。分2个亚纲：

（1）四鳃亚纲（Tetrabranchia）：具外壳，螺旋形，分室。腕数十条，触腕数多。漏斗由左、右2叶构成，大而分离，不形成完全管子。无墨囊。鳃、心耳和肾脏各有2对。现存种鹦鹉螺（*Nautilus*，图6.20F），为国家一级保护动物，属活化石。

（2）二鳃亚纲（Dibranchia）：具内壳或退化，具内壳者其内壳包埋在外套膜中。腕8或10条，具吸盘。漏斗由左、右两片愈合形成一个完全的管子。鳃、心耳和肾各有1对。一般具有墨囊。常见种包括金乌贼（*Sepia esculenta*，图6.20A）、中国枪乌贼（*Loligo chinensis*）、短蛸（*Octopus ocellatus*，图6.20B，C）、中华蛸（真蛸，*Octopus sinensis*，图6.20D）、船蛸（*Argonauta argo*，图6.20G）等。

九、帚形动物门（Phoronida）

帚形动物单体且多成丛生活。体长几毫米至300 mm不等。身体呈蠕虫状长圆柱形，前端为马蹄状或螺旋形触手冠，后端为稍膨大的末球。因似倒置的笤帚而得名。虫体由退缩的前体部（prosome）、支撑触手冠的中体部（mesosome）和大而长的后体部（metasome）组成。体壁由角质膜、表皮、基膜、环肌、纵肌和壁体腔膜组成。具真体腔，被隔膜分为前、中、后3个腔室，分别位于前、中、后3个体区内。消化道U形，口和肛门靠近，肛门开口于触手冠外。闭管式循环系统，主要由纵走体躯的2条血管和走向触手冠内的环状血管构成。排泄系统为1对后肾，位于后体腔中，肾管兼生殖管的功能。多雌雄异体，间接发育者常经辐轮幼虫期（actinotroch larva）。

帚形动物全部海生，生活在其自身分泌的几丁质管中，常埋于浅海泥沙中管栖生活，也有在岩石、贝壳或其他物体中营钻孔生活。有些聚集成群，虫管相互附着缠绕在一起。

帚形动物幼虫有20余种形态，但成虫只发现10余种，分为帚虫（*Phoronis*）和领帚虫（*Phoronopsis*）两属。我国发现如饭岛帚虫（*Phoronis ijimai*，图6.21A）等。

十、腕足动物门（Brachiopoda）

腕足动物也称灯贝（lamp shell），是一类具大量化石记录的古老海洋动物，常见的现生种类如海豆芽和酸酱贝。其最显著的形态特征是具有触手冠和背、腹两片壳。因具三部体腔、辐射卵裂、口次生等特征，过去将腕足动物归为后口动物，但新近的系统发育分析显示其属于冠轮动物。

腕足动物形似豆芽或双壳软体动物。体外具两片壳，分别称腹壳和背壳，腹壳大于背壳。背、腹壳靠肌肉相连（无铰类）或靠壳后部的铰合装置铰合（有铰类）。壳可开闭常由闭壳肌及与其相连的其他肌肉控制。壳由紧贴两壳内面的外套膜分泌而成。外套膜由身体背、腹面前部的皮肤突出形成。外套腔由横膜分成前、后两部分，前部有螺旋状的触手冠，后部是包围内部器官的内脏囊。多数腕足动物皆具长短不一的肉质柄。柄为腹后部体壁延伸的圆柱状结构，由壳上的孔伸出，用于附着在其他物体上或插入泥沙锚定身体。腕足动物具三部真体腔，触手冠腔为中体腔，内脏位于后体腔中，无铰类的前体腔与中体腔混合，有铰类的前体腔无腔隙。触手冠为中空的触手围绕着的冠状物，触手冠前伸成两个简单或U形的腕。消化道U形，口位于两腕基部之间，食道短，胃膨大位于背部，具肛门的种类（无铰类）肛门开口于体右侧。消化腺发达，开口于胃中。通过触手冠过滤浮游藻类或有机碎屑为食。循环系统为开管式，心脏小，位于胃部背上方，血液无色来自体腔液。无专门的呼吸器官。具后肾1~2对，肾内口开口于后体腔。神经系统退化，具围咽神经环及位于咽背、腹侧的神经节。多雌雄异体。生殖腺来自后体腔的体腔膜。生殖细胞成熟后落于体腔经肾孔排出，多体外受精。辐射卵裂，肠体腔法形成中胚层和体腔，口次生。具浮游幼虫。

腕足动物全部海生、底栖。分布于潮间带至深海，多见于水深0~200 m的海底。无柄者以腹壳黏结于他物或以棘刺锚于泥沙中，具柄者则以柄附于硬物或穴居于泥沙中。

已知现生种近400种，化石种记录约12 000种。依据传统铰合齿的有无分为无铰纲（Inarticulata）和有铰纲（Articulata），但现在对其高级阶元的分类有很多争议。我国沿海常见种如海豆芽（舌形贝，*Lingula*；图6.21B）、酸酱贝（*Terebratalia*，图6.21C）。

十一、纽形动物门（Nemertea）

纽形动物是一类具吻和吻腔的蠕虫状无脊椎动物。因细长如带常称缎带蠕虫（ribbon worm），又因具特殊的翻吻和吻腔亦称吻腔动物（rhynchocoelan）、吻蠕虫（proboscis worm）。

纽虫一般体形纤细、蠕虫状，多背腹扁平，具很强的伸缩力。体长因种类不同差别很大，多在20 cm以下，有的可达数米至十余米，欧洲的长纵沟纽虫*Lineus longissimus*最大个体，估计有54 m长，是已知最长的现生动物。头部常具纵向的头裂或横向的头沟和数目不等的眼。有的尾端具细的尾须（caudal cirrus），有的共栖种后端腹面具吸盘。

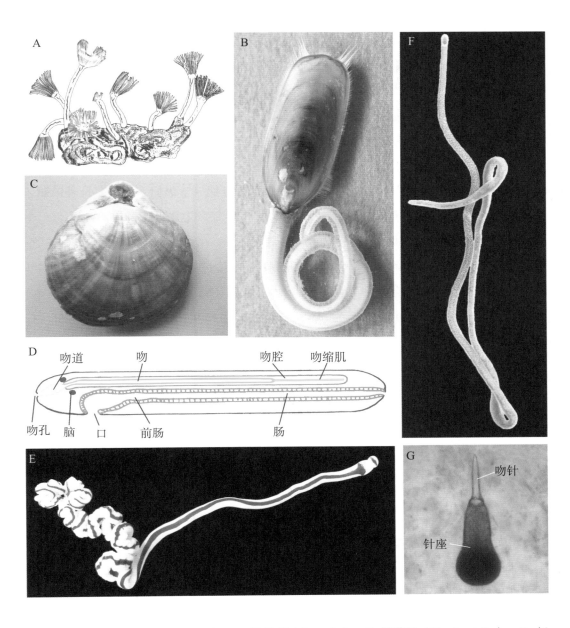

A. 饭岛帚虫（*Phoronis ijimai*）；B. 海豆芽（*Lingula*）；C. 酸酱贝（*Terebratalia*）；D. 纽虫（无针类）的模式构造；E. 亨氏无沟纽虫（*Baseodiscus hemprichii*）；F. 黑额近四眼纽虫（*Quasitetrastemma nigrifrons*）；G. 黑额近四眼纽虫的吻针及针座

图6.21 帚形动物门（A）、腕足动物门（B，C）和纽形动物门（D～G）

（A自杨德渐等，1999；B，C曾晓起摄；D仿Gibson，1982；E～G孙世春摄）

纽虫的消化道背方具吻器（proboscis apparatus），包括吻、吻孔、吻道和吻腔。吻道是通过吻孔向外开口的管腔；吻腔是位于肠背方向后延伸的腔，其壁为吻鞘；吻是长的肌肉质器官，蜷缩于充满液体的吻腔中，前端着生于吻道和吻腔的接合部（图6.21D）。无针纽虫的吻道前端具独立的吻孔，有针纽虫的吻道前端与食道合并，因而吻孔和口合一。有针类纽虫的吻还具有具吻针和针座（图6.21G）。吻的主要功能是摄食和防御，可爆发式地由吻孔中翻出。

纽虫体壁由表皮、真皮（基膜）和体壁肌三部分组成。表皮具单层的多纤毛细胞。肌层的排列复杂，主要有外环肌＋内纵肌、外环肌＋中纵肌＋内环肌、外纵肌＋中环肌＋内纵肌等排列方式。纽虫主要靠体壁肌的伸缩和上皮纤毛的摆动而运动，少数纽虫可借吻或吸盘运动。消化管简单，两端贯通，有的中肠具前伸的盲囊或成对的侧盲囊。具闭管式血管系统，简单者肠的两侧各具1条纵行的侧血管，在前端由头血隙或头血管回路连通，有的种类在吻腔和肠之间还具有1条中背血管。无专门的呼吸器官，多数纽虫具原肾型排泄系统。神经系统主要由脑和1对侧神经索组成。左、右脑神经节各具一背叶和一腹叶，在背、腹面分别由脑背联合和脑腹联合连接并环绕吻腔。感觉器官多位于体前端，包括表皮窝、眼、头裂、头沟、脑感器、额器等。

多数纽虫为雌雄异体，也有雌雄同体者。多数卵生，极少卵胎生。纽虫卵裂为螺旋式。异纽目和休氏科具帽状纽虫（pilidium larva）。过去认为古纽类和有针类直接发育，但新近研究发现其拟浮浪幼虫（planuliform larva）具有与担轮幼虫的口前纤毛轮类似的发育过程。此外，部分纽虫具有很强的再生能力，有的如血色喙纽虫 *Ramphogordius sanguineus* 甚至以断裂再生为主要生殖方式。

纽虫见于从北极到南极的世界各地。多数生活于海洋中，大多底栖，见于石下、石缝、海藻固着器中、珊瑚和其他固着动物集群空隙，或穴居于沙、泥、砾石中；少数深海浮游，均为具宽扁身体的多针类纽虫。淡水种类不多，分布最广的是针纽目的前口纽虫（*Prostoma*）。陆生纽虫多生活在隐蔽的高湿环境中，如地纽虫（*Geonemertes pelaensis*）。绝大多数纽虫自由生活，多食肉或食腐，摄食时常用吻把持并毒杀猎物。但也有少数和其他动物共栖，如某些线纽虫（*Nemertopsis*）生活于藤壶类外套腔内，蟹居纽虫（*Carcinonemertes*）常生活于蟹类的鳃腔或卵块上并摄食蟹卵，蛤蛭纽虫（*Malacobdella*）生活于双壳类的外套腔中。在螠虫体腔液内生活的（*Nemertoscolex parasiticus*）则可能营真正的寄生生活。

纽虫已知约1 300种。其高级阶元的分类较为混乱，不做详细介绍。我国沿海常见种如香港细首纽虫（*Cephalothrix hongkongiensis*）、亨氏无沟纽虫（*Baseodiscus hemprichii*,

图6.21E）、黑额近四眼纽虫（*Quasitetrastemma nigrifrons*；图6.21F，G）等。

十二、苔藓动物门（Bryozoa）

苔藓动物简称苔虫，因形似匍匐生活的苔藓植物而得名。因肛门位于触手冠外，又名外肛动物（Ectoprocta）。

除单苔虫属（*Monobryozoon*）单个生活外，其他苔虫均由若干个虫组成群体，固着生活。群体大致可分为直立型和被覆型两类。前者常以匍匐根或基板附于他物上，形状多样；后者以虫室背壁部分或全部附于他物上，仅在平面空间发展，单层或多层平铺。

个虫（zooid）是苔虫的结构单元，体长一般只有0.5 mm左右。其外面包有角质、胶质或钙质的外骨骼，即虫室。有些类群的个虫具多态现象，即具两种或多种形态和功能不同的个虫，执行不同功能。可分为具摄食、消化功能的自个虫（autozooid）和失去摄食与消化功能的异个虫（heterozooid）。后者如鸟头体（avicularia，图6.22A），虫体退化，形似鸟头，能清洁体表。

虫体前部为触手冠，呈圆形或马蹄形，具中空的触手。触手数目因种而异，可多达100余条，其上生有纤毛。触手冠可经虫室口伸缩（和其他触手冠动物门不同），是苔虫的摄食器官，外伸时触手侧面纤毛带可产生由上至下的水流，由纤毛俘获流水中的食物颗粒运送至口。苔虫的体壁由表皮和壁体腔膜组成。在表皮和壁体腔膜之间常具肌肉束或具环肌和纵肌组成的肌肉鞘。具三部体腔，其中，触手腔为中体腔的延伸，后体腔主要围绕在内脏处，中体腔和后体腔间的隔膜具孔。消化道U形，口位于触手冠内，肛门位于触手冠外（图6.22A）。无专门的呼吸、循环和排泄系统。通过体表和触手冠进行气体交换，由体腔液和胃绪进行物质运输，代谢产生的氨经体表扩散排出。神经系统和感官趋于退化，中体腔靠近咽的背部具神经节并形成神经环。

苔虫多为雌雄同体，也有雌雄异体的物种。生殖细胞来自后体腔的体腔膜或胃绪。精、卵成熟后落入体腔。精子可能由触手上的孔逸出或进入，多体内受精。辐射卵裂。发育过程多经自由游泳的幼虫。变态后的幼体称为初虫（ancestrula），初虫通过无性出芽形成群体，无性生殖是苔藓动物生活史中不可缺少的。某些淡水苔虫在环境不良（干旱等）时可形成芽球（statoblast），当环境适宜时，芽球内的细胞团逸出形成新个虫。

苔藓动物全部水生，多数种海生，少数种生活于淡水。习见于潮间带至水深200 m

的海底。除少数种自由生活于泥沙海底外，多数种固着于海藻、贝壳、其他动物的外骨骼、岩石、浮筏、船底等硬物上，甚至南极海冰上。苔虫系典型的污损生物，对藻类和贝类养殖具有一定危害，也危害码头、船舶及其他海洋设施。

现生苔虫约5 000种，化石种记录达15 000种。分为被唇纲（Phylactolaemata）、狭唇纲（Stenolaemata）和裸唇纲（Gymnolaemata）3个纲，其中被唇纲均淡水生。我国沿海习见种类如鸟头草苔虫（*Bugula avicularia*）、多室草苔虫（*Bugula neritina*）、卵圆血苔虫（*Watersipora subovoidea*）和大室别藻苔虫（*Biflustra grandicella*）等（图6.22A～D）。

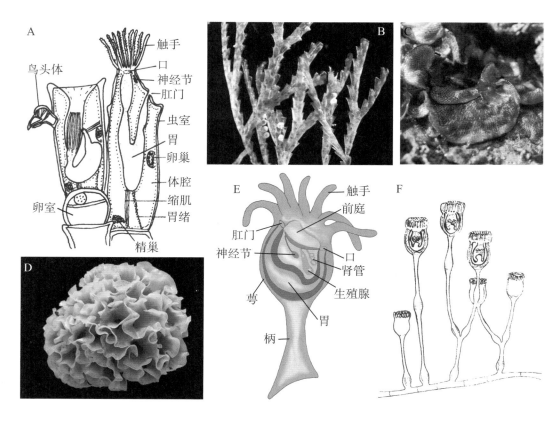

A. 鸟头草苔虫（*Bugula avicularia*）；B. 多室草苔虫（*Bugula neritina*）；C. 卵圆血苔虫（*Watersipora subovoidea*）；D. 大室别藻苔虫（*Biflustra grandicella*）；E. 内肛动物的模式构造；F. 巴伦虫（*Barentsia*）

图6.22　苔藓动物门（A～D）和内肛动物门（E，F）

（A，F自杨德渐等，1999；B，C曾晓起摄；D孙世春摄；E仿Miller和Harley，1999）

十三、内肛动物门（Entoprocta）

内肛动物单体或群体生活，外形和习性似苔藓动物，因肛门位于触手冠内而得名，也称曲形动物（Kamptozoa）。

单体或群体，个虫形似高脚杯，由萼和柄部组成。萼（calyx）球形或钟状。顶端具由8～36个触手组成的触手冠。触手能内卷但不能缩入萼的内部。萼部被触手包绕的区域称前庭，内具内脏和神经节。消化道呈U形，由口、食道、胃、直肠和肛门组成，口和肛门位于触手冠内。原肾2个，位于食道周围。食道、胃和肠之间具1个两叶的神经节。生殖腺成对，生殖孔位于前庭内。柄的基部为盘状的基盘或为向水平方向蔓延的匍匐茎（图6.22E）。除触手和前庭，虫体外被薄的角质膜。

内肛动物为滤食者，水中的原生动物、硅藻、有机碎屑等被触手纤毛捕获后，运送到触手基部，经前庭基部的纤毛选择后送到口中。

雌雄异体或雌雄同体但雄性先熟。体内受精，受精卵在生殖孔和肛门间的育儿囊中发育。卵裂多为螺旋式。幼虫具纤毛，似担轮幼虫。出芽生殖普遍，并由此无性生殖形成群体。

除2个淡水种外，皆海生，自潮间带至水深500 m的海底均有发现。绝大多数群体、固着生活，少数单体生活者可缓慢运动。常附于岩石、木桩、海藻、贝壳或其他无脊椎动物体表或虫管内，有的种专栖于螠和多毛类的身体上，其关系尚不清楚。

已知的内肛动物约150种。我国沿海已记录巴伦虫（*Barentsia*，图6.22F）等8种。

十四、系统发育

旋裂动物包含形态差异巨大的十几个无脊椎动物门类。在主要依据形态和个体发育相似性的传统动物系统学中，本进化分支中的扁形动物、颚咽动物（有时还包括纽形动物）被定义为较为低等的三胚层、无体腔动物，轮虫、棘头动物、腹毛动物等与现属于蜕皮动物的线虫、线形动物、铠甲动物、动吻动物等被归为假体腔动物，环节动物、软体动物、星虫、螠、须腕动物等均作为独立的门共同构成裂体腔动物，而腕足动物、帚形动物、苔藓动物、内肛动物等因具触手冠而被称作触手冠动物。其中，环节动物的同律分节被认为是节肢动物异律分节的基础，后者由前者进化而来；帚形动物、腕足动物等由于具原肠起源的三部体腔、口次生等特征常被认为是介于原口动物和后口动物之间的一类动物。各门类常被解读为沿着无体腔—假体腔—真体腔、不分节—真分节进化路径由低等到高等逐渐发展。

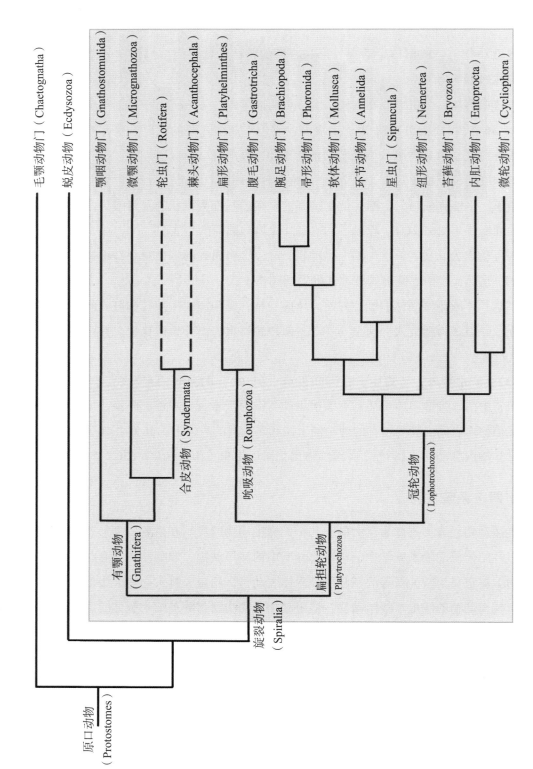

图6.23　旋裂动物Spiralia的系统发育（基于Struck等，2014；Nielsen，2012）

近年来的分子系统学研究结果几乎颠覆了关于无脊椎动物演化的传统认知，旋裂动物、冠轮动物等术语即是在分子系统发育分析基础上提出的，主要基于分子特征建立的系统发育关系如图6.23所示。虽然不同的研究因采用的分子标记和取样不同导致结果有所差异，但结论大致相同，而且主要分支保持一致。旋裂动物总体为蜕皮动物的姐妹群，它们与毛颚动物门共同组成原口动物（传统观点认为毛颚动物为后口动物）。在旋裂动物内部，颚咽动物、微颚动物、轮虫和棘头动物共同组成有颚动物分支，是其他旋裂动物（即扁担轮动物）的姐妹群，咽部具复杂的咀嚼器被认为是有颚动物的共同衍征。其中，轮虫和棘头动物因表皮皆为合胞体而被定义为合皮动物，棘头动物不具颚，也无消化道，可能与因适应寄生生活而退化有关。合皮类中，上文介绍的海轮虫纲与"其他轮虫＋棘头动物"呈姐妹群关系，因而有些学者反对继续将棘头动物作为一个独立的门。扁担轮动物中，扁形动物和腹毛动物组成吮吸动物分支，其共同衍征不易确定，但它们体表均具纤毛，用咽吸吮、卷包摄食。其他动物门类构成吮吸动物的姐妹群，即严格意义的冠轮动物，这类动物具担轮幼虫或与之类似的浮游幼虫，或具用于摄食的触手冠。根据新近研究结果，传统的螠门、须腕动物门（含罩翼动物；有时还包括星虫门）被降级为环节动物门下的分类单元。冠轮动物中的某些类群如腕足动物、苔藓动物并不具典型的螺旋式卵裂且具三部体腔，另一些如内肛动物、微轮动物没有真体腔。纽形动物消化管和体壁之间也无体腔，但有人认为其吻腔和血管是由体腔演变而来。此外，有的研究显示微轮动物与有颚类较为接近。因此，关于旋裂动物的系统发育尚需进一步研究。

第六节　蜕皮动物（Ecdysozoa）

蜕皮动物是原口动物的一大分支，包括节肢动物门、线虫动物门和其他几个小门类。这类动物的体表普遍具有分层的角质膜（cuticle）或外骨骼（exoskeleton），并在生长、发育过程中周期性脱去老化的角质膜，生出新的角质膜，即具有蜕皮（ecdysis）现象，因而得名。蜕皮动物最初由Auinaldo等人于1997年定义，将其作为动物系统学一个分支的主要根据是18S rRNA基因系统发育分析结果，并得到了后续更多分子系统学研究结果的支持，如Dunn 等（2008）基于表达序列标签（expressed sequence tags， ESTs）的系统发育分析。此外，Perrier（1897）和Seurat（1920）曾依据形态学特征提出了类似概念。关于这类动物的分类地位，有些学者将其作为一个与旋裂动物（冠轮动物）平行的超门。

蜕皮动物除具有3层结构的角质膜（缓步动物4层）及蜕皮现象外，普遍没有运动纤毛，具变形虫样（amoeboid）精子，行非螺旋式卵裂。祖先类型的前肠具硬化的齿，口周围具一圈刺，但在有些类群次生退化。

蜕皮动物包括以下9个门：叶足动物门（Lobopodia）、节肢动物门（Arthropoda）、有爪动物门（Onychophora）、缓步动物门（Tardigrada）、动吻动物门（Kinorhyncha）、曳鳃动物门（Priapulida）、铠甲动物门（Loricifera）、线虫门（Nematoda）和线形动物门（Nematomorpha）。其中，节肢动物门、有爪动物门和缓步动物门动物的身体均分节，合称泛节肢动物（超门，Panarthropoda）。其他蜕皮动物则因其脑神经环咽分布，有人将它们合称为环神经动物（Cycloneuralia），可能不是一单系群。环神经动物中，动吻动物、鳃曳动物和铠甲动物前端均具生有耙棘的翻吻，故有人将它们合在一起称为耙棘动物（Scalidophora），包括3个门，也有人认为应归为一个门——吻头动物门（Cephalorhyncha，3个类群均降级为纲）。

上述9个门类中，叶足动物门全部灭绝，仅存化石；有爪动物门全部生活于陆地；线形动物门仅游线属（*Nectonema*，图6.27G）数种生活于海洋，且不常见。因此，本书对它们不做进一步介绍。

一、线虫门（Nematoda）

线虫（nematode、eelworm或thread worm）又称圆虫（round worm），是与人类关系密切的一类蠕形动物。种数、个体数极多，分布极广。自由生活于海水、淡水、陆地或寄生于各种动植物体内，在地球上的所有生境都可以发现线虫的存在。很多线虫是人、畜、禽及其他经济动、植物的寄生虫。

长期以来，很多学者把线虫与线形动物、腹毛动物、轮虫、棘头虫等被认为是具假体腔但演化关系不甚清楚的动物的"小门类"动物合在一起作为一个门，称为线形动物门（Nemathelminthes）、原腔动物门（Protocoelomata）、假体腔动物门（Pseudocoelomata）或袋形动物门（Aschelminthes）。现在，一般将这几类动物作为各自独立的门。

（一）主要特征

下面从外部形态和内部结构两方面，对线虫进行介绍。

1. 外部形态

线虫身体一般呈纺锤形或圆柱形，两端细削。有些线虫的身体细长，呈丝状；也有少数线虫的身体粗短，呈豆荚状、腊肠状、甚至是球形等。自由生活的线虫体长大多不超过1 mm，海洋线虫最小的如微小多毛线虫（*Greeffiella minutum*）体长只有82 μm，最长者也不超过50 mm。寄生线虫的体形差别很大，小的和自由生活的线虫相似，但有的种类的体长可达十几厘米以上，最大的是寄生于抹香鲸（*Physeter catodon*）胎盘上的巨大胎盘线虫（*Placentonema gigantissima*），体长可达6~9 m，体宽1.5~2.5 cm。线虫身体一般透明而略显白色、淡黄色或淡红色，有些因体腔液内含有血红蛋白而呈血红色。

线虫的身体不分节、无附肢、横切面呈圆形。体表没有纤毛，覆盖着一层角质膜，通常是光滑的，寄生的种类更是如此，但有些线虫体表具有不同类型的装饰。体外透过角皮往往可辨出4条纵行体线，按位置不同分别称为背线、腹线和2条侧线，是体壁表皮索（epidermal chord）的外部表现（图6.24）。

2. 体壁、假体腔、支持和运动

线虫动物的体壁由角质层（角皮）、表皮层［下皮层（hypodermis）］和肌肉层组成。角皮由表皮分泌，用于支持、保护身体和抵抗不良环境，因此，陆生和寄生的线虫往往具有更厚的角皮。不同线虫的角皮往往具有很大的形态差异，有的光滑，有的则具有环纹、疣突、刚毛、鳞片、嵴、沟等装饰。

角皮之内是一层扁平的表皮。表皮分别在虫体的背中线、腹中线和两侧分别向内加厚形成4条表皮索或称下皮索，外形上形成4条体线。此外，在背、腹表皮索内还分别具有背神经和腹神经，侧表皮索内常有排泄管和侧神经。

线虫无环肌层，只有纵肌层，纵肌被表皮索分割为4个纵区，每区通常具有数目恒定的肌细胞。线虫的神经-肌肉联系不是由神经纤维延伸至肌细胞，而是由肌细胞突出的臂伸至背、腹纵神经索并与之联结，背面两区肌细胞的臂相对斜向背表皮索，腹面两区肌细胞的臂则相对斜向腹表皮索。

体壁之内是假体腔（pseudocoelom），也称原体腔（protocoelom），其周围没有中胚层所形成的体腔膜包裹。线虫的假体腔内充满体腔液，具有较高的静压，使虫体膨胀紧绷而具一定形状，故线虫的体腔液又称为流体骨骼（hydroskeleton）。

线虫不能进行蠕形运动，只能依赖纵肌的收缩作波样运动（undulatory locomotion）。有些线虫具有步行刚毛，可行尺蠖样运动。也有线虫在水中能够靠纵肌的收缩进行有限的游泳运动。

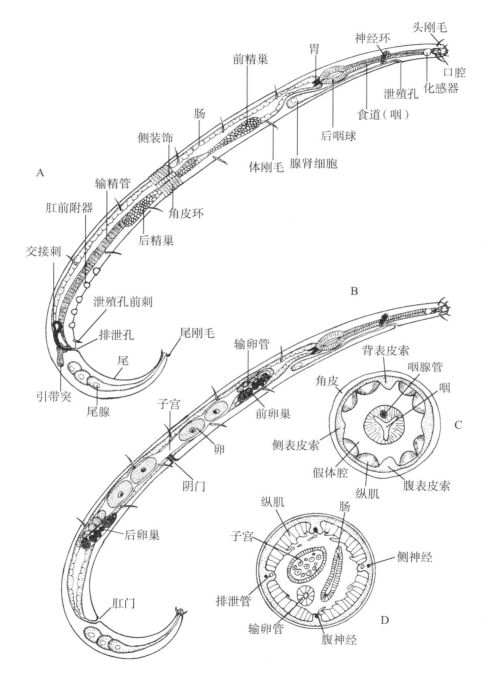

A. 雄虫，侧面观；B. 雌虫，侧面观；C. 线虫的咽区横切；D. 线虫的肠区横切

图6.24　线虫的形态结构模式（A～C仿Platt和Warwick，1983；D仿Barnes）

3. 消化系统和营养

线虫的消化系统由前肠、中肠和后肠3部分组成的完全消化管。前肠包括口、口腔和咽，起源于外胚层，内壁衬角质层。原始类型的口由辐射排列的6片唇包围，常有融合，如寄生线虫常只具3片唇。口内是口腔，其结构常与习性和食性有关，有的具口针（oral stylet）、齿、颚等构造。口腔之后为咽（pharynx），亦称为食道，一般呈管状，有些线虫的咽在某些部位膨大为咽球（bulb），某些海洋线虫如珠咽线虫*Belbolla gallanachmorae*具有多个咽球。中肠是内胚层起源，是消化吸收的主要部位，由单层上皮细胞构成。有些线虫中肠的前端具有一个伸向前方的肠盲囊。部分线虫的咽、肠之间具有胃（vendriculus，cardia），但多不发达。有些线虫的胃还具有一个伸向后方的胃盲囊或称胃垂（ventricular appendix）。后肠包括直肠和肛门，来源于外胚层，内壁被角质层。

线虫的食性相当复杂，草食、肉食、杂食、腐生者均有。自由生活的线虫常以细菌、微藻、碎屑、溶解有机物等为食。摄食方式多与口腔的结构有关。无齿和口腔不发达的种类通常只能吸食流体中的溶解有机物和微小食物颗粒，其肌质的咽球能像泵一样将食物吸入咽腔内。口内具小齿的线虫能将小齿刺入食物细胞吸食或在表面刮食，具大型齿的线虫可用齿捕食，然后将猎物吞食或吸食其内含物。植物上寄生的线虫常具口针，用以刺入植物细胞吸取汁液。动物上寄生的线虫的口腔多不发达，靠吸食液态食物生活，但也有些动物寄生线虫具有发达的口腔或齿，用于在宿主的消化道壁上附着。

4. 呼吸和循环

线虫没有专门的呼吸系统和循环系统。它们通过体表吸收氧气，通过扩散及假体腔液的流动来完成物质运输。多数寄生于动物上的线虫主要行无氧呼吸。

5. 排泄系统和排泄

线虫排泄系统的最大特点是没有纤毛或鞭毛。其排泄系统有腺型（glandular excretory system）和管型（tubular excretory system）2种类型。腺型的排泄器官比较原始，由1个或2个腺肾细胞（renette cell）构成，位于身体腹面咽肠交界附近，袋状，前部具1个细长的颈，在神经环附近开口于腹中线上。管型排泄器官是由腺型的排泄器官进化而来，为H形、U形或I形。

6. 神经系统和感觉器官

线虫的中枢神经系统在各类群间大同小异，由1个围咽神经环（circumpharyngeal nerve ring）、与神经环相连的一些神经节和纵神经组成。纵神经通常为4条，沿表皮索向后延伸到虫体后端。位于腹表皮索内的腹神经最发达，是线虫的主神经干，内有感觉神经和运动神经。位于背表皮索的1条背神经是主运动神经。位于侧表皮索的1对侧神经是主感觉神经。

线虫有多种类型感觉器。最常见的触觉感觉器是乳突和刚毛。很多线虫的头部具有3圈共16个（6+6+4）乳突或刚毛。头部通常还具1对特殊的化学感觉器，即化感器（amphid，也译为头感器或侧感器），位于头部侧面，左右对称。

尾部重要的感觉器官有尾乳突（caudal papilla）和尾感器（phasmid）2种。尾乳突又称生殖乳突（genital papilla）或附器（supplement），只见于雄虫，位于泄殖孔附近，数目固定，是重要的分类依据。其主要功能为在交配时对雌性生殖孔定位。尾感器是成对的感觉器官，每个尾感器一般具有1个尾感器腺，由1条尾感器管与位于尾部两侧的尾感器孔相连，功能可能是感觉、分泌、渗透压调节等。尾感器的存在与否是区分线虫门两个纲的基本根据。

7. 生殖系统和生殖

线虫绝大多数是雌雄异体，且常两性异形。雄虫一般较雌虫为小，其后部明显向腹面卷曲，常常具有生殖乳突、尾翼膜、尾伞等。少数线虫是雌雄同体。

雄性线虫生殖系统具1个或1对管状精巢，后部与输精管相通，输精管的后部常膨大为储精囊（seminal vesicle），与肌肉质的射精管相通。射精管的后部与直肠合并为泄殖腔（cloaca）。多数雄性线虫具交配器，由1条或2条硬质的交接刺（spicule）组成，有的还具有特化的交接辅器。

雌性线虫生殖系统通常具1对（少数1个）长条形的卵巢，其后端与输卵管、子宫相通。两个子宫的末端汇合成为阴道。雌性生殖孔常位于身体中部腹面。

线虫均体内受精，两性个体具交配过程。但是，孤雌生殖也是线虫比较常见的一种繁殖方式，即在没有雄性或雄配子参与的情况下，雌配子可直接发育为子个体。

8. 发育和生活史

多数线虫的受精卵在体外发育，也有些线虫在产出时已发育为幼体，即卵胎生。

定型卵裂（determinate cleavage）是线虫胚胎发育的一个重要特征，即每个卵裂球将来形成哪种组织和器官在卵裂的早期就已确定。在线虫胚胎发育的后期，除生殖细胞系外，胚胎的细胞（核）停止分裂，孵化后个体的生长以细胞体积增大的方式进行，各器官的细胞（核）的数目恒定，这便是细胞恒数（细胞常数性）。线虫是直接发育，其初孵幼体除大小和性器官的成熟度与成虫不同外，没有明显的差别。幼体需经4次蜕皮才能发育为成体，第1、2次蜕皮有时在卵壳内完成。

海洋自由生活的线虫一般常年都能繁殖，没有明显的季节性繁殖现象，生命周期只有30天甚至更短。动物寄生线虫往往具有比较复杂的生活史。有的只有一个宿主，有些则需要1个或几个中间宿主。图6.25示海洋中常见的简单异尖线虫（*Anisakis simplex*）的生活史，其终末宿主为海洋哺乳动物，完成生活史至少需要2个中间宿主（图6.25中的磷虾、乌贼、鱼类）。

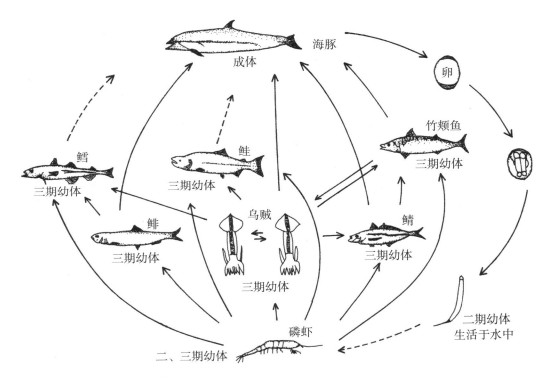

图6.25　简单异尖线虫（*Anisakis simplex*）的生活史（仿Oshima）

（二）习性和分布

多数线虫自由生活，也有很多种类为各种动植物的寄生虫。其种类之多、数量之大、分布之广、生境之多样化就连昆虫也难以匹敌。就某种线虫而言，可能只适于某特定的环境，有局限的分布；但对于整个线虫门来说，几乎世界上任何可供生命生存的地方都有它们的踪迹。

水生的线虫几乎全部底栖，生活于各种水体的底质中。在陆地上，土壤、森林落叶层、树皮、朽木等都是线虫生活的场所。有些线虫对不良环境有超常的抵抗力，在一些看似难有生命生存的地方也可以生存下来，在高温的温泉、干燥的沙漠，甚至在3 600 m深的金矿中都发现了线虫的存在。在海洋中，线虫是数量最大的后生动物，占海底动物总数的90%，自潮间带至超深海的海沟中都有分布，在海洋生态系统中扮演重要角色。近岸海泥中数量最大，密度可达为2×10^7条／平方米，但就物种多样性而言，细沙中最高，在普通的细沙滩中一般可发现100种以上的线虫。有些线虫生活于海洋动、植物的体表。

动物寄生线虫没有真正的外寄生，均为内寄生。在海洋中小至水蚤，大至鲨、鲸，都有线虫寄生。很多线虫是海洋经济动物的病原体，当感染强度较高时能堵塞鱼的消化道、引起消化道穿孔、营养不良、繁殖力下降或导致其他病原体继发感染等。

（三）分类

已描述的线虫超过25 000种，地球上到底有多少种线虫各学者的估计数字相差很大，有50万～100万种。其分类尚存争议，传统观点将线虫门分为2个纲，近年来的分子系统学研究结果显示该门可能包括5个甚至12个大的分支。本书从传统观点将线虫分为2个纲。

1. 有腺纲（Adenophorea）

也称无尾感器纲（Aphasmidia）。化感器形态多样，常位于唇后；头部16个刚毛状或乳突状感觉器，位于唇上或唇后；常具体刚毛和下皮腺；角皮表面光滑或具条痕，由4层组成；排泄器官有或无，如有则为单细胞；常具尾腺3个，或无；假体腔细胞不少于6个；雄性具1对精巢，一般没有翼膜。自由生活于海水、淡水、陆地，或为各种动物寄生虫。自由生活的种类草食、肉食、杂食者均有。绝大多数海洋自由生活的线虫属于本纲，如太平角嘴刺线虫（*Enoplus taipingensis*）、瘤线虫（*Oncholaimus*）和*Chromadorita* sp.等（图6.26）。

2. 胞管肾纲（Secernentea）

也称尾感器纲（Phasmidia）。化感器外观常呈孔状，多位于侧唇上；头部感器通常两圈，呈乳突状，一般位于唇上；角皮由2～4层组成，常具横向饰纹；排泄系统多为管型，侧排泄管1～2条；尾腺和皮下腺常付缺；假体腔细胞最多6个；雄虫常具尾翼膜或尾伞。自由生活或为动植物的寄生虫。自由生活的种类多数为陆生，少数水生，仅数种见于海洋中。海洋中常见寄生种如简单异尖线虫（*Anisakis simplex*），其幼体寄生于多种海洋无脊椎动物和鱼类（图6.25）。

二、动吻动物门（Kinorhyncha）

又称棘颈动物（echinoderans），因头部可伸缩而得名。体长一般不超过1 mm。身体呈短的蠕虫状，背面常隆起，腹面平，左右侧缘大致平行。体表无纤毛，具发

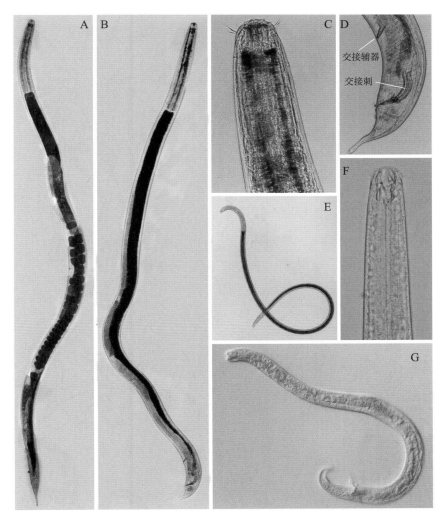

A ~ D. 太平角嘴刺线虫（*Enoplus taipingensis*）雌（A）、雄（B）整体，雄虫头部（C）和尾部（D）；E，F. 瘤线虫（*Oncholaimus* sp.）整体（E）及头部（F）；G. *Chromadorita* sp.雄体

图6.26　几种海洋自由生活线虫（A ~ F孙世春摄；G周红摄）

达的角皮（角质膜），常形成各种特化构造。身体有分节现象，由头部、颈部和躯干部共13个节带构成。其中第1节为头部，第2节为颈部，第3 ~ 13节为躯干部。头部生有向后弯曲呈环状排列的耙棘（scalid），每圈10 ~ 20个，可多达7圈，自前向后逐渐变小。最后一圈耙棘常生有刚毛，又称毛耙棘（trichoscalid）。头部前方具圆锥状口锥，其前端有口，口的周围具1圈口针（oral stylets）。整个头部可缩入第2或第3节带（图6.27A，B）。

躯干部各节带角皮常由1块背板和1对腹板构成。背、腹板之间以及节带的角质板

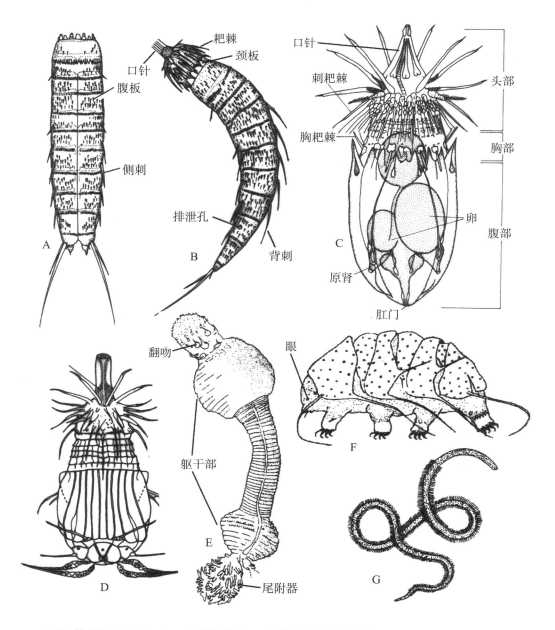

A，B. 棘颈虫（*Echinoderes*）腹面观（A，头部缩入体内）和侧面观（B，头部伸出）；C，D. 神秘矮甲虫（*Nanaloricus mysticus*）雌虫腹面观（C）和希金斯幼虫腹面观（D）；E. 南方拟曳鳃虫（*Priapulopsis* cf. *australis*）；F. 刺猬虫（*Echiniscus*）侧面观；G. 游线虫（*Nectonema*）

图6.27　动吻动物门（A，B）、铠甲动物门（C，D）、曳鳃动物门（E）、缓步动物门（F）和线形动物门（G）

（A，B仿Higgins，1982；C，D仿Kristensen，1983；E仿杨德渐等，1999；F仿Morgan等从杨德渐等，1999；G仿Hyman，1951）

之间均有薄的角皮褶（或称关节）相联系。虫体背面中央和侧缘多具成列的刺，有时体表还具有刚毛。在第3或第4节带的腹面常具1对黏管（adhensive tube），黏管与一大型的单胞黏腺（adhensive glands）相通。肛门位于最后一节带。末节带除具侧缘刺外（有时无），常具1对侧端刺。

体壁由角皮、表皮和肌肉层构成。体壁之内为假体腔。运动时通过背腹肌收缩挤压体腔液，使头部前伸，多刺的头锚定于前方基质，再通过缩头肌的收缩将躯干拉向前方。

消化管完全，具肛门、肌质咽、口锥等，口锥内有口腔。一般认为，动吻动物通过口锥的伸缩摄食底泥中的细菌、有机碎屑、硅藻等为食。无专门的循环和呼吸系统。循环过程是通过假体腔液实现的，气体的交换则是通过体壁之渗透与扩散完成的。排泄系统为原肾，具焰茎球1对。神经系统与表皮关系密切，包括环绕咽的一组脑神经节和纵神经索，纵神经索在各节带有神经节细胞丛。雌雄异体，外形多一致。生殖腺1对，袋形，后端与较短的生殖管相通，在第13节上有1对生殖孔。个体发育系直接发育。早期发育具周期性蜕皮。

动吻动物全部生活于海洋中，从北极到南极、从潮间带到数千米都有它们的踪迹，少数种侵入河口区。在有机质丰富的泥沙、海藻固着器或海藻丛中习见，有的则与其他无脊椎动物如贝类、多毛类、苔藓类、海绵类等生活在一起。

动吻动物约150种，分为1纲2目：圆裂目（Cyclorhagida）和平裂目（Homalorhagida）。常见的如棘颈虫（Echinoderes；图6.27A，B）。

三、铠甲动物门（Loricifera）

铠甲动物（loriciferans）是一类在海洋沙间隙中生活的具假体腔和完全消化管的小型动物，因腹部具角质兜甲而得名。铠甲动物门是动物界中发现较晚的一个门，于1983年建立。

铠甲动物成体体长只有0.3～0.5 mm。身体两侧对称，不分节；分为头部、胸部和腹部3部分。头部可翻出，又称翻吻，具耙棘、口锥等构造。胸部具甲板、刺、胸耙棘等装饰。腹部具兜甲。头部和胸部均可缩入兜甲内。具完全消化管，口位于口锥前端，口周围具口针，肛门位于腹部末端。无明显的呼吸和循环系统。排泄系统具1对原肾（图6.27C）。神经系统具1对脑神经节，位于头部背侧。雌雄异体，两性形态（如棒状耙棘）常有所不同。雄性具1对精巢，雌性具1对卵巢。胚后发育具希金斯幼虫（Higgins larva；图6.27D），在发育为成虫的过程中具蜕皮现象。

铠甲动物全部生活于海洋中，自潮间带至水深8 000 m的深海都有它们的踪迹。常生活于贝壳、沙砾、泥、沙等各种底质间隙中，对底质没有明显的选择性。

铠甲动物已知20余种，隶属矮甲目（Nanaloricida），如神秘矮有虫（*Nanaloricus mysticus*；图6.27C，D）。

四、曳鳃动物门（Priapulida）

曳鳃动物（priapulid worms或penis worms）全部生活于海洋中，身体由翻吻和躯干部组成，因形似雄性动物的生殖器而得名。中、日文取名"曳鳃动物"可能与其鳃拖曳于躯干部后端有关。

曳鳃动物体长0.2 mm～39 cm，身体圆柱状或黄瓜状，由前部的翻吻（introvert）和后部的躯干部（腹部）组成。翻吻具纵排的吻齿或耙棘，可缩入躯干。躯干表面具突起和环轮（图6.27E）。有的种类后部具1～2个尾附器（caudal appendage），上具许多短而中空的盲囊，可能具气体交换和化学感觉功能。

曳鳃动物体壁由角质膜、表皮、环肌层和纵肌层组成。角质膜可随动物生长而周期性蜕皮。体壁和肠壁间具宽大的体腔，体腔内充满液体，具循环系统功能，又是支撑身体的流体骨骼。消化道直管式。口位于前端。咽肌肉质，内衬角质膜，上具特化的吻（咽）齿。中肠具环肌和纵肌。直肠衬有角质膜，肛门位于躯干部后端。神经系统具围咽神经环、1条位于腹中部的纵神经索和直肠神经节。有些种躯干部具感觉乳突。排泄器官为原肾，具许多单纤毛的端细胞。后端与生殖系统合并，统称泌尿生殖系统（urogenital system），泌尿生殖孔位于躯干部后端。雌雄异体，体外或体内受精。辐射卵裂。直接发育，幼体似成体，具翻吻和角质膜加厚的兜甲（成体消失）。

曳鳃动物多见于浅海，穴居于泥沙中，有些种类可生活于缺氧的沉积物中。大型者常见于冷水或高纬度海域，小型底栖者如管曳鳃虫（*Tubiluchus*）分布较广，习见于热带珊瑚沙中。大型底栖者一般是肉食动物，而小型底栖者食底泥（沉积物中的细菌等）。

曳鳃动物已知现生种仅16种，隶属1纲，如南方拟曳鳃虫（*Priapulopsis* cf. *australis*，图6.27C）。

五、缓步动物门（Tardigrada）

缓步动物（图6.27F）亦称（水）熊虫（water bear）或苔藓小猪（moss piglet），是一类水栖或半水栖、身体分节、具4对足的小型动物。因步履缓慢、体态矮胖似熊而得名。

缓步动物成体长一般0.3～0.5 mm，最大者1.2 mm。体短，粗胖，背凸腹平。身体由1个头节、3个躯干节和1个尾节（端节）共5节构成。躯干节和尾节各具1对不分节的足，远端具2～10个爪或黏液盘（海生者）。

缓步动物体壁具含几丁质和蛋白质的角质膜，会周期性蜕皮。无环肌层，但具横纹肌纤维组成的背、腹肌带。体壁之下为发达的假体腔，充满液体。口在近前端，口内侧具唾液腺和1对口针，口针突出可刺入植物或动物体内，以吸食其液汁或体液。原始的海生异缓步纲种类的肠为盲管无肛门，其他缓步动物具直肠和肛门。缓步动物以藻类、真菌、原生动物、轮虫、线虫或有机碎屑为食。除异缓步纲外，缓步动物在中后肠交界处常具3个小的腺体，即马氏管（Malpighian tubule），可能有排泄功能。神经系统链式，腹神经链具4个神经节。多数种具1对眼。多雌雄异体，生殖腺1个，位于肠背部，于蜕皮时排卵。淡水种一般行孤雌生殖。

在干燥等恶劣环境下，缓步动物能够停止所有新陈代谢，进入假死（anabiosis）或隐生（cryptobiosis）状态。一旦环境适宜，隐生的个体能够在几小时内复苏而活动，因此被认为是生命力最强的动物。在隐生的情况下，缓步动物可在高温（151℃）、绝对零度（−273.15℃）、高辐射、真空或高压的环境下生存数分钟至数日不等。曾经有缓步动物隐生超过120年的记录。缓步动物门具有全部4种隐生类型，即低湿隐生（anhydrobiosis）、低温隐生（cryobiosis）、变渗隐生（osmobiosis）及缺氧隐生（anoxybiosis）。

缓步动物栖于苔藓、地衣和某些被子植物的表面，在水生苔藓和藻类上、在湖泊池塘的泥沙和碎屑里、在海洋沙隙中都能发现它们。

缓步动物已知约1 150种。根据马氏管和侧头须的有无、咽球和足的构造等特征分为异缓步纲（Heterotardigrada）、中缓步纲（Mesotardigrada）和真缓步纲（Eutardigrada）。仅少数生活于海洋，如异缓步纲的刺猬虫（*Echiniscus*，图6.27F）。

六、节肢动物门（Arthropoda）

节肢动物身体分节、分部，体表具几丁质和蛋白质构成的外骨骼，可随生长而周期性脱落（蜕皮）。因长有具关节的附肢而得名。

节肢动物包括肢口动物（鲎）、海蜘蛛、蛛形动物、甲壳动物、多足动物和六足动物（昆虫）等，是物种多样性最高的一类动物。在陆地、淡水、海洋生境中广泛分布，多数自由生活，也有很多种类营寄生生活。节肢动物是海洋动物的重要组成部分，上述各类均见于海洋生境，但昆虫、蛛形动物、多足动物主要生活在陆地。现生的海洋节肢动物主要是甲壳动物，很多种类具有重要经济价值，如对虾、毛虾、梭子蟹、蟳、龙虾等。

节肢动物门的主要特征有：身体两侧对称；异律分节；分为头部和躯干部，或头、胸、腹三部，有的头部和胸部愈合为头胸部（cephalothorax）。

节肢动物具附肢，附肢分节。体表具外骨骼，且周期性蜕皮（molting，ecdysis）。肌肉成束、具横纹。成体真体腔退缩（仅留生殖腔和排泄腔），且与初生体腔共同衍生为混合体腔（mixocoel）。开管式循环系统，动脉开放于血窦或混合体腔之血腔（hemocoel）。以体表、鳃、气管（trachea）、书鳃（book gill）或书肺（book lung）等呼吸。排泄器官为绿腺、基节腺（coxal gland）、马氏管（Malpighian tubules），蜕皮过程也具排泄功能。具链式神经系统（chain-type nervous system）。体内外器官皆无纤毛或鞭毛。一般为雌雄异体，有性生殖；直接或间接发育。

节肢动物门是动物界最大的物种集合，已知近120万种。包括5个亚门：三叶亚门（Trilobita）、螯肢亚门（Chelicerata）、甲壳亚门（Crustacea）、多足亚门（Myriapoda）和六足亚门（Hexapoda）。

（一）三叶亚门（Trilobita）

三叶虫是本亚门动物典型代表，生活于古生代海洋，于寒武纪至奥陶纪繁盛，今全部灭绝，化石记录丰富。因身体背面由两条纵沟分为隆起的中轴叶和两侧各1对扁平的侧叶而得名。

三叶虫体长多为3～10 cm，最大者近1 m，最小者仅0.5 mm。身体分为头部、胸部（或躯干部）和尾部（pygidium）3部分。背面由2条纵沟将身体分为3叶。头部具1对触角，口后体节各具1对附肢。复眼1对，位于头甲背面两侧（图6.28A）。已描述约3 900种，隶属1个纲。

根据古生物学研究结果，三叶虫广泛分布于古生代海洋。多数在海底泥沙表面爬行生活；有的半埋栖或穴居，但头部常露在底质表面；有些三叶虫营游泳或浮游生活。

（二）螯肢亚门（Chelicerata）

螯肢亚门，也称有螯亚门。有螯亚门动物包括陆生的蝎、蜘蛛、螨、恙螨和海生的鲎、海蜘蛛等，其最显著特征是没有触角，第1对附肢为螯肢（chelicera），生于口前并具螯，因而得名。

1. 主要特征

螯肢亚门动物身体一般分为头胸部（前体部prosoma）和腹部（后体部opisthosoma）。前体部具6个体节（somite），常具1个背甲；后体部体节数可达12个，有时再分为前腹（preabdomen）和后腹（postabdomen）。无触角，头胸部附肢包括1对螯肢、1对脚须（pedipalp）和4对步足，均为单肢型附肢（不分内、外肢）。消化管多具2~6个消化盲囊。呼吸器官为书鳃、书肺或/和气管。排泄器官为基节腺或马氏管。具简单的中央单眼，有的种类具1对侧复眼。大多数为雌雄异体，体内受精。

2. 分布与习性

本亚门绝大多数陆生，少数生活于淡水或海水。自由生活或为其他动物的寄生虫。

中国鲎（*Tachypleus tridentatus*）等现生的4种鲎都生活于海洋中，呈孤立分布，其中3种分布于我国及东南亚国家沿海。通常在浅海底栖生活，有钻入表层泥沙中生活的习性。除有毒的圆尾蝎鲎（*Carcinoscorpius rotundicauda*）外，其他鲎均是美味的海洋食品。鲎的血液遇革兰氏阴性细菌立即凝固，用鲎血制成的鲎试剂可以简单、快速、可靠地检验食品、药物等是否被革兰氏阴性细菌感染。此外，由鲎血清提取的一种鲎素，可能具有抗癌作用。

海生的蛛形动物多见于潮间带和潮下浅水区，常与潮间带的其他海洋动物或海藻生活在一起，有的在海洋中的垂直分布可达6 800多米。以海螨类（Halacaroidea）最为常见，生活于海底各种基质的表面或泥沙中。

海蜘蛛全部为海生，广泛分布于世界各地的海洋中，从寒冷的两极到热带海洋、从潮间带到水深7 000 m的洋底深渊都有它们的足迹。有的在海底游移生活。很多种类栖息于海藻、海葵、水螅、水母、苔藓动物、海鞘等海洋生物的身体上。

3. 分类

有螯动物已知70 000余种。根据身体分部、分节、附肢、呼吸器官的类型等分为3个纲。

（1）肢口纲（Merostomata）：本纲为大型的有螯动物。身体分前体部（头胸部）和腹部。前体部被以头胸甲，并具6对附肢，除第1对为螯肢外，其余5对为步足，围绕在口的周围，故名肢口纲。腹部附肢5对或6对，具特化为书页状的呼吸器官书鳃。消化器官有强大的嗉囊和肠盲囊。排泄器官为基节腺，共4对，位于第2至第5步足的基节附近，其共同的排泄孔位于第5步足的基部。1对侧复眼和1对中央单眼。肢口纲动物雌雄异体，生殖腺单个。在生殖季节，鲎进入内湾或河口浅水区进行交配、产

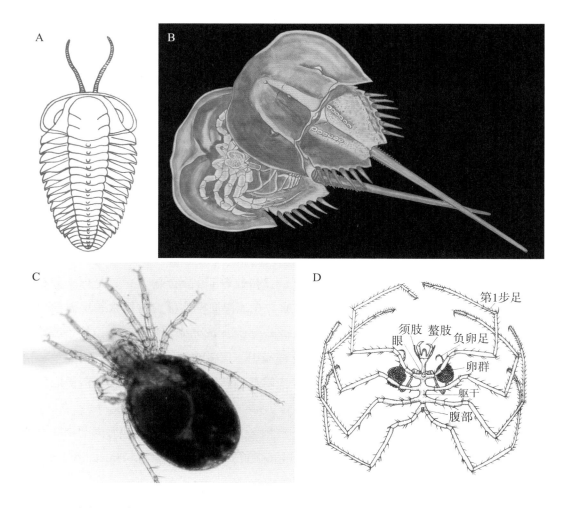

A. 三叶虫；B. 中国鲎（*Tachypleus tridentatus*）；C. 一种潮间带生活的蜱螨类；D. 赤丝海蜘蛛（*Nymphon rubrum*，雄）

图6.28　三叶亚门Trilobita（A）和有螯亚门Chelicerata（B～D）

（A，B宫琦绘；C孙世春摄；D仿Fage自Brusca和Brusca，1990）

卵。初孵化幼体为三叶幼虫（trilobite larva），形似三叶虫。

　　肢口纲现生种类只有4种，全部生活于海洋中，统称鲎，因头胸甲形如马蹄，又名马蹄蟹（horseshoe crab），我国常见种为中国鲎（三刺鲎，*Tachypleus tridentatus*，图6.28B）。肢口纲动物在古生代曾繁盛一时，存有大量的化石物种，如板足鲎（*Eurypterus*）。

　　（2）蛛形纲（Arachnida）：体形多样，一般分为头胸部和腹部，两部分之间以细腰相连。一些原始种类的腹部又分为前腹和后腹两部分，也有些种类头胸部与腹部又愈合为一体。除蝎等少数种类腹部分节外，绝大多数身体无明显的分节。头胸部常具背甲。前体部附肢6对。螯肢位于口前，多用于摄食，有的末端具毒腺。脚须位于口侧，司捕食、触觉、交配等。步足4对。腹部没有运动附肢，有的具附肢特化形成的纺绩器（spinneret）。

中肠常具成对的盲囊，有些种类具粪袋（stercoral pocket）。多数肉食，以其他小型节肢动物为食。呼吸器官为书肺或/和气管，有些小型种类以体表呼吸。书肺是腹部体壁内陷形成的囊状构造，内有很多薄的书肺页（lamella），是适应陆地生活而形成的结构。气管是腹部体表内陷形成的管状构造，与昆虫的气管结构相似。排泄器官为基节腺或/和马氏管。基节腺一般1~2对，开口于第1、2步足的基节处。马氏管是中肠向血腔内突出的管状结构，常有分支。排泄物为难溶的含氮化合物如嘌呤和尿酸等，随粪便由肛门排出体外。无复眼，单眼2~12只，多数为8只。雌雄异体且常异形，一般雄性较小。绝大多数直接发育，少数间接发育。

蛛形动物已知约70 000种。绝大多数适应陆地生活，常见的如蜘蛛、蝎、螨、恙螨等，也有少数种类生活于淡水或海洋中。海生者以蜱螨目（Acari）的种类最为常见（图6.28C）。

（3）海蛛纲（Pycnogonida）：海蜘蛛均生活于海洋中，因体形似陆生的蜘蛛而得名。又因其附肢特别发达，也称皆足纲（Pantopoda）。

海蛛纲动物外形多样，体长多为1~10 mm，生活于深海的某些种类"翼（足）展"可达750 mm。身体的分部不像其他节肢动物那样明显，大致分为头部、躯干部和腹部。头部仅1节，前端具1个突出的吻和口，具1对螯肢和1对须肢。头部的后端具有4只眼、1对携卵足（oviger或ovigerous leg）和第1步足。携卵足有时付缺，其作用是携带发育中的受精卵，有的也用于清洁步足。躯干部由3节构成，每节具第2~4步足，也有的种类具5对或6对步足（图6.28D）。消化系统具完全消化管，其中肠盲囊可分布至步足内。多数海蜘蛛是肉食性的，但也有少数种类以藻类为食。海蜘蛛没有专门的呼吸器官和排泄器官，气体交换和代谢产物的排泄主要由体壁和消化道壁的扩散来完成。雌雄异体且常异形，雄性的负卵足一般比较发达，雌性的负卵足常退化或付缺。两性生殖系统的结构相似，生殖腺单个，有分支延伸至步足。雄体具有以负卵足抱卵的习性。

海蛛纲已知约1 300种，全部生活于海洋中，如赤丝海蜘蛛（*Nymphon rubrum*，图6.28D）。

（三）甲壳亚门（Crustacea）

甲壳动物已知约67 000种。绝大多数海生，少数淡水生，极少陆生，常见的如对虾、蟹、藤壶、桡足类、磷虾、龙虾等。很多种类与人类关系密切，在国民经济中占有重要地位。甲壳动物的附肢一般为双肢型，其中头部具2对触角、1对大颚和2对小颚共5对附肢。因外骨骼钙化为甲壳而得名。

1. 主要特征

下面从外部形态和内部结构两方面，对甲壳亚门动物做简要介绍。

（1）外部形态：形态变异很大，最小的如猛水蚤类，体长不到1 mm，最大的巨螯蟹（*Macrocheira kaempferi*）两螯展开宽度可达4 m。身体两侧对称，分节，通常可分为头、胸、腹3部分，头部与胸部体节常愈合为头胸部。低等甲壳类胸部与腹部间分界常不明显，合称为躯干部。头部由6个体节愈合而成。胸部和腹部的体节数变化大，但高等甲壳类身体分节数目基本固定，如对虾的胸部为8节，腹部为7节，腹部的末节称为尾节（图6.29）。

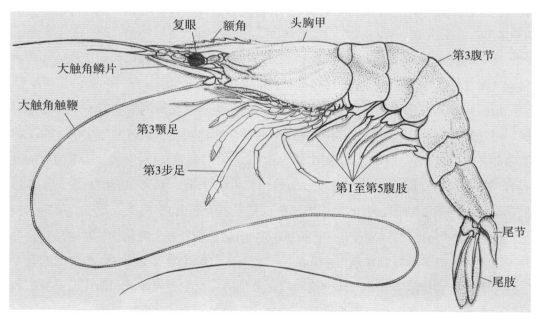

图6.29　中国对虾（*Penaeus chinensis*，雌）的外形（仿刘瑞玉，1955）

（2）体壁：甲壳类覆盖体表的外骨骼由两部分构成。背面一片为背甲，腹面一片为腹甲。背甲两侧常向外（下）延伸，为侧甲，附肢一般着生在腹甲的两侧。十足目（Decapoda）等的虾类自头部后缘生出的背甲包被整个或部分头胸部，称为头胸甲（图6.29）；有的类群背甲特化为双瓣的介壳形（如介形类），包被整个体躯和附肢

（图6.31C）；有的为肉质外套，外表有壳板加固（如藤壶等；图6.31F～H）。

外骨骼覆盖于身体和附肢的外表，保护身体，同时又是肌肉附着的地方，使身体运动成为可能。外骨骼主要成分为几丁质和蛋白质，由表皮所分泌，可分为表层和里层。表层极薄；里层又分外层和内层，外层厚，高度钙化，内层为非钙化几丁质层。皮肤由表皮和真皮构成，表皮由单层柱状细胞组成，下方衬有基膜；真皮由网状结缔组织及游走细胞组成，还分布有色素细胞和皮肤腺，受刺激后可通过色素扩散或集中改变身体颜色。甲壳动物的肌肉成束，两端与外骨骼相连，不形成完整的皮肤肌肉囊。各部及附肢的动作由不同肌肉群相互配合完成。

（3）附肢：头部附肢数目固定，为5对，依次为第1触角（小触角）、第2触角（大触角）、大颚、第1小颚和第2小颚。甲壳动物躯干附肢的数目变化极大，最少者2对（介形类），最多者60多对［如鲎虫（*Triops*）］。胸部附肢的数目通常与体节数一致，如对虾有8对胸肢，其中前3对为颚足，后5对为步足。高等甲壳类［软甲纲（Malacostraca）］的腹部除尾节外，各腹节均具1对附肢，如对虾有6对，前5对为游泳肢，最后1对为尾肢（图6.29）。除软甲纲外，其他各类腹部均无附肢，但末体节有1对尾叉（图6.31A，E）。

甲壳动物附肢具关节，多为双肢型。双肢型附肢由原肢、外肢和内肢组成，其中，原肢与体壁相连，一般2节，即基节（coxa）和底节（basis）（一些甲壳动物文献中将第1节称为底节，第2节称为基节，本书采用与昆虫一致的译法）。外肢和内肢变化较大。如对虾的颚足和步足内肢分5节，即座节（ischium）、长节（merus）、腕节（carpus）、掌节（propodus）和指节（dactylus），外肢不分节；其游泳肢内、外肢均不分节。

（4）消化系统：包括消化道和消化腺，前者分为前肠（口、食道、胃）、中肠、后肠（直肠和肛门），后者则是肝胰脏（图6.30）。前肠和后肠来源于外胚层，内衬几丁质。

（5）循环系统：甲壳动物的循环系统为开管式，常包括围心腔、心脏、动脉、血窦和静脉。有些低等甲壳类如桡足类、介形类和蔓足类，无心脏和固定的血管系统，靠肌肉或肠管运动使血液在体腔或血窦内循环。有些种类循环系统有较为复杂的动脉系统，如对虾（图6.30）。大多数甲壳类的血液中含血青素，所以微呈蓝色（如虾、蟹），少数种血液中含血红素，所以呈红色［如溞（*Daphnia*）］。

（6）呼吸器官：甲壳动物的主要呼吸器官是鳃，也有些种以皮肤进行呼吸。鳃通常由体壁突起或由附肢的一部分特化形成。其数目和结构都因种类不同而异。每个鳃由中央的鳃轴和附属物（鳃丝）构成，前者外侧贯穿1条入鳃血管，它在鳃轴顶端弯曲向下，变为鳃轴内侧的出鳃血管。少数陆生种，如等足类的一些种，腹肢的皮肤内陷为带有分支的管，与陆生节肢动物的气管相似；陆栖蟹类的鳃，有肺的功能；少数介形类的鳃为体表长出的皱褶。

（7）排泄器官：甲壳动物的排泄器官为触角腺或/和颚腺。触角腺也称绿腺，由盲囊（端囊）、绿腺（腺状部）、排泄管（或部分膨大为囊状部）和排泄孔组成。排泄孔位于大触角基部（图6.30）。颚腺的构造与触角腺类似，其排泄孔位于小颚的基部。一般认为它们属于后肾衍生物。

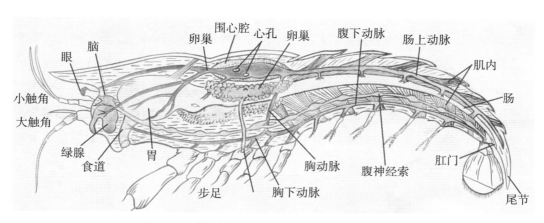

图6.30　对虾（雌）的内部构造示意图（宫琦绘）

（8）神经系统和感觉器官：甲壳动物神经系统多为链式，由脑神经节、围食道神经环、食道下神经节（咽下神经节）和腹神经链组成。甲壳动物通常具1对复眼，有的种类复眼着生于眼柄上（图6.29、图6.30）。复眼由许多构造相同的小眼作扇形紧密排列而成，每个小眼包括角膜、成角膜细胞、晶体、晶体束、小网膜细胞及小网膜细胞的微绒毛形成的感光束。小网膜细胞形成轴索，联系神经节瓣，其成像为反射型重叠像。复眼中有调节进入小网膜光量的远端色素、近端色素及反射色素。某些低等甲壳类（如桡足类），无复眼，只有1个单眼，又称无节幼体眼。也有些种类单眼与复眼同时并存。

（9）内分泌系统：甲壳动物内分泌系统包括神经分泌和器官分泌两部分。

神经分泌由成丛神经细胞特化而成，包括：① X器官和窦腺。对虾X器官由位于眼柄内神经分泌细胞组成，窦腺是汇集X器官所分泌激素的地方，其激素有抑制蜕皮、控制色素细胞活动及调节复眼色素移动的功能。② 后联合器官。为食道后联合神经发出的1对小神经，扩展呈瓣状而成，其分泌物有调节色素细胞活动的功能。③ 围心腔腺。浸泡于围心腔血液中，由网状神经纤维与结缔组织组成的绒球状结构，其分泌物有调节心率的功能。

器官分泌包括：① Y器官，位于第2小颚基部，其分泌物促进动物蜕皮，也称蜕皮腺。② 促雄性腺，位于输精管末端、精荚囊的外侧，其分泌物能促进精巢发育、维持第2性征。③ 卵巢激素，由卵巢分泌，具促进卵巢发育和维持第2性征的功能。

（10）生殖系统：甲壳动物多数为雌雄异体，营固着、寄生生活的种类和少数低等甲壳类常为雌雄同体。甲壳类的生殖腺成对，但在背面不同程度地愈合。多数具1对输精（卵）管，但某些等足类有2对输卵管。生殖孔位置多变，多位于胸部。有的类群输卵管具盲囊，在体内受精种类具纳精囊的作用。有的种类还具有能分泌卵壳或卵袋的腺体。输精管也可能分泌精荚或精包，以向雌性输送精液。某些低等甲壳类（如鳃足类、介形类）能行孤雌生殖。

（11）发育：甲壳动物大多间接发育，基本的幼虫是无节幼虫（nauplius）。典型的无节幼虫呈卵圆形，不分节，具3对附肢，相当于成体的第1、第2触角和大颚，所以又称六肢幼虫。无节幼虫具1个单眼（幼虫眼）。变态较复杂，无节幼虫后，还要经历溞状幼虫（zoea）和糠虾幼虫（mysis）。有些甲壳动物无节幼虫在卵膜内度过，如蟹类孵化为溞状幼虫，龙虾类孵化为叶状幼虫。抱卵现象在甲壳动物常见，卵附于雌体上或在特殊的育卵囊内进行胚胎发育，直到孵化。

某些甲壳动物在生活史的某个阶段生命活动会停滞，进入滞育（diapause）状态，是其在长期的进化历史中形成的一种比休眠更深的新陈代谢被抑制的生理状态，它的出现不完全依赖于外界环境的影响，与有机体本身的内部变化有关，是对有节奏的重复到来的不良环境的历史性反映，是对自然环境长期适应进化的结果。滞育的启动和解除受激素的直接控制。生活史中的各个时期均可发生滞育，但不同种类出现的具体阶段可能不同，如无甲类常以休眠卵滞育，而桡足类的卵、幼虫、甚至成体均可滞育。

2. 习性和分布

绝大多数甲壳动物生活于海洋中，是海洋浮游和底栖动物的重要成员，常被誉为海洋中的昆虫。少数侵入淡水，如沼虾（*Macrobrachium*）、枝角类、桡足类等。有的生活于内陆半咸水、咸水乃至高盐水体中，如鳃足纲的卤虫（*Artemia*）只见于盐湖、盐田等高盐水体。也有极少数进入陆地生活，但不能完全摆脱潮湿环境，如鼠妇（*Porcellio*）生活于潮湿、有机质丰富的石下，以及腐烂植物、树洞、苔藓丛、室内的阴湿处。

海洋甲壳动物广泛分布于世界各大洋，从海岸到深海均有分布，生活方式也具有很高的多样性。自由生活的种类中，有的浮游，如桡足类；有的能游泳，如梭子蟹（*Portunus*）；有的在海底爬行或穴居于泥沙中，如日本蟳（*Charybdis japonica*）、寄居蟹类（*Paguridae*）等在海底爬行，招潮蟹（*Uca*）、蝼蛄虾（*Upogebia*）等在海滩挖洞穴居，蛀木水虱（*Limnoria*）则喜钻木材穴居；有的固着，如藤壶类、龟足类、茗荷类固着于礁石、船舶、浮木或其他动植物的身体上生活；也有一些种类生活在海滨水陆交界处，如海蟑螂（*Ligia*）主要在岸边活动，只在遭遇危险等情况下才会进入海水中。

小型甲壳类动物常通过过滤浮游生物或碎屑为食。其头部及躯干前端的附肢布满刚毛，不仅用以激动水流游泳，同时也作为过滤器以收集水中的食物颗粒。一般对食物的种类没有选择性，而对食物颗粒的大小有选择性，刚毛间隙的大小决定了所取食物颗粒的大小。大型的甲壳类动物一般捕食其他生物，其前部的某些附肢适合于捕获及撕裂食物，大、小颚及颚足用以咬切及把持食物。

很多海洋甲壳类营寄生/共栖生活：豆蟹（*Pinnotheres*）生活在双壳贝类的外套腔中，夺取宿主食物、妨碍宿主摄食、伤害宿主器官，使宿主身体瘦弱；微虾类的成体寄生于甲壳动物的身体上；某些桡足类寄生在腔肠动物、多毛类、缢虫、软体动物、甲壳动物、棘皮动物、半索动物、尾索动物、鱼类、鲸等海洋动物的体表或体内；鳃尾亚纲（Branchiura）的鲺类寄生在鱼类体表，是鱼的病原生物；五口亚纲（Pentastomida）的某些舌虫则寄生在海鸟的呼吸系统中。

有些甲壳动物生活史中有洄游（或迁徙）阶段：中国对虾的生活史中，要进行两次洄游（拓展阅读6-2）；中华绒螯蟹（*Eriocheir sinensis*）成体生活在江、河等淡水生境，每年秋季洄游到近海繁殖，至翌年春季幼蟹再溯河游至淡水生长。甲壳动物迁徙最著名的例子当属圣诞岛红蟹（*Gecarcoidea natalis*），该蟹栖息在东印度洋的圣诞岛，于岛上的灌木丛中挖洞穴居，每年的11月雨季来临后的3个多月里，数以亿计的红蟹从森林、草地奔向海边，迁徙蟹群浩浩荡荡，跨越各种障碍直奔海洋交配、繁殖，幼蟹长至5 mm左右，又迁徙至高地丛林生活。

拓展阅读6-2　中国对虾（*Penaeus chinensis*）

中国对虾，旧称中国明对虾、东方对虾。主要产于黄、渤海，喜生活于泥沙底质的浅海，捕食底栖虾类、其他小型甲壳类、小型双壳类、各种无脊椎动物的幼体以及硅藻类等。中国对虾是重要的海洋经济动物，在我国海洋渔业中占有相当重要的地位。据1992年统计，养殖虾产量达23万吨。

身体侧扁。雌虾体长18～24 cm，体色黄，俗称黄虾；雄虾体长13～17 cm，体色灰青，俗称青虾。全身由20个体节构成，头部和胸部愈合为头胸部，后面为腹部。头胸部由头部5个体节和胸部8个体节愈合而成。腹部由6个腹节和1个尾节构成。附肢共19对，头部5对，胸部8对，腹部6对（图6.29）。

雄虾精巢当年10月即成熟，与雌虾交配，把储藏有精子的纳精囊放入雌虾体内，等到雌虾在次年四五月份卵子成熟时受精。受精卵约经一昼夜时间即孵化。胚后发育经无节幼虫、蚤状幼虫、糠虾幼虫、仔虾、幼虾、成虾等时期，经历数十次蜕皮。

中国对虾的生活史中，要进行2次洄游。每年10月间，对虾交尾后，由于水温下降，便开始集群向黄海南部深水区迁移，称为越冬洄游。12月至翌年1月进入越冬场，而后分散越冬。寒冬过后，近岸浅海水温回升，对虾再次集群自黄海向北迁移，这就是生殖洄游。每年3月，大量对虾出现在山东半岛东南外海，4月，一部分到达山东半岛南岸各地，大部分则游向渤海西部沿岸和辽东湾浅海，另一支则游向朝鲜半岛西岸各河口水域。在生殖洄游时，雌虾群在前，雄虾群在后，雌虾进入河口咸淡水混合处产卵。

在海洋和淡水生态系统中，甲壳动物是食物链中的重要环节，是浮游动物中所占的数量比例最大的类群。它们食用水中的浮游植物（主要是硅藻），对这些浮游植物的数量有明显的调控效果。桡足类还是小型底栖动物群落中生物量最大类群。同时，它们也是其他大型水生动物的直接或间接的食物来源。很多甲壳动物是人类的食品，如虾、蟹、虾蛄、蝼蛄虾、龙虾等均是人们喜食的海鲜。龟足、龙虾、鱼怪、寄居蟹等还可入药。有些物种如锯缘青蟹（*Scylla serrata*）、三疣梭子蟹（*Portunus trituberculatus*）及多种对虾等是我国沿海重要的养殖品种。从虾、蟹壳提取的几丁质是重要的工业原料，在食品、医药、纺织服装、化妆美容、农业、渔业等领域有着广泛应用。

在某些情况下，甲壳动物也可能给人类及生态带来危害。例如，寄生甲壳动物危害经济动物的健康；藤壶等固着在船体上会增大船在水中航行的阻力；蛀木水虱（*Limnoria*）的钻木及蛀食行为危害红树林、船舶及其他木制海洋设施，甚至会啃食鱼类的舌头；尾突水虱（*Cymodoce*）的大规模爆发可危害海带（*Laminaria japonica*）、刺参（*Apostichopus japonicus*）养殖；猛水蚤的在育苗池大量发生影响刺参、鲍鱼的苗种培育。

3. 分类

甲壳动物已知约67 000种。在过去较长的一段时期内甲壳动物被作为一纲并分为切甲亚纲（Entomostraca）和软甲亚纲（Malacostrca），但现在一般把甲壳动物作为一个亚门来研究，其分类系统仍在完善中。Martin和Davis（2001）将甲壳动物分为6纲，即鳃足纲（Branchiopoda）、桨足纲（Remipedia）、头虾纲（Cephalocarida）、颚足纲（Maxillopoda）、介形纲（Ostracoda）和软甲纲（Malacostraca）。近年的分子系统学研究结果显示颚足纲可能不是单系群，并建立鱼甲纲（Ichthyostraca），包含鳃尾亚纲（Branchiura）和五口亚纲（Pentastomida），以及六幼纲（Hexanauplia），包含鞘甲亚纲（Thecostraca）和桡足亚纲（Copepoda）。另外，还建立了寡甲总纲（Oligostraca），包括介形纲、鱼甲纲和须虾亚纲（Mystacocarida），以及多甲壳总纲（Multicrustacea），包含六幼纲和软甲纲。本书暂采用Martin和Davis（2001）的6纲分类系统。

（1）鳃足纲（Branchiopoda）：个体小，身体分为头部和躯干部。具有背甲、介甲或无甲。多数尾节具尾叉。头部由5节愈合而成，躯干部体节数因种类不同而变化，但不与头部愈合。头部5对附肢，较小或退化。第1触角单肢型，棒状，位于头部腹侧，司感觉；第2触角因不同的种类差异较大，司游泳、摄食和交配，有的退化；大颚无触须；第2小颚几乎完全退化。躯干附肢一般双肢型，呈叶片状，结构相似，数目变化很大，由前向后逐渐缩小，后部无附肢。头部具有复眼或（和）单眼。雌雄异体，但很多种类可行孤雌生殖。幼虫发育多有变态。有的有休眠期，休眠卵常见。

鳃足纲已知800余种，隶属2个亚纲3目。绝大多数为淡水生，有些种类可在雨后短暂出现的小水体内完成生活史。也有不少种生活于内陆半咸水、咸水甚至超盐水体，如卤虫Artemia（图6.31A）生活于盐湖、日晒盐田、海滨盐沼等高盐水体。本纲真正生活于海洋的种类不多，如诺氏僧帽蚤（Evadne nordmanni，图6.31B）。

鳃足纲动物多滤食性，以细菌、微型藻类、细小的有机碎屑等为食物，有些底栖种类可以捕食其他动物。

（2）桨足纲（Remipedia）：桨足动物全长一般10～40 mm，游泳时背部朝下。体节可多达42节，分为头部和躯干部。头甲盾状，具横沟，躯干部仅第1节与头部愈合。尾节具尾叉。第1触角双肢型，第2触角桨状；第1、2小颚强壮，为执握型附肢；躯干部附肢向体侧伸出，双肢型，桨状，内外肢分3节或3节以上；具1对可进行捕握的颚足；现存种类无眼。桨足纲被认为是现存和昆虫关系最近的甲壳动物。

桨足纲现生仅17种，分布于加勒比海、大西洋、澳洲等海域。我国尚未发现。

（3）头虾纲（Cephalocarida）：海生，体长通常小于4 mm。身体细长，分为头部、胸部和腹部。头部与第1胸节愈合，具盾形头胸甲（背甲），无眼。两对触角短小，第1触角单肢型；第2触角双肢型，内肢细小，外肢粗大呈圆锥状。大颚无触须；第1小颚双肢型，呈足状。胸部9节，只第2～9胸节为自由体节，较宽而短，具明显的侧甲。胸肢共9对，但最后一对常退化。尾节具尾叉，末端各具两刺。间接发育。一般认为头虾纲是现存最原始的甲壳类。

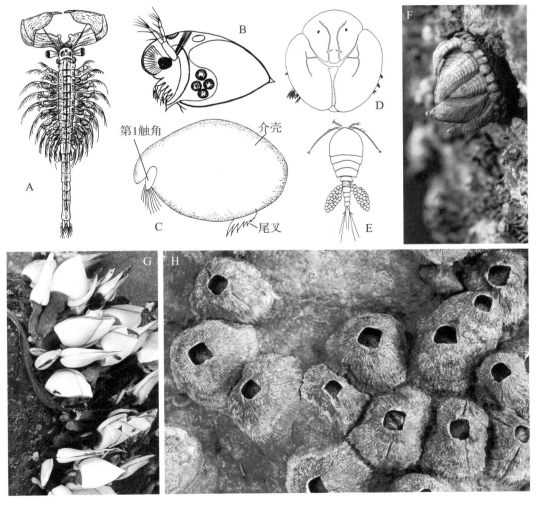

A. 卤虫（*Artemia* sp.）；B. 诺氏僧帽蚤（*Evadne nordmanni*）；C. 介形纲；D. 鲺（*Argulus mugili*）；E. 剑水蚤；F. 龟足（*Capitulum mitella*）；G. 茗荷（*Lepas* sp.）；H. 笠藤壶（*Tetraclita* sp.）

图6.31 鳃足纲（A，B）、介形纲（C）、颚足纲（D～H）

（A，B，C仿Cohen；D，E仿王耕南，1961；F～H孙世春摄）

头虾纲已知仅5属12种。垂直分布从潮间带到水深1 500 m深海，均为底栖生活，摄食有机碎屑。我国尚未发现。

（4）介形纲（Ostracoda）：小型低等甲壳动物，亦称种子虾（seed shrimp）。体长0.1～32 mm。身体分头与躯干两部分，具钙化的介壳（头胸甲），外形似双壳贝类，但介壳表面无生长线。左右介壳不对称，其中一片较大。躯干部短，不分节，后部向腹面弯曲，末端具尾叉。附肢最多7对。第1、2触角为运动器官，胸肢1～2对。多数有中央单眼，有的有复眼。介形类分布广泛，从古到今、从海洋到淡水甚至陆地、从浮游到底栖均可找到介形类的踪迹。食性复杂，以活的动物、动物尸体、植物、水中悬浮物等为食。很多介形类能发光。

介形纲已知约70 000种，现生约13 000种。分为2个亚纲4目。我国沿海常见种如尖突海萤（*Cypridina acuminata*）。

（5）颚足纲（Maxillopoda）：本纲动物多为小型甲壳动物，身体分为头部5节、胸部6节、腹部（多数种类）4节和1个尾节。胸部与头部愈合的体节数有变化，尾节通常具尾叉。第1触角单肢型，第2触角单肢型或双肢型，胸部附肢双肢型（少数单肢型），腹部无附肢。具头胸甲或退化。

颚足纲的特征及所包括的类群仍有争议，本书将颚足纲分为6个亚纲。

1）鞘甲亚纲（Thecostraca）：全部为海洋动物，绝大多数成体营固着生活，固着于岩石、轮船、贝壳、珊瑚礁、浮木及其他物体上，有些种类共栖/寄生于海绵、蟹、鲸、龟、鱼等动物的身体上。藤壶类是轮船、浮标及其他设施的主要附着生物，是危害较大的一类污损生物。约有1 300种。常见种类如龟足（*Capitulum mitella*，图6.31F）、茗荷（*Lepas*，图6.31G）、东方小藤壶（*Chthamalus challengeri*）、白脊藤壶（*Balanus albicostatus*）、笠藤壶（*Tetraclita*，图6.31H），寄生者如蟹奴（*Sacculina*）等。

2）微虾亚纲（Tantulocarida）：已记录33种，成体均为其他甲壳动物的寄生虫。

3）鳃尾亚纲（Branchiura）：统称鱼虱（鲺），全部为鱼类或两栖类的外寄生虫，也能脱离寄主在水中短暂游泳。约175种，鲺属（*Argulus*）部分种类见于海洋，如鲻鲺（*Argulus mugili*，图6.31D）。

4）五口亚纲（Pentastomida）：统称舌虫（tongue worms），过去曾单独作为一个门级分类单元［五口动物门（Pentastomida）］。身体蠕虫状，因前部具5个突起而得名（只其中1个突起上生有口，另外4个是退化的附肢）。全部为脊椎动物呼吸系统的寄生虫，有的以鱼类做中间宿主。舌虫类约130种，海生者如鸥舌虫（*Reighardia sternae*），由于仅寄生于海鸟的呼吸系统，并不能算严格的海洋动物。

5）须虾亚纲（Mystacocarida）：已知仅13种，全部生活于潮间带或潮下带沙间隙。在我国尚未发现。

6）桡足亚纲（Copepoda）：桡足类种类多、数量大、分布广，具有浮游、底栖、寄生等多种生活类型。已描述约13 000种，大多生活于海洋，是海洋中最重要的浮游动物，也是生物量最大的海洋小型底栖动物。寄生桡足类的宿主包括腔肠动物、多毛类、缢虫、软体动物、甲壳动物、棘皮动物、半索动物、尾索动物、鱼类、鲸等，绝大多数是外寄生，寄生于宿主的鳃、体表等，有的则内寄生于宿主的器官内，有些种类如怪水蚤（*Monstrilla*）仅幼体阶段营寄生生活。

（6）软甲纲（Malacostraca）：与其他甲壳动物相比，软甲纲动物体形更大，结构和功能更为发达，包含很多重要的经济种类如虾、蟹等。体节数恒定，共20节，即头部5节，胸部8节，腹部7节。头胸甲发达，包被头部或部分胸节（图6.29）。除尾节外，每个体节都有1对附肢，共19对（头部5对，胸部8对，腹部6对）。触角通常双肢型，第2触角的外肢呈鳞片状，大颚通常有大颚触须。前部胸肢常分化出0~3对颚足，其余胸肢为步足。腹部具5对双肢型的腹肢和1对双肢型的尾肢。通常具复眼。多雌雄异体，生殖孔位置一定，雌性生殖孔位于第6胸节，雄性生殖孔位于第8胸节。

软甲纲动物约40 000现生种，约占已知甲壳动物的3/4。主要根据体节数目的不同分为3个亚纲16目。

1）叶虾亚纲（Phyllocarida）：为软甲纲中的原始类群，个小。头胸甲大，形成壳瓣，覆盖躯体大部，有1对闭壳肌，额剑基部有关节，能活动。8个胸节全部游离。腹部细长，包括7个腹节和1个尾节，尾节末端具尾叉。第1触角双肢型，第2触角单肢型。胸肢叶状，结构相似，没有特化成颚足。前4对腹肢双肢型，结构相似，后2对腹肢单肢型。复眼1对，具眼柄。雌雄异体。约20种，全部为海生，多底栖。我国已报道双足叶虾（*Nebalia bipes*，图6.32A）。

2）掠虾亚纲（Hoplocarida）：身体扁平，头部与前4胸节愈合，头胸甲小，不能覆盖后4个胸节。头胸甲额角前方有2个活动关节。第1触角具3条触鞭，第2触角为双肢型。复眼大而具眼柄。胸部前5对附肢为颚足，单肢型（无外肢），其中第2胸肢特别强大，称掠肢（raptorial claw）；后3对胸肢为步足，双肢型。腹肢5对，内外肢均呈宽大的叶片状；尾肢1对，叶状，坚硬，双肢型，与尾节共同形成尾扇。除胸鳃外，也具高度分支的管状腹鳃。间接发育，但无节幼虫期在卵内度过。

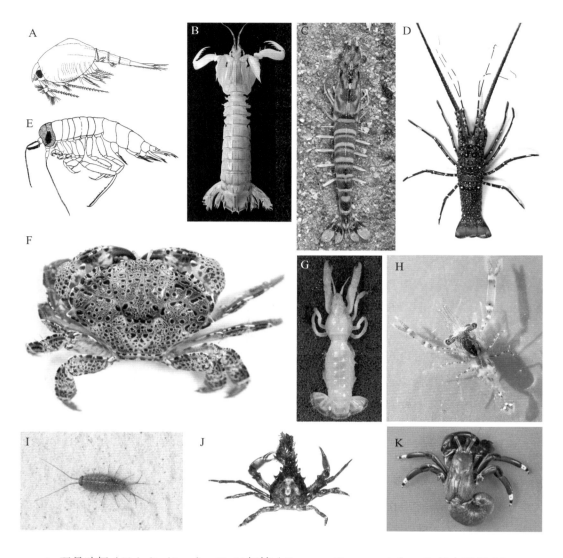

A. 双足叶虾（*Nebalia bipes*）；B. 口虾蛄（*Oratosguilla oratoria*）；C. 日本对虾（*Penaeus japonicus*）；D. 长足龙虾（*Panulirus longipes*）；E. 细脚拟长蛾（*Parathemisto gracilipes*）；F. 铜铸熟若蟹（*Zosimus aeneus*）；G. 蝼蛄虾；H. 虾；I. 海岸水虱（海蟑螂，*Ligia*）；J. 四齿矶蟹（*Pugettia quadridens*）；K. 寄居蟹

图6.32　软甲纲（A仿堵南山，1993；B，J曾晓起摄；C马牲摄；D，F，H刘邦华摄；E自郑重等，1984；G，I，K孙世春摄）

掠虾亚纲现生约400种，均属于口足目（Stomapoda），通称虾蛄（mantis shrimp），多在泥沙内挖洞穴居或潜居于牡蛎、岩石与珊瑚之间的洞隙中。虾蛄类猎食动物，能捕食鱼、贝和其他甲壳动物等。有的是重要的经济种类，如口虾蛄

（*Oratosguilla oratoria*，图6.32B）。

3）真软甲亚纲（Eumalacostraca）：身体共分20节，即头部5节，胸部8节，腹部7节（含1尾节），无尾叉。头部与胸部愈合成头胸部，背甲之间无闭壳肌。胸部第1对或前几对胸肢特化为颚足。腹部长而多肌肉，尾节和1对尾肢构成尾扇。体节愈合的程度、头胸甲存在与否、眼柄的有无以及胸肢的分化程度等在各类群变化较大。

真软甲亚纲是甲壳动物最高等及最大的亚纲，对虾、沼虾及各种蟹类均属于此亚纲。已知约40 000种，分为3总目14目，分类层级甚为复杂，现择重要类群简介如下。

a. 磷虾目（Euphausiacea）：全部为海生，浮游生活，无底栖种类。分布广泛，数量丰富，有群居的生活习性，磷虾的密度能超过1 000个/立方米，大多数种类滤食生活，是海洋食物链中非常重要的一个环节。

b. 十足目（Decapoda）：头部全部与胸节愈合，头胸甲发达，两侧形成鳃室，鳃位于鳃室内。第2小颚的外肢发达，形成颚舟片。胸肢前3对特化为颚足，后5对为步足。低等种类的腹部较发达，腹肢用以游泳；高等种类的腹部退化而折于头胸甲之下，腹肢退化，丧失游泳能力，发育过程中有显著的变态现象。十足目是软甲亚纲最大的一目，已知约15 000种。主要海生，小部分栖于淡水，极少数为陆生。水生种类绝大部分为底栖生活，也有的能游泳，很多是重要的捕捞/养殖对象。我国沿海的捕捞种类如毛虾（*Acetes*）、脊尾白虾（*Palaemon carincauda*）、中国对虾（图6.29）、日本对虾（*Penaeus japonicas*，图6.32C）、鹰爪虾（*Trachypanaeus curvirostris*）、美人虾（*Callianassa*）、蝼蛄虾（*Upogebia*，图6.32G）、长足龙虾（*Panulirus longipes*，图6.32D）、梭子蟹（*Portunus*）、中华绒螯蟹（*Eriocheir sinensis*）等皆属此类，海滨常见的寄居蟹（*Pagurus*，图6.32K）、沙蟹（*Ocypode*）、招潮蟹（*Uca*）等也属此类。本目有些种类与其他动物共栖，如豆蟹（*Pinnotheres*）生活于双壳贝类的外套腔中，俪虾（*Spongicola venusta*）成对生活于偕老同穴（*Euplectella*，海绵动物）的体内并终生不离开海绵，珊瑚虾（*Coralliocaris*，图6.32H）与珊瑚共栖。

c. 糠虾目（Mysida）：身体呈虾形，头部与前3个胸节愈合，头胸甲发达，但未覆盖第7、8胸节。除最后1对外，胸肢均为双肢型；雌性腹肢退化。尾肢多数有平衡囊。绝大多数种类生活于海洋中，营浮游或底栖生活。糠虾是制作虾酱的原料，也是养殖动物的优质饵料生物。

d. 等足目（Isopoda）：身体平扁，无头胸甲。胸部第1节与头部愈合；尾节经常与腹部的1～6节愈合形成尾腹节。复眼无眼柄或无复眼。颚足1对，步足7对，单肢型。约10 000种，其中半数陆生。海生者约4 500种，从沿岸到深海皆有，多底栖生活，浮游种非常少。有些等足类是鱼、虾类的寄生虫。有些种类能够蛀食木材，损害红树林和海洋设施，在我国也有危害海带、海参养殖的报道。常见种如海岸水虱（海蟑螂，*Ligia*，图6.32I）、日本尾突水虱（*Cymodoce japonica*）、蛀木水虱（*Limnoria*）等。

e. 端足目（Amphipoda）：身体通常侧扁，无头胸甲。胸部第1（或第1、2）节与头部愈合。颚足1对；步足7对，单肢型。腹肢分2组，前3对有羽状刚毛为游泳肢，后3对内肢粗壮，为跳跃肢。尾节游离或与腹部最后一节愈合。复眼无眼柄或无复眼（图6.32E）。约9 900多种，大多生活在海洋，少数生活于淡水，个别陆生。水生种底栖和游泳/浮游者皆有。常见的如中华蜾蠃蜚（*Corophium sinense*）、胶州湾凹板钩虾（*Caviplaxus jiaozhouwanensis*）、细脚拟长蛾（*Parathemisto gracilipes*，图6.32E）、麦秆虫（*Caprella*）等。

（四）多足亚门（Myriapoda）

多足亚门物种的身体包括头部和躯干部，体节数目最多达上百个。头部具1对触角，除蜈蚣外多具单眼，无复眼。口周围由上唇（labrum）、舌（hypopharynx）、大颚、1~2对小颚和下唇（labium）组成口器。躯干部每节具有1对或2对（倍足类）步足。呼吸器官是气管系统，其气门一般不能关闭，不利于保持体内水分。马氏管是主要的排泄器官。心脏纵贯躯干部，在各体节具有1对心孔。神经系统具1条腹神经索。

多足亚门已知10 500余种。分为唇足纲（Chilopoda）、倍足纲（Diplopoda）、寡足纲（Pauropoda）和综合纲（Symphyla）。一般只能生活于潮湿的地方，常见于石缝、腐烂植物、潮湿土壤中，以温带和热带较多。只有极少数生活于潮间带，如水蜈蚣（*Hydroschendyla submarina*）、海马陆（*Thalassiobates littoralis*）等。

（五）六足亚门（Hexapoda）

六足亚门即广义的昆虫，因其胸部具3对步足而得名，是动物界物种多样性最高的一个类群。已知有100多万种，是其他所有已知动物总和的3倍还多，实际存在的物种数量可能上千万。这是一类高度适应陆地生活的节肢动物，只有少数生活于淡水或海洋环境。

1. 主要特征

下面从外部形态和内部结构两方面，介绍六足亚门动物。

（1）外部形态：身体可分为头、胸、腹3部分。一般由20个体节构成，每个体节的外骨骼有1块背板（notum）、1块腹板（sternum）和2块侧板（pleurum）组成。体节间的外骨骼由柔软的薄膜联系，彼此间可以自由活动。昆虫的模式结构如图6.33所示。

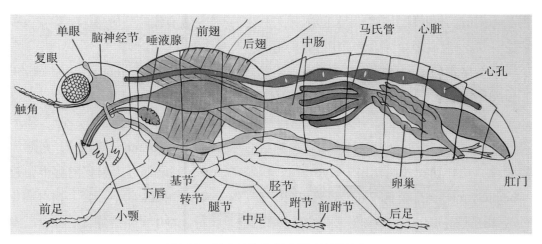

图6.33　昆虫的构造模式图（宫琦绘）

　　头部由6节构成，愈合为头壳，是感觉和摄食的部分。头部具1对复眼和1对触角，有的种类具有数目不等的单眼。第1对附肢是触角，一般着生在两复眼之间。口周围具口器，由头部一部分和附肢组合而成，包括上唇、大颚、小颚、下唇、舌等构造。上唇1块，位于口前，由头部而来。舌是口后面、下唇前面的1条狭长突起。大颚、小颚和下唇由头部的后3对附肢而来，其中下唇是1对附肢左右合并而成，构造与小颚相似。昆虫的口器因食性的不同而有很大的差别，有咀嚼式（chewing type）、刺吸式（piercing-sucking type）、嚼吸式（chewing-lapping type）、虹吸式（siphoning type）和舐吸式（sponging type）等类型。

　　胸部由3节构成，分别称为前胸、中胸和后胸。每节具1对足，分别称前足、中足和后足。3对附肢都是步足，均为单肢型附肢，由基部至末端通常包括基节（coxa）、转节（trochanter；有时分2节）、腿节（femur）、胫节（tibia）、跗节（tarsus；有时分为数亚节）和前跗节（matatarsus）等肢节。

　　步足主要用于爬行，有些昆虫的步足特化用于跳跃、捕食、抱握等。水生昆虫在水中的运动与陆生昆虫在陆上运动有所不同。水面生活的昆虫能够利用水表面张力使之停留在水面而不下沉，其步足的跗节多生有拒水毛（hydrofuge hairs），立于水面上时，靠表面张力足以支撑不会沉入水下，如洋黾（*Halobates micans*）和轮海黾（*Trochopus plumbea*）。日本立翅摇蚊（*Telmatogeton japonicus*）的翅相对立于背上，步足具有较大的活动空间，能在水面快速步行（图6.34E）。有的水生昆虫如四丘瘤岬（*Ochthebius quadricollis*）能从水面以下利用水的表面张力，犹如苍蝇倒仰在天花板上，以足倒悬于水面膜上步行（图6.34D）。底栖昆虫在水底的步行和爬行与陆上的步行相似。有些昆虫能够潜水和游泳，这类昆虫往往具有流线型的身体，背腹扁平或龙骨状，1对或多对特化为适于游泳的附肢。

多数昆虫的中胸和后胸上还具有成对的翅，分别称为前翅（fore wing）和后翅（hind wing）。翅是中胸和后胸背板向体壁外扩张形成，发展过程中，上、下2层体壁紧贴，表皮细胞逐渐消失，其中有骨化的管状构造，称为翅脉（wein）。依形态和功能不同，翅可分为多种类型：薄膜状的称膜翅（membranous wing）；角质加厚硬化，用作保护的叫鞘翅（elytron）；仅基部加厚，其余部分为膜状的称半鞘翅（hemielytron）；皮革状，介于膜翅与鞘翅之间的为覆翅（tegmen）；膜翅上覆有鳞片的为鳞翅（lepidotic wing）。昆虫翅的主要功能是飞行，对于昆虫的迁徙、捕食、避敌、觅偶等具有很大意义，是昆虫种类多、分布广的主要条件之一。鞘翅、半鞘翅、覆翅等特化的前翅则主要用于保护。

翅的存在对多数海洋昆虫来说往往是一个不利因素，很多海洋昆虫翅退化［如海生按蚊（*Pontomyia cottoni*）］或无翅次生（如各种海黾）或具翅但无飞行功能（如某些底栖的甲虫翅特化成了保护和储存空气的结构）。翅的退化不仅有利于它们穿越气水界面进入水中生活，而且降低了被海风吹走的危险性。津岛海滨摇蚊（*Clunio tsushimensis*）的雄虫以前足将身体举起20°，后足拖在身后，翅不断扇动如飞机的螺旋桨一样推动虫体在水面快速滑行。

腹部由9~11个体节和1个尾节组成，但尾节只在原尾类和昆虫的胚胎发育过程中比较明显。很多昆虫的幼虫具有腹足，但在成虫消失，只第11节附肢特化而成的1对尾须（cercus）比较明显，有的具有1条由第11体节肛上板延长而成的中尾丝（median caudal filament，terminal filament）。

（2）体壁和血腔：昆虫的体壁最外层是外骨骼，由下面的表皮分泌；表皮层下是一层很薄的基膜。昆虫的外骨骼蜡质层发达，具有很好的防水性能。海洋昆虫的体表外骨骼上往往具有一层浓密的拒水毛，有隔离水分、储存气体、减轻体重等作用。

真体腔退化。在发育过程中，真体腔的中胚层裂隙和代表原体腔的血窦合并成为一个混合体腔，即血腔。昆虫的消化管等各种内部器官都浸浴在这个血腔内的血液中。血腔由背隔膜（dorsal diaphragm）和腹隔膜（ventral diaphragm）分隔为背血窦（dorsal sinus）、围脏窦（perivisceral sinus）和腹血窦（ventral sinus）3部分。背血窦内因具有心脏和背血管也叫围心窦（pericardial sinus），腹血窦则因包围腹神经索亦称围神经窦（perineural sinus）。

多数昆虫的心脏呈管状，后端封闭，前端有1条通向头部的动脉。在每个体节具有1对心孔（ostium）。昆虫的血液一般无色或绿色，含有各种血细胞，有的是变形细胞。

（3）消化系统和营养：消化系统分为前肠、中肠和后肠。前肠和后肠来源于外胚层，内表面被有角质层，在虫体蜕皮时也要蜕皮。中肠也称胃，由内胚层形成，是分泌消化酶进行消化和吸收的地方。中肠后部和后肠能够自肠内回收部分水分。

除半翅目昆虫外，中肠内都具有1层围食膜（peritrophic membrane），是由蛋白质和几丁质构成的，是由消化道上皮分泌形成的。其作用是将不断向中肠后部流动的食物包围起来，以防止粗糙的食物擦伤中肠上皮。

昆虫的食性和摄食方式因种类和所处的虫态不同而有很大的差异，往往与口器的类型有关。多数昆虫以各种植物的组织或汁液为食，也有的以其他小型无脊椎动物为食或吸食脊椎动物血液。海黾以海水中的小型动物为食，摄食时以口器刺入猎物组织吸食其体液。海洋鞘翅类一般以海藻、其他动物、腐烂海藻中的蝇蛆等为食。棘虱吸食海豹等海兽的血液。食毛虱嚼食鸟类的皮屑、羽毛或吸食其血液。

（4）排泄和渗透压调节：主要的排泄器官为马氏管，是中、后肠交界处向血腔中突出的一些管状结构，来源于外胚层，游离于血腔中，数目为2～250条不等（图6.33）。组织中产生的尿酸进入血腔后，与无机盐、氨等物质一起被马氏管吸收，以尿酸盐的形式分泌到马氏管内腔中。后肠的pH较低，导致尿酸沉淀，最后随粪便排出体外。马氏管的近端还具有回收水分和盐分的作用。

昆虫高度适应陆地生活，其渗透压的控制机制主要是为陆地生活保持水分而建立。减少水分损失的主要机制有：外骨骼蜡质层发达，体内水分难以蒸发；深陷体内的气管呼吸，气门有盖；排泄固态尿酸；后肠回收水分，因排泄、排遗而失的水分很少。对海洋昆虫而言，主要的问题是避免海水环境中的盐分过量地进入体内和防止体内低渗体液中的水分渗入高渗的海水中。其保持体内渗透压平衡的方法与陆生昆虫有些类似，主要有以下几种：① 体表蜡质层发达，高效拒水，高渗的海水难以侵入；② 避免摄食含盐高的食物，如很多海洋昆虫在雨后加强摄食，海水盐度较高时摄食量减少，且少饮海水；③ 提高血液的渗透压，有些海洋昆虫血液中的离子浓度和有机物浓度均较高，使海水和血液间的渗透压差变小；④ 马氏管和后肠向消化道分泌盐分，后肠排出的是高渗粪便。

（5）呼吸器官和呼吸：本亚门动物多以气管进行呼吸。气管是由体壁内陷形成的一些分支的管状构造，由气门（spiracle）与外界相通。气门内有活瓣，有的具有过滤结构，不仅能减少水分的损失，而且可以防止异物或寄生虫的入侵。

气管呼吸系统和外骨骼均不利于从水中获得氧气。为克服在水中呼吸的障碍，水生昆虫在长期的进化过程中产生了很多的呼吸适应，大致有下列几类：① 经常上升到水面补充氧气；② 以突出的气门或呼吸管（breathing tube，siphon）伸到水面以上进行气体交换；③ 体表或部分体表因缺少角质层而具有透性，可直接从水中吸收氧气，有些种类的身体某一部分特化为气管鳃（tracheal gill）、直肠鳃（rectal gill）、血鳃（blood gill）等专门的水式呼吸器；④ 以特殊的刺吸式气门刺入植物的组织，并利用细胞间隙中的氧气；⑤ 具特化的水下气式呼吸器如气门鳃（spiracular gill）和物理鳃（physical gill）等。气门鳃是气门处体壁向体外突出而形成的一种呼吸构造，远端通常封闭，向内与气管相通，实际仍行气式呼吸。物理鳃是指与昆虫呼吸器官相通的用于储存空气的气泡或气膜，包括存在于各种底质如石缝中的气泡、昆虫身体各部如体表拒水毛间形成的气泡或气膜等。

（6）神经系统和感觉器官：中枢神经由脑神经节、围食道神经、咽下神经节和腹神经索组成。脑通常包括前脑（protocerebrum）、中脑（间脑）（deutocerebrum）和后脑（tritocerebrum）。其中，前脑具有膨大的视叶，与复眼联系。

昆虫具多种感觉器官。机械感受器包括遍布身体的感觉刚毛（sensory hair，sensory seta）、弦音感受器（chordotonal organ）、鼓膜听器（tympanal organ）等。化学感受器主要包括嗅觉器和味觉器，前者常生于触角上，后者常位于口腔或口器上。昆虫的触角除具有嗅觉作用外，亦司触觉。

光感受器有单眼和复眼两类。单眼能够感觉到光线强弱的变化，但不能成像。复眼是昆虫的主要视觉器官，由许多小眼（ommatidium）构成，组成1个复眼的小眼数目可多达数千、数万个。每个小眼外面是角膜（corneum），构成小眼面（facet），由2个角膜细胞（即表皮细胞）分泌而成。小眼下面为晶体，由4个晶锥细胞（crystal cone cell）构成。晶体的下面为由7个小网膜细胞（retinula cell）组成的视觉柱，视觉柱的中央具有小网膜细胞分泌形成的视干（rhabdom），其末端与视神经相连。此外，每个小眼的周围由虹膜色素细胞（iris pigment cell）和网膜色素细胞（retinal pigment cell）包围着。

（7）内分泌：昆虫的内分泌器官有多种，主要集中于头部，包括前脑等神经节内的神经分泌细胞、咽侧体（corpus allatum）、心侧体（corpus cardiacum）、前胸腺（prothoracic gland）等。脑神经节分泌脑激素，能激活心侧体、咽侧体等，故脑激素也称活化激素。心侧体的主要功能是储存脑激素。咽下神经节的神经分泌细胞和咽侧体分泌保幼激素，抑制变态。前胸腺分泌蜕皮激素，激发蜕皮，促进变态。这些激素共同作用，协调控制昆虫的生长和蜕皮。此外，精巢能分泌雄性激素。

除内激素外，昆虫也能分泌外激素，如性抑制激素、性外激素、踪迹激素等。外激素释放到环境中对同种个体的行为产生影响。

（8）生殖与发育：六足亚门动物雌雄异体。雌性生殖系统具1对卵巢，各具1条输卵管。雌虫一般具由附肢演变而来的产卵器（ovipositor）。雄性生殖系统具1对精巢和1对输精管。雄性的外生殖器包括阳茎（aedeagus）和抱握器（clasper）。

六足动物体内受精，一般具交配过程。受精卵行表面卵裂。孵化后的发育具蜕皮过程，每蜕皮一次称为一龄（instar），同一物种一生中的总龄数是固定的。待性器官成熟、变为成虫后，个体不再长大。六足动物的胚后发育大致可分为无变态、不完全变态、完全变态三类。① 无变态（ametebola）：无翅类昆虫的初孵个体除身体较小、性器官未发育外，和成体相似，称无变态发育。② 不完全变态（incomplete metamorphosis）：初孵个体的形态和/或生活习性与成虫有所不同。有的（如蝗）初孵个体的形态和习性都与成虫相似，唯性器官未发育、翅发育不全，每次蜕皮后翅和生殖器官都逐渐生长，称渐变态（gradual metamorphosis），其成虫前的个体称若虫（nymph）；有的（如蜻蜓）初孵个体的形态和习性均与成虫有所不同，成虫陆生，变为成虫前为水生，这种变态亦称半变态（hemimetamorphosis），其水生的幼体称稚虫（naiad）。③ 完全变态（complete metamorphosis或holometabolous development）：胚后发育经历幼虫、蛹（pupa）和成虫3个完全不同的时期，幼虫无翅，形态和习性与成虫完全不同；蛹期不吃不动，内部器官发生巨大变化，经蜕皮羽化为成虫。

有些昆虫能进行孤雌生殖。有的受精卵在母体内已经开始发育，产出体外时已经是幼虫，是为卵胎生；也有的昆虫雌虫产下来的已是即将孵化的蛹，称为蛹生。

很多昆虫在气候恶劣、食物缺乏等条件下代谢下降，生命活动进入可临时停止状态，当环境条件转好后，能很快恢复正常的生命活动，是为休眠（dormancy）。此外，滞育（见甲壳亚门）在昆虫也普遍存在。昆虫的滞育期因种而异，生活史中的各个时期均可发生，启动和解除受激素的直接控制。

2. 习性和分布

昆虫种类繁多，数量极大，分布广泛，但多为陆生动物。见于森林、荒地、草原、农田、沙漠、湿地等陆地环境。它们有的生活于地上，有的栖于地下土壤中，也有的生活于水中，还有很多寄生于各种动植物。具翅的昆虫是唯一能够飞行的无脊椎动物，可以暂时生活于空气中。

水生昆虫（通常只幼虫水生）已知有3 000余种，其中只有数百种生活于海洋中，主要见于潮间带、盐沼、岸边等陆、水相接的环境中，但也有少数种类生活在远离陆地的海洋中，如海黾（*Halobates*）终生不会离开海洋表面。

水生昆虫是适应水环境次生的动物，进化出一些适应水生的特征。例如，有的海洋昆虫的足具拒水毛，能靠表面张力浮于水表面或倒悬于水面膜下（图6.34D，E）；有的水生昆虫能将空气封闭于其遍布体表的拒水毛，供水下呼吸之用；也有的具特化的呼吸结构如呼吸管、气管鳃、气门鳃、血鳃和各种物理鳃等。

有些寄生昆虫虽称为海洋动物，实际上仍然生活于宿主羽毛、皮毛层内的空气中，而不是直接生活于海水里，落入海水往往很快溺死，因而与陆生种类具有相同的生活习性。

昆虫与人类的关系十分密切，对生态平衡和人类经济活动有重要意义。例如，很多种子植物需要昆虫帮助授粉；有些昆虫可以食用，如蚕蛹、蝉等；有的昆虫可入药，如蝉蜕、冬虫夏草、地鳖（*Eupolyphaga* spp.）等；有些昆虫的产物是重要的工业原料，如蚕丝、蜂蜡、五倍子〔五倍子蚜（*Melaphis chinensis*）形成的虫瘿含有鞣酸，可用于制革和制造染料，在医学上可作收敛剂和消痰剂，也可用来防治鱼病〕；很多昆虫是农、林业害虫的天敌，可用来作生物防治；蝶类色彩艳丽，具有比较高的观赏价值和经济价值；摇蚊幼虫是鱼类的优质饵料生物。

昆虫对人类有害的一面，首推其对农、林业的危害，如褐飞虱（*Nilaparvata lugens*）危害水稻，玉米螟（*Ostrinia nubilalis*）危害玉米，飞蝗（*Locusta migratoria*）、各种蚜虫则危害多种农作物。还有不少昆虫是仓储害虫，如谷盗（*Tenebroides* spp.）、米象（*Sitophilus* spp.）、豆象（*Bruchus* spp.）等。昆虫也危害人类和经济动物的健康，如家蝇能散播多种疾病，很多寄生昆虫既吸食人体血液，又能传播疾病；还有一些昆虫能破坏人类的设施、财物，如白蚁蛀食木材，破坏堤坝，蜚蠊蛀蚀衣物等。

3. 分类

本亚门已知100万余种，估计实际存在的物种数有260万～780万种。传统上均归于昆虫纲，分为无翅亚纲（Apterygota）和有翅亚纲（Pterygota）。现分为原尾纲（Protura）、弹尾纲（Collembola）、双尾纲（Diplura）和昆虫纲（Insecta）4纲，其中前3纲因都具有内藏式口器，也合称内口类（内颚类，Entognatha）。海生者数量少，只见于弹尾纲和昆虫纲。

（1）弹尾纲（Collembola）：统称跳虫。体小，原始无翅。触角4节，均具肌肉。

第4或第5腹节的附肢形成叉状器（弹器，furcula＝spring），用于跳跃。通常无气管，无气门，无马氏管，无眼或由多数小眼构成小眼群。发育过程简单，无变态。分布广，喜潮湿环境，以腐烂动植物、菌类、地衣等为主要食物。在海滨生活的种类主要以海藻和腐烂动植物为食，如海洋等节跳虫（*Isotoma maritima*，图6.34A）。

（2）昆虫纲（Insecta）：昆虫纲包括有翅类（Pterygota）和缨尾类（Thysanura）。本纲动物独有的特征为口器外露式（故也称外口类／外颚类Ectognatha），触角仅基部2肢节具肌肉。本纲的绝大多数物种为有翅类昆虫，其第2、3胸节分别具有成对的翅，有时退化或在某一性别退化，或功能上不再用于飞翔。种类极多，超过100万种。昆虫纲现分为单髁亚纲［Monocondylia，包括石蛃目（Archaeognatha）］与双髁亚纲［Dicondylia，包括无翅的衣鱼目（Zygentoma）和有翅类30目］。

已知水生的昆虫有30 000余种，但真正的海洋种类很少。自由生活的海洋昆虫，如石蛃目的海石蛃（*Halomachilis kojimai*，图6.34B）见于海边礁石区；半翅目（Hemiptera）的洋鼋（*Halobates micans*）、轮海鼋（*Trochopus plumbeus*）生活于海水表面，珊瑚蝽（*Corallocoris marksae*）则生活于珊瑚礁上；毛翅目（Trichoptera）

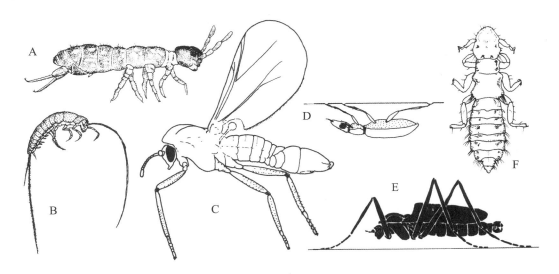

A. 海洋等节跳虫（*Isotoma maritima*）；B. 海石蛃（*Halomachilis kojimai*）；C. 海滨摇蚊（*Clunio californiensis*）；D. 四丘瘤甲（*Ochthebius quadricollis*）倒悬于水面膜上；E. 日本立翅摇蚊（*Telmatogeton japonicus*）浮于水面上运动；F. 羽虱（*Perineus confidens*）

图6.34　几种海生六足亚门动物

（A仿Sterenzke从Joosse，1976；B，F仿内田亨等，1957；C～E仿Hashimoto，1976）

的海石蛾（*Philanisus plebeius*）见于潮间带岩礁或水洼中；鞘翅目（Coleoptera）的海浜甲（*Aegialites fuchsi*）生活于潮间带石缝中；双翅目（Diptera）的海生按蚊（*Pontomyia cottoni*）、海滨摇蚊（*Clunio californiensis*，图6.34C）、海藻扁蝇（*Coelopa frigida*）生活于岸边。这些海洋昆虫多以海藻、腐烂有机体或其中滋生的其他生物等为食。有些海洋昆虫寄生生活，如食毛目（Mallophaga）的羽虱（*Perineus confidens*，图6.34F）、嚼虱（chewing lice）为海鸟和海兽的专性外寄生虫，常以宿主的皮屑、皮毛、羽毛等为食，虱目（Anoplura）的一些种类如多刺棘虱（*Echinophthirius horridus*）则以吸食哺乳动物的血液为生。

七、蜕皮动物的系统发育

在传统的基于比较形态学和个体发育所推演的无脊椎动物系统发育关系中，蜕皮动物的两大类——环神经类和泛节肢动物类之间并无密切的联系。具有假体腔的（或被认为是这样）线虫、线形动物、动吻动物、铠甲动物、曳鳃动物（环神经类）和腹毛动物、轮虫、棘头动物被归为一大类，统称假体腔动物（有的学者认为曳鳃动物具真体腔），常常被描述为进化水平介于无体腔动物和真体腔动物之间的一类动物。节肢动物、叶足动物、有爪动物、缓步动物（即泛节肢动物）具有身体分节、链式神经系统等与环节动物相似的特征，常被认为起源于环节动物或与环节动物类似的祖先，它们共同组成所谓的有关节类〔Articulata，动物学中此名称也用于其他分类单元如腕足动物门的有铰纲（Articulata）〕。

近年来的分子系统学研究结果在很大程度上颠覆了过去对原口动物各门类之间系统发育关系的认识。最新研究结果显示：原口动物包括冠轮动物、蜕皮动物和毛颚动物；腹毛动物、轮虫和棘头动物（它们无蜕皮这一特征）与线虫及其他假体腔动物关系较远，应归属于旋裂动物（还包含环节动物、软体动物等，参见第五节）；泛节肢动物并非直接起源于环节动物或类似的最近共同祖先；前述具有蜕皮现象的各门类动物构成一单系群，即蜕皮动物（超门）。在形态学方面，蜕皮动物的不同类群（如线虫和节肢动物）间差别很大，但亦具有一些共同衍征，如体表具角质层（cuticle）、具蜕皮现象及控制蜕皮的激素、体表均没有纤毛等。有研究显示中枢神经具抗辣根过氧化物酶（anti-horseradish peroxidase）可能也是蜕皮动物的共同衍征。

蜕皮动物的各门类中，传统的形态、发育证据和现代的分子系统学证据大多支持（图6.35）：① 线虫与线形动物是近亲，它们都具假体腔、体壁仅具纵肌、咽为三放射肌肉质结构等共同特征，有人将其共同组成的进化分支称为Nematoida / Nematozoa / Nematoidea；② 铠甲动物、动吻动物和曳鳃动物具有较近的亲缘关系，前端均具生有耙棘的翻吻、具类似的原肾、幼体具甲，这一进化分支也称为耙棘动物或吻头动物；③ 有爪动物、缓步动物、节肢动物以及灭绝的叶足动物起源于一个共同祖先，这一进化分支（即泛节肢动物）具有很多共同特征如身体分节、具附肢和爪、具腹神经索、具真体腔且常与原体腔混合、体表角质膜硬化、循环系统退化等［有的研究不支持这一分支，如Dunn等（2008）的研究中缓步动物被归于其他分支］。三大分支中，Nematoida和耙棘动物无附肢、脑（神经中枢）呈环形，因此，有的研究认为它们共同构成的一支（即环神经动物）是泛节肢动物（身体分节且具附肢，脑神经节成对）的姐妹群，但环神经动物是否是单系尚存争议。

由于具有角质层，蜕皮动物的化石记录较为丰富，但关于这类动物如何起源尚缺乏确凿、公认的证据。奇虾类（Anomalocaridid）口的周围辐射排列的甲片（sclerite）类似耙棘动物的口部构造，身体分节且具附肢，有人认为属原始的蜕皮动物。蜕皮动物出现后，向两个方向分化。其中，泛节肢动物分支进化出了具爪的叶足（lobopodia）、中胚层水平的分节、腹神经索、三叶脑和混合体腔，环神经动物分支进化出了围绕咽的领状脑（collar-shaped brain，由成对的脑进化而来）。

环神经类的祖先可能具围绕咽的环状脑、周期性蜕皮的几丁质角质层以及能伸缩的翻吻。在进化过程中，一支保留了翻吻和几丁质的角质层，进化出了环状排列的耙棘等特征，成为耙棘动物；另一支失去了翻吻（有的如线形动物幼体还保留这一特征），几丁质的角质层演变为胶原蛋白层。寒武纪（Cambrian）化石中，有一类具不分节的叶足，据信构成泛节肢动物的一个基群（basal clade），泛节肢动物的共同祖先或出现了类似的特征。真节肢动物的最近共同祖先可能是一个由若干模块（module）构成的非选择性食底泥动物，各模块具甲板和1对附肢，口腹位，口前具触角，前端具1对背眼。

有的研究表明，六足动物是"桨足类+头虾类"的姐妹群，因而甲壳亚门不是一个单系群。节肢动物各亚门间的系统发育关系见图6.35，这里不做详述。

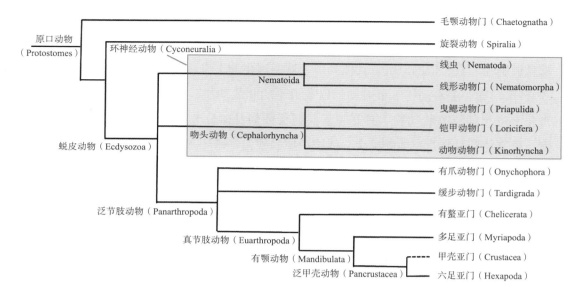

图6.35 蜕皮动物的系统发育

（基于Telford等，2008；Regier等，2010；Nielsen，2012）

第七节　毛颚动物门（Chaetognatha）

毛颚动物多数浮游生活。体两侧对称，头部有颚毛（刚毛），体侧及尾端有鳍。因体前端具颚毛而得名，又因体透明似箭，俗称箭虫（arrow worm）、玻璃虫（glass worm）。毛颚动物长期被认为是后口动物，但新近的系统发育分析证明其属于原口动物。

一、主要特征

毛颚动物体小，长0.5～12 cm。体蠕虫状，形似箭，常无色透明。由头、躯干和尾3部分组成。头部前端腹面具口，口周围具1～2列小齿，并具4～14根几丁质的颚毛。头背中部具1对眼和1个纤毛环。躯干部背腹扁，具1对或2对侧鳍。尾部具三角形的尾鳍。雌、雄生殖孔位于躯干后部两侧，肛门位于躯干和尾交界处腹中部。尾部两侧常具膨大的贮精囊（图6.36）。

毛颚动物头部具10多对肌肉，支配头部伸缩和颚毛、齿、口的运动。躯干部具背、腹各2束纵肌，其交替收缩并配合尾鳍之打水动作，使虫体得以背腹波动前进。体腔为横膈膜分为头、躯干和尾三部体腔，并由纵隔将躯干腔分为左、右2个纵室，尾腔分为1至多个纵室。消化管简单，包括口、肌质咽、肠（前部常具侧盲囊）和肛门。摄食时常骤然跃起，以头部齿器迅猛刺入猎物，同时注入自细菌获得的河豚毒素使猎物制动。无专门的循环、呼吸和排泄系统。中枢神经包括脑神经节、腹神经节和连接它们的围咽神经。雌雄同体。卵巢1对，位于躯干部。精巢1对，位于尾部（图6.36）。精、卵常交替成熟，多为异体受精。辐射卵裂，口和肛门次生形成。直接发育。

二、习性和分布

毛颚动物全部海生，为典型的浮游动物，在全球各海区皆常见，从沿岸池沼到深海区皆有分布。虽然种类不多，但数量很大，是主要海洋浮游动物之一。约有20%的种类底栖，附着于藻类或岩礁上生活。毛颚动物皆为凶猛的肉食动物，可大量吞食其他浮游动物和幼虫，笔者曾见因箭虫捕食仔鱼而致育苗失败的案例。另一方面，箭虫也是鱼类等的摄食对象，是海洋食物链次级生产力的重要贡献者。箭虫的分布常与温、盐、流等密切相关，可作为海流、水团的指示生物，如强壮滨箭虫（*Aidanosagitta crassa*）是黄海水团和日本内海低盐水的指示种，六鳍软箭虫（*Flaccisagitta hexaptera*）和龙翼箭虫（*Pterosagitta draco*）是东海黑潮的指示种。此外，很多箭虫具有夜晚上升、白天下降的昼夜垂直移动节律。

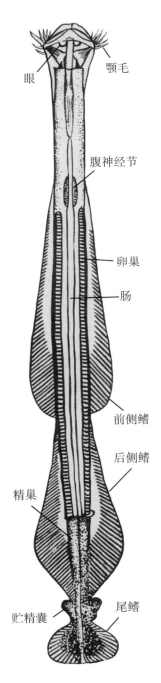

图6.36 百陶带箭虫
（*Zonosagitta bedoti*）

眼
颚毛
腹神经节
卵巢
肠
前侧鳍
后侧鳍
精巢
贮精囊
尾鳍

三、分类

毛颚动物已知约120种，隶属箭虫纲（Sagittoidea）一纲。我国沿海常见种如百陶带箭虫（*Zonosagitta bedoti*，图6.36）、强壮滨箭虫、六鳍软箭虫和龙翼箭虫等。

四、系统发育

传统上，根据体腔分头、躯干和尾3部分等特征，大多将毛颚动物归为后口动物。由于毛颚动物一般没有明显的体腔膜，有人认为与线虫相似，并得到18S rDNA基因分析的支持。现在，一般认为毛颚动物属于原口动物，位于原口动物的系统树基部（参见第一节及图6.2、6.23、6.35）。毛颚动物可能在其他原口动物（蜕皮动物+旋裂动物）进化出明确的"原口"特征前就与后者分开了，因而保留了两侧对称动物祖先所具有的"后口"特征。

第八节　棘皮动物（**Echinodermata**）

棘皮动物是动物界中既古老而又特殊的一个门类，是无脊椎动物中的高等类群。与大多数无脊椎动物属于原口动物不同的是，系统演化上它们与半索动物和脊索动物同属于后口动物。

棘皮动物包括海星（sea star，starfish）、海蛇尾（serpent star，brittle star）、海胆（sea urchin，heart-urchin）、海参（sea cucumber）和海百合（sea lily， feather star）等主要类群（图6.37）。

一、形态结构

多数棘皮动物成体五辐射对称，但它们的幼体则为两侧对称，因此，棘皮动物成体的五辐射对称是次生性的。无明显的头部，具交替排列的步带区（ambulacra）与间步带区（interambulacra）。具来自中胚层的钙质骨板或显微骨片及其向外突出的棘刺（其他无脊椎动物由外胚层产生），这也正是"棘皮动物"称谓的由来。棘皮动物真体腔发达，分成围脏腔（包围内部器官）、围血系统及水管系统。具特殊的运动器官，包括管足（tube foot）和腕（arm），管足可兼营呼吸、排泄、摄食和感觉功能。

A. 海百合（海羊齿）；B. 海星（海盘车）；C. 海蛇尾；D. 海胆；E. 海参

图6.37　棘皮动物（A，B，D，E孙世春摄；C刘邦华摄）

消化道囊状或管状，囊状者有的无肠及肛门。神经系统原始简单，和上皮没有完全分开，无明确的脑。感觉器官不发达。多数雌雄异体，生殖系统简单，无附属腺及交配器官，体外受精。胚胎发育具后口动物发育特征，如辐射卵裂，除直接发育的一些种类为裂体腔外皆由肠体腔法形成中胚层及体腔，由胚孔形成成体的肛门。

下面，以海星纲动物多棘海盘车（*Asterias amurensis*）为代表动物，介绍棘皮动物的外部形态和内部结构。多棘海盘车分布于北太平洋亚洲沿岸，我国黄、渤海区习见。底栖生活于潮间带至水深40 m的浅海，在双壳类软体动物分布多的沙或砾石、碎贝壳区域数量最多。

（一）外部形态

海盘车身体扁平，呈五角形，由中央的体盘（body disc，或称中央盘central disc）和周围放射状的5条腕构成。身体向上的一面为反口面（aboral surface），稍

187

隆起，体盘中央有肛门，但平时不易分辨。肛门附近有一圆形的筛板（圆扣状钙质板，板上具辐射状凹纹），多孔，为海水进入的通道。向下的一面为口面（oral surface），平，中央有口，口周围有围口膜。腕的基部宽，末端渐细，一般为5个（罕见者为6~8个，系再生所致），与筛板相对的腕称A腕，按顺时针方向依次为B、C、D和E腕。最大个体的腕长可达120 mm。由口沿腕辐射伸出5条步带沟（ambulacral groove），沟中有4列末端具吸盘的管足。据管足的有无，可将身体表面区分为10个相间排列的区域，有管足的部分（腕）为辐部（radii）或步带区（ambulacra），无管足的部分（腕之间）为间辐部（interradii）或间步带区。腕的近末端有一红色眼点，眼点上方突出一无吸盘的端触手。腕基部的间步带区各有1对生殖孔，平时不易见到。生活时，海盘车的反口面呈蓝紫色，口面呈浅黄色到黄褐色。

多棘海盘车体表粗糙，有棘（spine）、叉棘（pedicellaria）和皮鳃（dermal branchia或papula）等突起的结构。棘见于步带沟以外的体表面。在反口面，背棘短小，末端稍宽扁，顶端有细锯齿，分布不是很密，并于腕部排列成不规则的行。在口面，步带沟两侧边缘有细长可动的侧步带棘，可盖住步带沟保护管足，侧步带棘外侧有几排粗壮的钝棘刺。腕边缘有较多的棘刺（上缘棘），一般排成4~6行。除侧步带棘外，其他各棘皆不能活动。叉棘小，有钳形和剪形两种，其外表皮中有丰富的感觉细胞和腺细胞，对接触及化学刺激能进行独立反应，能消除体表的异物，保护皮鳃，还有协助捕食的作用。皮鳃为棘刺之间的许多小指状囊，壁薄，由骨板间的小孔伸出，其内腔与体腔相连通，有呼吸和排泄作用。

（二）体壁

体壁（body wall）由角质层、表皮、真皮、肌肉和壁体腔膜5部分组成。角质层（cuticle）是位于体壁最外层的薄膜；表皮（epidermis）主要由一层柱状纤毛上皮细胞组成，覆盖包括棘、叉棘、皮鳃及管足在内的整个体表；柱状纤毛细胞之间具感觉细胞、色素细胞和黏液细胞。黏液细胞分泌的黏液使体表形成一层保护性外膜，可将落到身体上的碎屑粘住并借助于纤毛及叉棘清除掉。表皮细胞的基部有神经纤维网，偶尔也能见到神经细胞。真皮（dermis）主要是中胚层的结缔组织，其中具结缔组织细胞分泌的钙质骨板。肌肉层（musculature）位于真皮内面，外层为环肌，内层为纵肌。壁体腔膜（peritoneum）由立方形纤毛上皮组成，为体壁的最内层，亦为体腔的被膜。

（三）骨骼系统

骨骼系统（skeleton）因位于体壁真皮内，又称为内骨骼（endoskeleton），主要由碳酸钙及碳酸镁组成。构成骨骼系统各骨板间互相不嵌合，而是结成致密的网状，骨板间的小孔即为皮鳃伸出或缩入之处。腕部的骨板排列较规则：腕背面中间的一列骨板称为龙骨板（carinal ossicle），龙骨板两侧的数列骨板称为背侧板；腕腹面中央步带沟背壁的两列骨板为步带板（ambulacral ossicle），其横切面呈倒V形；左右两步带板间具背肌及腹肌以控制步带沟的开闭；步带板外侧为一列侧步带板（adambulacral ossicle），生有可动的侧步带棘以保护步带沟。腕边缘为两列排列整齐的骨板，背面一列与背侧板相连称为上缘板（supramarginal plate），腹面一列与侧步带板相连称为下缘板（inframarginal plate）。另外，口周围间辐位各有1对骨板称为口板（oral ossicle），腕末端的1块较大的骨板称为端板。除步带板外，各骨板均向外突出棘刺，棘刺外面的表皮常被磨损。

（四）体腔

体腔（coelom）为发达的次生体腔，除包围消化系统及生殖系统等的围脏体腔外，还构成特殊的水管系统及围血系统。围脏体腔宽大，且与内脏器官一起深入到各腕中，其体腔液既能通过皮鳃及管足与外界交换气体，又能从肠道接受营养。因此，暴露于体腔中的各器官组织可直接吸取体液中的营养、氧气，并排出代谢产物，故围脏体腔液实际上执行循环功能。

（五）消化系统

消化道短且直，主要部分膨大为囊状，由体盘口面一直伸向反口面，且分出大型消化腺伸入到各腕中。口位于口面围口膜中央，周围具括约肌及辐射肌，能张开吞食较大型动物。由口经短的食道（oesophagus）通入膨大的胃。胃为消化营养物质的主要部位，占体盘的大部分空间，通过一收缩部分为贲门胃（cardiac stomach）和幽门胃（pyloric stomach）两部分。其中，贲门胃呈五叶囊状，很宽阔，壁薄，多皱褶，内皮中具大量腺体细胞，且胃壁上附有5对由结缔组织和分散肌纤维组成的缩肌束（retractor muscles），缩肌束的另一端附于步带骨板上。摄食时，整个贲门胃可翻出体外，直接裹住食物，行口外消化。贲门胃外翻过程包括：张开口；放松胃和缩肌束；收缩体壁肌肉，使体腔内产生较高的静压，以压出放松的胃。贲门胃缩回过程包括：放松体壁肌肉以减小静压，收缩胃壁肌肉和缩肌束使胃回到体内，关闭口。幽门胃位于贲门胃背方，较小，呈五角形，由5个角各发出一条幽门管，各幽门管辐射入腕并分为2支，每支又再分出许多中空的侧枝，侧枝末端膨大为盲囊，形成绿色的幽门盲囊（pyloric caeca）或幽门腺（pyloric gland），充满腕腔。幽门盲囊的内皮中具黏液细胞、分泌细胞及贮藏细胞，故既能向胃中分泌消化液，又能吸收和贮藏脂肪、糖原、多糖–蛋白复合物等多种营养物质，其消化液的成分相当于脊椎动物的胰液，可消化淀粉、脂肪及蛋白质。直肠（rectum）很短，呈圆锥形，向体腔伸出2～3个褐色的直肠盲囊（rectal caeca）。直肠盲囊有很强的吸收力，能收集在幽门盲囊中未完全消化的食物颗粒，另外还兼具排泄功能。肛门位于体盘反口面中央，很小，平时不易分辨，且常不起作用，大型的食物残渣仍由口吐出。整个消化系统的内皮具纤毛，以维持消化液及消化食物的不断循环（图6.38）。

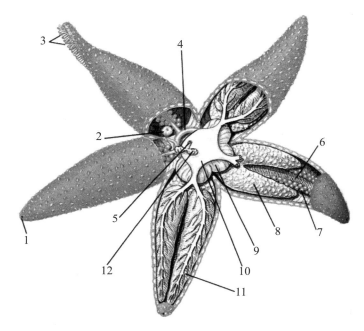

1. 眼点；2. 筛板；3. 管足；4. 环水管；5. 肛门；6. 步带脊/辐水管；
7. 坛囊/罍；8. 生殖腺；9. 贲门胃；10. 幽门胃；11. 幽门盲囊；12. 直肠盲囊

图6.38　海星解剖图（反口面观）

海星为食肉动物。一般以小型鱼类、甲壳类、软体动物、多毛类、腔肠动物和其他一些棘皮动物为食，特别喜食双壳类，如贻贝、牡蛎、杂色蛤等。捕食双壳贝类时，身体呈弓形裹住食物，以腕上管足的吸盘附到双壳上用力将双壳拉开，然后翻出贲门胃，穿过双壳间的缝隙进入其外套腔，消化软体部。因其胃可插入壳间0.1 mm宽的细缝，故也可穿过双壳间的自然缝隙。

（六）水管系统

水管系统（water vascular system）为棘皮动物所特有的一种液压系统，主要用于运动或获取食物，其管壁内衬纤毛，管中充满海水样液体，由胚胎时期的左、右体腔囊发育而来。水管系统由筛板（madreporite）、石管（stone canal）、环水管（ring canal）、辐水管（radial canal）、侧水管（lateral canal）以及管足（tube foot）组成。筛板为一圆形钙质盘，位于体盘反口面的C、D腕间辐部，其表面具辐射状凹纹，沟底具许多小孔，为水管系统水流的出入口，用于平衡水管系统与外界水压。石管呈S形，上达筛板，垂直穿过体盘，与食道周围的环水管相连；石管壁较硬，有石灰质环支持，管内腔壁具1脊，由脊向管腔中伸出1对螺旋形薄片，将管腔分成2个通道，故管中液体可同时向口面、反口面流动。环水管位于口部骨骼环内面，环绕食道，其内侧的间辐位有1对囊状小体，称为帖窦曼氏体（Tiedmann's body），因在与石管相连的间辐位只有1个，故在海盘车中共有9个，其功能尚未明确。辐水管共5条，由环水管外侧的辐位发出，沿各腕步带沟背壁直达腕末端，辐管的最末端形成腕的端触手。侧水管为辐水管向两侧发出的许多平行小管，同一侧者一长一短交替排列，管末端具瓣膜，由步带板间伸入体腔。管足位于侧水管末端，呈桶状，壁中有发达的纵肌，末端具吸盘，由步带板间的步带孔伸出。因一侧的侧水管长短交替排列，管足在步带沟中似排成4列。管足基部于腕腔中膨大为能收缩的小囊，规则排列于步带板上方，称为坛囊或罍（ampulla），壁薄，有平滑肌。管足是水管系统中最有意义的功能单位，主要用于运动，另外，兼有捕食、呼吸、排泄、感觉等功能。

（七）运动

海星在水平面上的运动实际上是依靠管足的步行过程。当它朝某一方向运动时，该方向的腕端抬起，其侧水管的瓣膜关闭，使罍与管足形成闭合系统，环肌收缩，将其中液体压入管足，管足即朝运动方向纵向伸长，管足提肌收缩，使吸盘附于基质上。随后，以管足吸盘作为支点，当管足纵肌收缩时，管足变短，水流回罍，从而使海星产生向前运动的力量。管足提肌舒张，收回吸盘，重新开始行走下一步。整个过程中，由管足基部的定向肌或姿势肌控制调整其运动伸展方向，以使所有腕上的管足相互协调，进行定向运动。

（八）围血系统及血系统

棘皮动物没有专门的循环器官，但有与其他动物不同的围血系统（perihaemal system）和血系统（haemal system），其作用目前尚不清楚。

围血系统为管状体腔系统，由胚胎时期的左后及右后体腔囊形成。围血系统由以下部分组成：① 口面环围血窦（oral ring sinus）；② 辐围血窦（radial haemal sinus），5条，位于口面水管系统下方，与之平行排列；③ 反口面环围血窦（aboral ring sinus），5对，反口面围血窦位于反口面体壁内面，绕于直肠周围，呈五角形；

④ 生殖围血窦（genital sinus），反口面围血窦于每一间辐部发出2个生殖围血窦环绕生殖腺；⑤ 轴窦（axial sinus），为穿过体盘的薄壁囊管，两端连接口面及反口面的环围血窦；⑥ 背囊（dorsal sac），是反口面端突出的1个可收缩的小囊。

血系统来自胚胎时期的囊胚腔。海星的血系统明显退化，由结缔组织中的细小管道或血窦组成。除分布到肠道的血管，皆位于围血系统的隔膜中，故基本模式与围血系统一致：有口面环血管、辐血管、反口面环血管、伸入到生殖腺中的生殖血管、与口面环血管和反口面环血管相连的轴器（axial organ）。轴器褐色，由腔隙组织构成，其反口面端发出1对胃血丛（gastric haemal tufts）及1个小的端器于背囊中。关于轴器的功能一直存有争议，一般认为它具很低的搏动频率，是血系统的中心，也有人认为其反口面端能产生性细胞，可通过反口面环血窦传到生殖腺中。轴器与石管皆位于轴窦中，三者合为一体，称轴复合体（axial complex）。由轴器发出的1对胃血管丛外无围血窦，为幽门胃背面结缔组织中的五角形胃环血管（gastric haemal ring）的一部分，胃环血管又向各腕的幽门盲囊发出分支的血管以吸收营养。在贲门胃、直肠及直肠盲囊上，目前尚未见到有血组织分布。因此，从解剖特征看，血系统可能有运送养料的作用，将吸收的养料运输到生殖腺、管足等其他部位。也有人认为它只是贮藏器，吸收养料后又释放到围脏腔、围血腔中。

（九）呼吸系统

呼吸器官为薄壁的皮鳃和管足。皮鳃是体腔向外的中空突起，只有两层细胞组成，即外面的表皮细胞及内面的体腔上皮细胞，二者皆具纤毛，摆动以产生内、外的呼吸水流。皮鳃可通过基部真皮内面肌肉收缩而缩入体内。管足壁的内外表面亦具纤毛，因水管系统的结构与功能不适于运输气体，由管足交换的气体可能直接通过薄壁的罍进入体腔液运输。

（十）排泄系统

无专门的排泄器官，一般认为其代谢物由呼吸表面排到体外，被排泄物主要是氨化合物、尿素和肌酸，而无尿酸盐。另外，有人认为直肠盲囊亦有排泄功能，可收集体腔中的可溶性物质，通过肛门排出体外。

（十一）神经系统

较原始分散，无明显的神经节，更无集中的脑，与上皮未完全分开，与之相连的上皮细胞也有传导刺激的作用。分为外神经系统（ectoneural system）、内神经系统（entoneural system）和深在神经系统（deep nervous system）3个神经系统，其间以神经网相联系。外神经系统也称口面神经系统（oral nervous system），位于口面上皮的基部，由口周围的围口神经环（nerve ring）及各腕中的辐神经干（radial nerve cord）组成，辐神经干覆盖于步带沟底，其横切面呈V形，终止于腕末端眼点的基部。由辐神经干发出神经到管足、疊，并与体壁中的皮下神经丛相连。本系统的神经纤维直接与表皮中的感觉细胞相联系，主司感觉功能，用于接受刺激、协调反应，为海星最主要的神经系统。若切断其神经环，则各腕各行其是，无法相互协调进行定向运动。另外，消化上皮基部具有内脏神经丛支配肠壁肌和内脏感受器，并与步带区的皮下神经丛相连，为感觉神经系统的一部分。内神经系统又称为反口面神经系统（aboral nervous system）、顶神经系统（apical nervous system）或体腔神经系统（coelomic nervous system），在海星中不发达。位于体腔上皮的下方，主要为运动神经，其神经分布到体壁、生殖腺等处，并通过步带骨与间步带骨之间穿过的侧神经与步带沟外缘的边缘神经索（marginal nerve cord）相连，边缘神经索是由皮下神经丛加厚集中形成的。深在神经系统也称下神经系统（hyponeural system），位于外神经系统的上方、围血系统的管壁上，也由神经环及辐神经构成，其辐神经又称郎格氏神经（Lange's nerve），主司运动功能。由于内神经系统与深在神经系统的分布位置，有人认为这两个神经系统由中胚层形成，对此的争议有待于进一步研究。

（十二）感觉器官

感觉器官不发达。腕末端反口面有1个由许多小眼组成的红色眼点，能感知光线的强弱变化。小眼呈杯状，主要由晶体、色素细胞及网膜细胞构成，其中央腔中充满透明的胶状物质。另外，体外表皮中具特别的表皮感觉细胞（尤其在管足、吸盘、腕的端触手上特别多），对光、触碰和化学刺激进行反应。有趣的是，虽然海星的平衡功能尚不清楚，然而它却具有很强的恢复平衡的本领。

（十三）生殖系统

雌雄异体。生殖腺分支成丛状，附于腕基部两侧，每腕1对，共5对。生殖管开口于腕间的反口面。无交配器官，也无其他附属腺体。生殖腺的体积随季节变化很大，一般在非生殖季节细小，且精巢和卵巢的外观相同，不易分辨雌雄。在生殖季节，生殖腺膨大，充满体腔，并一直深达腕末端，精巢为淡黄或乳白色，卵巢为橘红色。

（十四）生殖和发育

体外受精。精、卵的成熟与排放皆受神经分泌物的控制。发育呈后口动物的典型特征：行辐射卵裂（非定型）；内陷法形成原肠，原口演变成肛门而口则另外形成；以肠体腔法形成中胚层及体腔（其中由原肠顶端两侧来的2个体腔囊延长并各自缢缩成前、中、后3个体腔囊）。胚胎发育形成的自由生活的幼虫称为羽腕幼虫

（bipinnaria larva），虫体两侧对称，具纤毛带的幼虫腕。羽腕幼虫为海星纲动物的特征幼虫，而海盘车在羽腕幼虫以后，前端腹面又生出3个无纤毛的短腕，短腕的末端具黏附细胞，且短腕基部中间生一吸盘，幼虫以此暂营附着生活，特称为短腕幼虫（brachiolaria larva，图6.39A）。此后，幼虫变态，幼虫腕及纤毛带退化消失，幼虫口及肛门封闭。右前、中体腔囊退化，左、右后体腔囊发育成围脏体腔，并由部分左、右后体腔囊分化成围血系统，左前体腔囊形成轴窦，左中体腔囊形成简单的水管系统，从而奠定了成体五辐射对称的基础。随后，由幼虫的左侧形成口演变成口面，右侧形成肛门演变成反口面，并由身体向外突出辐射排列的腕，最后形成了成体五辐射对称的结构。此外，有的海星还能通过裂体的方式进行无性生殖。

二、习性与分布

棘皮动物全部生活在海洋中，分布广，栖息于潮间带到水深几千米的深海，大多

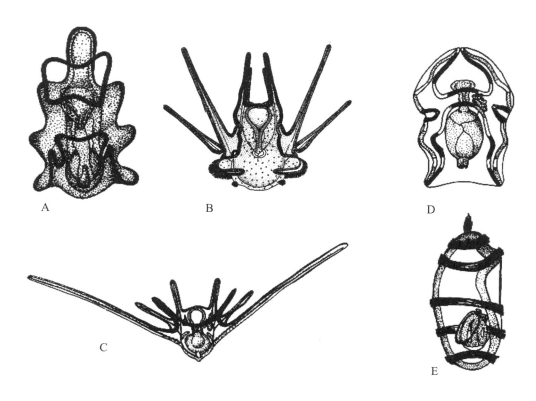

A. 海星的羽腕幼虫；B. 海胆的长腕幼虫；C. 海蛇尾的长腕幼虫；

D. 海参的耳状幼虫；E. 海百合的樽形幼虫

图6.39　棘皮动物幼虫

数种类营底栖生活。

棘皮动物通常有很强的再生能力。例如，海参受刺激时，会将内脏排出体外，以后可再生出新的内脏器官；海星的腕或体盘受损或自切后，均能够再生，有的种类甚至单独的腕就能再生出完整的新个体。

三、分类

棘皮动物现存6 000多种，化石种类更多，达13 000种。我国沿海的棘皮动物有300余种。依据有无固着的柄或卷枝、腕的有无、步带沟的有无和开合以及消化道与骨骼的形状等，分为2个亚门5个纲。

（一）有柄亚门（Pelmatozoa）

有柄亚门是棘皮动物中的原始类群。幼体有柄，营固着生活。成体似植物，以柄固着于深海［如柄海百合（stalked crinoids）］或无柄以卷枝于浅海行暂时附着［如海羊齿类（comatulids）或羽星类（feather star）］。现存仅海百合纲（Crinoidea）1纲。

海百合体盘小，辐射伸出5个腕，各腕基部常再分成2个至多个腕。腕两侧生分节的羽枝。腕及羽枝内部无内脏而常有分节的纵行支持骨骼，可灵活运动。无棘、叉棘及皮鳃。口面朝上，有开放的步带沟，又称食沟（food groove），沟中密生纤毛，沟两侧常有1列针头状的小体（sacculi），可能有排泄功能。管足两排，无吸盘、无罍，主要用于摄食、感觉、呼吸及排泄。

海百合主要以浮游生物为食。管足捕捉食物后由纤毛送入口中。消化道管状，肛门位于口面。无筛板，水管系统的环管上有多个石管，皆开口于围脏体腔，围脏体腔则通过口面许多纤毛小孔与外界相通。雌雄异体，生殖腺位于生殖羽枝上。通过羽枝的破裂排出生殖细胞，并黏着在羽枝表面进行孵育，直到幼虫阶段，具有桶状幼虫（doliolaria）。幼虫不透明，环绕有4～5个纤毛环，无口，前端具纤毛丛，变态时以前端附着并生出柄。无柄的种类，生出的柄在以后的发育中脱落，而代之以一簇卷枝。再生力强，腕、部分体盘甚至内脏失去后都能再生。

本纲大多数种类为化石，现生种仅630余种。

（二）游移亚门（Eleutherzoa）

游移亚门的动物无柄，自由生活。分为4个纲：

1. 海星纲（Asteridea）

海星纲的动物身体呈星形，自由生活。腕一般5个，有的可多达40个。腕与体盘无明显分界，腕腔（属围脏体腔）宽大并充满内脏，腕本身无运动功能。口面有发达的步带沟，2或4行管足，管足末端多具吸盘。罍坛状，一般1个，也有的分为2叶。具2叶罍者管足一般无吸盘，适于软底质生境。体表的棘刺较短而钝，一般不能活动。叉棘有肉质柄（无钙质骨骼支持）或直接附到骨板上。筛板位于反口面的间辐部。

体壁中的骨板呈网状、覆瓦状排列，骨板间仍能活动，故身体可上下弯曲。消化道囊状，一些原始种类无肠及肛门。有些种类摄食时可将胃翻出体外，直接附到摄取的食物上，行口外消化。此摄食习性为海星所特有，这极大地扩展了其食物来源，主要包括2类：一是大而无法吞下或本身具有完好保护物（如双壳类）的食物，二是一些基质表面的细菌膜或呈薄壳状的有机物。

海星具很强的再生能力，一些热带浅水种能通过腕自切的方式进行无性生殖。有性生殖者多间接发育，具自由生活的羽腕幼虫及营暂时附着的短腕幼虫。另外，有的种类能在自然条件下行孤雌生殖。

2. 蛇尾纲（Ophiuroidea）

蛇尾纲是棘皮动物门种类最多的1纲，约2 000种。其外形与海星相似，但体盘小，腕细长、分节，与体盘分界明显。腕的形状与运动方式很像蛇之尾，故而得名。蛇尾纲一些种类的腕呈多次分支。腕内部无任何内脏，中央有分节的纵行支持骨骼（即由两块步带骨板陷入腕内愈合成的脊骨）。中央骨骼的外面包有4列规则排列的骨板，即背腕板、腹腕板及两侧的侧腕板。无开放的步带沟，步带沟由皮肤或腹腕板覆盖形成腕中的神经外管。管足小，无吸盘及罍，主要功能为摄食、感觉、呼吸与排泄。无皮鳃和叉棘，筛板位于口面。

消化系统呈囊状，只限于体盘内。无肠，无肛门，未消化的食物仍由口吐出。

体盘口面体壁在腕基部两侧常向体内陷入形成囊，称生殖囊（genital bursae）。生殖腺呈小囊状，附于生殖囊的壁上；生殖细胞排入生殖囊，然后通过其裂缝状开口排出体外。另外，生殖囊也有呼吸、排泄的作用，并在一些种类也用作孵育囊，受精卵在囊中直接发育成幼小蛇尾。间接发育者，具蛇尾幼虫。蛇尾有很强的自切和再生能力，当受到刺激（如受伤、被捕捉），其腕能自动断掉，而体盘部分则趁机逃跑，然后再生出腕。

3. 海参纲（Holothuroidea）

海参纲动物体形和体壁与其他棘皮动物显著不同。身体呈蠕虫状，无腕，侧卧于海底，又称为"海黄瓜"。有明显次生两侧对称趋势。口、肛门位于身体前、后端，口周围有1圈由管足特化而成的触手。无步带沟，腹面管足发达用以爬行，背面管足常特化而成乳状突起或锥状肉刺而无运动功能。无棘及叉棘。

体壁中无大型骨板，而有分散的微小骨片，需借助于显微镜才能见到。体壁内层为发达的肌肉层（其连续的环肌层内面于步带区附生有5束纵肌带）。消化道长管状，呈S形，纵向盘绕在体腔内。多数种类的食道周围有一石灰质环，为海参唯一的骨骼支持系统。肠后端膨大为泄殖腔，腔壁向体腔伸出2支树枝状的管，称为呼吸树或水肺，海水由肛门进入呼吸树，用以呼吸、排泄及调节体内水压。有些种类如盾触手目的海参属（Holothuria）与附肛海参属（Actinopyga）呼吸树基部具富有弹性的细盲管，称为居维氏器（Cuvierian organ），含有毒性黏液，当海参受刺激时，可从肛门射出，缠结毒杀来犯敌害。石管细短，开口于体腔，为内筛板。生殖腺1~2个，由若干细管组成。间接发育者多经耳状幼虫（auricularia）、桶状幼虫（doliolaria）、五触手幼虫（pentactula）等幼虫阶段。海参的再生能力很强，一些种类分成数段后，每段仍能再生成完整个体，且当条件不适或受刺激时，有些种类常把内脏排出，待条件适宜时再生出新内脏。

海参以触手摄食，主要摄取泥沙中的有机质、细菌及微小动、植物。有些种类有夏眠习性，即在夏季产卵排精后，身体收缩并有些变硬，躲于石块下不食不动，消化道极度萎缩呈细线状，至秋季才开始活动和恢复摄食。

4. 海胆纲（Echinoidea）

海胆纲身体呈球形或半球形，也有的呈心形或盘状。体壁中的骨板相互嵌合在一起，形成保护性外壳。体表具棘刺及叉棘。棘刺与身体突出的疣间形成活动关节，能自由活动，有保护、运动和摄食的功能。有些海胆的棘刺有毒性，用于进攻、防御。叉棘有柄，柄中有钙质支持骨骼，也能自由活动，一般有3个颚片，常见球形叉棘、三叉叉棘、蛇首叉棘和三叶叉棘。球形叉棘的颚片上有1~2个毒腺。

正形海胆（regular urchins）的口位于朝下的口面中央，肛门位于反口面中央，周围有许多小骨板共同组成围肛部（periproct）。围口部（peristome）与围肛部之间的体表分成10个辐射排列的区域，其中5个为步带区，5个为间步带区，二者相间排列。无步带沟。步带骨板的外侧有管足孔。另外，在围肛部的周围有相间排列的5块眼板（ocular plate）及5块生殖板（genital plate），它们与围肛部一起组成顶系（apical system）。眼板较小，位于步带区，各有一眼孔，辐水管末端由此伸出形成端触手。生殖板位于间步带区，各有一生殖孔，其中一块较大，且具许多微孔，称为筛板。

歪形海胆（irregular urchins）身体较扁平，有次生性两侧对称的趋势，有前后端，肛门位于后端。反口面的步带区呈五瓣花状。

大多数海胆有被称为亚里士多德提灯（Aristotle's lantern）的摄食及咀嚼器官，由40块钙质小骨组成的五辐射锥形结构，位于食道周围，可直接伸出口外，刮取食物。消化道管状，在体内水平盘绕2圈。其中，沿胃内面有一较细的旁管称为虹吸管（siphon），一般认为有排除食物中多余的水分、防止消化酶稀释的作用。正形海胆生殖腺5个，歪形海胆生殖腺2~4个。胚胎发育经两侧对称的海胆幼虫（echinopluteus），变态成成体。

四、系统发生

尽管有丰富的化石记录和大量的研究，棘皮动物的起源和演化至今仍争论颇多。棘皮动物可能在前寒武纪起源于浅海的穴居后口动物，然后迅速发展，其多样性在古生代的早期至中期达到顶峰，到中生代开始时已经大量减少且高度类群化。近代，则只剩下5个主要类群了。

棘皮动物骨骼的起源早于辐射对称的发生，而后者标志着真正的棘皮动物的出现。许多作者把一个现已灭绝的类群——海果类（Carpoids）作为棘皮动物1个独立的亚门，即平形动物亚门（Homalozoa），它们有小骨片，非辐射对称，而且其水管系统的有无难以确定。因此，这类动物缺少棘皮动物的一些基本特征，故最好作为前棘皮动物。据认为海果类是现代棘皮动物与脊索动物的共同祖先。这些早期生活于浅海底部的动物可能是悬浮食性，生有1个与口相通的短腕（brachiole）。

最早的真正棘皮动物可能是旋板类（Helicoplacoids），出现于寒武纪早期，此后不久灭绝。它们呈纺锤形，具螺旋排列的骨板和3个步带区，口位于一侧。一些学者推测其口的侧置指示了由两侧对称到辐射对称的变态运动。有学者认为已灭绝的海蒲团属（*Camptostroma*）是已知最早的五辐射棘皮动物，由它们分离出有柄类和游移类两大系列。其5个步带沟形成2·1·2模式，可能是由三辐射对称的旋板类动物衍生而来。

游移类中，大多学者认为海胆和海参的亲缘关系最近。但是，海蛇尾与海星还是海蛇尾-海胆-海参类亲缘关系较近，还有较多争论。

在棘皮动物中，坚实的小骨片构成中胚层骨骼之后，出现了水管系统和五辐射对称，推测这些特征可能使其由底内生活转为底上生活。水管系统可能适于摄食悬浮物或碎屑，先是靠简单的纤毛束如海果类短腕那样摄食，而后发展起旋板类和有柄类的步带沟摄食。辐射对称成为棘皮动物广为人知的结构特征，也使它们增加了对新的生活类型的适应。吸盘式足用于运动，这意味着提供了一个开发新习性和食物资源的机会。

第九节　半索动物门（Hemichordata）

半索动物是具口索、鳃裂和背神经索以及身体由吻、领、躯干3部分组成的蠕虫状后口动物，又称隐索动物（Adelochorda），代表动物如柱头虫。

一、主要特征

单体（肠鳃类）或群体（羽鳃类）生活。相对常见的柱头虫身体呈圆柱形、蠕虫状，两侧对称，全长10～50 cm，由吻、领、躯干3个体区组成。吻（前体区）呈短圆锥形，位于体前端，富肌肉。其背中线的基部具吻孔，海水可由此出入吻腔，调节液压以利于在泥沙中钻穴，吻后部以细柄与领相连。领（collar）即中体区，为圆柱形围领状，后部腹面以一环形收缩与躯干分开，表面常具环沟。躯干部（后体区）为虫体主要部分，其背腹中线具脊，因环肌的收缩常呈环轮状。躯干部可分为3个区：① 鳃区或鳃生殖腺区，位于躯干前部，背面两侧具很多成对的鳃孔（外鳃裂），与咽背侧的U形内鳃裂相同。薄而扁平的生殖翼常向背中部弯曲并将鳃孔遮蔽。② 肝区，位于中部，背侧具许多肝盲囊。③ 肝后区（腹区，尾区）柔软细长，肛门开口于后端背面（图6.40A，B）。

半索动物体壁自外及内由表皮、基膜、环肌层、纵肌层和体腔膜组成。其中，表皮层为单层柱状纤毛上皮，具腺细胞，能分泌黏液和碘（因而有碘臭味）。表皮层基部具神经层。体腔宽大，分为前、中、后3部分。前体腔为吻腔，1个，由吻孔与体外相通（图6.40A）。中体腔为领腔，1对，位于口腔两侧，常背腹系膜分开。后体腔称躯干腔，1对，位于躯干体壁与肠之间，亦为背腹系膜分开，无对外开口。

口位于吻柄和领之间的腹面。肛门开口于躯干部的后端。消化管又可分为口管、咽、食道和肠4个部分。口管位于领区，其背壁形成一短硬而中空的盲囊，突入吻腔。咽位于鳃区，其背侧具成对的U形鳃裂，与体表鳃孔相同。食道背部管壁加厚并呈皱褶状称鳃后管。肠具肝盲囊。柱头虫以纤毛摄食，水和沉积物中的微小生物和有机颗粒靠吻壁纤毛驱动随水流入口。

柱头虫以鳃和皮肤呼吸。在咽部的鳃裂和体表鳃孔之间具鳃囊。循环系统为开管式，主要包括背纵血管、腹纵血管、中央窦（位于吻部口盲囊上方，小而长，无收缩力）和心囊（位于中央囊上方，具肌肉有节律收缩力；图6.40A）。血液无色，含少量变形细胞，在背血管由前往后、在腹血管由后往前流动。排泄器官是位于吻腔中的脉球（也称血管球、吻腺），排泄物可进入吻腔，由吻孔排出体外。神经系统具背、腹神经索。在领部，背神经索脱离上皮穿过领腔形成中空的领索（collar cord），无明显的脑。雌雄异体，生殖腺位于消化管两侧生殖翼中，呈几个纵排的囊状体。以生殖孔与体外相通。精、卵通过生殖孔排于水中，体外受精，辐射等全裂，囊胚球形有腔，内陷原肠，肠生体腔。胚后发育既有直接发育也有间接发育，间接发育者初孵个体为具纤毛的柱头幼虫（tornaria larva）。

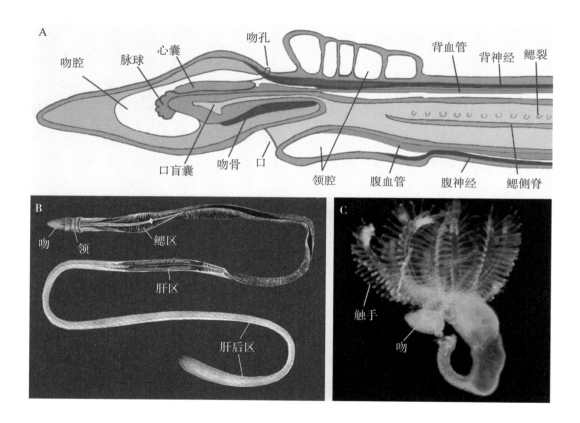

A. 柱头虫前部模式构造；B. 多鳃孔舌形虫（*Glossobalanus polybranchioporus*）；C. 纤细头盘虫（*Cephalodiscus gracilis*）

图6.40 半索动物门

（A仿江静波等，1995；B自张玺、梁羡圆，1965；C自Tassia等，2016）

二、分布与习性

半索动物全部海生，肠鳃类自潮间带至深海分布较广，羽鳃类多生活于深海。绝大多数底栖、穴居生活，但最近发现的Torquaratoridae类在深海底质表面匍匐生活，且能暂时浮起并漂流到他处觅食。此外，肠鳃类多栖于由吻前部腺体分泌物形成的有机质栖管内。

三、分类

半索动物已知约130种现生种。通常分为肠鳃纲（Enteropneusta）和羽鳃纲（Pterobranchia）。我国沿海已发现7种肠鳃纲动物，如多鳃孔舌形虫（*Glossobalanus polybranchioporus*，图6.40B）。羽鳃类领部特化出数目不等的触手，消化管U形，鳃裂不呈U形，群体生活，具栖管，是其与肠鳃类主要不同之处，如纤细头盘虫（*Cephalodiscus gracilis*，图6.40C）。

四、系统发育

半索动物的口盲囊和领部中空的背神经索分别相当于脊索动物的脊索和背神经管，且二者皆具鳃裂，因此有人认为半索动物（肠鳃类）与脊索动物较为接近。然而，很多研究表明口盲囊并非脊索，领索与背神经管也不同源。另外，半索动物体腔分区现象在脊索动物不存在，而脊索动物常见的身体分节现象在半索动物不存在。分子系统学研究结果也不支持半索动物与脊索动物呈姐妹群关系或后者起源于前者。

比较形态学、发育生物学、分子系统学等方面的证据均显示半索动物是棘皮动物的姐妹群。二者的共同之处包括：后口，胚孔演变成肛门；3部分组成的肠体腔；半索动物的柱头幼虫与海星的羽腕幼虫具相似的纤毛带等。它们共同组成步带动物（Ambulacraria）分支，具1个共同的祖先，可能起源于1个假想的对称幼虫（dipleura larva）。步带动物与脊索动物为姐妹群，共同组成后口动物。

思考题

1. 无脊椎动物有哪些主要特征？
2. 原生动物主要特征是什么？
3. 多孔动物主要特征是什么？
4. 两胚层动物包括哪些动物？主要特征是什么？

5. 旋裂动物包括哪些类群？主要特征是什么？

6. 蜕皮动物包括哪些动物？主要特征是什么？

7. 后口动物与原口动物有哪些区别？

8. 棘皮动物包括哪些类群？主要特征是什么？

9. 简述无脊椎动物主要类群的系统演化关系。

第七章　脊索动物门（Chordata）

脊索动物门是动物界中最高等的一个类群，包括头索动物（Cephalochordata）、尾索动物（Urochordata）和脊椎动物（Vertebrata）3个亚门。头索动物和尾索动物也合称原索动物门（Protochordata）。脊椎动物亚门种类繁多，大多数学者将其分为无颌总纲、有颌总纲和四足动物总纲（Tetrapoda）。无颌总纲为一类无上下颌、无偶鳍的原始鱼形动物，包括头甲鱼纲（Cephalaspidomorphi，化石）、盲鳗纲和七鳃鳗纲；有颌总纲也称鱼总纲，出现了上下颌和偶鳍，现生种类包括软骨鱼纲、辐鳍鱼纲和肉鳍鱼纲；四足动物总纲包括两栖纲、爬行纲、鸟纲和哺乳纲。

第一节　脊索动物概述

脊索动物终生或者胚胎期具有脊索。脊索动物虽然生活方式多样，外形差异很大，但作为同一门动物，它们具有许多共同点。

一、主要特征

整个脊索动物门无例外地都具有以下主要特征（图7.1）：

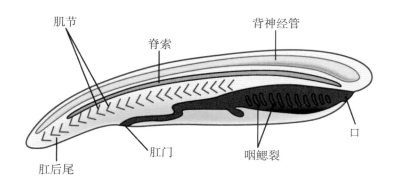

图7.1　脊索动物门的主要特征

（1）脊索。所有脊索动物胚胎都具有脊索。脊索是位于消化管的背面、神经管腹面的一条纵贯全身的具有弹性的圆柱状结构，由胚胎中胚层形成，有支持身体的作用。低等脊索动物终生具脊索，有些类群脊索仅见于幼体。高等脊索动物只在胚胎期出现脊索，成体时被在脊索基础上形成的脊柱所代替。脊索如此重要和特殊，以至于整个脊索动物门就是依据这一结构而命名。

（2）神经管。脊索动物神经管呈管状，位于身体背中线处的脊索之上，由胚胎时期背部外胚层下陷卷褶而成。许多无脊椎动物也有中枢神经系统，但它们多为实心，呈链状，位于消化管腹面。原索动物神经管终生保持管状，但高等脊椎动物神经管分化为脑和脊髓。

（3）咽裂。脊索动物胚胎的消化道在紧靠口后面即咽部两侧，可以形成左右成对排列、数目不等的裂缝与外界相通，这就是咽裂或者叫咽鳃裂（pharyngeal gill slits）。咽鳃裂是一种呼吸器官，外界的水由口入咽，经鳃裂排出，由此实现气体交换。咽鳃裂在低等脊索动物中终生存在，在高等类群则只见于胚胎和幼体（如蝌蚪）时期，成体完全消失，代之以用肺呼吸。

（4）肛后尾。多数脊索动物具有尾部，位于肛门后面，构成脊索动物特有的肛后尾（postanal tail）。与此形成鲜明对比的是无脊椎动物消化道几乎贯穿于身体全长，口位于身体前端，肛门靠近身体最后端。脊索动物尾部含有骨骼和肌肉，构成水生类群推进器，为其游泳提供主要动力。

脊索动物除具备上述四大主要特征外，还有一些次要特征，如具有分节的肌肉、心脏总位于消化道腹面、骨骼系统属于含有细胞的内骨骼而不是像无脊椎动物那样无细胞组成的外骨骼。

二、脊索动物起源与演化

脊索动物与棘皮动物早期胚胎发育存在一些相似性，如后口、三胚层、两侧对称和分节现象等，所以两者同属后口动物。这些共同点说明脊索动物与棘皮动物由共同祖先进化而来。传统认为半索动物是介于棘皮动物和脊索动物之间的过渡物种，而脊索动物3个亚门中，尾索动物被认为进化最早，是最原始脊索动物，之后才进化出头索动物和脊椎动物。近10多年来分子系统学和基因组学研究把棘皮动物和半索动物明确地聚为一类（图7.2），统称为步带动物门（Ambulacaria），具有相似的体腔系统和幼虫；而头索动物、尾索动物和脊椎动物聚为一类，其中头索动物最早分化，为原始脊索动物，之后才出现尾索动物和脊索动物。尾索动物和脊索动物组成一个姐妹群（sister group），它们咽部都发生广泛重组形成新结构，而在头索动物中不存在这种现象。现在，有一种倾向把后口动物归纳为一个超门（superphylum），包括棘皮动物、半索动物和脊索动物。

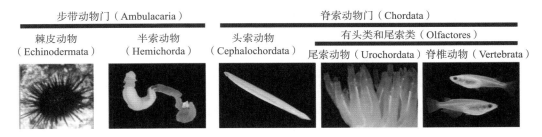

图7.2　分子系统学和基因组学发现的后口动物的亲缘关系

脊索动物起源于非脊索动物，并从低级结构向高级结构进化，以至于形成哺乳类这样的高等动物。根据现存的头索动物和尾索动物躯体结构来看，它们的原始祖先体内还没有坚硬的骨骼，所以不能在古地层中留下化石，因而给探索脊索动物起源问题带来困难。自达尔文提出自然选择驱动动物进化理论的150多年来，只能根据比较解剖学、胚胎学和分子生物学的研究成果来分析推测，提出假设性意见。

早在19世纪60年代，就有人提出脊索动物起源于环节动物，理由是这两类动物身体都是两侧对称，都分节，又有发达的体腔系统和排泄器官。如果把环节动物如蚯蚓背、腹部反转过来，其腹神经索就位于消化道的上方，与脊索动物的神经管位置相似，血流方向也与脊索动物相同，即背部血液向后流，腹部血液向前流。这个假设称为环节动物说（annelid theory）或反转假说（inversion hypothesis），曾因证据不足一度被抛弃。不过，近20多年来研究发现，决定胚胎背腹轴形成的基因，如决定背部发育的基因骨形成蛋白（bone morphogenetic protein；BMP）基因及其拮抗因子（决定腹部发育）chordin基因，在无脊椎动物（如果蝇）和脊椎动物（如爪蛙）胚胎的表达模式正好相反：BMP基因在无脊椎动物胚胎背部表达，可以引起胚胎背部化（dorsalization），chordin基因在胚胎腹部表达，可以引起胚胎腹部化（ventralization）；而BMP基因在脊椎动物胚胎腹部表达，可以引起胚胎腹部化，chordin基因在胚胎背部表达，可以引起胚胎背部化。这使得背腹轴反转假设再度引起人们重视。

还有一种观点认为脊索动物起源于棘皮动物，称为棘皮动物说（echinoderm theory）。此假说根据半索动物有接近脊索动物的特点，而其胚胎发育和幼虫变态却和棘皮动物极为相似，加之肌肉成分分析表明半索动物和棘皮动物有明显共同点，于是脊索动物和棘皮动物的亲缘关系被确定下来，主张它们具有共同的祖先。近年来分子系统学、线粒体基因组学和进化发育生物学研究支持并发展了棘皮动物说，即由棘皮动物和半索动物组成的步带动物和脊索动物具有共同祖先。这一祖先动物分2支发展，一支进化为步带动物，一支进化为脊索动物。这一观点正被越来越多人所接受。

脊索动物祖先据推测可能是一种自由游泳的滤食性后口动物，具有类似现存头索动物一些特征，出现于距今约6亿年前的古生代。这种祖先动物可能通过滞留发育（paedomorphosis）演化成脊椎动物祖先，也称为原始有头类（Crania）。滞留发育是一种异时发育（heterochrony），类似于幼体成熟（neoteny）即在幼体阶段完成性细胞发育的过程。

原始有头类一部分特化为旁支，演化为现存的头索动物和尾索动物，另一部分再演化成无颌类、鱼类。无颌类中的甲胄鱼（Ostracoderm）便是最早的脊椎动物。现存的圆口纲是无颌类中的典型代表。

鱼类出现于距今约4亿年的古生代中期，最早的鱼类即最早的颌口类，叫棘鱼（Acanthodes），分化发展成为各种鱼类。其中，肉鳍鱼类（以前归属总鳍鱼类，Crossopterygii）可能是陆生脊椎动物的祖先。由肉鳍鱼演化成四足登陆的两栖类，是脊椎动物发展一个重要阶段。

两栖类中的坚头类（Stegocephalia）被证明是爬行类的直系祖先。爬行类中的一群名假鳄类（Pseudosuchia），在距今约1.8亿年的中生代中期，演化成鸟类；另一群名兽形类（Theromorpha），在距今约2.3亿年的中生代早期，既已演化成哺乳类。

第二节　头索动物亚门

头索动物为现存最原始脊索动物，位于脊索动物系统树基部。头索动物无真正的头，习惯也称无头类，脊索纵贯全身，向前一直延伸到身体背神经管的前方，这在所有脊索动物是仅有的现象，故而被称为头索动物。

一、形态特征

头索动物身体呈长纺锤形，左右侧扁，两端稍尖，无头与躯干之分（图7.3）。文昌鱼是头索动物典型代表，其体长因种类而异，常见成体长4 cm左右，个别种类如产于美国圣迭哥湾的加州文昌鱼（*Branchiostoma californiense*）体长可达10 cm。

文昌鱼皮肤由单层柱形细胞的表皮和冻胶状结缔组织的真皮两部分构成，表皮外覆有一层带孔的角皮层。透过文昌鱼半透明的表皮，可以看见下方的肌肉。肌肉分节现象明显，肌节（myomere）呈">>"形，尖端指向身体前端；身体两侧肌节交错排列，肌节之间有肌隔。文昌鱼沿身体背中线全长有一纵行皮褶，也称背鳍（dorsal fin），与身体末端较扩大的尾鳍（caudal fin）彼此相连。尾鳍腹侧又和它前方的臀前

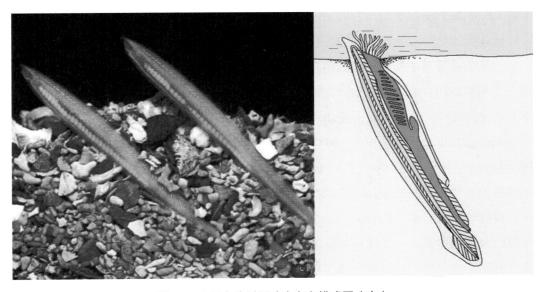

图7.3　文昌鱼生活图（左）和模式图（右）

鳍（preanal fin）连在一起。这些鳍都不成对。文昌鱼背鳍和腹鳍都由纵向排列的一系列充满胶质的鳍隔（fin box）或鳍条隔（fin ray chamber）组成。鳍隔其实是被隔膜分开的体腔。

文昌鱼体前部2/3的背面较狭窄，腹面较宽平，横断面略呈三角形，体后部（1/3段）横断面为侧扁椭圆形。体前端有眼点，为视觉器。文昌鱼口位于身体前端腹面，周围有触须环绕。触须作用在于罩住口腔，像筛子一样，防止粗物流入口内。文昌鱼口腔壁背部中线处有一凹陷，叫哈氏窝（Hatschek's pit），可能和脊椎动物脑垂体具有同源性。

文昌鱼口后面为咽部。咽部约占消化管全长的1/2。咽的两侧有许多鳃裂。鳃裂外面是围鳃腔（atrium）。围鳃腔是由胚胎发育时期消化道下方的表皮和体壁向下延伸，最终左右两边相互连接起来而形成的空管。身体腹面两侧的围鳃腔下垂形成腹褶（metapleure）。腹褶与臀鳍交界处有一腹孔，也称围鳃腔孔；腹孔的后面，在尾鳍与臀鳍交界偏左处有一肛门。

文昌鱼脊索纵贯全身，有一层坚韧的脊索鞘包围，是原始的中轴骨骼。脊索背面是稍短的神经管，这是原始的中枢神经系统。神经管分化程度很低，仅前端略膨大，称为脑泡（cerebral vesicle）。神经管已有原始的背根和腹根神经分出。

文昌鱼消化系统由口、咽、肠和肛门组成。肠为一条直管，其前段约在全长1/3处腹面向左前方凸出形成一个盲管，称为肝盲囊（hepatic caecum），能分泌消化液，被认为与脊椎动物肝脏具有同源性。消化道咽部腹面有一条纵沟，成为咽下沟（hypobranchial groove），也叫内柱（endostyle）。内柱沟壁有腺细胞和纤毛细胞，是一种被动摄取食物的结构。系统演化上，内柱被认为与脊椎动物甲状腺具有同源性。

文昌鱼循环系统属于封闭式循环，即血液完全在血管内流动，与脊椎动物血液循环方式基本相同，但比较原始。文昌鱼没有心脏，只有能搏动的腹大动脉，位于鳃裂下方。血液无色，也没有自由流动的血细胞。

文昌鱼排泄器官含有90～100对原肾管（protonephridium），位于咽壁背方的两侧。原肾管是短且弯曲的小管，其一端以具纤毛的肾孔开口于围鳃腔，另一端以一组特殊的有管细胞（solenocyte）紧贴特殊的血管，血管壁将有管细胞与体腔上皮分开。有管细胞具有细的内管道，其中有一长鞭毛，它的盲端膨大呈球状。血管分支在原肾区域特别丰富。鳃条的体腔外缘血管和舌状鳃条的鳃外血管到原肾处分成网状，称为脉球。原肾就是从这些分支多且活动慢的小血管里把血液中的代谢废物靠渗透作用吸入有管细胞，由鞭毛的摆动驱使废物经开口进入围鳃腔，再靠水流排出体外。有趣的是，低等脊椎动物鲨鱼胚胎时期肾的形态和文昌鱼十分相似。

二、习性

文昌鱼广泛分布于热带和温带海域。在世界各地的海滨，特别是北纬40º至南纬40º之间的区域，都发现有文昌鱼。我国文昌鱼资源非常丰富，南方的海南岛、广东汕头和湛江、香港、广西合浦、福建厦门、台湾，北方的山东青岛、烟台、威海和河北昌黎，均发现有文昌鱼。

文昌鱼是一类不善于运动的海洋动物，通常身体钻到海底的沙中，把头露出来。文昌鱼是滤食动物。水从口流入，经鳃裂到围鳃腔，再从围鳃腔孔排出体外。在水流进出的过程中，文昌鱼进行着呼吸和摄食作用。围鳃腔急剧收缩时，能把水喷得很远。有时文昌鱼还能关闭围鳃腔孔，由口将水喷出，从而把不适宜的食物从围鳃腔吐出去，类似人的咳嗽反射（cough reflex）。

文昌鱼行有性生殖，为雌雄异体。生殖腺平均26对，按体节排列在围鳃腔壁的两侧并向围鳃腔内突入。文昌鱼缺乏生殖导管，成熟的生殖细胞穿过生殖腺壁进入围鳃腔，随水流由围鳃腔孔排到体外，在海水中行受精作用。在繁殖季节卵巢呈橘黄色，精巢呈白色。除此之外，雌雄个体并无外形上的差异。

三、分类

头索动物只包含1个纲，即狭心纲（Leptocardii），也称头索纲（Cephalochorda）或文昌鱼纲（Amphioxi）。仅有文昌鱼目（Amphioxiformes），现存2个科，即文昌鱼科（Branchiostomidae）和偏文昌鱼科（Epigonichthyidae）。文昌鱼科只有文昌鱼1个属（*Branchiostoma*），记录有24种；偏文昌鱼科一般认为也只有偏文昌鱼1个属（*Epigonichthys*），记录有6种。偏文昌鱼属名也曾使用*Asymmetron*，但由于*Epigonichthys*使用较早，根据命名法优先原则，偏文昌鱼属名应使用*Epigonichthys*。偏文昌鱼的显著特点是只在身体右侧有生殖腺。

四、系统演化

头索动物（如文昌鱼）成体具有脊索动物所特有的脊索、背神经管、咽裂和肛后尾，胚胎发育过程如原肠形成和神经胚形成等也与脊椎动物相似。同时，头索动物摄食、排泄等机能又跟无脊椎动物类似，胚胎发育过程中身体前部的中胚层是以体腔囊的方式所形成，与棘皮动物及半索动物相同。所以，头索动物是从无脊椎动物进化到脊椎动物的中间过渡型动物，是研究脊椎动物起源与演化的珍贵模式动物。

第三节　尾索动物亚门

尾索动物的脊索局限性地存在于身体尾部。

一、形态特征

尾索动物身体包在一种被称为被囊（tunic）的结构中，所以又叫被囊动物（tunicate）。体表粗糙坚硬的被囊，使身体得到保护并维持一定的形状。被囊为体壁细胞分泌的被囊素（tunicin）所形成，成分接近于植物的纤维素。在动物界，被囊素极为罕见，至今只见于尾索动物和少数原生动物。

海鞘（Ascidia）是最常见的尾索动物，其外形犹如一把茶壶。壶口处为入水管孔（incurrent siphon），壶嘴处为出水管孔（excurrent siphon）。壶底便是身体的基部，附生在海中岩礁、贝壳、船底或者海藻上，行固着生活。从胚胎发育上看，出水管位于背面，因此，相对的一面便是腹面。

从入水管孔通入消化道的前端，是1个呈囊状的宽大的咽部。咽壁开孔，形成对称的鳃裂，海鞘借此得以呼吸。围绕咽部是围鳃腔（peribranchial cavity），汇集穿鳃裂而出的水流，经出水管孔排到体外。

入水管孔的下方，有1片筛状的缘膜，其作用是滤除粗大的食物，只容许水流和细小食物进入咽部。咽部内壁有纤毛；背壁和腹壁各有一沟状构造，分别称为背板（dorsal lamina）和内柱，能分泌黏液黏着食物。食物被黏成小颗粒后即随纤毛推动的水流进入胃和肠中。消化后的食物残渣，经出水管孔排出体外。

海鞘神经系统不发达，只在入水管孔和出水管孔之间有1个神经节。循环系统也很简单，在胃的附近有1个称为心脏的结构，血液行开放式循环。体壁中有肌肉，不发达。

二、习性

尾索动物主要分布于温带和热带海洋，一般以单体或者群体营固着生活，少数种类营自由生活。它们是滤食动物，水流通过入水管孔进，出水管孔出，从而摄取食物和实现气体交换。

海鞘可行出芽生殖，也可行有性生殖。海鞘为雌雄同体，但卵子和精子并不同步成熟，所以通常不会发生自体受精情况。

海鞘幼虫外形似蝌蚪，尾部发达，其中有1条典型的脊索，脊索背面有1条直达身体前端的神经管，咽部有成对的鳃裂。它们有一个短期自由游泳生活时期，接着用身体前端的吸附突起黏附到其他物体上，尾部随后逐渐萎缩直至消失。除留下1个神经节外，神经管和脊索完全消失。这一过程叫变态（metamorphosis）。海鞘经过变态，失去一些重要结构，形体变得更为简单，这种变态叫逆行变态（retrogressive metamorphosis）。

三、分类

本亚门分为尾海鞘纲、海鞘纲、樽海鞘纲和深水鞘纲，共记载种类3 050余种，在我国沿海有65种。

（一）尾海鞘纲（Appendicularia）

尾海鞘纲，也称幼形纲（Larvacea），形似蝌蚪，终生具脊索和神经管，鳃裂1对，为一群终生营浮游生活的小型种类，全球现生种类分1目3科，共67种。在我国沿海有住筒虫科（Fritillariidae）和住囊虫科（Oikopleuridae），共记载25种，常见的有尾海鞘（*Appendicularia*）和住囊虫（*Oikopleura*）。

（二）海鞘纲（Ascidiacea）

海鞘纲动物形态大小不等，幼体形似蝌蚪营浮游生活，变态后发育为成体营单体或群体固着生活，被囊厚，多鳃裂。全球记载有近2 900种，在我国沿海只记载74种。常见的有柄海鞘（*Styela*）和菊海鞘（*Botryllus*），前者为单体（图7.4A），后者为群体。

A. 柄海鞘；B. 樽海鞘

图7.4 常见海鞘（自赵盛龙）

（三）樽海鞘纲（Thaliacea）

樽海鞘纲种类体呈桶形，大小不等，被囊透明，其上有环状肌肉带。生活史中有世代交替现象，记载有3目，共82种（图7.4B）。

（四）深水鞘纲（Sorberacea）

深水鞘纲物种为近年新发现的深海小型肉食性种类，成体保留了背神经管，咽短而小，鳃腔很大，内有3对宽大的鳃裂，单体生活，体长20～60 mm，分布于深海，捕食线虫及小型甲壳动物。仅有1目1科3属，共8种。

四、系统发生

尾索动物成体除去鳃裂以及脊索局限于尾部外，已看不出脊索动物其他特征。传统认为尾索动物位于脊索动物系统进化树基部，是最原始脊索动物。近年来，基因组序列分析表明，头索动物最原始，而尾索动物和脊椎动物亲缘关系更近，是姐妹群。

第四节　脊椎动物亚门

脊椎动物除具有脊索、背神经管、鳃裂外，体内出现了由许多脊椎骨连接而成的脊柱，代替脊索成为支持身体的中轴和保护脊髓的器官。少数低等的脊椎动物虽然脊索还终生保留，但作为支持结构，或多或少出现了雏形脊椎骨。脊柱的出现不仅增加了身体的坚固性，而且随着进化，还分化成颈椎、胸椎、腰椎及尾椎等，增加了身体的灵活性。

脊椎动物的神经系统发达，分化出具有复杂结构的脑，同时头部出现了嗅、视、听等感觉感官，出现明显头部；循环系统出现了位于消化道腹侧的心脏，推动血液循环；排泄系统出现了集中的肾脏，代替了分节排列的肾管。原生的水生种类用鳃呼吸，次生的水生种类（鲸类等）和陆生种类用肺呼吸。

除无颌类外，脊椎动物还出现了上、下颌和适合游泳的偶鳍或爬行的附肢，扩大了生存范围，也提高了捕食、求偶及避敌的能力。

一、无颌总纲（Agnatha）

无颌总纲动物习惯称无颌类、圆口类、囊鳃类，现生种类包括盲鳗纲（Myxini）

和七鳃鳗纲（Petromyzontia）2个纲，以前合称圆口纲（Cyclostomata），共120余种，其中，93种终生或季节性分布于海洋。

（一）形态特征

无颌类体呈鳗形，分头、躯体和尾3部分。头部有口，但无上下颌，故称无颌类。没有成对的偶鳍，只有奇鳍。体长随种类不同，20 cm～1 m。头背中央有一短管状的单鼻孔（nostril），因此又称单鼻类。背中线上有1～2个背鳍，尾部侧扁，有尾鳍。皮肤柔软，表面光滑无鳞，但富黏液腺。肛门位于尾的基部，其后为泄殖乳突（urogenital papilla）。

七鳃鳗类的头侧有1对发达的大眼，具水晶体和视网膜，无眼睑，两侧眼后各有7对鳃裂（图7.5）。头部腹面有杯形的口漏斗，呈一种吸盘式的构造，周边附生着细小的穗状皮突，内壁有黄色的角质齿。盲鳗类的眼萎缩，埋在皮下，无晶体。眼后头部两侧有5～16对鳃裂。口不形成口漏斗。体侧和头部腹面有感觉小窝，小窝排列成行，也称侧线。

无颌类的脊索终生保留，外被脊索鞘，用于支持体轴。全身骨骼都为软骨，包括保护脑和头部感觉器官的头骨、支持鳃的鳃篮（branchial basket）和脊索背方脊髓两侧按体节成对排列的软骨质弧片（尚未形成椎体）。

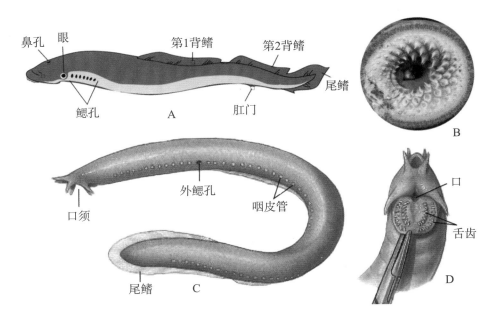

A. 七鳃鳗侧面；B. 七鳃鳗口；C. 盲鳗侧面；D. 盲鳗腹面

图7.5　无颌类外形（自赵盛龙）

213

无颌类的呼吸器官是鳃囊。鳃囊由若干对细长弯曲的鳃弓和纵走软骨条共同连接而成的鳃篮支撑。鳃篮末端构成保护心脏的围心软骨。鳃笼紧贴皮下，包在鳃囊外侧，不分节。躯体部和尾部肌肉为一系列按节排列的弓形肌节及附着于肌节前后的肌膈，无水平隔。

七鳃鳗的呼吸管为咽的腹分管，末端为盲端，管的左、右两侧各有7个内鳃孔，各自与1个鳃囊相通，囊壁有褶皱状鳃丝，其上有丰富的毛细血管，是气体交换的场所。每1个鳃囊经一外鳃孔与外界相通。盲鳗的鳃孔大多不直接与外界相通，而是通过1根长管，统一在体外开孔。

无颌类的口位于口漏斗深处，由口通入口腔。具有角质齿的舌从口腔底部伸出。当七鳃鳗吸附在鱼体上时，舌端的角质齿可以刺破鱼的皮肤而吸食其血肉。盲鳗类有特殊的口腺，分泌物可以使寄主的血液不凝固。口腔后面为咽，咽分背、腹两部分，背面较狭窄的管道为食道，腹面较宽的管道为呼吸道，在呼吸道的入口处有缘膜，当食物进入咽时，缘膜可将呼吸道的通路挡住。消化道无胃的分化，由食道直接通入肠。肠为直管，沿整个肠管有螺旋状的黏膜褶，称为盲沟（typhlosole），其作用是增加肠道吸收面积。肠管末端连接肛门。七鳃鳗没有独立的胰脏，肝脏分左、右两叶，位于围心腔的后方。幼体有胆管和胆囊，成体两者消失。

无颌类的心脏位于鳃囊后面的围心囊内，由静脉窦（sinus venosus）、一心房（atrium）和一心室（ventricle）组成，无动脉圆锥。循环系统及血液循环方式均与文昌鱼相似。由心室前方1条腹大动脉发出8对入鳃动脉，分布于鳃囊壁上，形成毛细血管，血液经气体交换后，注入8对出鳃动脉，然后集中到1对背动脉根内。背动脉根向前各发出1条颈动脉汇合而成为背大动脉。背大动脉向后发出分支到体壁和内脏各器官中。静脉包括1对前主静脉、1对后主静脉，共同汇入总主静脉，然后注入静脉窦内。有肝门静脉，但还没有形成肾门静脉。血液中有白细胞和球形有核的血红细胞。

无颌类的脑可分为大脑、间脑、中脑、小脑和延脑，依次排列在一个平面上，无任何脑曲。大脑两半球不发达，其前端连接嗅叶，脑的顶部没有神经细胞构成的灰质。中脑只有1对略为膨大的视叶，顶孔有脉络丛。间脑顶上有松果体、顶器及脑副体，在其底部有漏斗体和脑下垂体。小脑极不发达，与延脑未分离，仅为一狭窄的横带。

感觉器官分为视觉、听觉、嗅觉及侧线4部分。无颌类只有1个外鼻孔，开口于头部背面中央，下连嗅囊。胚胎期嗅囊成对，成体时则为单个。内耳位于耳软骨囊内。

七鳃鳗有前、后2个半规管，盲鳗只有1个半规管，但其两端各有1个壶腹。成体七鳃鳗的眼较发达，已具有脊椎动物眼的主要结构，幼体时眼凹陷在带有色素的皮肤下面，成体时露出体表。盲鳗的眼退化、隐于皮下。

无颌类没有埋在皮肤内的侧线管，而是露在皮肤表面的浅沟，如七鳃鳗头部及躯干两侧的纵行浅沟，沟内有感觉细胞群，并有神经纤维相连。

（二）习性

无颌类有海生（终生或季节性），也有淡水生，以大型鱼类及海龟类为寄主。七鳃鳗主要用前端的口漏斗吸附于寄主体表，用角质齿锉破皮肤吸血食肉；盲鳗能由鱼鳃部钻入寄主体内，刮食其内脏。

七鳃鳗为雌雄异体，生殖腺单个（发育初期成对），位于肾脏的内侧，无生殖导管。繁殖时成熟的精子或卵子突破生殖腺壁，落入腹腔，再经泄殖孔排出体外，精、卵在体外受精。受精卵经过1个月左右的发育，孵出的幼体长约10 mm，外形与文昌鱼极为相似，人们曾误将其看作是一种原索动物的成体，称之为沙隐虫（ammocoete）。沙隐虫的许多特征近似文昌鱼，如沿背侧延伸绕过尾部有连续的鳍褶；口前部不呈漏斗状，也无齿，而具有上下唇，上唇较大呈马蹄形；咽部无食道和呼吸道的分化，具围咽沟和内柱，其呼吸、摄食的方式也和文昌鱼相同。营独立生活，大部时间埋身在水底淤泥里，借助于水流将食物带进咽部。幼体阶段的内柱在变态后变为成体的甲状腺。七鳃鳗幼体阶段的持续时间很长，要经过3～5年才发育为成体（图7.6）。

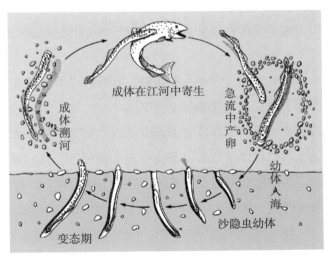

图7.6　七鳃鳗生活史

七鳃鳗的幼体秋季开始入海，成鱼则在春季由海洋进入江、河产卵，产卵时有筑巢习性，产卵后的亲鱼不久即死亡。成熟个体长为38～54 cm。

盲鳗为雌雄同体，幼体时，生殖腺的前部是卵巢，后部为精巢，以后随着发育，如前部发达、后端退化，则成为雌性，反之，则为雄性。七鳃鳗有些种类的幼体也有这种现象，甚至在成体也偶有雌雄同体者。盲鳗卵生，一般每次产卵32粒左右，

图7.7 产卵中的蒲氏黏盲鳗

（*Eptatretus burgeri*；自赵盛龙）

卵大，长椭球形，外包角质囊（图7.7），各卵常相互勾连，附于海藻或其他物体上，直接发育，无变态。

盲鳗栖息于近海浅水区淤泥底质。自由生活时常将身体埋入泥中，仅露出头端，可依靠外鼻孔进行呼吸。一般晚上活动，凶猛，会袭击鱼类，通常吸附于其他鱼的鳃上，有时亦吸附在眼上，边摄食边钻入体内，有"钻腹鱼"之称，摄食寄主内脏、肌肉，最后寄主仅剩下皮肤和骨骼。最大体长可达60 cm。繁殖期为8月中旬到10月底，此时亲鱼离开近岸到深水区产卵，不再摄食。

（三）分类

现存无颌总纲分为七鳃鳗纲（Petromyzontia）和盲鳗纲（Myxini）。

1. 七鳃鳗纲

七鳃鳗纲代表种为七鳃鳗，有时被称为八目鳗。只有简单脊索，无脊椎。无上、下颌，口位于头部腹面，呈漏斗状，无须，口及舌上具许多角质齿，口缘有穗状突起。鼻孔单个，开口于头部前端的背面中央，嗅囊与口腔不通，故又称完腭类。眼发达，具晶状体及虹彩。幼体在变态前眼不发达，埋于皮下。鳃囊7对，分别开孔于体外。各内鳃孔先通至食道的总鳃管（呼吸管），再与口咽腔相通，无咽皮管。只有奇鳍（背鳍、尾鳍），无偶鳍（胸鳍、腹鳍）；皮肤黏液腺不如盲鳗发达。

现有海生种类共14种，分布较广，海洋、淡水均有。常见种有日本七鳃鳗（*Lethenteron camtschaticum*），在我国松花江、黑龙江也有分布。

2. 盲鳗纲

盲鳗纲具圆柱状脊索，且终身存在；无上、下颌。外鼻孔1个，开口于吻端，内鼻孔与口腔相通，也称穿腭类；鼻孔两侧具2对口须，口的两侧也具1～2对口须。口纵缝状，舌肉质，上具2列发达的栉状齿，可以括食。眼退化，隐于皮下；鳃呈囊状，6～15对，与咽直接相连，起源于内胚层，又称囊鳃类，外鳃孔离口很远。脑发达，一般具10对脑神经，有心脏，血液红色；皮肤黏液腺发达，在体两侧近腹部各有一纵列黏液腺孔。表皮由多层细胞组成。无背鳍，具尾鳍，偶鳍发育不全。

盲鳗均为海生。常见种有黏盲鳗（*Eptatretus burgeri*），产于日本海，我国福建、浙江沿海偶有捕获。

（四）系统发生

无颌类动物迄今尚未发现化石，所以关于其起源和演化，还不十分清楚。不过，在奥陶纪和志留纪的地层中，发现了甲胄鱼化石。这类化石动物和现存无颌类有许多共同特点，如它们都没有上、下颌，缺乏成对的附肢（偶鳍），具鳃篮和单鼻孔等，说明它们有一定亲缘关系，同属无颌类。甲胄鱼是现在得到的最早的脊椎动物化石，有人推断无颌类可能是甲胄鱼类的后裔。也有人认为甲胄鱼体被骨甲，适于少动的水底生活，而无颌类运动较灵活，适于半寄生或寄生生活，因此它们不一定有亲缘关系，而是来自共同的无颌类祖先。

无颌类如七鳃鳗幼体和头索动物文昌鱼有许多相似之处，如两者都有内柱以及沿背侧延伸绕过尾部有连续的鳍褶。另外，七鳃鳗幼体的呼吸和摄食的方式也和文昌鱼相同。因此，推测共同的无颌类祖先可能是与头索动物具有相似性的动物。

过去一般认为海洋是脊椎动物的发源地，但是根据甲胄鱼所在地层岩相、岩性以及同层的无脊椎动物化石综合分析，推测在5亿年前这些动物都生活于淡水中。它们由河、湖移居海洋，是在泥盆纪中期以后。这样，脊椎动物起源于淡水的说法便为更多人所接受。

二、有颌总纲（Gnathostomata）

有颌总纲习惯称为鱼总纲（Pisces），是脊椎动物亚门动物中最主要的群体，包括软骨鱼纲、辐鳍鱼纲和肉鳍鱼纲。鱼总纲动物与无颌类一样，都是终生生活于水中的脊椎动物，但鱼总纲动物不像无颌类那样营寄生或半寄生生活，而是营积极主动生活方式，发展成为脊椎动物中最适于水中生活的一大类群。

（一）形态特征

鱼类对于水环境的适应，形成了区别于其他脊椎动物的一些主要特征。

1. 体形

鱼类身体多数呈纺锤形，也有些鱼类侧扁、平扁以及棒状或带状（图7.8）。纺锤形，也称流线型，为最常见的一种体形，中段肥圆，头、尾稍尖细。凡此种体形的鱼类一般行动迅速，如鲻、马鲛、金枪鱼和大部分鲨鱼。侧扁形，特点是头、尾短，背、腹延长，左右尺寸最短。侧扁形体形在辐鳍鱼纲中较为普遍，多栖息于水流较缓的水域，运动不甚敏捷，较少作长距离洄游，有些种类还具有坚硬的鳍棘，利于避敌侵袭，如绿鳍马面鲀和银鲳等。平扁形，背、腹极短，近平扁，如硬骨鱼类中的黄鲛鳒、软骨鱼类中常见的鳐、缸和鲼等，它们大部分栖息于水底，运动较迟缓，但鲼等胸鳍十分发达，形如鸟翼状，使得它们有时还能活跃于水体的中上层。棍形或带形，头、尾特别延长，如鳗鲡、海鳗和烟管鱼，这种体形适于穴居或穿绕水底礁石岩缝间，但行动不甚敏捷，腹鳍及胸鳍常退化或消失。除上述4种体形外，还有些鱼类由于适应特殊的环境和生活方式而进化出一些不规则的特殊体形，如箱鲀、海马和翻车鲀等。

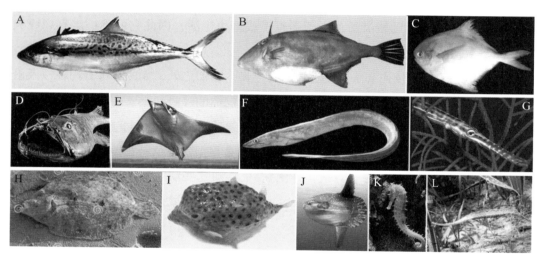

A. 马鲛；B. 绿鳍马面鲀；C. 银鲳；D. 鮟鱇鱼；E. 鲼鳐；F. 海鳗；G. 管口鱼；H. 鲽形目鱼类；I. 箱鲀；J. 翻车鱼；K. 海马；L. 海龙

图7.8　鱼类体形（自赵盛龙等）

2. 外部结构

无论属于何种体形的鱼类，整个身体可分为头、躯干和尾3部分。没有颈部，是鱼类和陆生脊椎动物主要区别之一。头和躯干分界线是最后1对鳃裂（软骨鱼类）或鳃盖的后缘。躯干和尾的分界线，通常是肛门或者臀鳍的起点。不同鱼类的头部变化很大，但着生的器官大同小异，主要有吻、口、须、眼、鼻、鳃孔和喷水孔等。

鱼体表一般有鳞片保护。身体两侧有一种特殊的感觉器官称为侧线（lateral line），由体侧的有孔鳞排列而成，呈沟状或管状，分布在头部、躯干及尾柄两侧（图7.9）。管内充满黏液，感觉器神经丘浸润在黏液中，当水流冲击身体，水的压力通过侧线管上的小孔进入管内，传递于黏液，引起黏液流动，刺激感觉神经纤维，并将刺激传递到神经中枢。侧线的主要作用是测定方位和感觉水流，与鱼类的捕食、避敌、生殖、集群、洄游等活动有一定的关系。

侧线鳞的大小、数目常作为鱼类分类重要依据之一。有的鱼类如鲤鱼身体两侧各有1条侧线，有的鱼类如舌鳎身体两侧各有几条侧线，也有些鱼类如鲥鱼不具侧线。身体两侧没有侧线的鱼类，头部往往有比较发达的侧线网。

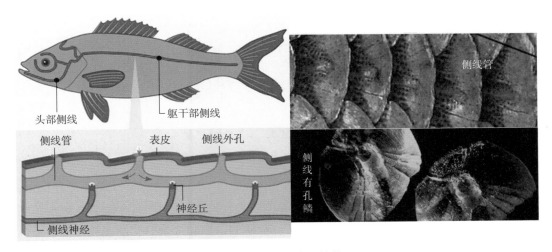

图7.9　侧线器官及结构

鱼类适应水中运动的器官是鳍（fin），它通常可分为偶鳍和奇鳍两类。偶鳍包括胸鳍（pectoral fin）和腹鳍（ventral fin）各1对，相当于陆生脊椎动物的前、后肢。偶鳍的基本功能是维持身体的平衡和改变运动的方向。奇鳍包括背鳍（dorsal fin）、臀鳍（anal fin）和尾鳍（caudal fin）。背鳍和臀鳍的基本功能除维持身体平衡、防止倾斜摇摆之外，还可以帮助游泳。尾鳍的作用很大，结合着肌肉的运动，可以稳定身体，像舵一样控制游泳的方向，还可以像推进器一样推动鱼体前进。

许多常见的鱼类都具有上述胸、腹、背、臀、尾5种鳍，但也有例外：黄鳝无偶鳍，奇鳍也很退化；鳗鲡无腹鳍；电鳗无背鳍；鳐类无臀鳍；赤虹无尾鳍。有的鱼类在尾部背面的正中线上还生有1个富有脂肪的鳍，称为脂鳍（adipose fin），见于大麻哈鱼和黄颡鱼等。

就形态而言，鱼类尾鳍大致可分为3种基本类型，即原型尾（protocercal）、歪型尾（heterocercal）和正型尾（homocercal）。原型尾为最原始的鱼类所有，现生鱼类仅见于胚胎及早期仔鱼（图7.10）。原型尾的脊柱末端平直，将尾鳍分为完全对称的上、下两叶。歪型尾的脊柱的末端折向上翘，伸入尾鳍上叶，将尾鳍分成上、下不对称的两部分，一般上半部较大，见于板鳃类和鲟鱼类。正型尾的脊柱末端向上翘，但仅达尾鳍基部，所以尾鳍外形对称，内部则不对称，见于大多数硬骨鱼类。此外，有些鱼类尾椎上翘部分很小，外观上似为对称尾，称等型尾（isocercal），如鳕鱼类的原始上翘的椎骨及尾鳍消失后，背鳍和臀鳍相会于体的后部，形成第2尾鳍，从内部结构上看，椎骨平直伸到尾鳍中央，此类尾鳍特称为等尾鳍或假尾鳍。

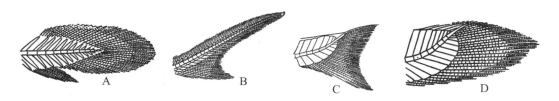

A. 原尾型；B. 歪尾型；C，D. 正尾型

图7.10　鱼类尾鳍类型

鱼鳍中有鳍条（fin ray）支撑。硬骨鱼的鳍条可分为鳍棘和软鳍条2种：前者坚硬而不分节，后者柔软分节且末端往往分叉。鱼鳍的组成和鳍条的类别、数目等，是鱼类分类上重要依据之一，特别是背鳍和臀鳍的鳍条数目更为常用。

3. 皮肤及其衍生物

鱼类的皮肤由外层的表皮和内层的真皮组成。表皮为多层的上皮细胞，具单细胞黏液腺，能分泌大量黏液，在体表形成一层黏液层，起润滑作用，减少身体与水的摩擦力，有助于游泳前进，又能使皮肤不透水，维持体内渗透压的恒定，还能保护鱼类不受细菌等病原的侵袭。黏液层对鳗鲡和大麻哈鱼等洄游性鱼类尤为重要。鳗鲡由海向河流洄游时，只有黏液层保持完整，才能适应水中盐度的突然变化；大麻哈鱼洄游到淡水产卵时，黏液的分泌显著增加。

真皮位于表皮下方，较表皮层为厚，由纵横交错的纤维（胶原纤维和弹性纤维）构成，其间富有血管及神经末梢。多数鱼类的真皮可细分为外膜层、疏松层和致密层。外膜层很薄，紧接在表皮下方；疏松层除了疏松而不规则排列的纤维外，还含有色素细胞（chromatophore）。

除少数鱼类如鲇和鳗类之外，大多数鱼类的皮肤中均被有鳞片。鳞片是鱼类特有的皮肤衍生物，是一种保护性结构。根据鳞片的外形、构造和发生特点，可将鳞片划分为3种基本类型，即盾鳞（placoid scale）、硬鳞（ganoid scale）和骨鳞（bony scale）。盾鳞为软骨鱼类所特有的鳞片，由真皮和表皮联合形成，构造比较原始，分布全身，由露在皮肤外面且尖端朝向身体后方的鳞棘和埋没在皮肤内的基板组成，鳞棘外层覆以类珐琅质（enameloid），内层为齿质（dentine），中央为髓腔（pulp cavity），腔内充满结缔组织、神经、血管等，由一孔和真皮相通。硬鳞完全由真皮形成，为深埋于真皮层中的菱形骨板，含有硬鳞质（ganoine），发特殊亮光，见于雀鳝、鲟鱼等；硬鳞不发达，仅分布于尾鳍上缘。骨鳞为绝大多数硬骨鱼类所具有的鳞片，由真皮发育而来。骨鳞每一鳞片分为前、后部，前部埋入真皮内，后部外露，且覆盖于后一鳞片之上，呈覆瓦状排列，有利于增加身体灵活性。骨鳞分为圆鳞（cycloid scale）和栉鳞（ctenoid scale）：前者后部边缘无细齿状，多见于鲤科鱼类，后者后部边缘密生细齿，多见于鲈科鱼类。

骨鳞由许多同心圆的环片组成。环片因季节不同而表现出生长速度的差异。春、夏季因食物丰富，鱼类生长快，环片相应也就宽一些，而冬季因食物较少，鱼类生长缓慢，环片就要窄一些。这样，夏环和冬环组合起来，就在鳞片上出现了年轮。根据年轮情况，可以推算鱼类的年龄、生长速度以及生殖季节等。

鱼类皮肤另一种重要衍生物是色素细胞，来源于真皮，是鱼类体色得以丰富多彩的物质基础。有些鱼类的皮肤中有皮肤转化而来的毒腺，是它们攻击和防卫的武器，例见于玫瑰毒鲉、灰刺魟等。有些鱼类特别是生活于海洋深处的鱼类常有发光现象。发光原因少数是共生的细菌或者皮肤能分泌的荧光素，而多数是这些鱼类具有一种皮肤衍生物即发光器官。鱼类发光可能有助于摄食或者作为同种间和雌、雄个体间的联系信号。

4. 骨骼系统

鱼类的骨骼按其性质分为软骨、硬骨两类。按其所在的位置则又可分为外骨骼和内骨骼。外骨骼指鳞片和鳍条，内骨骼指头骨、脊椎骨和附肢骨骼，其中头骨、脊椎骨也称主轴骨骼。

（1）头骨：鱼类头骨包括脑颅（neurocranium）和咽颅（splachnocranium）。脑颅位于头骨的上部，包藏脑及视、听、嗅等感觉器官；咽颅位于头骨下部，含口咽腔及食道前部。软骨鱼类的头骨由整块软骨构成，没有骨片分化，又称原颅。多数软骨鱼类头骨前部为吻软骨（rostral cartilage），两侧为鼻囊（olfactory capsule），内包嗅囊。鼻囊间有一前囟（anterior fonticul）。鼻囊后方的凹窝为眼囊（optic capsule），容纳眼球。眼囊后方为隆起的耳囊（auditory capsule），内藏内耳。脑颅后端正中为枕骨大孔。耳囊间有一凹窝为内淋巴窝（endolymphatic fossa），有2对小孔，分别为内淋巴管孔和外淋巴管孔，与内耳相通。枕骨大孔下方两侧的突起为枕髁，与脊柱关节相连。脑颅上还有一些血管、神经的开孔。

硬骨鱼类的脑颅已骨化为许多小骨片，比软骨鱼类复杂。按所在部位可分为鼻区、眼区、耳区及枕区，分别包围嗅囊、眼球、内耳及枕孔。鼻区又称筛骨区，眼区也称蝶骨区。每个区都由若干骨片组成，不同种类略有差异。

鱼类的咽颅最为发达，它位于头骨下方，环绕消化管的前段，由1对颌弓（mandibular arch）、1对舌弓（hyoid arch）和5对鳃弓（branchial arch）共同组成。颌弓与鱼类的摄食有关，其形态变异较大。颌弓的上段称为腭方软骨（palatoquadrate），构成软骨鱼类的上颌。到了硬骨鱼类，这种软骨上颌为膜性硬骨（membrane bone）前颌骨和上颌骨所代替。颌弓的下段成为麦氏软骨（Meckel's cartilage），构成软骨鱼类的下颌；到了硬骨鱼类，这种下颌只残留最后端一小块变为软骨性硬骨关节骨，其余大部分为齿骨和隅骨所代替。舌弓主要为舌的支持物，鳃弓支持鳃，但最后一对鳃弓不发达，不具鳃，可长咽喉齿。

（2）脊柱：鱼类脊椎的分化程度很低，只有躯椎（trunk vertebra）和尾椎（caudal vertebra）2种。躯椎附有肋骨（rib），尾椎具血管弓，两者容易区别。每一个脊柱的椎体（centrum），前、后两面都是凹形，称为双凹椎体，为鱼类所特有。在相邻2个椎体之间的空隙以及贯穿椎体中心的小管内，还有脊索的残余存留。脊椎动物到了鱼类，脊椎的基本结构已经形成，比圆口类有了很大发展。

（3）附肢骨骼：鱼类的附肢骨骼可以分为支持奇鳍的支鳍骨和支持偶鳍的支鳍骨和带骨。奇鳍中的背鳍和臀鳍，在基部有支鳍骨，也叫鳍担骨，起着支持整个鳍的作用，在鳍中有鳍条支撑。尾鳍无鳍担骨。偶鳍骨骼包括带骨（肩带和腰带）及支持鳍的骨骼（鳍担骨和鳍条）。肩带（pectoral girdle）为支持胸鳍的骨骼，标准位置靠近心脏；腰带（pelvic girdle）为支持腹鳍的骨骼，标准位置靠近肛门。有些鱼类，腰带向前推移，位于胸鳍的腹面，形成腹鳍胸位，如鲈鱼；有的腰带推移到胸鳍之前，形成腹鳍喉位，如鳕鱼；还有的腰带推移到下颌部，形成腹鳍颏位，如鼬鳚。

鱼类成对的附肢骨骼没有和脊柱发生联系，这是它的特点之一。

5. 肌肉

鱼类肌肉系统分化程度不高。躯干和尾部肌肉，基本上和无颌类相似，也是由肌节组成；肌节之间有肌隔联系，有分节现象（图7.11）。体侧肌肉被一水平侧隔分成上、下两部分，上段称为轴上肌（epaxial muscle），下段称为轴下肌（hypaxial muscle）。轴上肌分化出背鳍的肌肉，轴下肌分化出偶鳍和臀鳍的肌肉。尾部的一部分肌节分化出尾鳍肌肉。头部和咽部的一部分肌节分化出头部腹面及鳃裂间肌肉。鱼类一般有6条眼动肌，由胚胎期最前端3个肌节分化而来。

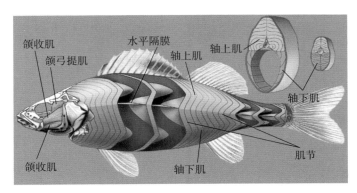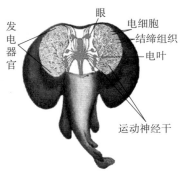

图7.11　鱼类的肌肉（左）及电鳐发电器官（右）构造

有些鱼类具特殊的发电器官，能放电以防御敌害、攻击或捕食，如产于太平洋、大西洋和印度洋的电鳐以及产于南美河流的电鳗都能放电。它们的发电器官大部分由肌肉衍生而成，有的来自尾部肌肉，如电鳗；有的来自鳃肌，如电鳐（图7.11）。发电器官由许多电细胞（electrocyte）整齐排列构成。电细胞浸润在胶状结缔组织中，主要起电解质作用。电鳐发电器在头部和胸鳍之间，放电量可达100 V左右；电鳗发电器位于尾部，放电量可达600~800 V。产于非洲河流中的电鲇（*Malapterurus electricus*），放电量可达400~500 V，但其发电器不是由肌肉变成，而是来自真皮腺体组织。

6. 消化系统

鱼类的消化系统由消化管及连附于消化管附近的各种消化腺所组成。消化管为一肌肉质的管子，它起自口，向后延伸经过腹腔，最后以泄殖腔或肛门开口于外，包括口咽腔、食道、胃、肠等部分（图7.12）。各部分之间有时界限并不明显，但可凭不同管径、不同性质的上皮组织及特殊的肌肉或腺体入口加以区别。

由上、下颌组成的口是鱼类捕捉食物的重要工具之一。因此，口的位置与食性的关系极为密切：摄食浮游生物的鱼如红鳍鲌，口为上位；摄食底栖生物或附着在石头上藻类的鱼如鲮鱼等，口为下位；一般以吃中、上层水中食物为主的鱼类，口为端位。

牙齿形状多样，有锥状、粒状、锯齿状和三角状等，着生的位置并不仅限于上、下颌，也见于腭骨、梨骨等骨片上。长在第5对鳃弓上的牙齿称为咽喉齿，其排列行

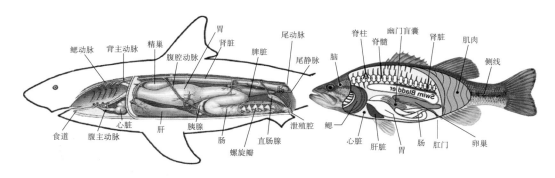

图7.12　鱼类的消化管构造

数和各行齿数，为鱼类分类依据之一。

肉食性鱼类的牙齿，通常比较尖锐；杂食性鱼类的牙齿，多呈切刀形、缺刻形、磨形或刷形；以浮游生物为主要饵料的鱼类，齿较细弱，或作绒毛状。青鱼以吃螺蛳为主，它的咽喉齿很像磨盘，强大而有力；草鱼主要食草，它的咽喉齿很像带锯齿的镰刀，利于切断水草。

鳃弓的内缘着生鳃耙（gill raker），是咽部的滤食器官。草食或杂食性鱼类，鳃耙短而疏，如鲤鱼一个鳃弓上有20～30条外鳃耙。吃浮游生物的鱼类，鳃耙长而密，如一条体长65 cm的鳙，第1鳃弓上就有外鳃耙600多条。

消化道本身亦因食性不同而发生不同的适应性变化。草食或杂食性鱼类，胃、肠的分化不明显，肠管较长，如草鱼、鲻鱼等肠长可达体长4～8倍。肉食性的乌鱼、鳜鱼、狗鱼等，胃和肠分明可辨，肠管较短，肠长只有体长的1/3～1/4。

有些鱼类如大黄鱼、鳜鱼、鲭鱼等在胃和肠的交界处生有数目不等的盲囊状突起，称为幽门盲囊（pyloric caecum）；有些鱼类如鲨和鳐等在肠管中有由肠壁向内突出而呈螺旋形的薄片构造，称为螺旋瓣（spiral valve）。这些结构也是鱼类对食物加强消化和吸收的适应。

软骨鱼类有明显成形的胰脏，但硬骨鱼类的胰脏大多数为弥散腺体，一部分甚至完全埋入肝中，构成肝胰脏（hepatopancreas）。这也是鱼类一个特点。

7. 呼吸系统

鱼类的呼吸器官主要是鳃，有些鱼类还有辅助呼吸器官，如皮肤、口咽腔黏膜及鳃上器官等，在肺鱼类，鳔也用于呼吸。需要指出的是无颌类的鳃丝（gill filament）起源于内胚层，而鱼类的鳃丝则起源于外胚层。

鱼类的鳃位于咽喉两侧，位于体内侧的开孔称内鳃裂（internal gill cleft），体外的开孔称外鳃裂（external gill cleft），习惯称鳃孔。鳃由鳃弓、鳃丝（gill filament）和鳃耙构成。鳃弓为鳃的支持骨架，由几片骨骼组成。大部分鱼类有5对鳃弓，第1到第4鳃弓的外缘各着生两列鳃片，内缘着生鳃耙。第5对鳃弓多不长鳃片，有些鱼类，如鲈鱼等第5鳃弓内缘长有下咽齿。

鱼类依靠口和鳃盖的运动，使水出入鳃部，进行呼吸，所以有"鱼儿离不开水"之说。但是，也有些鱼类可以短时间离开水或者在含氧量极低的水中生活。这些鱼在长期适应所处环境的过程中，除用鳃呼吸之外，还能用身体其他部分直接呼吸空气。如鳗鲡、鲇鱼、弹涂鱼等能用皮肤进行呼吸；泥鳅等能吞气入肠进行肠呼吸；黄鳝等行口咽腔表皮呼吸；乌鱼、攀鲈、胡子鲇等能行特有的褶鳃呼吸；肺鱼、雀鳝等能行鳔呼吸。这种兼营呼吸作用的构造，称为辅助呼吸器官。

除软骨鱼和少数硬骨鱼之外，大多数硬骨鱼类的腹腔上部在消化管与脊柱之间有一大而中空的囊状器官即鳔。就整个鱼类而言，鳔的主要作用是呼吸。鳔一般分为2个室，也有1室或者3室的。有些鱼的鳔有一鳔管和食道相通，见于鲤科鱼，这样的鱼属于喉鳔类（Physostomi），多数鱼类没有鳔管，属于闭鳔类（Physoclisti），见于鲈鱼。鱼类由一个水层游到另一个水层，必须调节体内压力，亦即必须调节身体的密度才能适应。所以，鳔的另一个主要功能是调节身体密度。当一条鱼处于水中一定深度时，鳔内积蓄的气体恰好能使鱼体的密度与水环境的密度相等，鱼便不再上升或下沉。如果鱼游向深水，由于水环境的压力增加，鳔中释放出一部分气体，鱼体缩小，使身体密度加大，才能适应新水层的压力。如果鱼游向上层，则发生相反的情况。不过，鳔调节鱼在水中的升降，是一个较为缓慢的过程，如果鱼需要快速升降，鳔不仅不能调节，反而会成为障碍。这就是为什么鲨鱼、鲐鱼、金枪鱼等游泳很快的鱼类没有鳔的原因。常年栖息于水底的鱼类，很少向上游动，所以也没有鳔。

鳔内充满着氧气、二氧化碳及氮气等气体，由鳔内层的一部分微血管组成的红腺（red gland）分泌出来。鳔的后背面有一个卵圆形窗（oval），能把鳔中气体从此处排进邻近的血管里。喉鳔类鳔中气体可以直接由口吸入和排出。

鲤科鱼类的鳔和内耳之间有韦伯氏器（Weber's organ）相连，当大气压改变时，鳔便发生相应的改变，并借韦伯氏器刺激内耳，使鱼体增加对鳔内气体转换的敏感，从而采取适应性行动。有些鱼类如鲂鲱以及大、小黄鱼等，具有能发声的鳔。

8. 循环系统

鱼类的循环系统具体参见第九章第三节，这里只对鱼类循环系统主要特点作一概述。

鱼类心脏很小，重量一般不及体重的1%。在哺乳类，这个比值是4.6%；在鸟类，心脏更大，甚至可达体重的16%。鱼心脏小，推动血液循环的力量也就很弱，血液的流动自然也慢。这和鱼类所进行的新陈代谢活动较低的水生生活方式是相适应的。

鱼类的心脏位于最后1对鳃弓的后面腹部，其位置较其他脊椎动物心脏更向前移，很接近头部，腹面有肩带保护。心脏所在的空间，称为围心腔（pericardial cavity）。此腔借横隔（transverse septum）与腹腔分开。

鱼类具有两腔的心脏，即1个心房、1个心室。心脏中的血液属于缺氧血，血行属于单循环。

肺鱼除用鳃呼吸外，必要时也可用鳔代行肺呼吸，其循环系统因此也就发生了一系列相应的改变。以非洲肺鱼为例，其心房隔为左、右两半，心室也为一不完全的纵隔分为左、右两半，同时动脉圆锥（conus arteriosus）内又生出一个纵隔，把圆锥腔分成2个通路。经心房右侧（右心房）来的缺氧血，穿过心室进入后面2对入鳃动脉；从肺（鳔）静脉来的多氧血，则经心房左侧（左心房）和心室进入前面2对入鳃动脉，这样就在心脏内初步划分出多氧血和缺氧血。最后1对出鳃动脉再各分出1条到鳔去的肺动脉，把缺氧血运到鳔去进行气体交换，完成呼吸的全过程。

9. 尿殖系统

鱼类的泌尿系统和生殖系统在发生过程以及构造上有密切联系，大多使用同样的输导管，并统一对外开孔，即泄殖孔，故合称尿殖系统。

（1）泌尿系统：鱼类在新陈代谢过程中产生的含氮化合物及盐离子（氯、钾、钠等）都是通过泌尿系统不断地排出体外。鱼类的泌尿器官主要有肾脏（kidney）、输尿管（ureter）和膀胱（urinary bladder）组成。

肾脏起源于中胚层的生肾节，在发生上经过前肾（pronephros）和中肾（mesonephros）2个阶段。前肾是脊椎动物最先出现的泌尿器官，位于体腔最前端，由许多按节排列、略弯曲的前肾小管（pronephritic tubule）组成。每个小管有一肾腔口（nephrocoelostome）与体腔相通；肾腔口边缘围有纤毛。背主动脉的分支在各肾腔口附近形成一团微血管球，即肾小球（glomerulus），前肾小管连接到前肾管通到泄殖腔。肾腔口纤毛的不断颤动，将血液和体腔内的代谢产物渗入前肾小管内，然后经前肾管排出体外。前肾系鱼类胚胎时期的主要泌尿器官，只有在仔鱼期以及光鱼和绵鳚（Zoarces）等个别种类的成体仍保留泌尿机能。有些成体硬骨鱼类的肾脏前端尚有前肾的残余，称之为头肾（head kidney），但已不具泌尿机能，而成为一造血器官的淋巴髓质组织。中肾是鱼类成体的泌尿器官，位于体腔背壁、鳔的背方，呈块状，腹面覆有体腔上皮。

肾脏过滤的新陈代谢废物由肾小管汇集到输尿管，借助输尿管肌肉壁的蠕动将尿液排出体外。一般鱼类有输尿管1对。鱼类在胚胎时期，是由前肾行使泌尿的机能，前肾管就是输尿管。到成体，以中肾行使泌尿的机能。

鱼类除去主要泌尿器官肾脏之外，鳃在进行气体交换同时，也进行氮化物和盐分的排泄。鳃主要排泄容易扩散的物质，如氨和尿素，而肾脏主要排泄氮化物分解产物中比较难以扩散的物质，如尿酸、肌酸及肌酸酐等。海水硬骨鱼类的鳃上有特殊的泌盐细胞，向外分泌盐分，借以调节血液的渗透压。

鱼类是终生在水中生活的动物，它们的肾脏除了泌尿功能外，还有一个重要功能是调节身体的水分，使之保持恒定。鱼体内的渗透压和水环境的渗透压差别很大。淡水鱼血液和体液的盐分浓度一般比外界水环境要高些，系一高渗性溶液；按渗透压调节原理，水会不断从体外渗透到体内。因此，淡水鱼肾脏能不断地排出浓度极低、几乎等于清水的尿液，这样体内的水分便得以保持恒定了。相反，海水硬骨鱼血液和体液的盐分浓度，一般比外界水环境低些，系一低渗性溶液，体内水分不断地渗透到体外。为了保持平衡，海水鱼必须大量吞饮海水，其结果导致体内盐分增加。增加的盐分怎么处理呢？海水硬骨鱼的鳃上有一种泌盐细胞，能把体内多余的盐分排出体外，使血液和体液维持正常的浓度不变。

海生软骨鱼类虽与海生硬骨鱼的处境相同，但它们的血液中含有较高浓度的尿素（2%~2.5%；其他脊椎动物一般为0.01%~0.03%），致使其血液和体液的盐分浓度稍高于海水，属微高渗性溶液，所以不但没有像海水硬骨鱼类那样有失水过多之忧，体外的水分反而会渗透进体内。例如，鲨鱼虽生活于海中，也会像淡水鱼那样，经肾脏排去体内多余的水分。

（2）生殖器官：鱼类生殖器官由生殖腺（卵巢和精巢）和输导管（输卵管与输精管）组成。在行体内受精的鱼类，雄鱼还包括特殊的交接器鳍脚。

生殖腺通常由系膜悬系于腹腔背壁，通过系膜与血管、神经发生联系。软骨鱼类、硬骨鱼类的生殖腺大多左、右成对，少数种类左右不对称，或左侧较大，如拟沙丁鱼、香鱼等，或右侧较大，如鲕、拟庸鲽等，或右侧退化，如黄鳝等。也有些鱼类生殖腺每侧有两叶，为四叶生殖腺，如水珍鱼科（Argentinidae）和小口鱼科（Microstomidae）的生殖腺。

一般而言，软骨鱼类雄鱼的输精管由中肾管转变而来，雌鱼的输卵管则由一部分前肾管形成。硬骨鱼不利用肾管而是利用腹膜所围成的管道来充作生殖腺的输导管。这样的输导管在雌鱼中直接与卵巢连接，成熟的卵子不经过体腔就直接进入输卵管。这种现象在其他脊椎动物是没有的。有些鱼类，如鲑鱼等甚至没有输导管，生殖细胞成熟后落入体腔，再由体腔经过特殊的生殖孔排到体外。

10. 神经系统

鱼类的神经系统由中枢神经系统、外周神经系统和植物性神经系统3部分组成，具体参见第九章第五节，这里仅就鱼类神经系统主要特点作一概述。

鱼类脑虽可分为明显5部分，但大脑所占比例还是很小，而且硬骨鱼的大脑背面还只是上皮组织，没有神经细胞。

由于水的透光度比空气差，鱼在水中一般只能看到近处的物体。鱼类眼睛晶状体呈圆球状，缺乏弹性，其曲度又不能改变，只能靠晶体后方的镰状突起（faliciform process）来调节晶体和视网膜之间的距离，所以鱼类都是近视眼。例如，淡水鲑只能看清40 cm以内的物体，经过调节，也不过看到10～12 m的距离。鱼眼虽不能看清远处东西，但因为水有折射光线的作用，鱼能看到空气里的东西，并且所见物体的距离比实际的距离要近。这样，鱼类能够较早发现岸上的人或物而迅速游开。

大多数鱼类没有眼睑，因此鱼类眼总是张开，不能关闭；也没有泪腺，所以不会流泪。这和它们适应水生生活有关。一些能短暂离水爬行的鱼类如弹涂鱼等，适应了空气中的干燥环境，则具有眼睑。鲨鱼的眼球外面有一片活动的第3眼睑即瞬膜（nictitating membrane）遮盖着，鲻鱼类还有所谓脂质眼睑，这些构造的作用，尚不清楚。

鱼类的听觉器官是埋藏在头骨内的内耳。体表不见耳痕。内耳中有听斑，能感受音响；有耳石，能调节平衡。硬骨鱼通常有耳石3块，其形状和大小常因鱼的种类不同而有差异。随着年龄的增加和生长的继续，耳石也相应地成层增大，可借此与其他构造对照研究鱼类的年龄和生长。石首鱼科的黄鱼即以有大的耳石而得名。

鲤科鱼类的韦伯氏管除传递大气压的变化之外，还能感受高频的音波，因此这些鱼类在水中听觉很灵敏，行动也比较机警。

鱼类侧线器官是对水中生活的一种重要适应（水生两栖类也具有），它可以感知低频率振动，所以鱼类可以判断水波的动态、水流的方向、周围生物的活动以及游泳途中的固定障碍物等。鱼类凭借这种感觉能力，即使在昏暗光线下游泳，也不会不辨方向或与外物相撞。有一种盲眼刺鱼能顺利捕食周围活动的小鱼，但如果把这种鱼的侧线破坏，则其捕食反应即行消失。

身体两侧的侧线受迷走神经支配；头部也有侧线分布，受面神经支配。

（二）习性

鱼类广泛分布于江、河、湖泊、海洋以及咸淡水域，有些种类可以在海水和淡水之间洄游。绝大多数鱼类终生生活于水中，只有极少数种类可在无水条件下短暂生存。自然界，作为鱼类生活环境的水复杂多样。除极个别情况如里海东岸的卡腊博加兹哥耳海湾以及我国甘肃的祖历河因含盐量太高鱼类不能生存外，一般水域里都有鱼类生存。地球总面积的71%为海洋所占据，另外大约0.5%是内陆水域。从两极到赤道，从海拔6 000 m的高山溪流到水深10 000 m、1 000个大气压的深海，从几乎不流动的湖水到2 m/s流速的山溪，都有鱼类生存。鱼类对温度适应范围也比较广，如花鳉（*Cyprinodon macularius*）能生活于52℃的山泉中，而北极地区的黑鱼（*Dallia pectoralis*）能在超过-2℃的冰块中僵冻数周，解冻后仍能复活。此外，鱼类适应水中含氧量的幅度是0.7~15.4 mg/L，适应水中盐度的幅度是0.07~70，差别都很大。鱼类有的种类以植物为饵料，有的种类捕食其他动物，有的种类滤食浮游生物，还有的种类属于杂食性。

鱼类为雌雄异体，行有性生殖。但是，少数鱼类存在性逆转现象，在某一季节或一定发育阶段性腺常会出现逆转，如某些石斑鱼，幼鱼到性成熟期为雌性，之后转变为雄性。鱼类的生殖方式多种多样，大致可分成卵生、卵胎生以及假胎生3种类型。绝大多数鱼类为卵生型，即卵子受精后在体外完成全部发育过程。有些鱼类为卵胎生，即卵子在体内受精，受精卵在雌体生殖道内发育，但胚胎的营养是靠自身的卵黄，与母体没有关系或仅靠母体的输卵管提供水分和矿物质，如软骨鱼类中的一些鲨类和鳐类以及硬骨鱼类中的海鲫、黑鲪、褐菖鲉等。某些板鳃鱼类，如灰星鲨、鸢鲼和虹等，其子宫壁上有一些突起，形成类似于哺乳动物胎盘的构造，称为卵黄胎盘（图7.13），其胚胎发育所需营养不仅依赖于自身的卵黄，还能通过血液循环，接受

图7.13　灰星鲨胎儿和卵黄胎盘（自赵盛龙）

母体的营养。卵黄胎盘连于子宫壁上，脐带很长，子宫分为多室，胎儿各居一室，每产10余子。这种类似哺乳动物胎生的繁殖方式，称之为假胎生。

（三）分类

历史上曾采用过的鱼类分类系统很多。按纳尔逊（Joseph S. Nelson）系统，全球鱼类分为盲鳗纲、七鳃鳗纲、盾皮鱼纲（Placodermi）、软骨鱼纲（Chondrichthyes）、棘鱼纲（Acanthodii）、辐鳍鱼纲和肉鳍鱼纲。其中，盾皮鱼纲、棘鱼纲为化石种类，盲鳗纲和七鳃鳗纲属无颌总纲，只有软骨鱼纲、辐鳍鱼纲和肉鳍鱼纲隶属有颌总纲，即鱼总纲。

1. 软骨鱼纲（Chondrichthyes）

内骨骼全部由软骨组成，无硬骨或膜骨，部分鱼类的椎体具辐射状钙化区域，未钙化区域有钙化辐条侵入。脑骨无缝。体常被盾鳞或退化成棘刺。齿多样化。外鳃孔每侧5～7个，开孔于头后部两侧或头部腹面；或1个鳃孔，外具一膜状鳃盖。雄性的腹鳍里侧常特化为鳍脚。分全头亚纲和板鳃亚纲（图7.14）。

A. 黑线银鲛；B. 狭纹虎鲨；C. 鲸鲨；D. 姥鲨；E. 路氏双髻鲨；F. 灰六鳃鲨

图7.14 软骨鱼纲（全头亚纲和板鳃亚纲）鱼类代表种（自赵盛龙等）

（1）全头亚纲（Holocephali）：鳃孔1对，外被一膜状鳃盖。体一般光滑无鳞，背鳍具能活动的棘。雄性除腹鳍鳍脚外，还具腹前鳍脚及额鳍脚。现生种类仅为银鲛目（Chimaeriformes），有3科6属，约50种。代表种为银鲛科（Chimaeridae）的黑线银鲛（*Chimaera phantasma*），分布于西太平洋区，栖息于大陆架及上层斜坡，最大记载体长为1.0 m。主要以小型底栖动物为食，冬季有向近海洄游习性。卵生，卵壳大而呈纺锤形。在我国沿海都有分布，但极罕见。

（2）板鳃亚纲（Elasmobranchii）：具5～7对外鳃孔，开孔于头后部两侧或头部腹面。体被盾鳞或光滑。雄性无腹前鳍脚及额鳍脚。全球记载有13目55科187属，约1 156种。板鳃亚纲也可分成侧孔总目和下孔总目。侧孔总目的鳃孔位于头后部两侧，习称鲨类；下孔总目种类的鳃孔位于腹面，习惯称鳐类。现选重要目，介绍如下。

1）棘鲨目（Echinorhiniformes）：主要特点是鳞小，呈笠状，中央具一棘突，四周具数条辐射状隆起嵴。全球记载仅1科1属2种，在我国台湾海域有笠鳞棘鲨（*Echinorhinus cookei*）1种（图7.15）。

2）角鲨目（Squaliformes）：背鳍2个，常有鳍棘，无臀鳍（图8.14）。常见有白斑角鲨（*Squalus acanthias*，图7.15），在我国，产于黄海和东海。

3）扁鲨目（Squatiniformes）：体平扁，胸鳍扩大，前缘游离。眼背位。鳃孔5个，宽大，位于头部两侧。背鳍2个，无硬棘，无臀鳍。常见的如日本扁鲨（*Squatina japonica*，图7.15），在我国，产于台湾海峡、东海、黄海。

4）锯鲨目（Pristiophoriformes）：吻很长，呈剑状突出，边缘具锯齿，吻腹面中部具皮须1对。鳃孔5个，开孔于头后体侧。背鳍2个，无硬棘。在我国海域仅产日本锯鲨（*Pristiophorus japonicus*，图7.15）。

5）电鳐目（Torpediniformes）：体平扁，头部、躯干及胸鳍连成一体，形成肥厚而光滑的卵圆形体盘。头区两侧有大型发电器官。眼小或退化。皮肤松软。腹鳍小。我国海域有13种，常见有日本单鳍电鳐（*Narke japonica*，图7.15）。

6）锯鳐目（Pristiformes）：体延长，头胸部平扁，后腹部稍侧扁。具鳃孔5对，位于头部腹面，吻很长，呈剑状突出，边缘具锯齿，吻腹面中部无皮须。背鳍2个，无硬棘。我国海域有2种，代表种如尖齿锯鳐（*Anoxypristis cuspidata*，图7.15）。

7）鳐形目（Rajiformes）：体平扁，胸鳍扩大形成体盘。头侧与胸鳍间无大型发电器官，尾部一般粗大，具尾鳍，背鳍2个或无背鳍，无尾刺。代表种如天狗长吻鳐（*Dipturus tengu*，图7.15）。在我国，分布于东海、台湾东岸海区及南海。

8）鲼形目（Myliobatiformes）：体盘宽大，俯视呈圆形、斜方形或菱形等。胸鳍前延，伸达吻端，前部分化为吻鳍或头鳍。背鳍1个或无。尾一般细长成鞭状，上下叶退化，或尾较粗短而具尾鳍，尾刺或有或无。腹鳍前部不分化为足趾状构造。常见有尖嘴魟（*Dasyatis zugei*）、日本蝠鲼（*Mobula japanica*）等（图7.15）。

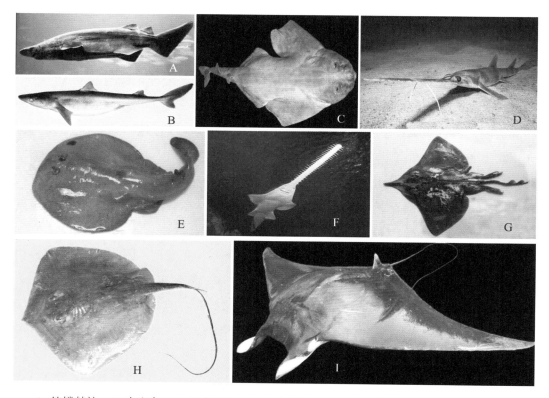

　　A. 笠鳞棘鲨；B. 白斑角；C. 日本扁鲨；D. 日本锯鲨；E. 日本单鳍电鳐；F. 尖齿锯鳐；G. 天狗长吻鳐；H. 光魟；I. 日本蝠鲼

图7.15　软骨鱼纲（板鳃亚纲）鱼类代表种（自赵盛龙等）

　　2. 辐鳍鱼纲（Actinopterygii）

　　辐鳍鱼纲也称条鳍鱼纲，为种类最多的一个类群（图7.16），基本特征是偶鳍无中轴骨，不呈叶状，无内鼻孔。鳞为硬鳞或骨鳞。尾鳍一般为正尾型，内骨骼一般为硬骨，上下颌、鳃盖骨系和肩带等有膜骨出现。心脏具发达的动脉球。通常无喷水孔。分腕鳍鱼亚纲（Cladistia）、软骨硬鳞鱼亚纲和新鳍鱼亚纲，其中，腕鳍鱼亚纲为淡水种类。

　　（1）软骨硬鳞鱼亚纲（Chondrostei）：也称软质亚纲或硬鳞鱼类，为硬骨鱼中最原始的类群。主要特征为具喷水孔，肠内具螺旋瓣，尾柄及尾鳍上叶有菱形硬鳞，

A. 白鲟；B. 中华鲟；C. 海鲢；D. 长背鱼；E. 日本鳗鲡；F. 宽咽鱼

图7.16　辐鳍鱼纲（软骨硬鳞鱼亚纲和新鳍亚纲）鱼类代表种（自赵盛龙等）

歪型尾。现生仅有鲟形目，2科6属，共28种，其中大部分为淡水种类，少数为海淡水洄游种类。代表种如中华鲟（*Acipenser sinensis*），为我国特有种，国家 I 级保护动物，主要生活在长江和近海，为底层、洄游或半洄游性鱼类，以摇蚊和水生昆虫的幼虫、软体动物以及小型鱼类为食。最大个体可达600 kg。生长较快，但性成熟较晚，通常雄性9～22龄，雌性16～20龄为生殖年龄，最长寿命可达40龄。卵生，产卵盛期为10月中、下旬，产卵场往往是在江面宽窄相间、上有深水急滩、下有宽阔的石砾或卵石的河床。

（2）新鳍亚纲（Neopterygii）：主要特征为背鳍和臀鳍鳍基条数与支鳍骨数一致，包括全骨鱼类（Holostei）和真骨鱼类（Teleostei），为现生鱼类中数量最多的一个亚纲。共有42个目，其中，雀鳝目（Lepisosteiformes）、弓鳍鱼目（Amiiformes）、月眼鱼目（Hiodontiformes）、骨舌鱼目（Osteoglossiformes）、鲤形目（Cypriniformes）、脂鲤目（Characiformes）、电鳗目（Gymnotiformes）、狗鱼目（Esociformes）、鲑鲈目（Percopsiformes）、鳉形目（Cyprinodontiformes）、合鳃鱼目（Synbranchiformes）为纯淡水鱼类。

1）海鲢目（Elopiformes）：体长条状，略侧扁。被圆鳞，侧线完全，腹部无棱鳞，偶鳍基部具发达的腋鳞。颏部喉板发达。鳃盖条23～35条。背鳍1个，无硬棘。腹鳍腹位，尾鳍深叉形。常见种有海鲢（*Elops machnata*）。在我国，产于黄海南部、东海、台湾海峡以及海南清澜近海。

2）北梭鱼目（Albuliformes）：下颌感觉管位于齿骨与角骨开放的沟内，喉板缺如或退化呈一薄片。代表种如长背鱼（*Pterothrissus gissu*）。

3）鳗鲡目（Anguilliformes）：体延长，圆筒形，通常无腹鳍。鳃孔狭窄。各鳍均无棘，背鳍、臀鳍长，常与尾鳍相连。胸鳍有或无。体鳞不明显，退化或埋于皮下。代表种如日本鳗鲡（*Anguilla japonica*），俗称河鳗，暖温带降河性洄游鱼类。在我国，见于各大江河及其通江湖泊、沿海。幼鳗由海入河，成鳗降河入海，并在海中产卵。

4）囊鳃鳗目（Saccopharyngiformes）：为高度特化的鱼类，体延长呈鳗形，眼细小，近前端。口巨大，两颌甚长，舌颌骨和方骨也极长，续骨、鳃盖骨、鳞片、腹鳍、肋骨、幽门盲囊和鳔均缺如。尾鳍无或残存。鳃孔腹位，背鳍和臀鳍延长。代表种如宽咽鱼（*Eurypharynx pelecanoides*）。

5）鲱形目（Clupeiformes）：体长，侧扁。腹部圆，常具棱鳞。头部具黏液管。口裂小或中等大。齿小或不发达，个别种类具犬齿。多数种类鳃耙细长。无喉板。体被圆鳞，胸鳍和腹鳍基部具腋鳞。无侧线，或仅在身体前部2个或5个鳞片有侧线。背鳍1个，无棘，常后位。常见有刀鲚（*Coilia nasus*；图7.17），海淡水洄游性鱼类，也是长江口重要经济鱼类之一。平时生活在海里，每年2～3月份成熟个体，成群由海入江，成鱼以小鱼和虾为食，幼鱼则以端足类、枝角类、桡足类为食。见于日本、朝鲜及韩国。在我国，分布于北起辽河，南至广东沿海及与海相通的河流、湖泊。

6）鼠鱚目（Gonorhynchiformes）：体圆柱形或侧扁。腹部无棱鳞。颊部无喉板。眼被脂眼睑覆盖。具上鳃器官。口小，下位或前位。鳃盖条3～4条。体被圆鳞或栉鳞。胸鳍和腹鳍基部具窄长腋鳞。具侧线。背鳍1个，无硬棘。尾鳍分叉，或浅或深。常见为遮目鱼（*Chanos chanos*；图7.17），俗称麻虱目、海港鱼、细鳞仔鱼、虱目鱼等。在我国各海区均有分布。

7）鲶形目（Siluriformes）：体被小刺或骨板片，或裸露。口不突出，两颌具齿，有口须数对，颌骨退化，仅留痕迹。前鳃盖骨和间鳃盖骨小，犁骨、翼骨和腭骨均具齿。脂鳍常存在，背鳍和胸鳍前常具棘，眼常较小。常见种有线鳗鲶（*Plotosus lineatus*；图7.17）。在我国，见于东海、台湾海峡及南海。

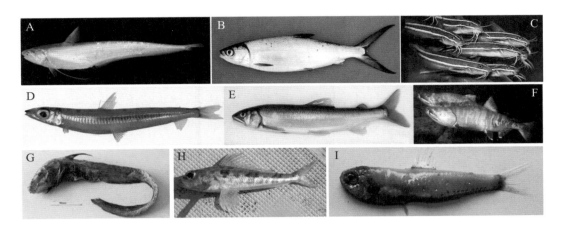

A. 刀鲚；B. 遮目鱼；C. 线鳗鲇；D. 鹿儿岛水珍鱼；E. 香鱼；F. 大麻哈鱼；G. 紫鮹鱼；H. 日本姬鱼；I. 七星底灯鱼

图7.17　辐鳍鱼纲（新鳍亚纲）鱼类代表种（1）（自赵盛龙等）

8）水珍鱼目（Argentiniformes）：体侧面观长椭圆形，侧扁。头高大于头宽。眼大。鳃耙多而细长，具假鳃。发光器缺如或留有痕迹。体被薄圆鳞，有时无鳞，头部裸露。侧线明显。背鳍和臀鳍均位于体的后部。脂鳍有或无。胸鳍短小，下侧位，有时具丝状延长鳍条。腹鳍腹位，尾鳍深叉形。常见种如鹿儿岛水珍鱼（*Argentina kagoshimae*；图7.17）。

9）胡瓜鱼目（Osmeriformes）：上颌口缘一般由前颌骨与上颌骨组成。上前鳃盖骨或有或无。体被圆鳞或光滑无鳞，胸鳍和腹鳍有时有腋鳞。侧线存在。背鳍1个，无硬棘。具脂鳍。上、下颌具齿，胸鳍下侧位，腹鳍腹位。发光器有或无；鳔如存在，大多具鳔管。常见种有香鱼（*Plecoglossus altivelis*；图7.17）、银鱼等。香鱼为咸淡水洄游性种类，秋季在河口产卵，幼鱼入海越冬。在我国，主要分布于东海、黄海和渤海。

10）鲑形目（Salmoniformes）：上颌缘一般由前颌骨与上颌骨构成，具齿；一般有前、后脂眼睑；多数有脂鳍，位于背鳍后或臀鳍前；发光器有或无；鳔如存在，大多具鳔管；一般被圆鳞；通常胸鳍位低，腹鳍腹位。常见是大麻哈鱼（*Oncorhynchus keta*；图7.17），分布于北太平洋，为典型的冷水性溯河产卵洄游鱼类，河里产卵，仔鱼长至50 mm时开始降河下海，成熟后再回归原繁殖场地产卵。

11）巨口鱼目（Stomiiformes）：体长梭形，或侧扁而向后渐细尖。口裂大，两颌具齿。体具发光器。头体裸露无鳞，若被鳞，则为圆鳞，易脱落；通常不具脂鳍，或背腹面均具脂鳍。记载有5科52属，约412种，为小型发光鱼类。

12）辫鱼目（Ateleopodiformes）：也称软腕鱼目，体延长，稍侧扁，但不呈带状。口下位，齿细小。体光滑无鳞，呈胶状，半透明，黏滑。背鳍基短，位于头后上方。臀鳍基底长，且与尾鳍相连。腹鳍喉位，具1枚丝状鳍条及1~3枚退化鳍条。无脂鳍。肛门位于体前半部。骨骼几乎全为软骨。代表种有紫辫鱼（*Ateleopus purpureus*；图7.17）。在我国，东海、台湾海峡和南海深海有分布。

13）仙女鱼目（Aulopiformes）：口大，上颌边缘常由前颌骨组成。体通常被圆鳞，具侧线。背鳍1个，无鳍棘。通常具脂鳍。腹鳍通常腹位，有时位于胸鳍下方，具6~13枚鳍条。腰骨不与肩骨相连。通常具脂鳍，无发光器，如日本姬鱼（*Hime japonica*；图7.17）。

14）灯笼鱼目（Myctophiformes）：小型发光鱼类，一般发光器明显，口大，口裂一般远达眼后缘，体通常被圆鳞，具侧线。背鳍1个，无鳍棘，通常具脂鳍，腹鳍通常腹位，有时位于胸鳍下方，具6~13枚鳍条。常见有七星底灯鱼（*Benthosema pterotum*；图7.17）等。

15）月鱼目（Lampridiformes）：体延长呈带状，或纵高侧扁。口小，两颌一般能伸缩，口裂上缘由前颌骨及上颌骨组成。鳃盖各骨无棘。体通常被圆鳞或无鳞。鳍无真正鳍棘。腹鳍如存在则胸位或喉位，鳍条1~17枚，有时甚微小或消失。常见种有斑点月鱼（*Lampris guttatus*；图7.18），为外洋性中、表层水域大型洄游鱼类，有成群习性，喜食章鱼、柔鱼等头足类。

16）须鳂目（Polymixiiformes）：也称银眼鲷目，体侧扁，背、腹缘近圆弧状。体被栉鳞，侧线完整，侧上位。背鳍1个，鳍棘发达。腹鳍胸位。口大，前位，腭骨与犁骨具齿，颏部具须1对。常见种如日本须鳂（*Polymixia japonica*；图7.18）。

17）鳕形目（Gadiformes）：体延长。口前位、亚前位或下位。口裂上缘仅由前颌骨组成，少数能伸缩。腭骨和前翼骨无齿。犁骨和中筛骨被吻软骨隔开。每侧鼻孔2个。背鳍1~3个，臀鳍1~2个。腹鳍腹位或喉位。除长尾鳕类外，鳍无棘。胸鳍侧位。尾鳍退化或不存在。背鳍、臀鳍基底很长，其后缘达尾的后部。被圆鳞，无脂鳍。常见种有太平洋鳕（*Gadus macrocephalus*；图7.18），也称大头鳕、明太鱼，为底层冷水性群聚鱼类，以其他鱼类、甲壳类及软体动物等为食。

18）鼬鳚目（Ophidiiformes）：体稍延长。口裂大，上颌骨后端达到或超过眼的后缘。体被小圆鳞或无鳞。背鳍、臀鳍基底甚长，后伸达尾鳍或与尾鳍相连，无鳍棘。腹鳍如存在，为喉位或颏位（极少数为胸位）。左、右腹鳍的基底紧靠在一起，

A. 斑点月鱼；B. 日本须鳂；C. 太平洋鳕；D. 纤细隐鱼；E. 海湾豹蟾鱼；F. 黄鮟鱇；G. 鲮；H. 凡氏下银汉鱼；I. 尖头文鳐鱼；J. 须皮鱼

图7.18　辐鳍鱼纲（新鳍亚纲）鱼类代表种（2）（自赵盛龙等）

有1~2枚鳍条，少数种类有一极小的鳍棘。鳃盖骨呈"∧"形。肛门腹位或喉位。本目中的纤细隐鱼（*Encheliophis gracilis*；图7.18）因经常潜生于海参的肠道而得名，将尖尖的尾插入海参的排泄口，只把头露在外面，捕食微小的甲壳类动物。

19）蟾鱼目（Batrachoidiformes）：体延长，圆锥形或前部平扁、后部侧扁。体裸露无鳞或被小圆鳞。头宽大，通常平扁。眼位高。口大，口裂由前颌骨和上颌骨组成。无肋骨和幽门盲囊。腹鳍喉位，有1棘，2~3枚鳍条。胸鳍4~5枚支鳍骨，下端及末端扩大。鳃3对，鳃盖膜宽，与颊部相连。鳃盖条6枚，有鳔，如海湾豹蟾鱼（*Opsanus beta*；图7.18）。

20）鮟鱇目（Lophiiformes）：体粗短或稍延长，有球形、长卵形、平扁或侧扁。头大，平扁或侧扁。无顶骨，如顶骨存在，常被上枕骨所分离。眼一般较小，位于头的背面或头侧。口宽大，一般上位。上颌骨由前颌骨组成，常可伸缩。下颌一般突出。颌齿形状因种类而有不同，从小绒毛状到大的尖齿都有。鳃盖骨细小，鳃盖条5~6枚，假鳃有或无。体无鳞，皮肤裸露或具皮质突起、小骨片、硬棘或小棘。背鳍由鳍棘和鳍条部组成。胸鳍具2~4枚长辐状骨，下方最后一个辐状骨末端颇扩大，形成假臂。腹鳍一般喉位，具1枚鳍棘、5枚鳍条，或无腹鳍。我国沿海最常见种有黄鮟鱇（*Lophius litulon*）和黑鮟鱇（*Lophiomus setigerus*；图7.18）。

21）鲻形目（Mugiliformes）：体延长，稍侧扁。脂眼睑常发达。口小，齿细弱，绒毛状，或无齿。第3、4上咽骨愈合。鳃耙多而细长。无侧线或侧线不明显。

背鳍2个，胸鳍中侧位或上侧位。腹部脊椎骨无椎体横突。鲅（*Liza haematocheila*；图7.18）是本目中最常见的河口性鱼类，冬天至深水越冬，春天游向浅海，幼鱼以食浮游硅藻及桡足类为主，成鱼食腐败有机质及泥沙中小生物为主，在我国沿海均有分布。

22）银汉鱼目（Atheriniformes）：为沿海小型鱼类，体侧面观椭圆形或延长，稍侧扁。口可伸缩，上颌口缘由前颌骨组成。代表种凡氏下银汉鱼（*Hypoatherina valenciennei*；图7.18）。

23）颌针鱼目（Beloniformes）：也称鹤鱵目，基本体形为长梭形，后部明显侧扁，尾鳍叉形。包括两大类：一类为颌针鱼类，头中等大，眼大，吻短钝或上下颌延长呈喙状或仅下颌延长，齿小，或呈三峰状，体具侧线，沿体腹部延伸；另一类怪颌鱵类（原鳉形目中的一个科），上下颌特别扩大，吻部呈铲状。常见有尖头文鳐鱼（*Hirundichthys oxycephalus*；图7.18），俗称飞鱼，常成群，喜近水面游泳，尾鳍下叶急剧运动，借胸鳍扩大而滑翔水上一定距离。在我国，产于东海和黄、渤海。

24）奇金眼鲷目（Stephanoberyciformes）：也称奇鲷目。体侧面观通常椭圆形或长椭圆形。头较大。眼小或甚至退化，侧位。口中等大或特大，无眶蝶骨、眶下骨架，辅上颌骨无或退化。腭骨、犁骨无齿。代表种须皮鱼（*Barbourisia rufa*；图7.18）。

25）金眼鲷目（Beryciformes）：体侧面观通常呈长椭圆形，侧扁。头中等大。口较大，斜裂。颏部无须。犁骨与腭骨具齿。具眶蝶骨、眶下骨。辅上颌骨1或2块。鳃盖条8或9。背鳍和臀鳍棘有或无。腹鳍胸位，0~1枚鳍棘，3或5~10枚鳍条。代表种有日本松球鱼（*Monocentris japonica*；图7.19）。

26）海鲂目（Zeiformes）：也称的鲷目，体颇侧扁而高。上颌多少可伸缩，无辅上颌骨。体被细小圆鳞或栉鳞，或仅具痕迹。背鳍与臀鳍基部及胸腹部具棘状骨板或无。背鳍鳍棘5~10枚。臀鳍鳍棘0~4枚。腹鳍胸位，通常具1枚棘、5~9枚鳍条，或具6~10枚鳍条，无鳍棘。尾鳍具11~15枚鳍条，上下两鳍条不分支。鳃盖条骨6~8条。无眶蝶骨。后颞骨两叉形，与头骨密接。第1脊椎骨与颅骨密切接连。脊椎骨21~46。鳔无管。常见种有海鲂（*Zeus faber*；图7.19），在我国沿海均有分布。

27）刺鱼目（Gasterosteiformes）：体延长，侧扁或呈管状。口小，前位，吻一般呈管状，齿有或无。侧线有或无，体被栉鳞或裸露无鳞或被骨板或甲片。背鳍1~2个，第1背鳍存在时则为鳍棘，常游离。腹鳍腹位至亚胸位，具3~7枚鳍条，或1枚棘2~3枚鳍条，或无腹鳍。尾鳍叉形，或无尾鳍。常分为刺鱼亚目（Gasterosteoidei）和海龙亚目（Syngnathoidei）。常见种有烟管鱼、海马、海龙（图7.19）等。

28）鲉形目（Scorpaeniformes）：体稍延长，侧扁或平扁。头部各种棘突多。体被栉鳞、圆鳞、绒毛状细刺或骨板，或光滑无鳞。上、下颌齿一般均细小，犁骨及腭骨常具齿。具假鳃。背鳍1～2个，由鳍棘部和鳍条部组成。臀鳍具1～3枚鳍棘，或消失。胸鳍宽大，有或无指状游离鳍条。腹鳍胸位或亚胸位，具1枚鳍棘、2～5枚鳍条，有时连合成吸盘。常见种有勒氏蓑鲉（*Pterois russelii*）、玫瑰毒鲉（*Synanceia verrucosa*；图7.19）。玫瑰毒鲉俗称石鱼，为印度洋及太平洋热带的底层食肉性鱼类，常隐伏珊瑚礁或海藻内，袭食其他动物。本目鱼类的棘大多有剧毒，严重时可致人死亡。

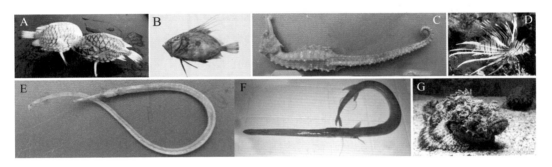

A. 日本松球鱼；B. 海鲂；C. 海马；D. 勒氏蓑鲉；E. 海龙；F. 烟管鱼；G. 玫瑰毒鲉

图7.19　辐鳍鱼纲（新鳍亚纲）鱼类代表种（3）（自赵盛龙等）

29）鲈形目（Perciformes）：为真骨鱼类中种类最多的一个目。形态差异极大，很难用单一、简单的特征进行鉴别，但多数种类都有以下特征：鳔无管；背鳍、臀鳍和腹鳍一般均具鳍棘；通常有2个背鳍，第1背鳍通常由鳍棘组成，第2背鳍由鳍条或由鳍棘和鳍条组成；无脂鳍；腹鳍一般具1枚鳍棘、5枚鳍条，位于胸鳍基部的下方或前下方；尾鳍主鳍条在17枚以下；口上缘由前颌骨参加组成；眼与头骨对称；肩带无中乌喙骨，无眶蝶骨；后颞骨通常分叉；有中筛骨；无韦伯氏器；具背肋和腹肋，无肌间骨。本目鱼类常分20个亚目160科1 791属10 757种。常见的有花鲈（*Lateolabrax japonicus*）、青石斑鱼（*Epinephelus awoara*）、长尾大眼鲷（*Priacanthus tayenus*）、军曹鱼（*Rachycentron canadum*）、蓝圆鲹（*Decapterus maruadsi*）、横带髭鲷（*Hapalogenys mucronatus*）、大黄鱼（*Larimichthys crocea*）、小黄鱼（*Larimichthys polyactis*）、朴蝴蝶鱼（*Chaetodon modestus*）、银鲳（*Pampus argenteus*）、带鱼（*Trichiurus lepturus*）、蓝点马鲛（*Scomberomorus niphonius*）等（图7.20）。本目很多种类为经济鱼类。

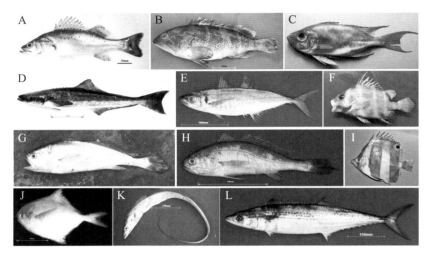

A. 花鲈；B. 青石斑鱼；C. 长尾大眼鲷；D. 军曹鱼；E. 蓝圆鲹；F. 横带髭鲷；G. 大黄鱼；H. 小黄鱼；I. 朴蝴蝶鱼；J. 银鲳；K. 带鱼；L. 蓝点马鲛

图7.20　辐鳍鱼纲（新鳍亚纲）鱼类代表种（4）（自赵盛龙等）

30）鲽形目（Pleuronectiformes）：体侧扁，卵形、长椭球形或长舌状，成鱼身体左右不对称，两眼位于头的同一侧，两侧鳞、侧线、偶鳍及前部头骨也常不对称。常见种有褐牙鲆（*Paralichthys olivaceus*）、高眼鲽（*Cleisthenes herzensteini*）、角木叶鲽（*Pleuronichthys cornutus*）、带纹条鳎（*Zebrias zebra*）、窄体舌鳎（*Cynoglossus gracilis*）等（图7.21），其中许多种类是我国的主要经济鱼类。

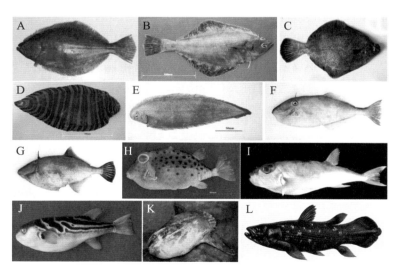

A. 褐牙鲆；B. 高眼鲽；C. 角木叶鲽；D. 带纹条鳎；E. 窄体舌鳎；F. 单角革鲀；G. 绿鳍马面鲀；H. 棘箱鲀；I. 棕斑兔头鲀；J. 黄鳍东方鲀；K. 翻车鲀；L. 矛尾鱼

图7.21　辐鳍鱼纲、肉鳍鱼纲鱼类代表种（5）（自赵盛龙等）

31）鲀形目（Tetraodontiformes）：前颌骨与上颌骨相连或愈合。齿圆锥状、门齿状或愈合成喙状齿板。鳃孔小，侧位。体被骨化鳞片、骨板、小刺，或裸露。背鳍1～2个。腹鳍胸位、亚胸位或消失。本目许多种类属经济或名贵鱼类，如单角革鲀（*Aluterus monoceros*）、绿鳍马面鲀（*Thamnaconus modestus*）、棘箱鲀（*Kentrocapros aculeatus*）、棕斑兔头鲀（*Lagocephalus spadiceus*）、黄鳍东方鲀（*Takifugu xanthopterus*）、翻车鲀（*Mola mola*）等（图7.21）。

3. 肉鳍鱼纲（Sarcopterygii）

最早出现在泥盆纪，现生种类很少，与其他硬骨鱼类（辐鳍鱼类）的最主要区别是偶鳍基部有较发达的肌肉及粗壮的中轴骨骼。背鳍2个，偶鳍叶状，具一分节的中轴骨，其两侧有羽状排列的支鳍骨。无椎体而具未骨化的弹性脊索，被圆鳞式硬鳞。本纲鱼类分为腔棘亚纲（Coelacanthi）和肺鱼亚纲（Dipneusti），共4科4属8种，但仅矛尾鱼科（Latimeriidae）的2种分布于海洋。矛尾鱼（*Latimeria chalumnae*）被称为是"活化石"。过去一直认为4亿年前曾生活在淡水中，到了7 000万年前的白垩纪已全部灭绝，但1938年在东印度洋马达加斯加附近的科莫罗斯群岛鲁麻河入海口处偶然捕捞到1尾，以后又陆续在靠近非洲的印度洋中捕捞到80余尾。

（四）系统发生

鱼类是从什么动物演化而来呢？根据已有的古生物学资料，比较一致的看法是从原始无头类发展成为原始有头类，出现了原始的脊椎动物，以后即循着2个方向发展，分别产生了无颌类和有颌类。无颌类的远古代表，就现有材料看来，是出现于奥陶纪而繁盛于志留纪的甲胄鱼，无颌类留存至今的后代便是七鳃鳗等圆口纲的动物。

有颌类最低等的类群是鱼总纲种类。已有的化石资料显示，现代的各种鱼类是由和甲胄鱼亲缘关系很近的盾皮鱼类（Placoderm）演化而来。盾皮鱼类的化石出现于志留纪后期，比甲胄鱼稍晚些，到泥盆纪末已大部分灭绝。它们因体外被有盾形的骨质甲板而得名，与甲胄鱼形态相似，但具有成对的鼻孔以及上、下颌和偶鳍，从而增强了感觉、摄食和运动的能力，这就比甲胄鱼有了很大进步。

现在盾皮鱼被普遍认为就是颌口类动物的远祖，其中出现最早的是棘刺鱼（Acanthodii）。现代鱼类的渊源，可以追溯到这类动物。盾皮鱼在生存和发展过程中，一部分进化为软骨鱼类，一部分进化为硬骨鱼类。

三、两栖纲（Amphibia）

两栖纲是从水生开始向陆生过渡的一个类群，具有初步适应于陆地生活的躯体结构，但受精卵和幼体发育仍需在水中进行。幼体用鳃呼吸，经过变态（metamorphosis）而上陆生活。这是两栖类区别于其他所有脊椎动物的根本特征。

（一）主要特征

两栖类是原始的、最初登陆的、具五趾型的四足动物。其皮肤裸露，分泌腺丰富，行混合型血液循环。

1. 外形

现存两栖类体形大致可分为蠕虫状、鱼状和蛙状。最原始种类的特化类群营穴居生活，四肢已经完全退化，外观似蠕虫，如蚓螈（*Caecilia pachynema*）。水栖种类外观似鱼，四肢趋于退化，如娃娃鱼（*Megalobatrachus japonicus*）。陆生种类体形如蛙，是适应跳跃生活的特化类群。由此可见，现存两栖类适应于多种生活方式，在外形（以及躯体结构）方面已经或多或少改变了其原始四足类祖先所具有的模式，发生了不同程度的特化。

2. 皮肤

皮肤裸露，富于腺体，是现代两栖类的显著特征。皮肤富于腺体，经常保持湿润，与两栖类利用皮肤呼吸有密切关系。皮肤呼吸在两栖类占有重要地位，皮肤表面积与肺呼吸表面积的比例为3∶2，在冬眠期间几乎全靠皮肤呼吸。皮肤表面的黏液还可能是两栖类调节体温的一种途径。黏液腺多为细胞腺体，这点与鱼类不同。皮肤的毒腺为黏液腺的变形。

皮肤由表皮和真皮组成。陆生种类如蟾蜍表皮表面有轻微角质化现象。两栖类一年内蜕几次皮的现象十分普遍。皮肤内具有色素细胞，其形态变化可以引起体色改变，是低等动物具有的一种保护色适应。真皮内具有丰富的血管，蛙类皮下还具有发达的淋巴间隙，这都与皮肤呼吸有密切关系。

3. 骨骼

两栖类的脊柱比鱼类有较大变化，由颈椎（cervical vertebra）、躯干椎、荐椎（sacral vertebra）和尾椎组成。具有颈椎和荐椎是陆生动物的特征。颈椎和头骨的枕骨髁相关节，从而头部有了上下运动的可能性。荐椎与腰带的髂骨联结，从而后肢获得了稳固的支持。但与真正陆栖脊椎动物比较，它们的功能尚处于不完善水平，如颈椎和荐椎均为1枚，使运动及支持的功能都不够强大。

脊椎骨的数目，不同种类变化很大，10～100枚。一般来说，陆栖种类的进化趋势是脊柱变短，这是因为水栖的躯体波浪状摆动的运动方式被陆生的四肢运动所代替的缘故。

古两栖类（如坚头类）的头骨膜性硬骨骨化良好，与古代总鳍鱼（属肉鳍鱼类）的头骨极为相似，只是缺乏鱼类所特有的鳃盖骨。现代两栖类头骨极为特化：软骨脑颅骨化不佳、膜性硬骨大量消失。头骨的这种变化，可能与营跳跃生活而减轻体重有关。

4. 肌肉

躯干肌肉在水生种类无明显特化。陆生种类的原始肌肉分节现象已被破坏，改变为纵行的或斜行的长肌肉群，节制头骨和脊柱运动。腹侧肌肉多成片状并有分层现象，各层肌纤维走向不同。具四肢肌肉。鳃肌退化。

5. 消化

两栖类口腔结构较复杂，反映了陆生动物与鱼类的重大区别。消化道及消化腺与鱼类没有本质区别。具有泄殖腔。

水生脊椎动物不存在吞食困难。陆地动物则存在着干燥食物难以吞咽的矛盾。两栖类所具备的肌肉质舌和分泌黏液的唾液腺，能使食物湿润和易于吞咽，是四足动物的共同特征。青蛙舌的结构比较特殊，是作为捕食器官的一种特化。口咽腔内具内鼻孔、耳咽管孔、喉门和食道开口。蛙类在口腔两侧或底部有时具有1对或单个声囊（vocal sac）开口。声囊为发声的共鸣器。

6. 呼吸

两栖类动物具1对肺，结构简单。借短的喉气管开口于咽部。喉气管上端稍膨大处为喉腔。喉和气管是肺呼吸动物的结构，内壁具有环状的软骨支撑，对保证气体畅通具有重要意义。但两栖类的结构尚不够完善。

两栖类由于不具肋骨和胸骨，肺呼吸是采用特殊的咽式呼吸完成。吸气时口底下降、鼻孔张开，空气进入口腔，然后鼻孔关闭、口底上升，将气体压入肺内。若口底下降，则肺的弹性回收将气体压入口腔。可以反复多次以充分利用空气中的氧气，并减少失水。呼气时鼻孔张开而气体排出。

两栖类皮肤呼吸占有突出地位。口咽腔内膜也具有辅助呼吸作用。在水栖类群鳃的结构复杂，鳃和皮肤为主要呼吸器官。肺结构更为简单，有的甚至完全退化。

7. 循环

不完善的双循环和体动脉内含有混合血液，是两栖类的特征。肺呼吸导致双循环的出现（见第九章第三节）。双循环提高了血液循环的压力和速度。

心脏由4部分组成，即静脉窦、心房、心室和动脉圆锥。心房出现分隔，形成左心房和右心房。左心房接受含有丰富氧气的肺静脉血液，右心房接受含有二氧化碳的静脉血窦血液。左、右心房血液共同汇入心室。心室内的肌柱可以减少动、静脉血液的混合。动脉圆锥自心室的右侧发出,远端陆续分出肺动脉、体动脉和颈动脉,分别把含氧量不同的血液输送到相应器官。动脉圆锥内具有螺旋瓣(spiral valve),能随动脉圆锥的收缩而转动,具有辅助分配含氧量不同的血液的作用。

当心室收缩时,由于动脉圆锥的位置与存在,心室右侧含氧少的血液首先搏出而进入肺动脉。这是由肺动脉出口距心脏最近、阻力较小以及螺旋瓣对血液的分流所致。随后,心室中部的混合血进入体动脉。这是由于肺动脉内已充血而阻力增高,颈动脉腺增大颈动脉的阻力以及螺旋瓣随动脉圆锥收缩而转动。最后,心室左侧的含氧充足的血液经颈动脉供应头部及脑血管。

肺循环出现和鳃循环的消失(水生种类尚保留鳃血管),使原有的鳃动脉弓发生重大变化:相当于原始鱼类的第1、2、5对动脉弓消失;第3对动脉弓构成颈动脉,供应头部血液;第4对动脉弓构成体动脉,供应全身血液;第6对动脉弓构成肺皮动脉,供应肺及皮肤血液。从而,出现了肺循环和体循环,称为双循环。这种模式为四足动物的基本模型。

肺静脉(pulmonary vein)进入左心房。前大静脉(precava)、后大静脉(postcava)以及肝静脉分别汇集头部、体躯、皮肤、肾脏以及肝脏血液注入静脉窦。肝门静脉与肾门静脉分别汇集消化道、尾以及后肢血液注入肝脏和肾脏。两栖类的腹静脉也收集后肢、腹壁以及膀胱血液注入肝门静脉。因此,后肢血液需经过肾门静脉和肝门静脉才能回心。

两栖类淋巴系统在皮下扩展成淋巴腔隙。具有两对能搏动的淋巴心(lymph heart)以推动淋巴液回心。两栖类不具淋巴结。

8. 尿殖系统

两栖类动物具有1对肾脏(中肾)。尿经输尿管入泄殖腔(cloaca)。泄殖腔腹面具膀胱(urinary bladder)的开口。两栖类皮肤的可透性使之面临严峻的渗透压维持问题。浸入水内的两栖类,会有大量水分透入体内,上陆后就存在失水而干枯的问题。两栖类肾小球过滤效能甚高,每日滤水量可达身体重量的1/3(人为1/50),可维持在水中时的体内水分平衡。但肾小管对水的重吸收作用不强,因而具有巨大的膀胱执行重吸收的功能,有利于在陆地时保持水分。

两栖类动物雄性具1对精巢。输精小管经肾脏、输尿管到泄殖腔而将精子排出体外。雌性具1对卵巢。卵子成熟后,经腹腔而进入输卵管的开口(喇叭口)。输卵管开口于泄殖腔。

两栖类动物生殖腺前方具有黄色的脂肪体，为繁殖期间供生殖腺细胞营养之用。

两栖类动物体外受精。卵子在水中发育。幼体经过变态形成成体。

9. 神经

两栖类动物的脑基本上与鱼类类似。中脑视叶发达，构成高级中枢，但两栖类的大脑半球（cerebral hemisphere）分化比鱼类明显，顶壁已出现一些零散的神经细胞，称为原脑皮（archicerebrum），仍司视觉。小脑不发达，与运动方式简单有关。

两栖类动物脊髓与鱼类无明显区别，但有缩短的趋势。由于四肢出现，肩及腰部脊神经集聚成神经丛。

10. 感觉器官

两栖类适应于陆生的特征表现在眼球角膜呈凸形，水晶体在陆生类型（如蛙）已略呈扁圆，有助于把较远的物体聚焦。虹膜具环肌及辐射状肌来调节瞳孔的大小，节制眼球内的进光程度。具有水晶体牵引肌（protractor lentis muscle），能将水晶体前拉聚光。

陆生动物必须具有保护眼球、防止干燥的结构。青蛙具有可动的下眼睑（eyelid）以及泪腺（lachrymal gland）。水栖类型眼球似鱼，水晶体圆。不具眼睑和泪腺。

两栖类适应感觉声波而产生了中耳（middle ear），中耳腔（tympanic cavity）借耳咽管与咽腔连通。中耳腔的外膜即为鼓膜（tympanic membrane）。耳柱骨为鼓膜与内耳卵圆窗之间的听骨。声波对鼓膜的振动，可经耳柱骨传入内耳。耳咽管通过咽腔可平衡鼓膜内外的压力。

两栖类嗅觉尚不完善，鼻腔内的嗅黏膜平坦。但嗅黏膜的一部分变形为犁鼻器（vomeronasal organ），是一种味觉感受器，为四足动物所具有。

水栖类型、蝌蚪以及少数无尾两栖类具有侧线器官。侧线器官能感觉水压变化，在头部及躯体两侧对称排列，有助于对有关物体的方向以及大小的鉴别。

（二）分类

两栖类现生种类分为无尾目（成体不具尾）、有尾目（具有长尾）和无足目（营穴居生活的特化类型），40科4 000余种。海洋种类仅1目1科1种，即无尾目的海陆蛙（*Rana cancriuvora*）。海陆蛙是迄今所知唯一能在海水或近海半咸水中生活的蛙类（图7.22），活动范围不会超出咸水区域50～100 m。其体长一般6～8 cm，头长等于或略大于头宽；吻端钝尖，吻棱圆，不显著；鼓膜大而明显；犁鼻骨极强，舌后端缺刻深；前肢较短，后肢粗壮；背部褐黄色，皮肤粗糙；背面和体侧有黑褐色斑纹；

图7.22　海陆蛙

上、下唇缘有6~8条深色纵纹。主要以蟹类为食，故又名食蟹蛙。白天多隐蔽于洞穴或红树林根系之间，傍晚到海边觅食。在我国台湾、广东、澳门、海南和广西均有分布。

（三）系统演化

两栖类起源于古代的肉鳍鱼类。在古生泥盆纪（距今约3.5亿年），地球气候温暖而潮湿，羊齿植物空前繁茂，大量植物残体使某些水域败坏、氧气缺乏并导致干枯。鳃呼吸的古代硬骨鱼类一旦离水，鳃丝便粘连成丛，窒息而亡。而具有肺呼吸结构的总鳍鱼类，开始将鼻孔露出水面呼吸，继而借叶状鳍像桨一样在地面"游泳"，爬出干燥地区去寻找合适的水源。在这样与自然长期斗争中，发展了五趾型四肢，肺呼吸的功能也得到加强。

最早的两栖类化石见于古生代泥盆纪，称为坚头类（Stegocephalia）。它们的头骨全被膜性硬骨所覆盖，这些骨块的数目和排列方式与肉鳍鱼类十分相似，肢骨结构、牙齿也似肉鳍鱼。全身被有埋于皮内的鳞片，尤以腹面最为发达。其中最原始的一种鱼叫鱼头螈或鱼石螈（Ichthyostega），其头骨膜性硬骨与肉鳍鱼极相似，并具有前鳃盖骨和带有鳍条的尾。但是具五趾型附肢、头骨吻部比较大、具2个枕骨髁以及耳裂（otic notch），这些都是两栖类的特征。

坚头类在演化过程中，出现了各种各样的适应辐射的后代，不过大多数种类均已灭绝。现存两栖类的直接化石证据，尚未发现。就已有资料，比较一致的看法是：古代坚头类后裔中的两大分支——块椎类（也称弓椎类；Apsidospondyli）和壳椎类（也称空椎类；Lepospondyli）是现存两栖类的原祖。

块椎类的脊椎骨椎体发生时经历软骨阶段。无尾目即起源于这一类。已经灭绝的密齿螈（Labyrinthodonta）也属于块椎类。壳椎类的脊椎骨椎体发生时不经软骨阶段，而是脊索周围的造骨组织从四周向内环包骨化而成，其椎体中空，略似线轴。有尾目即为壳椎类的后裔。一般认为，无足目是从壳椎类演化而来，但缺少化石证据。

四、爬行纲

与两栖类在淡水（只有海陆蛙可在海边咸水或半咸水）中生活不同，爬行类具有厚厚的皮肤能够防止干燥，其中少数种类还具有泌盐腺，可以生活在海洋中。海洋爬行类主要包括海龟和海蛇（图7.23）。

（一）形态特征

爬行类是体被盾甲或盾板、产大型羊膜卵的变温脊椎动物。其主要特征表现在体表被盾甲或盾板，缺乏皮肤腺。具有五趾（指）型四肢，指（趾）端具有角质爪。骨化程度高，出现了次生腭，同时脊柱的颈椎和荐椎数目增多，出现胸廓。完全以肺呼吸，心脏出现不完全分隔，但血液仍是不完全的双循环。大脑开始出现新脑皮。内耳更加发达，鼓膜内陷形成外耳道雏形，有利于在陆地更好地保护听觉器官。后肾排泄物以尿酸为主，体内受精，卵生或卵胎生，卵生种类产具有钙质或革质壳包裹的羊膜卵，所以爬行类的形态结

A. 海龟；B. 海蛇

图7.23　海洋爬行类

构在两栖类的基础上进一步发展和完善，更加适应陆地生活，繁殖和发育过程中彻底摆脱了对水的依赖，新陈代谢水平整体提高，使得爬行类在中生代统治了地球长达1亿多年，但是却在白垩纪末期大部分灭绝。现存的爬行类包括龟鳖类、喙头蜥、蜥蜴类、蛇类和鳄鱼类。现代爬行类生活在地球的多种生态环境中。

海洋爬行类由于长期适应水中生活，形态结构与陆生种类有明显的不同。海洋爬行类的主要类群为海龟和海蛇。

海龟的形态结构的主要变化是背甲扁平而略呈心形，腹甲各板较小。背甲是由表皮来源的角质鳞（盾甲）构成，腹甲由表皮来源的角质鳞和真皮来源的骨质板（盾板）构成，盾板连着脊椎骨和肋骨，形成一个完整而坚固的匣子。海龟的头部和四肢不能缩回到壳里。四肢呈浆状，前肢主要用来推动海龟前进，而后肢在游动时掌控方向。海龟的寿命可长达数百年，根据研究发现，许多海龟活过百岁，海龟长寿的原因很复杂，可能和它们新陈代谢缓慢、耐饥饿和行动迟缓有一定关系。

海蛇由于终年生活于海水中，与陆地蛇类在结构上有很大不同。海蛇一般体形较小，成年海蛇一般体长1 m多，绝大多数不超过2 m。扁尾蛇亚科的海蛇腹鳞宽大，

鼻孔侧位，尾部侧扁，繁殖时回到陆地或沿岸，和陆地关系密切。海蛇亚科的海蛇更加适应海洋生活，它们一般头部偏小，鼻孔朝上，有瓣膜关闭可以控制水流，防止海水从鼻腔进入体内。海蛇的舌下有盐腺，具有排出随食物进入体内的过量盐分的机能。海蛇躯干部圆柱形，身体表面有鳞片包裹，有鼻间鳞，用于陆地爬行的腹鳞退化，鳞片比较稀疏，体表有裸露处，这些部位的皮肤特别厚，可以防止海水渗入和体液的流失。海蛇具有发达的肺，可从头部延伸至尾部，呼吸时头部伸出水面，吸入新鲜空气后又潜入海水中。浅水区的海蛇在水下时间较短，一般不超过30分钟；深水区的海蛇潜水时间较长，可长达2～3小时。尾部侧扁如桨状，甚至躯干后部也略侧扁，尾部是游泳的主要器官。

（二）习性

1. *海龟*

海龟广布于大西洋、太平洋和印度洋。大多数的海龟生存在比较浅的沿海水域、海湾、潟湖、珊瑚礁或入海口。我国有海龟5种，其中绿海龟数量较多，主要分布在北从山东，南到福建、广东、海南、台湾沿海及西沙、南沙等地。

海龟的游泳速度不是很快，一般是以游泳缓慢的小动物或海草为食。海龟食物与栖息地密切相关。由于海龟季节性洄游受环境条件诸如海流、混浊度以及雨季河水的影响，即使同一种海龟，在不同海域的种群其食性也会有很大差别。棱皮龟一般生活于大洋，食物以水母、棘皮动物、蟹类、海鞘类、小鱼、小虾等小型动物和海藻为主。蠵龟的食物是多种海洋底栖无脊椎动物，主要是软体动物，还有蟹类和海绵等。玳瑁栖息于热带珊瑚礁海域，摄食珊瑚礁表面的海鞘、海绵、软体动物、苔藓虫等，偶尔也吃海藻或海草。刚孵出的绿海龟在头几个月中以海洋无脊椎动物为食，但成年绿海龟的主要食物是海草或海藻。

海龟类性成熟时间很长，如绿海龟需要20年、玳瑁需要30年才能达到性成熟。它们在食物丰富的海域觅食生长，然后返回出生地的沙滩上产卵繁殖。海龟每隔2～4年繁殖一次，每年4～7月份是海龟类产卵盛季。产卵时爬到海岸沙滩，在高潮线以上的海滩用前、后肢掘沙为坑，产卵于穴中，产完卵后用后肢拨沙覆盖卵穴。海龟的卵坑大多在沙中40～80 cm深的地方。卵依靠自然温度在沙中孵化，刚出壳的幼龟白天隐藏在沙中，待天黑后回归海洋。

海龟在漫长的演化过程中为适应环境的变化逐渐形成了洄游习性。从出生地到食物丰富的地方，往往要游很远的距离，在这一过程中海龟表现出极为高超的导航能力：大西洋阿森松岛上的绿海龟可游2 000 km到达巴西沿海觅食；棱皮龟的洄游距离最长，在圭亚那标记的棱皮龟能在墨西哥东南部的坎佩切湾重新捕获，洄游距离超过5 000 km；在南非通加兰海滩标记的蠵龟，可在马达加斯加、莫桑比克、坦桑尼亚捕获，洄游距离可达2 880 km；玳瑁的洄游距离较短，但也有玳瑁洄游距离达1 600 km的记录。据认为海龟可能利用地球磁场进行迁徙定向，即海龟知道自己在磁场中所处的位置，并能根据这一信息来改变自己游泳路线。

2. 海蛇

绝大多数海蛇分布在印度洋和西太平洋的热带和亚热带海域中，少数几种海蛇如长吻海蛇、青灰海蛇、环纹海蛇和青环海蛇等也见于温带海域，但是未见于大西洋、红海和地中海海域。海蛇在水温低于10℃时，活动能力下降。海蛇在我国主要分布于南海、北部湾，以及海南、台湾、广西、广东和福建等省沿海，长吻海蛇在全国沿海各省均能见到。

海蛇主要栖息于大陆架和海岛周围的沙底质或泥底质的海水中以及珊瑚礁周围的水域。海蛇一般下潜深度小于30 m，偶尔可到150 m，但它们很少栖息在水深超过100 m的水域。海蛇用肺呼吸，所以每隔一段时间就需要浮出水面进行呼吸。

海蛇具有集群和趋光习性，平时潜伏海底和珊瑚礁洞穴中，繁殖时常成群游泳或在海面活动。目前发现的所有海蛇都是毒蛇，有毒腺，能分泌神经毒素，主要作用于肌肉。大多数海蛇性情比较温顺，一般不主动攻击人类，只有在受到捕捉、踩踏等刺激时才会进行防御性攻击。

海蛇繁殖一般有季节性，但扁尾蛇亚科海蛇终年可以繁殖。扁尾海蛇具有宽阔的腹鳞以及尾部侧扁程度较弱，在水中的活跃程度不及一般海蛇，因此多生活于浅滩区域甚至近海陆地。繁殖季节，扁尾海蛇在陆地交配并将卵产于海滩或珊瑚礁洞穴内，卵生。海蛇亚科海蛇均在海洋繁殖和产仔，卵胎生。海蛇生长伴随着蜕皮作用，每2～6周可蜕皮1次。

（三）分类

目前，记载现存爬行类有6 550种左右，其中，龟类约330种、蛇类约3 000种。我国约有龟类37种、蛇类210种。海洋爬行类主要包括海龟和海蛇。全世界海龟只有7～8种，我国有5种；海蛇的种数非常稀少，全世界仅55种左右，约占现代蛇类的2%，我国有16种。此外，有1种蜥蜴和1种鳄鱼，也可以生活于海洋中。

1. 海龟

现存海龟有2科6属7种或8种：棱皮龟科1种，即棱皮龟（*Dermochelys coriacea*）；海龟科6～7种，即玳瑁（*Eretmochelys imbricata*）、绿海龟（*Chelonia mydas*）、太平

洋丽龟（*Lepidochelys olivacea*）、蠵龟（*Caretta caretta*）、大西洋丽龟（*Lepidochelys kempii*）、平背海龟（*Natator depressus*）以及有争议的黑海龟（*Chelonia agassizii*或 *Chelonia mydas agassizii*）。棱皮龟、玳瑁、绿海龟、太平洋丽龟、蠵龟广泛分布于热带和亚热带海洋，大西洋丽龟和平背海龟主要分布于太平洋、大西洋和印度洋海域（图7.24）。

图7.24　棱皮龟（A）、玳瑁（B）、绿海龟（C）、平背海龟（D）

（1）棱皮龟：又名革龟，属于棱皮龟科，是大型海龟，长达2 m，重可达1 000 kg，是唯一具有革质皮背甲的海龟。背甲具有7条纵棱。头大而圆，不能缩进壳内，附肢桨状，善于游泳，附肢无爪。成体背呈暗棕色或黑色，腹部灰白色。

（2）玳瑁：海龟中躯体较小的种类，体长一般0.8～1 m，成年玳瑁体重可达40～60 kg。背甲盾形，角质鳞13块，呈复瓦状排列，边缘具锯齿状的突起。玳瑁吻长，上、下颌呈钩状。

（3）绿海龟：又名海龟，是数量最多的海龟之一，因体内脂肪富含叶绿素而呈绿色。头小而平整，头部具有对称的鳞片1对。背甲盾板呈平铺状排列。上喙不呈钩状，下颚锯齿状。四肢桨状。前肢比后肢长，内侧各有爪1个。尾短小。背面及腹面盾板均色泽斑纹，背面橄榄绿色或棕褐色，杂有黄白色的放射纹，腹甲黄色。绿海龟长可达1 m多，大者体重达100 kg。

（4）蠵龟：又名红头龟、灵龟。形似绿海龟，背部盾板呈平铺状。头较大，前额具有2对鳞片，上、下颌均呈钩状。四肢呈桨状，前肢大于后肢，内侧各有两爪，尾短。背甲赤红色，有不规则的土黄色或黑色斑纹，腹甲柠檬黄色。

（5）太平洋丽龟：体形较小，背部呈圆形，背甲橄榄绿色，心型，背甲后缘为锯齿状。头较小，头部前额鳞2对，喙略呈钩状。四肢桨状，前肢末端尖长，后肢末端铲状。四肢各具有1爪。成年个体可达35~45 kg。

（6）大西洋丽龟：也叫肯普氏丽龟，大西洋丽龟的头部中等，呈三角形。甲壳近乎圆形。两只前肢各有1爪，后肢有1~2个爪，成年大西洋丽龟的甲壳呈深灰绿色，胸甲呈白色或微黄色，成年大西洋丽龟重达35~45 kg。

（7）平背海龟：中等大小的海龟。龟甲呈椭圆形或圆形，橄榄灰绿色，边缘浅棕色或黄色，身体几近平。前后肢均具有1个爪。

2. 海蛇

全球记录的海蛇55种，分别隶属于海蛇科（Hydrophiidae）的扁尾蛇亚科（Laticaudinae）和海蛇亚科（Hydrophiinae）。我国有记录的海蛇有9属16种（图7.25）。

（1）扁尾蛇亚科：鼻孔位于头侧，有鼻间鳞；腹鳞较宽大；卵生，到岛屿岸边或珊瑚礁中产卵。扁尾海蛇属（Laticauda）4种，分布于印度洋东部到日本南部沿海、澳大利亚北部沿海及太平洋诸岛。在我国，有3种：半环扁尾海蛇，分布于辽宁、福建、台湾沿海；蓝灰

图7.25　长吻海蛇（A）和青环海蛇（B）

（自《中国蛇类图谱》）

扁尾海蛇，分布于台湾沿海；扁尾海蛇，分布于福建、台湾沿海。

（2）海蛇亚科：与扁尾海蛇亚科特征相似，区别在于鼻孔背位，无鼻间鳞；腹鳞较小，甚至退化消失；卵胎生或胎生。海蛇亚科种类分布于非洲东岸沿海到美洲西岸沿海。在我国，已知有8属13种。

3. 其他海洋爬行类

除去海龟和海蛇之外，海洋中还生活着海鬣蜥（*Amblyrhynchus cristatus*）和湾鳄（*Crocodylus porosus*）。海鬣蜥是世界上唯一能适应海洋生活的鬣蜥，生活在南美洲太平洋加拉帕戈斯群岛上。它们尾巴比陆生鬣蜥的尾巴长得多，有泌盐腺，以海藻及其他水生植物为食。湾鳄是世界上现存最大的爬行动物，主要栖息于东印度洋、澳大利亚沿海以及西太平洋一些岛屿、河口、红树林、沼泽地等。湾鳄对海水的耐受性较一般鳄鱼大，常因为季节变换来往于淡水和咸水之间，以大型鱼类、泥蟹、海龟、巨蜥、禽鸟为食，也捕食野鹿、野牛和野猪等。

（四）系统发生

爬行类是从远古两栖类的坚头类进化而来。现今所知的最古老的爬行类化石发现于古生代石炭纪末期（距今约2.5亿年），称为西蒙龙（Seymouria）。它具有一些近似于两栖类和爬行类的特征。西蒙龙头骨形态和结构很像坚头类，颈特别短，肩带紧贴于头骨之后，脊柱分区不明显，具有迷齿和耳裂等。有些与西蒙龙亲缘关系很近的化石种类，还能见到侧线管的痕迹，这些特征与两栖类相似。另一方面，西蒙龙具有单个枕骨髁，肩带具有发达的间锁骨，有2枚荐椎，前肢5指（不似古坚头类和现存两栖类的4指），腰带与四肢骨均比较粗壮，这些特征又与爬行类相似。所有这些都说明西蒙龙是两栖类和爬行类之间的过渡类型。

地质资料表明，石炭纪末期地球上的气候曾经发生巨变，部分地区出现干旱和沙漠，使原来温暖而湿润的气候变为大陆性气候，大量的蕨类植物被裸子植物所取代，这使得很多远古两栖类灭绝或再次入水，而具有适应于陆生结构以及羊膜卵的远古爬行类则生存下来，到中生代几乎占据全球各种生态环境。最早的海洋爬行类化石发现于三叠纪。

五、海鸟

海鸟是指以海洋为生存环境的鸟类，如海鸥、海燕、信天翁、军舰鸟和海雀等。通常，海鸟被细分为两大类：一类是海岸鸟，也就是长年生活在近岸海域的海鸟，属于"半海洋性"海鸟；一类是海上鸟，也就是大洋鸟，是真正的海鸟，它们一生的大部分时间生活在海上或在飞越大海，已经完全适应了海洋环境（图7.26）。

海鸟分布于两极之间，虽然种类不多但数量庞大，它们大部分捕食鱼类、鱿鱼和底栖无脊椎动物，胃口惊人，是海洋生态系统中不可或缺的组成部分。

图7.26　海洋鸟类（刘云摄）

（一）形态特征

鸟类是分布广泛，具有完善飞翔能力的动物类群，其主要特征表现在能够飞翔。鸟类头前端是喙，前肢变为翼，身上长有羽毛，骨骼轻，躯干部紧实，尾部很短，使得重心集中于身体中部。肺部有特殊的气囊系统，可以保证鸟类吸气和呼气时均可以进行气体交换。鸟类的血液循环是完全的双循环，提高了新陈代谢水平。飞翔使得鸟类可以主动选择栖息环境，逃避敌害和取食。鸟类还是恒温动物，减少了对外界环境的依赖，扩大了生活范围，在生存竞争中占据了有利地位。鸟类具有发达的神经系统和感觉器官，可以产生各种各样复杂行为，特别是繁殖行为，如占区、求偶炫耀、筑巢、产卵和育雏等，都是自然界中最复杂和最有趣的动物之一。当然，鸟类繁殖时离不开陆地。

海鸟与陆生鸟类的形态特征差异性不大，主要差别体现在具有泌盐腺，可以排出体内多余盐分。海鸟摄食时，不可避免地吞进海水，由于海水中盐的含量比鸟类体液中的氯化钠含量高许多，海鸟必须把体内过多的盐分排出。泌盐腺位于眼眶上部，它通过长管开口于鼻孔附近，分泌物顺管流到鼻孔外甩掉。海鸥泌盐腺分泌物的钠浓度远超过海水的钠浓度（前者钠浓度约为5%，后者为3.0%~3.5%）。与陆地鸟类相比，有些海鸟的脚趾之间长出蹼膜，尾脂腺能分泌油脂，起到保护和润滑作用。海鸟还具有较强的飞翔或潜水能力以及良好的保温性能。这些都是海鸟对海洋环境高度适应性的结果。有趣的是企鹅，它们与会飞行的海鸟不同，不但具有鳍状翼，有生于身体最后段的短腿，而且身上披覆短而硬的均匀分布于体表的鳞片状羽毛。企鹅对海洋环境的独特适应，使得它们善于潜水，但不能飞翔，在陆地上也只能直立并笨拙地行走。

（二）习性

海鸟（企鹅除外）与陆地鸟类相比，最大特点是飞行能力强。鸟类的翅膀形状不同，飞行的方式也不同。信天翁长有长而窄的翅膀，可以借助上升气流进行滑翔；海燕的翅膀尖而窄，适合快速飞行。翱翔是一种特殊的飞行方式。鸟类可在不挥动翅的情况下长时间飞行，这是利用了空气的上升气流，以补充滑行时降低的高度。翱翔可以节约大量能量。信天翁、海燕和军舰鸟都是翱翔能手。

鹈鹕、鲣鸟、鸬鹚等海鸟飞行时队形常为V形，这种方式可使领头海鸟后面的其他个体节约能量。在每只鸟的翅后有空气下降流，其两侧是相应的上升流，领头海鸟后面的鸟类可利用这股上升流进行飞行。

海鸟绝大多数时间在海上飞行，热量散失较快，所以大多数海鸟体羽很厚以利于保温。在寒冷条件下，鸟类可以抖动羽毛以增加厚度。冬季海鸟一般会迎风站立，以防羽毛被吹散。冬季集群也是一种保温的好办法。

1. 摄食

海鸟生活在沿岸，或长年生活在海洋上，只有在筑巢时才返回大陆（主要是岛屿）。海岸鸟既在内陆也在沿海岸摄食，如各种鸥类和燕鸥类，与内陆联系密切；而大洋性海鸟除繁殖期外，与内陆完全失去联系，大部分时间都在海上摄食，如信天翁、白额鹱、红脚鲣鸟等。

海鸟的摄食方式各不相同。有的在飞行过程中在海面寻找食物，有的在游泳时寻找水表层食物，有的追逐食物潜水，有的俯冲到深水中觅食，有的在空中追逐捕食。善于潜水的海鸟如企鹅、鸬鹚和海雀可潜到水深10～15 m的水域觅食，皇企鹅甚至可潜入水深265 m处觅食。善于飞行的海鸟如信天翁、鹱、海燕、多种鸥类和剪嘴鸥类，一般不善于潜水或完全不潜水，它们喜欢在飞行中抓捕，或漂浮于水上，时而将头颈潜入水中，啄取表层海水中的浮游动物，如鱼类和浮游无脊椎动物；有时也会在潮间带寻找食物。有些善于飞行的海鸟如鲣鸟、军舰鸟和燕鸥喜欢利用收拢双翼下落时的惯性，从空中垂直潜入水中觅食，但深度一般不超过1 m。还有的海鸟如贼鸥，和小偷一样会偷吃其他鸟类的卵或者直接在空中"打劫"其他鸟类捕捉到的食物。夏天，当鸥和海雀带着食物回巢时，贼鸥就会追上去，用喙啄击它们背部或头部，迫使它们吐出食物，并会快速接住吞下。热带的军舰鸟也用这种方式抢夺鲣鸟和燕鸥的食物。

2. 繁殖

绝大多数海鸟在远离大陆的无人岛屿上繁殖，多数种类集群营巢，集群数目少则10多只，多的达数百万只。它们很少像陆地鸟类那样营造精致复杂的巢，大多直接把蛋下在岛屿的地面上或者草丛中。

绝大多数海鸟繁殖时占据一定区域，不准其他鸟类侵入，称为占区行为。所占区域内一般由雄鸟负责保卫。大型鸥类的占区面积相对较大，鹱形类的占区面积稍小，燕鸥类占区面积最小。

鸟类在占区和营巢过程中，雄鸟常伴以不同程度和不同形式的求偶表态：雄性褐鹈鹕在吸引雌性时，会鞠躬、转头；雄鲣鸟会进行飞行"表演"；雄燕鸥会带些见面礼如小鱼送给雌鸟。军舰鸟和银鸥求偶更为丰富多彩，求偶开始时，雄性军舰鸟会站在潜在巢位处抖动翅膀，显示其膨胀的喉囊，当雌鸟飞来时，用各种行为和声音吸引雌鸟，雌鸟接受后，它们之间会摆头并缠绕颈部。雄性银鸥在求偶开始时以直立威胁姿态吸引未配对的雌性，雌性会曲着背驯服地边靠近雄鸟边点头，雄鸟接受雌鸟后站在一起摆头。

海鸟的巢位一般选择悬崖上岩隙或自然洞中，也有一些海鸟在树上筑巢。除皇企鹅外，几乎所有的海鸟都是由雌、雄鸟类共同孵卵。孵卵的意义在于供应热量和防止敌害。

孵化出生后的雏鸟还不能独立生活，多为晚成雏，需要亲鸟哺育，这期间亲鸟非常繁忙，每天亲鸟都要饲喂雏鸟。燕鸥用喙叼啄食物，鹈鹕雏鸟将喙伸入亲鸟喉囊，吸食亲鸟的半消化食物。

3. 迁徙

鸟类的迁徙运动就是长期对环境条件适应的现象之一。迁徙，是指每年在一定的季节，在繁殖区与越冬区之间进行的周期性的迁居现象，是鸟类对环境条件改变的积极适应本能，具有定期、定向且集群的特点。

根据鸟类迁徙活动的特点，可把鸟类分为留鸟和候鸟两大类。留鸟是指终年留居其繁殖（出生）地的鸟类。在海鸟中，只有不超过5%的种类，如加拉帕戈斯企鹅、加岛鸬鹚等是留鸟。能进行迁徙的鸟类叫候鸟。绝大多数海鸟迁徙方向是南北方向，每当冬季来临，食物供应发生变化时，在高纬度地区繁殖的海鸟就会迁徙到低纬度地区，如白腰叉尾海燕。也有少数海鸟进行东西方向的迁徙，如白顶信天翁在新西兰和澳大利亚南部繁殖，非繁殖期聚集到南部非洲和南美洲西部。一些不善飞翔的鸟类，如企鹅也可以迁徙相当远的距离，如麦氏环企鹅可以从南美洲南部游泳到巴西南部。

按照迁徙途径覆盖的面积可以将海鸟的迁徙途径分为宽面迁徙和窄面迁徙2类。所谓宽面迁徙是那些本身分布范围很广泛的鸟类，在迁徙过程中，朝着基本一致的方向向目的地迁徙，不同个体之间迁徙的途径相距很远，整个迁徙途径覆盖的面积很大；窄面迁徙是指那些栖息于广阔范围的鸟类在迁徙过程中沿着基本相同的路线迁徙，整个迁徙途径所覆盖的面积很小。迁徙时，半岛、大陆沿岸为必经之路。迁徙路线通常是最"经济"的一条，但并不是地理上最短距离的那一条。风会造成鸟类"环形"迁徙，即迁徙来回的路线会因风的作用而呈"8"字形。迁徙通常一年2次，春季从越冬地迁向繁殖地，秋季从繁殖地迁往越冬地。迁徙时间因种而异，在北温带，海鸟迁徙时间一般为春季4月末至6月初，秋季9月至11月。海鸟迁徙时常会聚集成群，在水面上低空飞翔，充分利用上升气流，只有当穿过陆地时才提高飞翔高度。管鼻类中有的鸟类在南极附近岛屿繁殖，然后穿过大洋，夏季到达北极摄食地，演绎了动物中最壮观的迁徙运动。

　　鸟类的迁徙定向，一直是人们最感兴趣的现象之一。视觉定向一直被认为是最重要的方式之一，鸟类可借助于视觉观察地形、地貌等特征，在海洋上迁徙时，可依据附近海岸的特征定向。鸟类也可利用星辰定向或地球磁场来确定迁徙方向，但具体机制还不清楚。总的来说，鸟类迁徙与星辰识别、磁场感应都有关，当某一信息错误时，可利用其他信息及时得到修正。

拓展阅读7-1　愤怒的小鸟

　　电子游戏"愤怒的小鸟"如今风靡全球，游戏中那只愤怒的小鸟的形象也已深入人心。不过，你可能想象不到，有人在印度洋的小岛上发现了现实版的"愤怒的小鸟"。据报道，有一种称作玄燕鸥（*Anous minutus*）的海鸟，这种小鸟总是瞪着一双小眼，脸上一副愤怒的表情，活脱脱一个现实版的"愤怒的小鸟"（图7.27）。玄燕鸥以海中游动的鱼或软体动物为主食，主要栖息于热带及亚热带区域的海岸或岛屿的礁岩峭壁上。

图7.27　玄燕鸥（左）与"愤怒的小鸟"（右）

（三）分类

目前，全球已知鸟类约9 021种，其中典型的海洋性鸟类有295种左右，约占总数的3%。狭义上的海鸟包括企鹅目和鹱形目全部种类，鹈形目的鹲科、鹈鹕科、鲣鸟科、鸬鹚科和军舰鸟科鸟类，鸻形目中的贼鸥科、鸥科、剪嘴鸥科和海雀科鸟类；而广义上的海鸟还包括鹮鹭科、潜鸟科、鹭科、鹬科和鸭科的部分种类。我国目前有记录的狭义上的海鸟78种，其中25种在我国繁殖。

1. 企鹅目（Sphenisciformes）

企鹅身体肥胖，具有厚厚的皮下脂肪，高度适应较寒冷的环境；具有"鳍状肢"，不会飞翔而擅长游泳和潜水，游泳速度可达5~8 m/s；在陆地行走显得笨拙而又滑稽。

世界上总共有1科6属18种企鹅（图7.28），全部分布在南半球，占南极地区海鸟数量的85%。在南极大陆海岸繁殖的有2种，其他主要生活于南极大陆海岸与亚南极之间的岛屿上，唯一例外是加拉帕戈斯企鹅（*Spheniscus mendiculus*），它们在接近赤道附近的岛屿上生活。

（1）王企鹅属（*Aptenodytes*）：包括2种体形最大的企鹅，即皇企鹅（*A. forsteri*）和王企鹅（*A. patagonicus*）。皇企鹅也叫帝企鹅，身高90 cm以上，最大可达到120 cm，体重30~45 kg，是唯一在南极大陆沿岸一带过冬的鸟类，并在冬季繁殖，孵化期64天，这样可以保证幼企鹅在食物丰富的夏季孵化出来。皇企鹅游泳速度为5.4~9.6 km/h，平均寿命19.9年，主要敌害有贼鸥、海豹和虎鲸等。王企鹅体形稍小些，嘴则比较长，颜色更加鲜艳，主要分布于南大洋一带及亚南极地区，最北可到新西兰一带。

（2）阿德里企鹅属（*Pygoscelis*）：记载有阿德利企鹅（*P. adeliae*）、巴布亚企鹅（*P. papua*）和南极企鹅（*P. antarctica*），羽毛颜色暗淡。阿德利企鹅是数量最多的企鹅，可在南极见到大规模的群体，游荡于南极有浮冰的水域，多以磷虾为食。巴布亚企鹅又叫金图企鹅，分布于南极半岛和南大洋中的岛屿上。南极企鹅又叫帽带企鹅，主要分布于南极一带，有时游荡到南极以外，是阿德利企鹅的近亲，帽带企鹅的名字来源于它那细细的黑色羽毛，从一侧的耳部到另一侧的耳部，穿过下巴。南极企鹅比阿德利企鹅小，身高43~53 cm，重约4 kg，数量在1 200万~1 300万只之间，主要分布在荒芜的岛屿上，但大多数在南极半岛上，靠近阿德利企鹅繁殖地繁殖。

（3）角企鹅属（*Eudyptes*）：企鹅中种类最多、分布最广的一属，有6种，即凤冠企鹅（*E. pachyrhynchus*，黄眉企鹅）、响弦角企鹅（*E. robustus*，斯岛黄眉企鹅）、竖冠企鹅（*E. sclateri*，翘眉企鹅）、长冠企鹅（*E. chrysolophus*，长眉企鹅）、史氏角企鹅（*E. schlegeli*，白颊企鹅）和冠企鹅（*E. crestatus*，凤头黄眉企鹅）。除史氏角企鹅外，头一般为黑色，并有黄色羽冠。外形区别不明显，但分布却不同，见于新西兰、澳大利亚、南美洲等地，繁殖期通常为5个月。

（4）黄眼企鹅属（*Megadytes*）：只有1种，即黄眼企鹅（*M. antipodes*），分布于新西兰南岛一带。

（5）白鳍企鹅属（*Eudyptula*）：记载有2种，即小鳍脚企鹅（*E. minor*，小蓝企鹅）和白翅鳍脚企鹅（*E. albosignata*）。它们均是小型企鹅，体重可达2.1 kg，平均为1.1 kg。没有鲜艳羽毛，背部体色偏黑色或灰色，腹部白色，喙一般黑色。小鳍脚企鹅分布于澳大利亚到新西兰一带；白翅鳍脚企鹅分布于新西兰南岛东部，有人也把它视为小鳍脚企鹅的一个亚种。

A. 皇企鹅；B. 阿德利企鹅；C. 南极企鹅

图7.28 企鹅（A，B自搜狗百科；C自全景网）

（6）企鹅属（*Spheniscus*）：也称环企鹅属，有4种，是分布最靠北的企鹅。斑嘴环企鹅（*S. demersus*）也叫黑足企鹅，见于南非沿海；洪氏环企鹅（*S. humboldti*，南美企鹅），见于秘鲁一带的南美洲西海岸；麦哲伦企鹅（*S. magellanicus*，麦氏环企鹅或秘鲁企鹅），见于南美洲南部海岸；加拉帕戈斯企鹅（加岛环企鹅），见于赤道附近的加拉帕哥斯群岛。

2. 鹱形目（Procellariiformes）

鹱形目物种主要特征是鼻孔成管状，左、右鼻孔并列在嘴两侧，所以也叫管鼻类。管状鼻孔可能对空气压力变化感觉更为灵敏，能测出空气流动的速度，或具有加强嗅觉能力的作用。管鼻类包括信天翁、鹱、海燕和鹈燕。鹱形目种类都是善于飞翔的大洋性大中型海鸟，翅尖长，羽毛多为灰褐色；上喙由多个角质片构成，前端锐利，弯曲成钩状；脚趾间具全蹼，具发达的泌盐腺。由于翅尖长，除鹈燕科外，绝大多数鹱形目种类飞翔力极强，绝大多数时间是在海面滑翔，偶尔落在水面摄食、休息或潜水，在地面行走笨拙。食物为鱼、虾、乌贼和其他海洋生物。在受惊吓或受干扰的时候，能从鼻孔和口排出油腻物质。

鹱形目记载有100多种，分布于沿海和远洋，分为4个科，即信天翁科、鹱科、海燕科和鹲燕科。我国记载有3科8属15种。

（1）信天翁科（Diomedeidae）：信天翁科分类争议较大，按照世界自然保护联盟IUCN红色名录，将信天翁科分4属22种。特征是体形较大，长尖翅和短尾，可利用气流翱翔（图7.29）。多栖息于南大洋。有18种分布于南纬25°至亚南极的南半球海域，并利用该区域内的岛屿进行繁殖；3种生活在北太平洋；1种生活在秘鲁和加拉帕戈斯岛屿附近。信天翁常在海面飞行，在海浪间滑翔，飞行时间很长，几乎看不到拍打翅膀，休息和睡觉也都在海面上，是真正的海洋性鸟类。我国有短尾信天翁、黑背信天翁和黑脚信天翁。短尾信天翁是我国Ⅰ级保护动物。

（2）鹱科（Procellariidae）：记载有12属大约62种，南半球约48种，北半球14种，如北巨鹱、南巨鹱、灰鹱、白额鹱、南极鹱和暴雪鹱（图7.29）等。鹱类均为远洋性海鸟，常常结群活动，飞行迅速，边飞行边摄食。繁殖时在孤岛岩石间或在地面掘穴筑巢。

（3）海燕科（Hydrobatidae）：记载有8属21种，分布于全世界各大洋，从北温带到南极均有分布。其中，风暴海燕属、小海燕属和叉尾海燕属中除乌叉尾海燕和

A. 黄鼻信天翁；B. 短尾信天翁；C. 暴雪鹱

图7.29 信天翁科及鹱科代表动物

（A自鸟类网；B自library.ouc.edu.cn；C自全景网）

环叉尾海燕外，均在北半球繁殖；另外5属，包括洋海燕属、灰背海燕属、白脸海燕属、舰海燕属和白喉海燕属的种类主要在南半球繁殖。海燕类通常身体小，身体以黑色居多，喙小而弯曲；具有长脚和尖短的翅膀，可以在暴风中飞翔，但是它们腿部肌肉不强，难以支撑它们在陆地行走。我国有黑叉尾海燕、褐翅叉尾海燕和白腰叉尾海燕3种。

（4）鹈燕科（Pelecanoididae）：记载有1属4种，均为潜水种类；体形小，颈短，尾短，以黑、白两色为主；喙弯曲，呈黑色。鹈燕科种类分布于南纬35°～55°，其中，秘鲁鹈燕和麦哲伦鹈燕仅分布于南美洲海域，南乔治亚鹈燕分布较广，在亚南极海域的很多地方都能见到，而普通鹈燕的分布最为广泛，遍布南大洋各地。

3. 鹈形目（Pelecaniformes）

鹈形目物种主要特征是四趾向前，四趾间有全蹼；颌下常有发育程度不同的喉囊。鹈形目鸟类大多是大型海洋性鸟类，常结群在海岛或沿海峻峭崖石间营巢，为日行者，互相之间很少靠声音联络，而多以颜色和一套成型的复杂行为来联系。有些种类喜在沿岸或远洋生活，分布在热带海洋和岛屿，另有些种类如鹈鹕、鸬鹚等，可以深入到内陆湖泊捕食鱼、虾和软体动物。繁殖时集群，在平坦地面、悬崖峭壁、树上或灌丛中筑巢。

记载有6科约56种，即鹲科3种（现也有将其独立为目）、鹈鹕科8种、鲣鸟科9种、鸬鹚科29种、军舰鸟科5种和蛇鹈科（Anhingidae）2种。其中，蛇鹈科为纯淡水鸟类。

（1）鹲科（Phaethontidae）：包括红尾鹲（图7.30）、白尾鹲和红嘴鹲。鹲为热带鸟，分布于热带和亚热带海域。鹲具有长长的中央尾羽，飞行的姿势非常优美。浮在海面上的时候，尾上翘。无集群性，一般单独在海上飞翔。

（2）鹈鹕科（Pelecanidae）：鹈鹕是大型的游禽之一，显著特征是长喙和发达的喉囊，分布在各大陆温暖水域。常群飞群栖，用强大的翅膀拍击水面发出巨大声响。鹈鹕的食物主要是鱼类，可将捕获的鱼储存在喉囊中。我国有白鹈鹕、卷羽鹈鹕和斑嘴鹈鹕，非洲有粉红背鹈鹕，澳大利亚有澳洲鹈鹕，美洲鹈鹕、秘鲁鹈鹕和褐鹈鹕主要分布在美洲。

（3）鲣鸟科（Sulidae）：鲣鸟是群居性海鸟。大鲣鸟属是温带海鸟，包括北大西洋的憨鲣鸟、南非的南非鲣鸟和澳新地区的澳洲鲣鸟。鲣鸟属是热带海鸟，世界各热带海洋均有分布，我国有褐鲣鸟（图7.30）、蓝脸鲣鸟和红脚鲣鸟。除了繁殖期间，鲣鸟极少飞到陆地。食物主要是鱼，摄食方式是俯冲式，喜欢集群，树上筑巢。

（4）鸬鹚科（Phalacrocoracidae）：鸬鹚科是鹈形目种类最多、分布最广的一科。加岛鸬鹚属只有1种，只见于加拉帕戈斯群岛，已经失去了飞翔能力。鸬鹚属有28种，广布于全球海洋和内陆水域，但以温、热带水域为最多，如普通鸬鹚、双冠鸬鹚、长鼻鸬鹚、红脸鸬鹚、斑鸬鹚等。鸬鹚生活在海岸边，但也常常到淡水湖活动。飞行时，脚和头伸直；在陆地上，身体几乎和地面垂直，需要借助尾羽支撑。能潜水和游泳，可以集群在水里成半圆形围捕鱼类。在水边的岩石或芦苇间筑巢。喂雏时，雏鸟要把头探入亲鸟口内取食。

（5）军舰鸟科（Fregatidae）：记载有5种，是热带海鸟，热带、亚热带海洋均有分布，有时可进入温带水域。军舰鸟翅极长，尾长，呈叉形，飞翔能力最强，平时在海面上久飞不停，还常常在空中抢夺其他海鸟的食物。雄性军舰鸟具鲜红色喉囊，求偶时充气膨大。我国有白腹军舰鸟、白斑军舰鸟（小军舰鸟）和大军舰鸟（黑腹军舰鸟）。除此之外，该科还有阿岛军舰鸟和丽色军舰鸟（华丽军舰鸟，图7.30）。

A.红尾鹲；B.褐鲣鸟；C.丽色军舰鸟

图7.30　鹈形目代表动物

4. 鸻形目（Charadriiformes）

鸻形目中很多种类是水鸟，其中的海洋种类就是人们熟悉的"海鸥"，还包括贼鸥、剪嘴鸥和海雀等。

鸥类主要栖息于海洋、海岸和海岛，也可进入内陆河流、湖泊、沼泽等，喜集群活动。除海雀外，其他鸥类一般不会潜水，常常在空中盘旋来寻找食物，甚至飞到田野草地觅食。它们食物广泛，包括鱼、水生无脊椎动物、昆虫以及其他雏鸟，甚至还有老鼠和各种动物尸体、废弃有机物等。它们筑巢在岸边、海岛岩石，巢较简陋。

鸻形目记载有4科近120种海鸟，即贼鸥科、鸥科、剪嘴鸥科和海雀科。我国有4科约50种。

（1）贼鸥科（Stercorariidae）：记载有7种，原来为2属，现归为1属，大型贼鸥如麦氏贼鸥、大贼鸥、棕贼鸥、智利贼鸥，小型贼鸥如中贼鸥、短尾贼鸥和长尾贼鸥。身体结构与鸥相同，但比鸥强壮，适应快速飞行。贼鸥因其掠食食性而著名，分布广泛，见于所有的气候带和海洋中，但在高纬度地区繁殖。

（2）鸥科（Laridae）：海鸥分布广泛，绝大多数分布在北半球。海鸥是温带海湾优势种，常在有人类活动的环境中生活，有一些也能到内陆湖泊摄食。海鸥食性较杂，以海洋无脊椎动物、鱼类、昆虫甚至是人类垃圾为食。全世界现有种类101种，我国有40种左右。海鸥体色以白、灰和黑色为主，嘴直而侧扁，尾非叉状，如红嘴鸥（图7.31）、黑尾鸥、海鸥、遗鸥等。还有一类体形较为纤细，被称为燕鸥（图7.31）。燕鸥类曾被划为独立于鸥科的燕鸥科（Sternidae）。燕鸥体形较小，羽毛一般呈灰色或白色，头上往往有黑色斑纹。嘴形细长，嘴峰形较直，脚短而细弱，尾较长，呈深叉状或浅叉状。与一般鸥类相比，燕鸥的嘴更尖长，双翼也更为狭长，尾羽中央常常具有深的分叉而形似燕尾。燕鸥常结群在海滨或河流活动，以各种小型鱼类为食，在水面上空盘旋翻飞，发现目标后直接扎入水中捕食。如白额燕鸥、须浮鸥、普通燕鸥等。

（3）剪嘴鸥科（Rynchopidae）：包括1属3种，分布于亚洲、非洲和美洲的热带、亚热带淡水流域和沿海，主要特征是具有长而尖的翅，短腿和中等长度的分叉尾。嘴端侧扁像刀，下颌长，在水面飞行时双脚悬在水面，用刀子一样的下颌"耕犁"水面觅食。

（4）海雀科（Alcidae）：记载有22种，多分布于北半球冷水水域。体形上与企鹅相似，翅小，尾短，腿生于身体后部，繁殖时长出鲜艳的婚羽。北极海鹦

A.红嘴鸥；B.普通燕鸥；C.北极海鹦

图7.31 鸻形目代表动物（A，B刘云摄；C自55壁纸网）

（*Fratercular arctica*；图7.31）主要生活在北大西洋两岸，如冰岛、挪威北部沿海。我国有扁嘴海雀和冠海雀等5种。

（四）系统发生

鸟类（包括海鸟）是从中生代侏罗纪的一种古爬行动物进化而来，但因为鸟类脆弱的骨骼以及飞翔的生活方式，使其化石形成较困难，所以其直接祖先尚不明确。在1861年第一块始祖鸟化石发现后，鸟类起源更是成为古生物学家最感兴趣的课题。近150多年来，科学家们对于鸟类的起源和演化提出了许多猜想，有些争议至今还没有解决。目前，关于鸟类起源的假说主要有2种：

（1）槽齿类起源假说：这个假说主要是通过对原始槽齿类——假鳄类化石解剖对比而得来。槽齿类在三叠纪最繁盛，到了三叠纪末期灭绝。槽齿类主要特征是具槽生齿、骨骼具有空腔、双颞窝等。

（2）兽脚类恐龙起源假说：形态结构比较发现恐龙和鸟类之间有许多相似之处，而根据恐龙化石的进化特征来看，鸟类有可能是从兽脚类恐龙分化而来。兽脚类恐龙主要特征是两足行走、颈部长而灵活、骨骼轻且具有空腔等。20世纪90年代以来，我国发现了大量中生代鸟类和兽脚类恐龙化石，为这个假说提供了有力证据。目前，这种假说得到比较多的支持。

发现始祖鸟化石的地层的地质年代为晚侏罗纪，距今约1.5亿年。从我国发现的鸟类化石来看，从侏罗纪晚期到白垩纪晚期，鸟类的适应辐射发展迅速，原始的鸟类已经出现并逐渐的演化，新生代开始时，鸟类已经现代化了，牙齿完全消失。在近数千万年间，鸟类结构没有什么改变，只是种类不断增加，并经过自然界的选择，形成了今天所看到的9 000余种鸟类。

2014年，多国科学家联合发起了一项鸟类基因组及演化生物学研究计划。基于

图7.32　鸟类演化系统树

（自Jon Fjeldså/Natural History Museum of Denmark）

48个鸟类物种的全基因组测序，利用系统基因组学的方法对鸟类起源及分化以及其他许多科学问题进行了研究，最终绘制出了鸟类演化系统树（图7.32）。

六、海兽

海兽是生活在海洋中哺乳纲动物的简称，包括鲸、海狮、海象、海牛、北极熊等。其中，鲸和海牛终生生活在水中；海狮、海象、北极熊等在海洋中捕食，在陆地上繁殖栖息。南美海牛、恒河豚等终生在淡水环境中生活，通常也把它们视为海洋哺乳动物。

（一）形态特征

海兽具有和陆地哺乳动物相同的生理特征，如用肺呼吸、胎生、哺乳、体温恒定等。经过漫长的自然选择和演化过程，海兽获得了一系列适应在水生环境生活的特殊生理构造，比如它们的身体往往呈现纺锤形以利于水中游泳时降低水中阻力。像鲸与鱼类不但外形相似，而且背侧呈黑色，腹侧则逐渐变为灰色或白色。

许多海兽的前肢特化成鳍状、后肢退化以利于游动和掌握方向，尾部演化出鳍以利于游泳推进和维持平衡。像鲸有类似于鱼类的胸鳍、背鳍和尾鳍，但没有腹鳍、臀鳍。鲸类的前肢演变为鳍肢，后肢退化消失。鳍肢内部有骨骼，而尾鳍（尾片）和背鳍则是皮肤的延伸，由纤维性结缔组织构成，里面没有骨骼。尾鳍是鲸游泳的主要器官，水平方向生长，这对上下运动最为有利，便于频繁浮出水面换气。背鳍的作用则是用来维持身体平衡，游泳快的种类背鳍发达，游泳慢的不发达甚至缺失。

海兽牙齿显示出明显的捕食适应性。如齿鲸类和鳍脚类等肉食性兽类门牙小而犬牙强大锐利，适于捕食鱼类和乌贼；须鲸类在胚胎期生有齿，在成体则退化而代之以鲸须。鲸须在口中向下垂，柔韧不易折断，可像筛子一样滤食桡足类、磷虾等浮游生物。为更有效滤食，许多须鲸还具有从下颌到胸腹面有皮肤褶皱——褶沟，通过褶沟的舒展可扩大口腔的容量从而过滤更多的食物。

海兽往往有厚厚的皮毛或脂肪层，可以减少身体热量损失。它们大多具有高效的肾脏，能高度浓缩尿液从而避免体内水分流失。海兽往往能在水中下潜很长时间，这得益于其高度发达复杂的循环系统：它们的肌肉、血液和脾脏具有携带高浓度氧的能力；它们能让心率下降，血管收缩，使大量氧气分流到大脑、心脏等重要器官，从而减少对氧气的消耗。一旦氧气耗尽，海兽还可动用储存的糖原，通过无氧酵解使细胞获得能量，从而使它们在全身缺氧条件下仍可下潜。

（二）习性

海兽分布极广，无论是南极海域或者北冰洋，还是赤道水域或者沿岸海区，都能见到其踪影。海兽在海洋中呈不连续斑块状分布，在南美洲、北美洲、非洲、亚洲和大洋洲的南、北纬40°附近海域，它们的物种多样性最高。这和这些海域具有较高的初级生产力密切相关。

鲸类是巨兽，食量很大，一头虎鲸一次可吃掉几只海豹，从一头蓝鲸胃里曾取出1 000 kg磷虾。鲸口异常巨大，有的种类口可达身体长度1/3左右，蓝鲸的口大到可容纳10个成年人从容进出的程度。不同的鲸类食性不同。虎鲸牙齿强而有力，身体敏捷，以捕食海豹为主，也袭击小型鲸类和大型的须鲸，吞食各种鱼类，是海洋里凶残的猛兽。小型齿鲸即海豚主要捕食鱼类，也吞食乌贼、虾蟹等。抹香鲸主要捕食枪乌贼和章鱼。乌贼也是凶猛的肉食性动物，有些个体很大，仅触手就长达18 m。所以，抹香鲸捕食这样大的枪乌贼，也不那么容易，有时要经过长达1～2小时的搏杀，才能成功。须鲸以鲸须作为"筛子"过滤浮游生物如磷虾和桡足类为食物。

鳍脚类食性很广泛。多数海豹主要的食物是鱼和头足类，也捕食磷虾和海参等其他生物。海豹吃鱼是囫囵吞下，先吃鱼头，所以不会被鱼刺卡着。海象的食物几乎都是双壳类软体动物，它们先用獠牙在沙质海底把双壳类翻掘出来，再食其肉；食物极度贫乏时，海象也会吃其他海豹的幼仔。海牛以海草等水生植物为食，是海兽中唯一的植食性动物。

海兽繁殖习性各不相同。每到生殖季节，须鲸总是一雌一雄，或并驾齐驱或一前一后游泳。如一前一后游泳，游在前方者往往是雌性。有时，也可见到三五成群的须鲸一起游泳。当3头须鲸一起游泳时，往往是双亲加后代组成的核心家庭。生殖季节，在一起的一雌一雄的须鲸，并不是终身伴侣，只不过是繁殖期内的同行者、临时"夫妻"而已。齿鲸与须鲸不一样，它们是多雌群，也就是由若干头雌鲸及其仔鲸和一头成年雄鲸生活在一起，每到生殖季节，雄鲸为占有雌鲸，经常与其他雄性进行激烈搏斗，胜者便成为多雌群的统治者，败者则被逐出鲸群逃到冷海去孤独地度过余生。鳍脚类繁殖也有2种类型：一雌一雄型如斑海豹和冠海豹；一雄多雌（多雌群）型如海狮和灰海狗。每到生殖季节，多雌群中的雄兽先到达繁殖场，占据一块地盘，不准其他雄性侵入。这样一来，势必有大量雄兽过剩。它们散布在多雌群周围，整日争风斗殴。一些老弱个体甘心与世无争度日，一些强壮个体则尽量寻找可乘之机，去战胜多雌群中的雄兽，将其撵出，并取而代之。生殖季节结束后，多雌群解散，它们各自下海觅食。

海兽交配方式各不相同。有些雌、雄鲸都潜水，并以惊人的速度游近对方，然后突然垂直上浮，二者以腹部相对进行交配，这时，整个鲸的胸部甚至腹部都跃出水面，伴随着激起的团团浪花，二者都向后倒去，砸到水面发出巨大声响。还有些雌、雄鲸贴近水面，由平常的游泳姿势变成各自扭动身体的一边，扭到面对面的位置进行交配。鳍脚类在水里、陆地和冰上，都能交配。雌兽在繁殖季节一般要交配1～3次，受孕后才会离开生殖群。

拓展阅读7-2　鲸"自杀"之谜

自古以来，人类就注意到一种奇怪的现象，常有单独或成群的鲸，冒险游到海边，然后在那里拼命地用尾巴拍打水面，同时发出绝望的嚎叫，最终在退潮时搁浅死亡。据记载，早在1783年，曾有18条抹香鲸冲往欧洲易北河口，在那里等死。次年，在法国奥迪艾尼湾又有32条抹香鲸搁浅。18世纪，一些航海家在塔斯发现恐怖的鲸的坟场，一堆堆的腐尸和白骨散布在海滩上，呈现一片凄惨景象。

自20世纪以来，鲸类搁浅死亡悲剧频频发生，似有增加趋势。最近即2017年2月，400多头领航鲸在新西兰南岛附近搁浅，大约300头已死亡，100头获救。但是，之后又有约240头领航鲸搁浅。鲸究竟为什么会搁浅？生物学家目前还无法给出确切答案。

学术界曾经有过各种假设，解释鲸"自杀"原因。主要有：

（1）地形论：认为鲸搁浅可能与海岸地形有关，因为它们多发生在坡度平缓的海岸。当鲸向这里发射超声波信号时，其回声信号会失真，使它根本探测不出深水的位置，从而导致迷途。

（2）失常论：认为鲸群可能受到意外的刺激而仓皇出逃，或为了躲避捕食者的追击或人的骚扰而有意登陆搁浅的。

（3）向导论：认为有些鲸喜欢群聚，群中常有某个成员充当领导，整个鲸群往往随其一起游泳，一起觅食，也一起逃跑。当"头头"因病或遇害而上岸搁浅时，整群鲸也就随之同归于尽。

（4）返祖论：根据鲸是由陆生祖先演变而来的，而在其由陆生到完全水生的漫长历史演变过程中，它们的祖先一定出现过许多中间类型，即水、陆两栖生活。当它们在水里遇到不利情况时，就逃上陆地，寻找安全之处躲避风险，久而久之便形成鲸的一种习性。故有人提出一种假说，认为鲸搁浅是遵循其祖先所确立的生活道路所致。

（5）病因论：认为鲸之所以离水上岸，主要是由于病魔缠身，身体虚弱不堪，无力驾驭风浪，随波逐流被海水推上海岸，或是有意爬上海岸寻求喘息之机，因为在这里它不必每喘一口气都要挣扎着浮出水面。

（6）摄食论：认为鲸的近岸摄食习性对其搁浅有一定的影响。当鱼和乌贼洄游近岸或产卵生殖时，鲸群也跟踪而来。由于嘴馋贪吃，恋食忘返，所以退潮后搁浅。

根据2004年12月美国期刊《科学》报道，伍兹霍尔海洋研究所两位科学家在研究搁浅致死的抹香鲸的骨骼后，发现骨骼上有小洞，他们解释这是抹香鲸骨骼出现的骨头坏死的现象。抹香鲸可以潜到水深3 200多米的地方捕食，如果它们迅速浮上海面，体内的氮气就会涌出形成气泡。这些气泡储藏在组织中会压迫神经，阻塞毛细血管，导致其肌肉缺氧，甚至会影响骨骼引起区域性坏死，留下多处小凹洞。因此，抹香鲸"自杀"很可能是他们觅食时上浮过急而付出的代价，也就是鲸死亡的原因可能是它们浮上海面过快造成。

此外，地磁场异常也是原因之一。1997年，马尔维纳斯群岛海岸约300头鲸"集体自杀"。阿根廷学者分析后认为，当时太阳黑子的强烈活动引起了地磁场异常，发生了"地磁暴"，这破坏了正在洄游的鲸的回声定位系统，令其犯下"方向性"的错误。英国国家海洋水族馆专家也曾猜测，可能是海底低频地震产生的声音冲击波干扰了这些哺乳动物的回声定位系统，从而使得它们误上了海滩。

人类活动也是祸源之一。那些引起海洋污染的化学物质可能会扰乱鲸的感觉，影响回声定位系统功能。还有，军舰声呐和回声控测仪所发出的声波及水下爆炸的噪音，会使鲸的回声定位系统发生紊乱。美国海军曾在巴拿马岛的深海中使用了大型的声呐设备，随后，一些鲸和海豚纷纷搁浅死亡。

由此看来，鲸搁浅发生的原因是多样的，但是，也很大程度上是由生态环境的改变造成的。

（三）分类

海兽现存130种，包括鲸目90种、海牛目4种和食肉目36种。食肉目的种类四肢俱全，而鲸目和海牛目后肢退化；海牛目和鲸目间的区别主要在前者具有肥厚的嘴唇和颈。

1. 鲸目（Cetacea）

鲸目包括须鲸亚目和齿鲸亚目。

（1）须鲸亚目（Mysticeti）：体形大，相对头大躯体小；出生后到成体均无齿，有鲸须；外鼻孔2对；下颌长于上颌，许多种类腹面有褶沟（图7.33）。须鲸类现存14种，分属露脊鲸科（Balaenidae）、灰鲸科（Eschrichtiidae）、须鲸科（也叫鳁鲸科，Balaenopteridae）和小露脊鲸科（Neobalaenidae）。我国有8种。

（2）齿鲸亚目（Odontoceti）：体形大小不一，相对头小躯体大；成体和幼体都有齿，无鲸须；外鼻孔1对，两孔大小不同（不对称）；上、下颌等长或上颌较长，腹面无褶沟（图7.33）。齿鲸类现存76种，分属抹香鲸科（Physeteridae）、小抹香鲸科（Kogiidae）、喙鲸科也叫剑吻鲸科（Ziphiidae）、海豚科（Delphinidae）、鼠海豚科（Phocoenidae）、亚河豚科（Iniidae）、弗西豚科（Pontoporiidae）、白鱀豚科（Lipotidae）、淡水海豚科（Platanistidae）和独角鲸科（Monodontidae）。我国有40余种齿鲸。

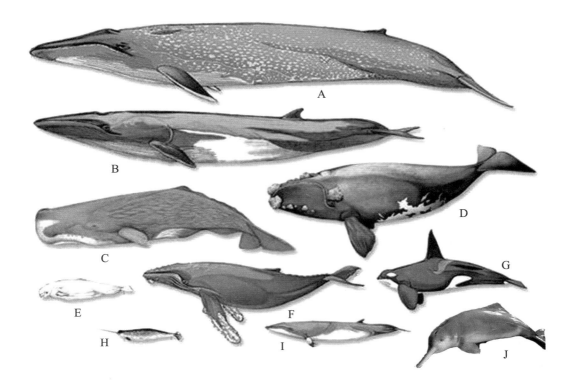

A. 蓝鲸（*Balaenoptera musculus*）；B. 长须鲸（*Balaenoptera physalus*）；C. 抹香鲸（*Physeter macrocephalus*）；D. 南露脊鲸（*Eubalaena australis*）；E. 白鲸（*Delphinapterus leucas*）；F. 座头鲸（*Megaptera novaeangliae*）；G. 虎鲸（*Orcinus orca*）；H. 一角鲸（*Monodon monoceros*）；I. 小须鲸（*Balaenoptera acutorostrata*）；J. 白鱀豚

图7.33　常见鲸类

2. 海牛目（Sirenia）

海牛目体呈纺锤形，无背鳍，但有短颈；口的位置在头部下方，有厚而可移动的嘴唇；表面覆有浓密的短毛；可抓取海草送进口中。海牛目分为海牛科（Trichechidae）和儒艮科（Dugongidae），共4种。海牛科种类的尾部后端向外突伸呈铲形，而儒艮科尾部形状与海豚尾部类似，分叉呈V形。我国仅有儒艮科儒艮（*Dugong dugon*；图7.34）1种。

3. 食肉目（Carnivora）

食肉目现存有5科36种。其中，北极熊（*Ursus maritimus*）以及海獭（*Enhydra lutris*；图7.34）、猫獭（*Lontra felina*）分属熊科（Ursidae）和鼬科（Mustelidae）；其余33种均属鳍脚类，其典型特征是前、后肢特化成鳍状肢，趾间有肥厚的蹼膜相连。

鳍脚类包括海象科（Odobenidae）、海豹科（Phocidae）和海狮科（Otariidae）。其中，海豹科18种，海狮科14种，海象科1种。

海象科仅1种，即海象（*Odobenus rosmarus*；图7.34），1对巨大伸出口外的犬牙是其显著特征。

海狮科种类在陆地上后肢能转向前，起到移动身体和部分支持作用，具不发达的耳壳。

海豹科种类较其他鳍脚类更特化而适应水中生活（图7.34）。上陆后，后肢不能转向前方，只能向后直伸，但在水中是主要的推进器官，无耳壳。

斑海豹（*Phoca largha*；图7.34）为我国常见海洋食肉目动物，分布在我国渤海、黄海和东海，偶见于南海，在辽东湾近海进行繁殖。另外，环斑海豹、髯海豹、北海狗和北海狮偶尔也见于我国近海。

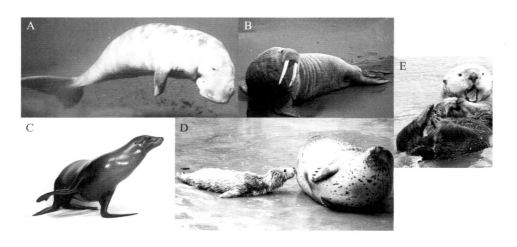

A. 儒艮（海牛目）；B. 海象（食肉目）；C. 加州海狮（食肉目）；D. 斑海豹幼兽与成体（食肉目）；E. 海獭（食肉目）

图7.34　海兽代表种类

（四）系统发生

一般认为海洋哺乳动物祖先均来自陆地，是二次入海的哺乳类。像古鲸在进化出鳍前，它们的半规管体积已经收缩变小，极大降低了平衡感，从而在陆地上很难逃避捕食者。但在海洋中，这种变化有助于鲸类完成跳跃和转身等杂耍动作而不会感到眩晕。另外，海洋环境相对温暖，生物种类丰富，少有天敌追捕等诸多特点更易于古鲸生存，它们因而开始走到更深的水里并在此定居。

目前，发现最早的海兽化石是距今超过5 000万年以上的海牛目化石。形态学比较和分子生物学研究表明，它可能来自6 000万年的陆生哺乳类，近亲是长鼻目（Proboscidea）和蹄兔目（Hyracoidea）。因此，海牛与现存的大象、蹄兔有着共同的祖先，但与鲸类、鳍脚类祖先关系较远。

鲸类在形态和遗传上与偶蹄目（Artiodactyla）亲缘关系较近，河马是鲸类亲缘关系最近的陆地近亲。目前，发现的偶蹄动物印多霍斯（*Indohyus*）化石，距今有4 800万年，被认为是鲸类的祖先，是鲸类从陆地向海洋哺乳动物过渡的直接证据。此后，在3 400万年前，分化为齿鲸和须鲸2支。因此，有人建议用鲸偶蹄类（Cetartiodactyla）代替目前通用的鲸目和偶蹄目，但也有动物学家和古生物学者对此持保留态度。

分子系统学研究表明鳍脚类与浣熊科关系最近。鳍脚类的发生为单一起源，即海狮科、海象科和海豹科源于同一祖先。海象科与海狮科是姐妹群。目前，发现距今2 400万年前的达氏海幼兽（*Puijila darwini*）化石被认为是鳍脚类共同的祖先，其四肢适合在陆地上行走，无鳍状肢，趾骨间有蹼连接，是鳍脚类从陆地向海洋进化的最直接证据。

思考题

1. 脊索动物主要特征是什么？它们是如何演化的？

2. 海洋鱼类主要特征是什么？有哪些主要类群？

3. 海洋爬行类、鸟类和哺乳类在形态结构和习性上与陆生种类有何不同？

4. 海龟有哪些习性适应海洋环境？

5. 简述海龟和海蛇的分布情况。

6. 海鸟有哪些主要类群？主要特征是什么？

7. 简述海鸟繁殖习性。

8. 海兽适应于海洋生活的特点有哪些？

第三篇　结构和功能篇

第八章 海洋植物结构与功能

海洋植物中的海藻和海草，二者在形态结构、生长发育等方面均有明显差异。海藻进化程度低，形态结构简单，且无根、茎、叶的分化，主要通过营养细胞的体积增大和有丝分裂进行个体的生长。海草是由陆地重返海洋的单子叶植物，具备与陆生高等植物相似的根、茎、叶的分化，并在形态结构上表现出对海洋沉水环境的高度适应性，其生长主要包括种子的萌发和植株的生长两个过程。海藻和海草摄取营养物质的方式均以主动运输为主，但由于进化程度和形态结构的差异，二者在营养物质的传输上有所差异。无论海藻还是海草在生长和发育过程中均受到外界环境因子的影响。

第一节 营养与传输

光合自养的海洋植物在生长、发育过程中，对营养物质的需求必不可少。海水中的溶解盐类是海洋植物生存所需的最主要营养物质，海洋植物对营养物质的吸收、传输和利用效率直接影响着其生理状况。

一、海洋植物的营养需求

海洋植物生长、发育需要碳、氮、磷、钙和铁等营养元素。这些元素在海水中含量各不相同，有些元素如铁在海水中含量有限，是影响海洋植物生长的限制性因素。

（一）必需营养元素

碳、氮、磷、钙和镁等是所有海洋植物生长所必需的大量元素。由于海藻的异质性，各种海藻对某一种或多种营养元素的需求量也不尽相同。其中，氮、磷等大量元素在海洋植物的生长中起着极为重要的作用，其浓度直接影响着海藻的丰度，进而影响海洋初级生产力。

海水中氮元素主要以无机氮（N_2、NO_3^-、NO_2^-和NH_4^+）、可溶性有机氮（尿素、游离氨基酸等）以及颗粒有机氮等形式存在，其中NH_4^+、NO_3^-和NO_2^-几乎可以作为所有海藻的氮源。许多大型海藻和微藻对NH_4^+的吸收率大于NO_3^-及小分子有机氮化合物（尿素和氨基酸），但高浓度的NH_4^+或NO_2^-会对藻类产生毒害作用甚至抑制其生长。绝大多数海草的根部直接暴露于沉积物间隙水中，而沉积物间隙水与海水水体的地球化学特征不同，营养物质更为丰富。海水中含氧量高，营养元素含量低，通常硝酸盐浓度为$0 \sim 5 \, \mu mol/L$，磷酸盐浓度为$0 \sim 0.4 \, \mu mol/L$。沉积物间隙水中，大部分无机氮以NH_4^+的形式存在，浓度在$1 \sim 1\,000 \, \mu mol/L$之间，而$NO_3^-$离子含量则相对较低。此外，小分子有机物也可以作为氮源。尿素可作为海藻的氮源，却不能作为海草的氮源，但一些小分子氨基酸（如谷氨酸）可以作为氮源为海草所利用。

磷是另一种海洋植物生长所必需的重要元素。在海水pH条件下，磷主要以HPO_4^{2-}、PO_4^{3-}、$H_2PO_4^-$等游离形式存在，所占比例分别为95%、1%和2.5%，海藻主要以磷酸盐作为磷源。海草根部所在的沉积物间隙水中，磷酸盐浓度可达$20 \, \mu mol/L$。某些大型海藻还可通过产生胞外碱性磷酸化酶水解并利用溶解性有机磷（如磷酸甘油）或颗粒状有机磷，在海草根部和叶子中也均检测到碱性磷酸酶。

除大量元素外，海洋植物的生命活动中微量元素（铁、锰、锌、铜、钼、钴、硼等）也必不可少。铁元素是有机体进行光合作用和其他许多生化反应的必需元素。海水环境中，铁主要以Fe^{3+}存在，且往往与OH^-结合形成相对不溶性化合物$Fe(OH)_3$，不能为海藻有效利用，但多数藻类都能通过某些特殊途径获得生长所需的铁，如栅藻（*Scenedesmus incrassatulus*）可在铁限制时通过分泌对铁具有高亲和力的铁载体进行铁的转运。海藻对维生素类也有需求。一般藻类培养基中需添加3种维生素：维生素B_1、维生素H和维生素B_{12}，大多数海藻的生长均需要维生素B_{12}。在海藻的生命活动过程中，微量元素和维生素主要起催化作用。

（二）限制性营养元素

通常海藻生长所需的必需营养元素在海藻细胞内的浓度远高于海水中的浓度。当环境中某种营养盐离子的浓度较低且其供应率略低于海藻的吸收率时，海藻将处于轻度营养限制状态。氮、磷以及铁是限制海洋植物生长的3种主要元素。

氮主要参与许多生物大分子（如蛋白质和核酸等）的合成，是海洋中初级生产力的主要限制营养元素。氮限制时，会引起大多数海洋浮游微藻的代谢活性降低从而导致生长减慢。

磷不仅是构成核酸的组分，还在光合和呼吸作用中扮演着重要角色。磷限制也会导致一些海藻的生长减慢。

铁对于所有的光合生物都是必需的，但在现代海洋环境中，尤其在南大西洋、赤道太平洋和北太平洋海域铁含量尤为匮乏。铁限制影响了海洋中40%的浮游植物的生长；一旦铁浓度升高，则会引起由硅藻主导的海洋浮游植物大爆发，引发有害藻华。铁还可能具有促进大量元素的吸收（如提高碱性磷酸化酶的活性以促进磷的吸收）的作用。在海草中，添加铁离子能促进其生长。

二、海洋植物对营养盐的吸收与传输

海藻和海草由于形态结构不同，对营养盐的吸收和传输方式也存在差异。

（一）海藻的营养与传输

海藻包括单细胞微藻和大型海藻两大类。海藻属于低等光合植物，不具备高等植物所具有的根、茎、叶等结构。大型海藻结构不尽相同，结构较简单的有单列细胞组成的丝体，较高级的具有皮层和髓层的分化（图8.1）。海藻摄取营养盐的方式主要为主动运输。海藻进化程度低，无导管和筛管等输导组织的分化，但在大型海藻中发现有营养物质的共质体运输。

1. 海藻的营养吸收方式

海藻从海水环境中摄取营养物质的方式主要包括吸附（adsorption）、被动扩散（passive transport）、易化扩散（facilitated diffusion）和主动运输（active transport）。吸附指营养盐离子从细胞表面通过细胞壁进入细胞内的过程。被动扩散指营养盐离子沿着电化学梯度传递的过程，此过程无须耗能。例如，气体以及不带电荷的小分子（如水和尿素）均可通过这种扩散方式透过细胞膜进入细胞内。易化扩散的过程与被动扩散类似，也是顺着电化学梯度进行的传递过程，不同的是易化扩散需要借助于载体，其传递速度比被动扩散快。随着外界营养盐浓度的升高，易化扩散具有膜载体饱和现象，因此也具有主动运输的一些特性。主动运输指营养盐离子或分子逆电化学梯度进入细胞内的过程，此过程需要消耗能量。研究表明，海水环境中多数离子（如NO_3^-、PO_4^{3-}等）浓度均在μmol/L水平，而藻细胞内的浓度则在

A. 毛刷状固着器；B. 主轴横切面观，示皮层（c）、髓部（m）以及根丝细胞（r）；C. 藻体顶端的四分孢子囊小枝，二列排列；D. 四分孢子囊群不规则排列以及周围具有不育边缘；E. 四分孢子囊群横切面观，示四分孢子囊十字形分裂（t）；F. 藻体顶端的囊果小枝，二列排列；G. 放大后的囊果；H. 成熟囊果横切面，示二室；I. 生长在不定枝上的囊果

图8.1　约翰石花菜（*Gelidium johnstonii*）形态解剖特征（自Wang等，2016）

mmol/L水平。由此可见，海藻吸收营养盐离子的主要方式是主动运输。一般认为，海藻通过主动运输摄取营养盐离子时吸收效率与外界同种离子浓度之间遵循饱和动力学方程：

$$V=V_{max} \cdot S/（K_m+S）\tag{1}$$

其中，V为营养盐离子的吸收速率，V_{max}为营养盐离子吸收的饱和速率，K_m为半饱和常数，S为外界营养盐离子浓度。V_{max}/K_m是衡量海藻对营养盐离子吸收效率的重要指标。环境中温度的改变、营养盐的形式、藻体本身的生理状态或加入代谢抑制剂等，均会影响离子的吸收速率。

　　海藻的营养吸收过程受到多种物理因子（如光、温度、水流、潮汐、干出等）、化学因子（如营养盐浓度、pH等）以及生物因子（如藻体的表面积、海藻的年龄以及营养史等）的影响。如光能够促进大型海藻（如巨藻*Macrocystis*）和一些微藻对NO_3^-的吸收，而低温却可导致长海带（*Laminaria longicruris*）对NO_3^-的吸收率降低。在针对墨角藻（*Fucus distichus*）的研究中发现，藻体幼苗对NH_4^+和NO_3^-的吸收率显著高于成熟藻体，分别高出8倍和30倍。

2. 海藻对碳源的吸收与利用

在海洋藻类中，光合固碳主要通过卡尔文循环进行，卡尔文循环中无机碳的受体是核酮糖-1，5-二磷酸羧化酶/加氧酶（Rubisco），该酶的底物是CO_2，通过这种形式被固定的无机碳占95%以上。然而，CO_2在海水中的扩散速度仅为空气中扩散速度的1/10 000，且在偏碱性的海水环境中，溶解的无机碳主要以碳酸氢盐（HCO_3^-）的形式存在。因此，在很大程度上无机碳的吸收和利用效率是限制海藻光合固碳效率的重要原因。为克服海洋环境中的碳限制，提高细胞内CO_2浓度，实现对无机碳的高效吸收与利用，大多海藻衍生出CO_2浓缩机制（CO_2 concentration mechanism, CCM）。研究者提出海藻中可能存在3种CO_2浓缩机制模型：

（1）胞外碳酸酐酶（carbonic anhydrase, CA）在细胞表面催化HCO_3^-转化为CO_2，CO_2经被动扩散进入细胞内为核酮糖-1，5-二磷酸羧化酶/加氧酶所固定，这种模型常见于微藻中。

（2）HCO_3^-通过细胞膜上的转运子主动运输至细胞内，经胞内碳酸酐酶的催化转化为CO_2，直接提高核酮糖-1，5-二磷酸羧化酶/加氧酶活性位点周围CO_2的浓度，最终被核酮糖-1，5-二磷酸羧化酶/加氧酶固定，这种模式在微藻和大型海藻中均存在。

（3）HCO_3^-转运至胞内后，在磷酸烯醇式丙酮酸羧化酶的作用下，直接与磷酸烯醇式丙酮酸结合形成C4酸，C4酸转运至叶绿体或线粒体中经脱羧反应后释放出CO_2为核酮糖-1，5-二磷酸羧化酶/加氧酶所利用，此种模型类似于C4植物及CAM植物中的C4途径，已在硅藻的威氏海链藻（*Thalassiosira weissflogii*）和三角褐指藻（*Phaeodactylum. tricornutum*）中发现。这种提高藻细胞表面或胞内CO_2浓度的机制，促使海藻的光合固碳在低CO_2条件下得以维持。

有些海藻还能利用小分子有机物如甘油、葡萄糖、乙酸等作为碳源，行兼养或异养生长。一些微藻（如小球藻）以乙酸为外加碳源时，乙酸以乙酸根的形式被转运至细胞内，并在乙酰辅酶A缩合酶的催化下与辅酶A缩合，形成乙酸的活化态——乙酰辅酶A。乙酰辅酶A不仅是合成脂肪酸的重要前体，直接参与到脂肪酸链的合成，还可以在线粒体内与草酰乙酸缩合形成柠檬酸，参与到三羧酸循环中。此外，乙酰辅酶A还可在过氧化物酶体中与乙醛酸缩合形成苹果酸参与到乙醛酸循环。通过这些代谢途经，乙酸最终被进一步同化，并为微藻所利用。

3. 海藻的营养传输

大型海藻属于孢子植物，与高等植物不同，其内部结构没有运输水分和有机物的输导组织（导管和筛管），但许多大型海藻中存在营养物质的共质体运输。共质体是指植物细胞与细胞之间由胞间连丝将原生质体彼此相连而形成的连续体，物质在共质体之间的运输即为共质体运输（symplasmic transport）。许多大型海藻具有明显的结构分化，营养盐在这些部位间的传输包含一系列的共质体物质流运输。轮藻目（Charales）藻体中存在由胞间连丝将轮藻的大细胞（large cells）相连而形成的共质体物质运输，且胞间连丝与有胚植物相似，但是缺少连丝微管（desmotubules）。在一些大型绿藻（如羽藻 *Bryopsis*）中也存在营养物质共质体运输。此外，有证据表明在一些大型褐藻中也存在有机碳和其他物质的共质体运输。海带目（如巨藻）中有类似于高等植物韧皮部的特殊结构——喇叭丝（trumpet hyphae）。在这些褐藻中，喇叭丝行使着物质运输的功能，这种运输方式很少见于褐藻的其他目。

（二）海草的营养与传输

海草床是最高产和最复杂的海洋生态系统之一，其生产力大于其他水生植物和陆地植物。海草是一种适应海洋沉水环境的单子叶植物，具有与其他高等植物相似的组织和器官。为了在特殊的生境下进行营养物质的摄取与传输并完成生活史，海草在形态结构上表现出对海洋沉水环境的高度适应性，比如叶子周边有扩散边界层，由表皮进行光合作用，茎、叶表皮无气孔分布，但有通气组织等。

海草形态上分为地上和地下2个部分。海草地下部分一般由根和茎组成，具有固着、运输、调节渗透压以及储存碳水化合物和氧气的作用，在光合作用效率低时支撑其他组织的生长。同时，根和茎呼吸所产生的CO_2可供给叶子进行光合作用。地上部分通常由嫩枝和叶子组成。叶子包含基部鞘和叶片，基部鞘起保护嫩叶和顶尖分生组织的作用，末梢部分的叶片是进行光合作用的场所。

海草所有的器官均由3种具备不同结构和功能的基本组织构成（图8.2）：① 表皮，它在植物体表面形成一个连续的层面，外壁具有角质层，起到机械保护的作用，并限制物质转运和通气；② 维管束，包含韧皮部和木质部，分别起转运可溶性营养物质和运输水分的作用；③ 薄壁组织、厚角组织和厚壁组织，其中薄壁组织细胞壁很薄，细胞间间隙发达，进而可形成发达的通气系统，非木质化的厚角组织起到光合作用和储藏的作用，而木质化的厚壁组织则起到机械支持的作用。

1. 水分的运输

在陆生高等植物中，吸收和运输水分的重要动力来源是叶片气孔的蒸腾作用。由于不存在由叶子表面水分蒸发而产生的蒸腾拉力，海草通过木质部薄壁细胞质膜中营养物质的主动积累，诱发根部一个压力，使得水进入木质部，实现水分的传输。然而，与陆生高等植物相比，海草中木质部相对较少，因此这种木质部传输方式并不是

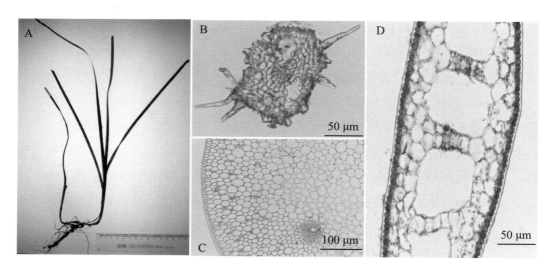

A. 大叶藻形态结构示意图；B. 大叶藻根的解剖结构；C. 大叶藻茎的解剖结构；D. 大叶藻叶片的解剖结构

图8.2　温带海草大叶藻（*Zostera marina*）的形态结构以及根、茎、叶的解剖结构示意图

海草运输水分的主要方式。

　　海草叶鞘含有角质层，可阻止海水进入叶鞘细胞，起到保护分生组织和嫩叶的作用，同时，叶子维管束中的木栓质层和根部内皮层也可阻止海水进入细胞。海草叶细胞原生质膜（plasmalemma）在渗透压调节中起重要作用。质膜上具有一种耐盐的质子–腺苷三磷酸酶（H^+–ATPase），可在质膜两侧产生一个电化学膜电位，阻止钠离子进入胞质，胞质中ATPase（包括线粒体ATPase和液泡ATPase）不进行渗透压调节。淡水苦藻属（*Vallisneria*）和陆地单子叶植物（如水稻）也具有与海草相似的解剖学结构，但是在这些物种中并未发现原生质膜H^+–ATPase系统，表明这一系统在海草适应海水环境中起重要作用。

　　2. 碳源的吸收与同化

　　海草以表皮作为光合作用的初级场所，无气孔分布，外皮极度减少。海草生活在沉水环境中，无需进行水分蒸发，因而气孔退化，主要由通气组织行使气体交换的功能，这是海草适应海洋沉水环境的一大重要特征。这种适应同时伴随以下3个重要过程：① 发展了有助于无机碳吸收的生化机制，类似一些藻类中的CO_2浓缩机制；② 将光合作用限制在叶片最外层的细胞，减少非光合作用组织；③ 发展了通气组织。

　　针对海草对无机碳的摄取，学术界提出了3种理论模型。第1个模型是诱导细胞壁和扩散边界层的酸化，排出质子促进HCO_3^-转化为CO_2，升高局部CO_2浓度，进而被动扩散至细胞内最终为核酮糖-1，5-二磷酸羧化酶/加氧酶所固定，扩散边界层的酸度直接影响向光合细胞提供CO_2的量。第2个模型是分泌胞外碳酸酐酶，催化HCO_3^-转化成CO_2，进而被动扩散至细胞内。第3个模型是通过HCO_3^-泵直接将HCO_3^-运至细胞内，经胞内碳酸酐酶催化形成CO_2被核酮糖-1，5-二磷酸羧化酶/加氧酶所固定。目前，已证实海草中存在至少2个HCO_3^-主动运输系统和1个CO_2主动运输系统。

浮游植物固定CO_2生成有机物可用以下公式表示：

$$106CO_2 + 90H_2O + 16NO_3^- + PO_4^{3-} \rightarrow C_{106}H_{180}O_{54}N_{16}P + 150\ O_2 \qquad （2）$$

根据海草基本元素构成，以上公式可写成：

$$435CO_2 + 395H_2O + 20NO_3^- + PO_4^{3-} \rightarrow C_{435}H_{790}O_{305}N_{20}P + 522\ O_2 \qquad （3）$$

海草光合固碳产物可储存在叶、茎、根状茎以及根中，储存的物质有蔗糖、淀粉等。海草溶解性碳水化合物的含量，叶子（干重）为10%、茎为9.5%、根状茎为27.5%、根为13.5%。海草通过地下根状茎及根储存碳水化合物，不仅可避免为食草动物所摄食，而且为其度过休眠期提供物质保障。美国大叶藻（*Zostera Americana*）中蔗糖在根部的转运由低光（冬天）诱导，缺氧条件可抑制营养物质由根部向嫩枝的转运。

3. 主要营养盐的摄取与同化

与陆地植物不同，海草可同时通过根部和叶子吸收营养元素。除了虾形藻（*Phyllospadix* spp.）和全楔草（*Thalassodendron ciliatum*），其他海草的根部均直接暴露于沉积物间隙水中。沉积物间隙水中营养非常丰富，是海草营养元素的主要来源。通常，海草在获得营养物质过程中根部比叶子贡献更大，而在营养限制时，叶子对营养元素的吸附能力要比根部强。

海草对营养物质的利用包括摄取和同化2个过程。摄取是植物体将营养物质从周围环境摄入细胞的过程，同化是细胞将胞内的营养物质转化为有机物的过程。在高等植物中，营养物质的摄取以主动运输为主，并由一系列质膜上的转运子（如H^+-ATPase和ABC转运蛋白等）完成。营养元素一旦摄入细胞，可被同化成有机物，也可以无机物的形式暂存在细胞内。海草对不同形式的营养盐离子的摄取能力存在很大差异，如氮源中NH_4^+比NO_3^-更容易被摄取。海草细胞内NH_4^+和NO_3^-浓度很低，表明NH_4^+和NO_3^-被摄入之后迅速被同化。NH_4^+本身对细胞具有毒害作用，细胞通过快速同化胞内的NH_4^+的方式来避免遭受毒害。NH_4^+通过谷氨酰胺-α-酮戊二酸氨基转移酶途径被同化，即在谷氨酰胺合酶的作用下，谷氨酸和NH_4^+生成谷氨酰胺。NH_4^+的同化在海草的根部和叶子中都能进行。NO_3^-通过硝酸根还原酶转化为NH_4^+之后才能被同化。

海草叶子中硝酸根还原酶活性大于根部。海草中硝酸根还原酶活性低于藻类，这可能与其主要以 NH_4^+ 作为氮源有关。海草摄取磷动力学相关研究很少，但有研究表明其摄取动力学曲线与铵根离子相似。

4. 营养物质的传输

在陆生单子叶植物中，营养物质的运输主要依赖于维管组织。维管组织可分为木质部和韧皮部两部分。高等植物中物质的运输十分复杂，有短距离运输和长距离运输之分。短距离运输是指细胞内以及细胞间的运输，距离在微米与毫米之间；长距离运输是指器官之间或源与库之间的运输，距离从几厘米到上百米。叶子和根部都能摄取营养物质，因此在海草中负责传输的维管组织不发达。海草营养物质的传输主要包括细胞到细胞传输或通过胞外空间的扩散进行传输2种方式。不同于陆生高等植物，海草主要以短距离运输为主。比如，在针叶藻（*Syringodium isoetifolium*）中，相邻表皮细胞之间和表皮细胞与叶肉细胞之间没有胞间连丝，只有质外体传输。质外体是指植物细胞原生质体外围由细胞壁、细胞间隙和导管等组成的一个开放性的连续自由空间，物质在质外体之间的运输即质外体运输（apoplasmic transport）。在大叶藻（*Zostera muelleri*）和虾形藻（*Phyllospadix* spp.）中，表皮细胞之间和表皮细胞与叶肉细胞之间存在胞间连丝，可以进行共质体营养物质传输。此外，海草的韧皮部薄壁细胞面向筛管的一面细胞壁内凸弱化，说明这些薄壁细胞在营养物质运输中发挥了重要作用。因此，在海草中也可能存在通过韧皮部而进行的长距离运输，而韧皮部转运的驱动力则可能来源于膨胀压力梯度。

第二节　生长与反应控制

生长主要包括细胞体积的增大和细胞分裂2个过程，可直接促进个体体积的增大、细胞总数的增多以及生物量的增加。生长、分化和个体发育是3个不同的概念，它们既有区别又紧密联系，在生长过程中细胞的体积和数量虽然不断增加，但是细胞的类型在分裂前后并未发生变化。与生长不同，分化涉及细胞功能的转变，例如，从营养细胞向生殖细胞的分化，从体细胞向假根细胞的分化等。个体发育则包括生长和分化，由一个单细胞逐渐形成一个完整个体的全部过程。海洋植物的生长过程受到多种因素如光照、水温、盐度、营养盐、波浪、潮汐、生物群落等外部环境以及内部激素水平的影响。

一、海藻的生长与反应控制

海藻是构成海洋初级生产力的重要组成部分，其进化程度低，形态结构简单，无根、茎、叶的分化。海藻主要通过营养细胞的体积增大和有丝分裂进行个体的生长，其生长过程中受到光照、温度、盐度、营养盐等外部环境因素和内部激素水平的双重调控。

（一）海藻的生长

海藻主要通过营养细胞的体积增大和有丝分裂进行个体的生长。有些大型海藻的成熟藻体可分化出具有不同功能的组织，不同组织中细胞的生长过程差异明显。有些组织细胞，分裂后仅能进行物质的积累和细胞体积的增加，很少或几乎不会再进行分裂；有些组织细胞则始终保持旺盛的分裂活性，即分生组织（meristem）。分生组织是指由具有不断分裂能力的、尚未分化的1个或多个细胞所构成的一块植物组织区域。

在不同的大型海藻中分生组织所处的部位亦有不同。有些大型海藻如石花菜（*Gelidium* spp.）、马泽藻（*Mazzaella* spp.），分生组织主要位于藻枝的顶端。顶端分生组织具有维持顶端优势、抑制周围组织细胞生长与分裂的作用。有些大型海藻如海带（*Laminaria* spp.）、翅藻（*Alaria* spp.）等，分生组织主要位于藻体的基部，这些分生组织在叶片（blade）脱落后仍保留在基部，待生长季节到来后其依靠旺盛的分裂能力又可以重新分裂和分化形成新的叶片。有些大型海藻的分生组织呈弥散状分布，这些海藻的藻体主要为薄壁类型（parenchymatous type），生长方式为弥散性生长（diffuse growth），藻体中的大多数细胞都能分裂，如石莼（*Ulva* spp.）。大型海藻与高等植物海草相比，其分化程度较低，藻细胞的去分化和再分化能力非常强。很多大型海藻藻体在遭受物理损伤发生断裂后，新形成的藻段又可以重新形成新的分生组织或长成新的个体。在生产实践中可以利用大型海藻的这一特性进行幼苗的人工培育。

（二）海藻的生长调节与控制

海藻的生长需要物质和能量的积累。光合作用是海藻进行物质和能量积累的主要途径，任何影响光合作用过程的环境因子都可能影响海藻的生长。大型海藻主要分布于潮上带、潮间带和潮下带。生长于潮间带和潮上带的海藻，潮汐的周期性变化导致其生存环境长期处于变动中：在低潮时期，藻体从海水中干露出来，直接暴露在空气中，同时经受多种环境因子的胁迫，如高（或低）温、高盐、高光以及失水等。光合作用过程由一系列的酶促反应构成，这些酶促反应只能在一定的温度和离子强度范围内才能顺利进行，低潮时的高（或低）温、高盐、高光以及失水等胁迫条件对酶促反应过程产生抑制，从而影响光合固碳过程的顺利进行。与潮间带和潮上带相比，潮下带环境相对稳定。生长于潮下带的大型海藻常年浸没在海水中，藻体周围的温度、盐度和光照等环境因子的变动范围相对较小。由于海水本身以及水体中浮游生物的遮挡与吸收作用，海水不同深度的光强和光质都有明显的差异：上层的水体光照相对充足，光谱覆盖广；随着深度的增加，光强迅速减弱，光谱组成主要是蓝光和绿光。这种垂直层面上光强和光质的改变对海藻光合固碳效率的影响也尤为明显。

海藻的生长不仅受到外部环境因素的影响，还受到细胞内部因素如植物激素等的调控。植物激素是指由植物细胞合成的、含量极低的、对个体的生长和发育起重要调控作用的一类信号分子。常见的植物激素主要包括生长素、赤霉素、细胞分裂素、脱落酸和乙烯等。20世纪60～70年代，发现在褐藻、红藻、绿藻甚至蓝绿藻中存在生长素，且生长素含量因季节变化或细胞种类不同而呈现出很大的差异。另外，在藻类的提取物中也分离得到了赤霉素类物质、脱落酸等植物激素。尽管在藻类中发现了主要植物激素的存在，但是它们在调控藻类生长和发育方面的机制是否与高等植物类似仍亟待研究。

二、海草的生长与反应控制

海草作为适应海水的单子叶植物，其生长和反应控制受到多种因素（如光照、水温、盐度、营养盐、波浪、潮汐、生物群落等）的影响。这些因素决定了海草在海洋中的生长和分布情况，同时海草也在生长、繁殖、发育上对这些环境因子表现出极强的适应性。

（一）海草的生长

海草是高等单子叶植物，有雌雄同株，也有雌雄异株。海草的生长主要包括种子的萌发和植株的生长2个过程。海草不仅可以海水为媒介实现花粉的传播完成有性生殖，还可以通过分化的根茎进行无性繁殖，如使用海草根状茎进行生态修复即是利用了海草这一生物特性。海草进行有性生殖时，其整个生活史包括种子的萌发、幼苗的形成、根茎叶的分化、生殖器官的发育、花粉的传播与授粉以及种子的形成等几个过程，与陆生近缘物种具有诸多相似之处。海草生存环境特殊，其生长和繁殖等都受到外界环境因子的严格调控。

1.影响海草生长的非生物因子

由于海洋环境的特殊性，海草整个生长过程中，种子萌发和幼苗生长是极易受外界环境影响的2个阶段，也是导致海草死亡的主要阶段。海草种子的萌发受到诸多外界环境因素如光照、温度、盐度、海水和沉积物的溶解氧等的影响，如适度光照可以促进海草种子萌发，低温和高盐可以促进大叶藻种子的萌发等。种子萌发后，须尽快寻找适宜生长的海床并固着，进行后续生长，该过程是限制海草幼苗形成的关键。因此，海流、风浪是影响其固着的主要自然环境要素。当条件不适宜萌发时，有些海草则通过种子的休眠来度过不良的生长环境。了解影响海草种子萌发的自然因素不仅对于海草生物学基础研究具有重要作用，对于海草的生态修复应用也具有重要指导意义。

海草作为光合自养生物，其生长、繁殖过程均离不开光照。与陆生高等植物不同，生长于海洋中的海草对光照极为敏感，且光照是海草生长的主要限制因子之一。阳光穿过水层，光强会受到水深、海水浊度以及微藻生物的影响，而海草长期浸没于海水中，为接受足够的光照，海草一般分布于较浅的水层。研究表明，海草平均需求光照强度为水面光强的10%。此外，海草的生长过程还受到很多其他环境因子如水温、盐度、生长地泥质状况的影响。

碳源在海草的生长过程中极为重要，作为生长在海水中的光合生物，其生物量的积累依赖于其获取水体中碳源的能力。随着海水pH的变化，海水中的碳源种类主要有CO_2、HCO_3^-和CO_3^{2-}。在浅水区的高pH环境下，碳源成为限制海草生长的关键环境因子。与营养盐的吸收和利用不同（海草的根和叶均可吸收营养盐），CO_2的吸收依赖于其在海草叶片中的被动扩散。研究表明，在自然海水中，大叶藻（$Z. marina$）通过释放质子在叶片表皮细胞外形成一层不流动的酸性水层，促进HCO_3^-向CO_2转化，从而高效利用海水中HCO_3^-；加入Tris缓冲液破坏这一酸性水层后，大叶藻对HCO_3^-的利用效率降低。随着大气中CO_2含量的升高，海水中的溶解无机碳含量也随之升高，这可能会对全球的海草生长具有一定的促进作用。

与陆生植物相似，海草根系的生长需要氧气的参与以供给能量。海草根系位于极度缺乏氧气的沉积物间隙水中，其间氧气含量较陆生植物根系所生存的土壤更低。一般情况下，海草自身进行光合作用，在组织内产生大量氧气；海草的茎、叶等组织暴露于溶解了大量氧气的海水中，也可吸收利用海水中溶解的氧气。这些氧气可以通过自由扩散到达根系为其所利用。在氧气来源受限的条件下，海草的生长受到威胁，严重的可导致沉积物中的硫化物反渗透进入海草。

营养盐也是影响海草生长的重要因素，其中氮和磷是海草生长所需的最为重要的营养元素。与海藻相比，单位重量的海草对氮、磷的需求相对较低，约占海藻需求的1/4。由于海草存在发达的根系，除了利用海水中的营养盐外，还可以吸收和利用沉积物或沉积物间隙水中的营养元素，这一特性大大降低了水体中营养元素对其生长的影响。

2. 影响海草生长的生物因子

除了上述非生物因子，一些生物因子也会对海草生长造成影响，其中最为明显的是生物竞争效应。如一些大叶藻属物种（如诺氏大叶藻 *Zostera noltii*）在浅水区形成草床，其他海草便无法大量生长。同样，在深水区大叶藻（*Z. marina*）和海神草（*Cymodocea nodosa*）大量繁殖，对其他海草生长也造成抑制效应。另外，一些海洋中的动物、微藻均可以附着于海草的叶片上，限制了海草对光能的吸收和利用，对海草产生物种间抑制效应，这也是限制海草生长的因素之一。

（二）海草的反应控制

尽管外界非生物因子和生物因子对海草的生长具有多方面的影响，但是海草本身可以通过自我调节来适应外界环境。例如，广泛分布于墨西哥湾沿岸的泰来草（*Thalassia testudinum*）的最适生长温度为27℃～30℃、盐度为24～35、光强为水表光强的18%。在非最适条件下，泰来草可以通过某些调控适应外界环境，并且表现为一些功能性状的变化。在弱光条件下，泰来草可以通过减小叶片面积、增加叶绿素含量以及提升叶绿素b与叶绿素a的比例来提高光合效率，实现光适应（photoacclimation）。而分布于不同水深的大叶藻，则通过调节叶片的长度适应不同水深的光照：在浅水区，其叶片平均长度为15～20 cm，位于深水区的叶片长度则可达120 cm。

海草一般生长在沿海浅水区，而沿海海水盐度极易受到入海河流的影响，出现季节性波动。生长在浅水区的海草对盐度具有一定的适应性。研究表明大叶藻在盐度为32时表现出最大光合效率，而盐度在10～40范围内波动时，大叶藻的光合作用不会受到显著影响，说明其具有一定盐度调节性能。一些海草还可以通过提升其繁殖能力来应对不利的外界环境。

> **思考题**

1. 海藻和海草在形态结构方面有什么差别？

2. 海藻和海草在生长、发育方面有什么差异？

3. 海草对海洋沉水环境的适应性有哪些？

4. 海洋植物是如何吸收和传输营养物质的？

5. 什么是海洋植物的生长、分化和个体发育？

6. 影响海藻和海草生长、发育的环境因子有哪些？它们是如何影响生长、发育的？

第九章　海洋动物结构和功能

与自养型、可以制造自己所需有机物的植物不同，动物是异养型生物，必须依赖其他有机物生活。动物具有运动性，是发现食物所不可或缺的能力，而其运动受神经纤维和肌纤维调控。动物摄取的食物被消化后，为细胞提供营养。细胞新陈代谢所产生的废物，必须被排泄到体外。

动物具备执行多种特定功能的器官系统，有明确的劳动分工。循环系统负责把物质从身体一个部位转运到另一个部位，呼吸系统负责进行气体交换，淋巴系统负责保卫身体健康。不同器官系统之间的协调作用由神经系统和内分泌系统完成。

第一节　组织结构与内稳态

生命由不同层次的结构组成。原子构成分子，分子组装成超分子结构（supramolecular structure），如细胞膜、核糖体和染色体，而超分子结构再组装成生命最小单元——细胞（图9.1）。细胞是有机体生存的最低层次结构，在生命中占据特殊位置。例如，原生动物有特化的细胞器行使特定功能，使其可以消化食物、四处游动、感知环境变化、排泄废物以及繁殖，而所有这些活动都是在单个细胞内进行的。原生动物是单细胞动物的代表。多细胞动物有多种特化细胞行使不同功能。其中，形态相似、功能相关的细胞一起构成高一级的结构和功能单位——组织（tissue）。多数动物中，不同的组织一起组成一个更高级的结构和功能单位——器官（organ），而功能相近的器官组合起来形成器官系统（organ system），共同执行某种完整的生理功能。例如，消化系统由口腔、食道、胃、小肠、大肠、肝和胰等器官组成，呼吸系统由鼻、气管和肺等器官组成，而消化系统和呼吸系统每个器官又分别由不同的组织组成。

　　组织、器官和器官系统都来源于受精卵分裂形成的3个胚层：外胚层、中胚层和内胚层。外胚层形成皮肤外层和神经组织，中胚层形成肌肉、骨骼以及大部分循环系统、生殖系统和泌尿系统，内胚层形成消化道衬里及其衍生器官。

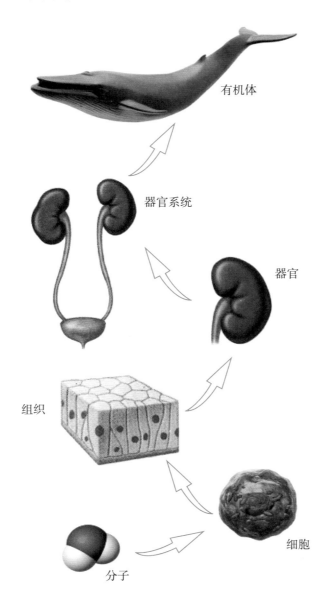

有机体

器官系统

器官

组织

细胞

分子

图9.1　生命的不同层次结构

器官和器官系统功能的正常发挥，需要有机体维持相对恒定的内部环境。有机体要维持适当体温各种酶类才能发生催化反应，要维持适当血压血液才能循环，要维持适当氧浓度线粒体才能产生能量。神经系统和内分泌系统可以调节身体其他器官系统功能，帮助维持内环境动态平衡即内稳态（homeostasis）。

一、组织

组织主要有4种：表皮组织（epithelial tissue）、结缔组织（connective tissue）、肌肉组织（muscle tissue）和神经组织（nervous system）。这些组织一定程度存在于所有动物，只有单细胞动物除外。

（一）上皮组织

上皮组织呈膜片状，覆在机体表面或衬于机体内中空器官的腔面以及体腔腔面。上皮细胞紧密排列在一起，细胞之间基本没有其他成分。许多上皮细胞之间以紧密连接（tight junction）联系在一起，这与其功能是防止机械损伤、微生物入侵以及体液流失契合。上皮细胞游离面（自由面）暴露于空气、水或者体液中，细胞基部与细胞外基质构成的基膜（basement membrane）连接。

上皮组织根据2个特点分类，即构成上皮组织的细胞层数（单层或多层）以及游离面细胞形态。单层上皮（simple epithelium）只有一层上皮细胞组成，而复层上皮（stratified epithelium）则由多层上皮细胞组成。假复层上皮（pseudostratified epithelium）是由一层细胞组成的上皮，但因细胞长短不一样而看起来似由多层细胞组成。上皮组织游离面细胞形态可以是立方形，也可以是柱形，还可以是扁平状（有时也叫鳞状）。细胞层数和游离面细胞形态两者结合，就出现了单层立方上皮（simple cuboidal epithelium）和复层扁平上皮（stratified squamous epithelium）等称谓。

在保护所衬垫的器官的同时，某些上皮组织发生了特化，可以吸收或分泌液体（化学溶液）。例如，衬于消化道和呼吸道腔面的上皮称为黏膜（mucous membrane），因为这些细胞分泌黏液，以润滑消化道和呼吸道表面，并维持其湿润。衬于小肠腔面的黏膜还有分泌消化酶、吸收营养物质功能。某些黏膜细胞游离面具有可以摆动的纤毛，能够使黏液沿表面移动。呼吸道纤毛上皮可以捕捉粉尘和其他颗粒物并把它们清扫回气管，保持肺部清洁。另外，蚯蚓和蜗牛表皮可以分泌黏液，润滑身体，帮助它们在干燥环境下运动；节肢动物和蛔虫表皮分泌物形成角质层，对身体起保护作用。

（二）结缔组织

结缔组织主要功能是绑定和支撑其他组织。与上皮组织细胞紧密排列不同，结缔组织细胞散布于胞外基质（extracellular matrix）中。胞外基质一般由包埋于液态、胶体状或固态基质中的网状纤维构成。多数情况下，胞外基质由结缔组织细胞分泌。脊椎动物结缔组织主要包括疏松结缔组织（loose connective tissue）、脂肪组织（adipose tissue）、纤维结缔组织（fibrous connective tissue）、软骨（cartilage）、骨（bone）和血液（blood）。每种结缔组织都有与其特定功能相适应的结构。

脊椎动物体内分布最广的结缔组织是疏松结缔组织。它起黏合剂作用，使上皮组织依附于下层组织，或被用作填充材料（packing material），使器官固定于适当位置。疏松结缔组织因纤维编织疏松而得名。这些纤维由蛋白质组成，分3种：胶原纤维（collagenous fibers）、弹性纤维（elastic fibers）和网状纤维（reticular fibers）。① 胶原纤维由动物界最丰富的蛋白——胶原蛋白（collagen）组成。一根胶原纤维由数根原纤维（fibrils）组成，每根原纤维由3个胶原蛋白分子编织成的绳状螺旋组成。胶原纤维有很强张力，不会被轻易拉断。② 弹性纤维是由弹性蛋白（elastin）组成的细丝。顾名思义，弹性纤维富弹性，耐伸展。弹性纤维赋予疏松结缔组织以快速恢复能力，这点恰好与胶原纤维张力互补。③ 网状纤维分叉，形成编织致密的结构，把结缔组织连接到紧邻组织上。散布于疏松结缔组织纤维网中的细胞主要为成纤维细胞（fibroblasts）和巨噬细胞（macrophages）。成纤维细胞分泌蛋白质，构成胞外纤维；巨噬细胞是漫游于纤维迷宫中的变形虫样细胞，可以吞噬细菌和死亡细胞碎片，起免疫防卫作用。

脂肪组织是疏松结缔组织一种特殊形式，它储存脂肪于脂肪细胞（fat cell）中。脂肪细胞分散于整个脂肪组织基质中。每个脂肪细胞都含有一个大脂肪滴，它随细胞内脂肪的增加而变大或随脂肪的消耗而变小。脂肪组织给机体提供衬料，并有助于身体保持温度。哺乳动物的皮下、肾脏周围和心脏表面脂肪组织尤其丰富。

纤维结缔组织因为胶原纤维丰富而比较致密，其纤维呈束状平行排列，有利于张力最大化。纤维结缔组织主要存在于把肌肉和骨骼连接在一起的肌腱（tendons）中以及骨头和骨头之间连接的关节处的韧带（ligaments）中。

软骨含丰富的胶原纤维，埋植于富于弹性的基质软骨胶（chondrin）中。软骨胶是蛋白和糖类复合物。软骨胶和胶原蛋白都由散布于基质空隙的软骨细胞（chondrocytes）分泌。胶原纤维和软骨胶组成的复合体使软骨成为一种强而柔韧的支撑材料。鲨鱼的骨骼由软骨构成；其他脊椎动物胚胎期骨骼为软骨，但随着胚胎发育成熟软骨骨骼变硬成为骨。不过，包括哺乳动物在内的脊椎动物在鼻、耳、气管环、椎间盘以及骨末端仍然保留有软骨，以便保持柔韧性。

支撑多数脊椎动物身体的骨骼由矿化的骨头组成。骨细胞（osteocyte）分泌胶原蛋白形成骨基质，同时分泌磷酸钙使骨基质硬化成羟基磷灰石。坚硬的矿化基质和柔韧的胶原蛋白组合使骨头比软骨硬而又不脆弱易碎。显微镜下观察，哺乳类骨头由被称为哈佛氏系统（Haversian system）的重复单位组成。每个哈佛氏系统由矿化基质形成一圈圈同心圆层，沉淀于含有血管和神经管的中央管周围。血管和神经管分别为骨头提供营养物质和信息交换。骨细胞位于骨基质中被称为骨陷窝（bone lacunae）的椭圆形小腔中，彼此之间通过细长的细胞突起连接。在长骨如胫骨中，只有外层由致密的哈佛氏系统组成，其内部则由呈海绵状的骨髓（marrow）构成。位于长骨末端的红髓，可以生产血细胞。

血液与其他结缔组织功能不同，但它满足结缔组织有大量胞外基质这一标准。血液的基质为液态，叫血浆，由水、盐和可溶性蛋白组成。悬浮于血浆中的血细胞有3种：红细胞（erythrocytes）、白细胞（leukocytes）和血小板（plaletes）。红细胞携带氧气，白细胞可以抵抗病毒和细菌等侵袭，而血小板则参与凝血作用。

（三）肌肉组织

肌肉由细长而又富于兴奋性、收缩性的细胞组成。平行排列于肌肉细胞胞质中的结构是大量的微丝（microfilaments），它由可收缩的蛋白——肌动蛋白和肌球蛋白组成。肌肉是多数动物体内最丰富的组织，大约占正常人主体部分的2/3。

脊椎动物有3种肌肉：骨骼肌（skeletal muscle）、心肌（cardiac muscle）和脏肌（visceral muscle）。骨骼肌由肌腱与骨头相连，主要负责身体自主运动（voluntary movements）。成体肌肉细胞数量是固定的，体重减小或者运动而使肌肉（体重）增加都不会改变肌肉细胞数量，只会改变现有肌肉细胞体积大小。骨骼肌也叫横纹肌（striated muscle），因为在显微镜下，排列重叠的肌纤维显示出明、暗相间的横纹。

心肌构成可收缩的心脏脏壁。心肌与骨骼肌一样也有横纹，但心肌细胞分叉。心肌细胞末端通过被称为闰盘（intercalated discs）的结构连接在一起，有利于细胞间的兴奋传递。

脏肌也称平滑肌（smooth muscle），不存在明暗相间的横纹。构成消化道、膀胱、动脉血管和其他内部器官的肌肉都为脏肌。脏肌细胞呈纺锤形，收缩比横纹肌缓慢，但收缩时间持续较久。横纹肌和脏肌受不同的神经控制。横纹肌具有自主性，动物可以随意让横纹肌收缩；而脏肌没有自主性，不可以随意收缩。

（四）神经组织

神经组织可以感受刺激，并把信号从身体一个部位传递到另一个部位。神经组织的功能单位是神经元（neuron），即神经细胞。神经元结构非常特化，由胞体和2个或2个以上突起组成，这一结构有利于传递冲动。神经元呈树枝状的突起叫树突（dendrites），负责把冲动传递给胞体；单一而长的突起叫轴突（axons），负责把冲动从胞体送到另一个神经元或其他组织，如肌肉或腺体。

二、器官和器官系统

海绵动物和腔肠动物以外的所有多细胞动物中，不同的组织都联合形成器官，用来完成某种特定功能。有些器官的组织一层一层地呈层状排列，如胃分4层：胃腔是一层可以分泌黏液和消化酶的上皮衬里，外裹一层结缔组织，再包被一层平滑肌，最外层又是一层结缔组织。身体表皮也由一层一层组织排列而成。

脊椎动物许多器官都通过被称为肠系膜（mesentery）的结缔组织悬挂在充满体液的体腔中。哺乳动物体腔分胸腔（thoracic cavity）和腹腔（abdominal cavity），中间由称为膈（diaphragm）的一层肌肉分开。

脊椎动物和多数无脊椎动物的生理功能主要由器官系统完成。器官系统是比器官更高一级的结构和功能单位，一般由数个器官组成，如消化系统、呼吸系统、循环系统和排泄系统。每个器官系统都执行一定功能，但要维持正常生命，所有器官系统的活动都必须协调一致。譬如，消化道吸收的营养需要通过循环系统输送到身体各处，而泵血到循环系统的心脏又依赖于消化道所吸收的营养以及呼吸系统从空气和水中获得的氧气。因此，生命——不管是单细胞原生动物还是由器官系统组合形成的多细胞动物，都是一个整体。

三、内稳态

法国生理学家Claude Bernard于1859年对动物生活的外部环境与其细胞所处的内环境做了明确区分。内环境主要指细胞间液（interstitial fluid）或称组织液（tissue fluid），机体细胞都浸泡于其中。组织液可以与毛细血管内的血液进行营养和废物交换。Bernard还发现面对变化的外环境，许多动物具有维持相对恒定内环境的能力，即Walter Cannon（1871—1945）所称的"内稳态"（homeostasis）。内稳态是动物进化的产物，它或多或少能够减少动物对外部环境的依赖。要维持内稳态，血液和组织液组成、体温和血压等，都必须维持在一个正常范围内。

多数器官系统都参与内稳态的维持。消化系统把食物吸收、降解后，营养物分子进入血液，补充体细胞不断消耗的营养。呼吸系统给血液添加O_2，并去除其中的CO_2。血液所吸收的O_2数量和除去的CO_2数量可以根据身体需求而增加。肝脏和肾脏对内稳态维持贡献巨大。血糖一旦进入血液，很快会被肝脏以糖原形式储存起来，后再被降解为葡萄糖，补充血液中被细胞不断消耗掉的葡萄糖。这样，血液中葡萄糖浓度便得以维持恒定。胰脏合成的胰岛素可以调节糖原的储存。肾脏则通过激素调控代谢废物和盐的排泄，以调节血液pH水平。

内稳态虽受激素调控，但它最终受神经系统控制。哺乳动物的脑是控制血压的中枢。维持血压水平需要受体感知血压变化，并给调节中枢发出信号，启动"矫正"反应，一旦血压获得正常，受体刺激便告终止。这种调节方式叫负反馈调节（negative feedback），因为调节中心导致的反应与原有状态相反，使原有反应减弱。与负反馈调节相对的是正反馈调节（positive feedback），它调节的反应与原有状态一致，使原有反应继续强化。正常情况下，动物体内绝大多数调节是负反馈调节，只有少数是正反馈调节。

下面以体温调控为例，说明内稳态的维持。高等脊椎动物如鸟类和哺乳动物，能够在不同温度的环境中保持体温的相对恒定，因而叫温血动物（warm-blooded animal）或恒温动物（homeothermal animal）。人类皮肤可以感知外界温度变化，而位于下丘脑的体温调节中心则对血液温度变化敏感。当体温低于正常温度时，体温调节中心便通过神经冲动"指示"皮肤血管收缩，以保持温度（图9.2）。如果这时体温仍然偏低，调节中心会向骨骼肌发出信号，令其颤抖，产生热量逐渐使体温恢复到37℃。体温正常时，体温调节中心则处于静止状态，不活动。当体温高于正常温度时，体温调节中心被激活，"指示"皮肤血管膨胀，促使更多血液流经体表，而把热量散发到环境中。同时，神经系统激活汗腺排出汗水，帮助降低体温，使体温逐渐恢复到37℃。

低等脊椎动物如爬行动物、两栖动物和鱼类以及无脊椎动物，其体温随环境温度而改变，不能保持相对恒定，因而叫冷血动物（cold-blooded animal）或变温动物（poikilothermal animal）。需要指出的是用冷血或变温描述鱼类过于简单，不够准确（拓展阅读9-1）。虽然多数鱼类体温与其周围水温一致，但有些鱼类可以维持高出周围水温的体温。例如，大型肉食性鱼类金枪鱼、灰鲭鲨和长尾鲨都可以维持肌肉温度高于周围水温，而且当它们从水温较高的表层水游到水温较低的深层水时，身体内部温度也能保持相对恒定。蓝鳍金枪鱼（bluefin tuna）在水温7℃～30℃水中游泳时，

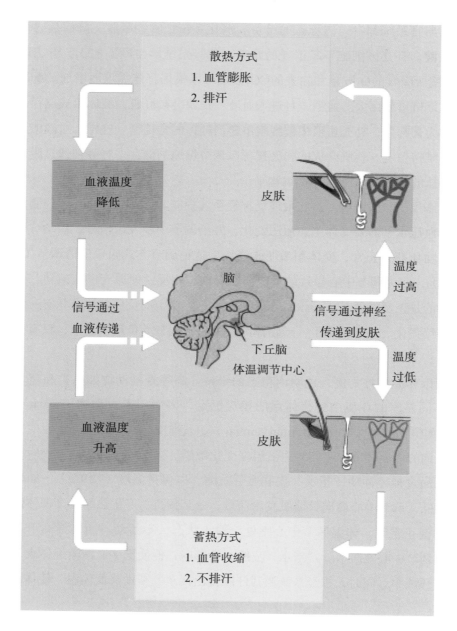

图9.2 恒温动物体温调节方式

可以保持肌肉温度在28℃～33℃；黄鳍金枪鱼（yellowfin tuna）可以保持肌肉温度高出周围水温3℃左右；而鲣鱼（skipjack tuna）甚至可以保持肌肉温度高出周围水温4℃～7℃。提升肌肉温度使这些鱼类在较冷水中猎食时，肌肉能维持在较活跃水平以利于游泳，因为处于较高温度下的肌肉新陈代谢活动增加，可以输出更多能量，使肌肉活动和效率增加。

　　上述的温体鱼类（warm-bodied fishes）之所以可以从肌肉运动中获取并保存热量，原因在于其循环系统的特殊适应性。就典型的外温鱼类（ectothermic fish）而言，血液从身体各处返回心脏，然后流经鳃进行气体交换。巨大的鳃表面和薄薄的细胞膜有助于热量散发，所以血液从鳃流出之后其温度已与周围水温无异。从鳃流出的血液，又经背主动脉流入鱼类身体的主体部分，从而使其身体核心温度（core body temperature）与环境温度保持一致。与此相反，大型鱼类如金枪鱼从鳃流出的"冷血"主要被转运到沿体表分布的外围大血管中。当这些血液流向靠近身体核心部分负责游泳的大块肌肉时，会经过与从肌肉流出的血液运动方向呈反方向分布的小血管网，即所谓的迷网（rete mirabile），而这些迷网已被肌肉活动所产生的热量加热（图9.3）。所以，有氧血经过迷网流向运动肌肉时，温度得到提高。这样，大块游泳肌肉活动所产生的热量便在肌肉本身得以保存，而不是通过血液运送到鳃，那会使热量丢失。

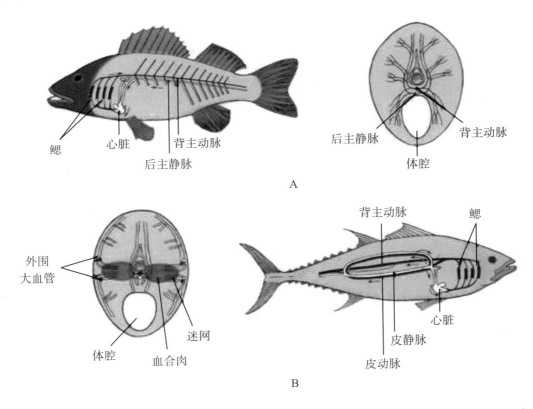

　　A. "典型"鱼类循环系统血液从鳃流向身体各处，无法维持身体温度。箭头指血流方向。B. 在温体鱼类（如蓝鳍金枪鱼）中，来自鳃的大量血液转运到沿体表分布的表皮血管中，沿途经迷网与肌肉活动所产生的热量进行交换

图9.3　"典型"鱼类和温体鱼类循环系统的差异（仿Helfman等，1997）

扩展阅读9-1 外温动物和内温动物

人们一般认为鱼类是冷血动物。其实，这种认识过于简单，有时甚至是不准确的。多数鱼类体温与环境温度保持一致。然而，鱼类生活的环境温度并不总是"冷"的，如生活在热带海洋的鱼类。同样，所谓温血动物哺乳类如北极黄鼠冬眠时体温也不是"温"的。因此，用"冷血"和"温血"来描述动物与其环境之间有时颇为复杂的温度关系，容易产生误导。

有人试图用"变温"（poikilotherm）和"恒温"（homeotherm）来描述动物体温状况。不过，这也容易引起混乱。虽然多数鱼类体温会随环境发生变化，但其生活的外围水温常常相当稳定。

解决这一问题比较明智的方法或许是考虑动物身体热量本身来源。体温主要依赖于外部热源的动物称为"外温动物"（ectotherms），如无脊椎动物、鱼类、两栖类和爬行动物。相反，体温靠自身产生热量来维持的动物称为"内温动物"（endotherms），包括鸟类、哺乳类以及某些外温动物的另类（如大型鱼类金枪鱼等）。

外温动物新陈代谢速率显著低于内温动物，即使在相同体温下也是如此。因此，外温动物需要较少能量维持基本生命，即需要较少食物就可以生存。外温动物（ectothermy）因为很少需要能量去维持体温，所以可以留下更多能量执行其他功能，如生长和生殖。外温动物在温度足够低时，新陈代谢速率会变得相当慢，生长会受到抑制。因此，许多外温动物无法在极其寒冷条件下存活，只有少数动物如极地生活的鱼类和无脊椎动物例外。

许多内温动物如鸟类和哺乳类新陈代谢速率高。这种高能耗需要摄取大量食物来维持基本的新陈代谢，并且只留下很少能量用于生长和生殖等其他生命过程。内温动物（endothermy）的好处是升高的体温可以保持热敏感的生化反应有效进行，而且只要食物充足，它们就可以在广泛的温度范围内生存。

第二节　消化与营养

　　动物是异养生物，无法依赖单独的无机营养生存，必须依靠食物中有机分子提供能量。动物的食物种类多种多样，从甲虫摄食的腐烂物质到虎鲸捕捉活的动物等都有。多数动物具有完整的消化道，其一端为口，另一端为肛门。动物的消化道在处理和消化食物方面，形成了广泛适应性。

　　多数动物都会捕食其他有机体——或活或死，或完整或零碎；只有寄生动物如绦虫（它可以身体表面直接吸收有机分子进入身体）例外。动物的食物种类变化很大。有些动物以植物为食，如大猩猩、牛以及食藻的鱼类，称为食草动物（herbivores）；有些动物捕食其他动物，如鲨鱼、鹰、蜘蛛和蛇，称为食肉动物（carnivores）；还有些动物既捕食动物也捕食植物，如蟑螂、乌鸦和浣熊，称为杂食动物（ominivores）。另外，有些动物以生活基质为食，如昆虫（潜叶蛾）的幼虫，以啃食植物叶子的叶肉为生，称为食基质动物（substrate-feeders）。蚯蚓也是食基质动物，或者更准确地称为食沉淀物动物（deposit-feeders），它吞食泥土，摄取其中碎屑，特别是腐烂有机物。还有些动物吸食含有丰富营养的液体，如蚜虫吸食植物韧皮汁液（phloem sap）以及水蛭和蚊子吸食动物血液，称为食流质动物（fluid-feeders）。

　　有些动物如滤食浮游生物的须鲸是连续捕食者，而另一些动物如蛇则是非连续捕食者。蛇多数一月进食一次，它们可以吞食较大猎物，其颌和消化道都可以膨大，弯曲的牙齿可以紧紧抓住猎物，送入咽部。

一、消化和酶水解

　　动物不管吃什么，也不管如何吃，所摄取的食物必须经过消化（digestion）。所谓消化是指把食物分解成小分子以便于吸收的过程。食物中为动物所需要的营养物质有蛋白质、碳水化合物（以淀粉形式存在）、脂肪、维生素、无机盐和水等。后3者分子较小，可以透过细胞膜进入动物细胞内，因此可以不经消化而被吸收；前3者因分子较大，结构复杂，必须经过消化变成简单分子，才能透过细胞膜被吸收进动物细胞内。蛋白质最终要分解成氨基酸，脂肪最终要分解成甘油和脂肪酸，碳水化合物最终要分解成单糖（葡萄糖、果糖等）。生物大分子的消化都是在酶催化作用下完成。

参与消化作用的酶总称为消化酶（digestive enzyme），包括蛋白酶、淀粉酶和脂肪酶等。消化酶的作用是水解。不同的消化酶可以水解不同的生物大分子物质：蛋白酶水解蛋白质，淀粉酶水解淀粉，脂肪酶水解脂肪。在消化酶的作用下，把复杂有机化合物经水解转化为简单分子的过程，称为酶水解（enzymatic hydrolysis）。

动物对食物的消化需要在特化的隔离区间（compartment）进行，以便消化酶可以和食物分子有效接触而不会伤害动物自身细胞。食物被消化后，氨基酸、单糖和其他小分子物质被吸收，也就是穿过消化间隔（digestive compartment）的细胞膜进入动物细胞，而未被消化物质则被排出体外。

二、细胞内消化

最简单的消化间隔是食物泡（food vacuoles），即单细胞动物消化食物的细胞器（图9.4A），在这里消化酶可以对食物进行水解作用，但不会和自身细胞的细胞质接触。原生动物通过内吞（endocytosis）——吞噬（phagocytosis）或胞饮（pinocytosis）摄入食物后，在食物泡内进行水解。这种水解作用称为细胞内消化（intracellular digestion）。多细胞动物海绵也行完全的细胞内消化。但是，绝大多数多细胞动物是在与外界相通的消化间隔内行细胞外消化（extracellular digestion）。

三、腔肠内消化

一些低等动物具有单一开口的消化囊，即腔肠或消化循环腔（gastrovascular cavity）。腔肠既具有消化功能又兼有把营养分配到身体各处的作用。水螅是说明腔肠如何工作的最好例子。水螅是食肉动物，它有特化的细胞器刺细胞，可以叮刺猎物，然后用触手把猎物塞入口中。水螅口可以扩张，能把比自身还大的猎物吞下。食物进入腔肠后，被肠表皮（gastrodermis）特化细胞分泌的消化酶分解成微小颗粒。肠表皮细胞上摆动的鞭毛把食物颗粒送达腔肠各处，通过吞噬进入肠表皮细胞，形成食物泡，在泡内被水解成小分子（图9.4B）。因此，水螅腔肠内的细胞外消化作用是把食物分解成颗粒，但生物大分子的水解是在细胞内完成的。没有消化的食物如甲壳动物的外骨骼，则通过开口排出体外。所以，水螅的开口行使口和肛门双重功能。

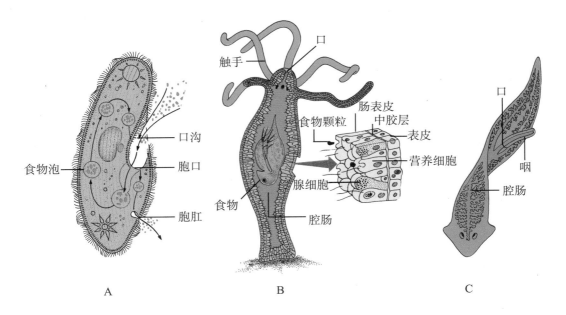

图9.4　草履虫在细胞内消化（A）、水螅（B）和涡虫（C）在腔肠内消化（仿Campbell等，1993）

　　既然水螅肠表皮细胞具有吞噬和消化功能，那腔肠内的细胞外消化还有必要吗？答案是肯定的。吞噬只能摄取微小食物，而细胞外消化可以使水螅吞食大个猎物，这是适应性进化的结果。

　　大部分扁形动物的腔肠也只有单一开口，其咽可以从腹面口中翻出，刺入猎物体内并释放消化液，部分消化的食物，被卷入腔肠。扁形动物腔肠有3个主要分支，还有许多小分支（图9.4C），大大增加了表面积以利于食物消化、吸收。如同水螅一样，食物在扁形动物腔肠内先行细胞外消化，成为微小颗粒后被肠表皮细胞吞噬进入细胞，再行细胞内消化。

四、消化道内消化

　　与水螅和扁形动物囊状消化腔比较，较高等动物包括线虫、环节动物、软体动物、节肢动物、棘皮动物和脊索动物，都具有2个开口的消化管，其中一个开口为口，另一开口为肛门。这种具有2个开口的消化管称为完整消化道（complete digestive tracts）。相对而言，水螅和扁形动物只有单一开口的消化囊，可以称为不完整消化道（incomplete digestive tracts）。食物在完整消化道中沿着一个方向运动，而消化道形成不同的特化区域，有的区域执行消化功能，有的区域执行吸收功能。虽然消化道因适应不同食物而出现一些变化，但有些区域在多数动物中都执行相似功能。食物由口和咽摄入，经食管到达嗉囊（crop）、砂囊（gizzard）或胃，因动物而异。嗉囊和胃通常是储存食物的器官，而砂囊可以磨碎食物。颗粒状食物进入细长的小肠，被消化酶水解成小分子，穿过小肠细胞进入血液。未消化食物残渣经肛门排出体外。

五、脊椎动物消化系统

脊椎动物消化系统（digestive system）包括消化道和消化腺2部分。消化道一般分为口、口腔、咽、食道、胃、肠和肛门，消化腺则主要包括唾液腺、肝脏和胰脏。脊椎动物消化道虽因种类不同而有一定差异，但基本形态非常相似（图9.5）。

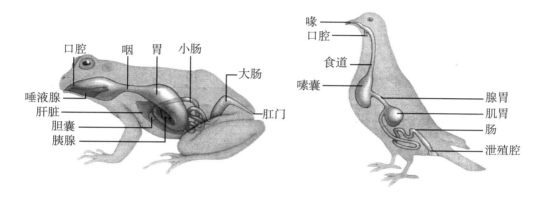

图9.5 两栖类（左）和鸟类（右）消化道（仿Starr和Taggart，2001）

（一）消化道

绝大多数脊椎动物的口具有活动的下颌，可以灵活捕捉食物。鱼类、两栖类和爬行类的口中，一般都具有许多小而尖锐的牙齿，其作用是咬住食物不使其脱落，借助一些辅助器官（如舌等）的协助，把食物吞入咽部。经过咽壁肌肉的收缩，食物被送入食道，然后转移到胃中被消化和吸收。现生的鸟类，没有牙齿，用角质的喙啄取食物。

哺乳动物牙齿最复杂，其特点之一是异型齿，分化为门牙（颚正前方牙齿）、犬牙（门牙和前臼齿之间又长又尖的牙齿）、前臼齿（犬齿和臼齿之间牙齿）和臼齿（颌末端较大的、主要用于研磨食物的牙齿）。齿的数目和种类匹配，在哺乳类中有很大差别，这同食性有密切关系。例如，兔、鼠等啮齿动物有1对发达门牙，无犬牙，臼齿的咀嚼面比较平坦，它们用门牙咬碎、啃食植物，再用臼齿加以磨烂；犬、猫等食肉动物，犬牙特发达，利于捕获和杀死捕获物，臼齿有锋利的齿锋和平坦的咀嚼突出部，用以切碎食物；牛、羊等吃草动物，用门牙截切植物的茎叶，用臼齿把切碎的茎叶磨烂。

脊椎动物牙齿，就发生和结构而言，同软骨鱼类的楯鳞基本上是一样的。因此，可以说脊椎动物的牙齿也是皮肤的一种衍生物。

口腔后端紧接于咽，咽鳃即位于此处，内分泌腺甲状腺也发生于此处。咽后是食道，乃食物入胃的通路。鸟类食道有一膨大部分，为它们特有的嗉囊，是暂时储存和软化食物的器官。

胃是消化道明显膨大的部分，常呈囊状，食物在这里进行初步化学消化。

鸟类胃分为两部分：位置在前者为腺胃，亦称前胃；位置靠后者为肌胃，亦称砂囊。腺胃分泌消化液，肌胃借助于平时吞食的沙粒来磨碎食物，帮助食物更好消化。

哺乳动物的反刍类，胃很大，常分几个部分，构成复胃。牛胃就是一种复胃，分4个部分，即瘤胃、蜂巢胃、瓣胃和皱胃。皱胃是真正的胃，其余3部分主要是食道下端膨大所形成。食物第一次进入瘤胃，经唾液、细菌和鞭毛虫作用而开始发酵，发酵后的食物运送到蜂巢胃进一步发酵，然后由蜂巢胃的逆行蠕动（retroperistalsis）把食物返回口中。这种现象叫反刍。返回口中的食物，经过牙齿细嚼并再度掺和唾液，最后成为半液态沿食道里的沟管流入瓣胃，继而进入皱胃接受胃的消化。

植物食料富含纤维素，很难消化。复胃中存在大量细菌和鞭毛虫，对纤维素的消化起很重要的发酵作用。食物在发酵过程中，常产生乙酸、丙酸、丁酸等有机酸和甲烷、二氧化碳等气体。有机酸为唾液中的碳酸氢钠所中和，气体则直接呕出体外。

没有复胃的食草动物如马、兔等，在小肠和大肠交界处有发达的盲肠。盲肠和反刍类的复胃一样，具有消化纤维素的功能。多数植食性鱼类体内没有内共生细菌，但刺尾鱼（surgeonfish）和海鲫（sea chub）例外，其消化道也含有细菌、鞭毛虫，可以帮助发酵、消化。

胃后为肠，肠可分为十二指肠、小肠、大肠和直肠。肠的长度变化很大，这与食性密切相关。一般而言，草食动物的肠比肉食动物和杂食动物的肠都要长。例如，哺乳动物，肉食性动物猫小肠只相当于体长的4倍左右，而草食性动物牛、羊小肠可达体长的20～27倍；在鱼类中，肉食性鱼类如梭鱼、鲈鱼和鳜鱼小肠很短，仅为体长的1/3～1/4，而草食性鱼类小肠很长，可达体长的2～20倍，如鲢、鳙小肠为体长的4～8倍。

（二）消化腺

食物在消化道中得到消化，主要依赖于消化腺作用。消化腺分布在消化道的不同部位，各产生一定的消化酶来消化食物。例如，口腔中有唾液腺，在哺乳类最发达，由耳下腺、颌下腺和舌下腺组成，分泌唾液，其中含有唾液淀粉酶，能把淀粉分解为麦芽糖。脊椎动物有2个最大的消化腺，即肝脏和胰脏。

肝脏是脊椎动物一个重要腺体。它除分泌胆汁储存于胆囊（gall bladder）中，帮助消化脂肪外，还执行许多重要功能，如把体内多余葡萄糖以糖原（glycogen）形式贮存起来，合成维生素A、尿素和纤维蛋白原，刺激骨髓制造红细胞，解除代谢产物或者服用药物所引起的毒性等。因此，肝脏可比作体内的"化工厂"。

胰脏有两部分组成：一是胰腺，是外分泌腺，产生胰液；二是胰岛，是内分泌腺，产生胰岛素。胰脏是脊椎动物体内唯一既是外分泌腺又是内分泌腺的腺体。胰脏有促进糖代谢的作用。

第三节　循环系统与气体交换

所有动物细胞都需要从环境中获得营养和O_2，并向环境中排出CO_2和其他代谢废物。生活于水中的单细胞原生动物个体小、外表面积大，可通过简单的扩散和跨膜主动转运完成物质交换。其他简单多细胞水生动物如海葵等也使用同样策略与环境进行物质交换。因此，这些动物没必要形成循环系统。与此相反，身体大且更为活跃的动物都有循环系统，其中心脏可以把血液泵到身体各处器官。成年人平均约310 g（300～350 g）的心脏可以保证血液在总长约100 000 km的血管系统中流动，从而使大脑可以思考、肺可以呼吸、肌肉可以运动。心脏是发育过程中最早形成的器官；它一旦停止跳动，便意味着死亡。

血液运送营养、气体和代谢废物抵达身体所有细胞和环境交换界面，使它们可以进入或渗出相关器官。血红细胞帮助输送气体，而营养和代谢废物则由血浆（血液液体部分）负责转运，白细胞则保护身体不受感染而维持内稳态。

一、循环系统

循环系统是动物体内的运输系统。动物进化过程中，循环系统经历了从无到有、从简单到复杂的演化过程。

（一）无脊椎动物物质运输

单细胞原生动物和小型、简单多细胞动物通过扩散和跨膜转运直接进行物质交换，所以没有内部转运系统。个体较大的无脊椎动物都有循环系统，有的为开放型循环系统（open circulatory system），有的为封闭型循环系统（closed circulatory system）。

1. 腔肠

海葵和涡虫（planarians）具有囊状形体结构（saclike body plan），这使得循环系统对它们而言并非必要。这些动物只有一个开口，由胚胎发育时的原口形成，兼有口和肛门2种机能。口下面的消化道具有消化功能，又能将消化后的营养物质运输到身体各部分，所以被称为腔肠。拿海葵来说，其细胞要么是身体外层一部分，要么是消化循环腔一部分。无论是哪一部分，它们都与水直接接触，可以独立进行气体交换并排出代谢废物。排列在消化循环腔的细胞是特化细胞，可以消化食物，并把营养分子通过扩散输送给其他细胞。涡虫消化循环腔形成3个分支，再细分成许多小分支遍布身体各处。这样，每个细胞都离3个分支的消化循环腔不远。因此，扩散就可以满足每个细胞的呼吸和排泄需求。

假体腔无脊椎动物如线虫（nematodes），利用体腔内的体腔液（coelomic fluid）输送物质。同样，棘皮动物也利用体腔内的体腔液完成物质循环。

2. 开放型和封闭型循环系统

除上述动物外，其他无脊椎动物都有循环系统。体内循环分开放型和封闭型。循环的液体有2种：始终在血管内流动的血液和流入体腔的血淋巴（hemolymph）。血淋巴是血液和细胞间液的混合体。

血淋巴见于有开放型循环系统的无脊椎动物体内。在多数软体动物和节肢动物中，心脏将血淋巴泵入血管再到达组织间隙（tissue space）。组织间隙有时膨大成囊状的血窦（sinus）。最后，血淋巴流回心脏。在节肢动物蝗虫中，背部的心脏把血淋巴泵入背大动脉，再流到体腔或血腔（hemocoel）中。当心脏收缩时，心门（ostia）的开口封闭；当心脏松弛时，血淋巴又通过心门返回心脏。蝗虫的血淋巴不含血红蛋白或者其他呼吸色素，所以没有颜色，它可以运送营养，但不能运送O_2。蝗虫细胞通过分布全身的气管（tracheae）可以直接吸收O_2和排出CO_2。气管可以有效进行气体交换，同时限制水分流失。

乌贼、章鱼和蚯蚓等无脊椎动物循环系统为封闭型，即血液只限于血管内流动。包含细胞和血浆的血液由心脏泵入血管系统。心脏有瓣膜（valves）防止血液回流。蚯蚓身体分节，前端5对血管构成心脏，负责把血液泵到腹血管中，而腹血管分支到达身体每一节。血液经过分支血管到达毛细血管，与细胞间液发生交换。随后，血液流入静脉血管，经背血管返回心脏，开始下一轮循环。

蚯蚓血液因为含有血红蛋白（hemoglobin），所以呈红色。血红蛋白溶解在血液中，不是在细胞内。蚯蚓没有特殊的界面与外界进行气体交换，它通过体表进行气体交换。因此，蚯蚓身体必须始终保持湿润。许多无脊椎动物的血液不含血红蛋白，而是含血蓝蛋白（hemocyanin），如软体动物（头足动物和石鳖属等）以及节肢动物（虾、蟹、鲎）血液都含血蓝蛋白，所以血液呈蓝色。血红蛋白含铁，血蓝蛋白含铜，两者都易与氧结合。

（二）脊椎动物物质运输

脊椎动物具有封闭型循环系统，被称为心血管系统（cardiovascular system），由心脏、血管和血液组成。心脏包括心房（atrium）和心室（ventricle），前者接收血液，后者推动血液流进血管。血管包括从心脏发出和运送血液到全身各部位的动脉血管、负责与细胞间液进行物质交换的毛细血管以及引导血液流回心房的静脉血管。

动脉血管壁较厚。与心脏连接的动脉血管富于弹性，可以扩张并容纳每次心跳而突然增加的血液体积。小动脉（arteriole），顾名思义是小的动脉，它直接受神经系统调控。身体血压受小动脉收缩和扩张影响，扩张的血管数量越多，血压越低。

小动脉分支形成毛细血管。毛细血管壁极薄，只有一层细胞构成。毛细血管彼此连接，形成毛细血管床（capillary bed），遍布身体各处。毛细血管在身体分布如此广泛，以至于人的每个细胞周围都有60～80 μm长的毛细血管。不过，在同一时间，大概只有5%毛细血管床保持开放。毛细血管极为细窄，血红细胞能单独一个一个从其中通过，使得营养和代谢废物分子很容易跨过单层细胞的毛细血管壁而完成交换。

小静脉（venule）和静脉从毛细血管床收集血液，送回心脏。小静脉首先吸收来自毛细血管的血液，然后合并形成管腔越变越粗的静脉。静脉管壁远比动脉管壁薄，这可能与静脉内较低的血压有关。静脉内的瓣膜指向心脏，即面向心脏而开，保证静脉收缩时血液不会回流。

（三）脊椎动物的循环途径

脊椎动物存在3种不同的循环途径（图9.6）。

鱼类血液呈单回路循环流经全身。心脏只有1个心房和1个心室。心室收缩推动血液流入鳃中，完成气体交换。血液从鳃流出后，血压明显降低，所以流速缓慢。单回路循环的好处是鳃毛细血管接受缺氧血，身体其他部分毛细血管接受有氧血。

比鱼类高等的脊椎动物演化出双回路循环途径，它们的心脏把血液泵到分叉的动脉血管，流入身体回路（systemic circuit）和肺回路（pulmonary circuit）组织中。这种双回路循环途径是因应动物在陆地上呼吸空气而产生的适应。

两栖类心脏有2个心房，但只有1个心室。多数爬行类也有2个心房和1个心室，只不过心室有1个不完整的隔膜（septum）。

爬行类鳄鱼、所有鸟类和哺乳类的心脏都分成左、右两部分。右心室泵血入肺，较大的左心室泵血到身体其他组织。心脏这种左、右两部分安排给身体回路和肺回路都提供有足够血压，保证血液流动。

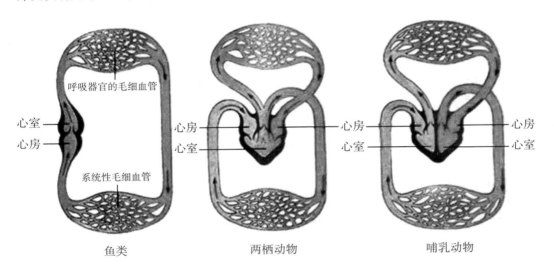

呼吸器官的毛细血管

心室
心房

系统性毛细血管

鱼类

心房
心室

两栖动物

心房
心室

心房
心室

哺乳动物

图9.6 循环系统演化（仿Campbell等，1993）

（四）血液——运送介质

血液是一种结缔组织，执行多种功能。血液可以运送物质进出毛细血管，保护机体免受细菌、病毒等侵袭，帮助调节体温，使血液凝集防止血液流失。

血液主要由两部分组成，即细胞（在哺乳类还包括血小板）组成的有形部分（formed elements）和被称为血浆的液体部分。有形部分有3种成分，包括血红细胞、白细胞和血小板。血浆含多种成分，包括营养物质、代谢废物、盐和蛋白质。盐和蛋白质可以维持血液缓冲作用，有效保持其pH在7.4左右，它们也参与维持血液渗透压，保证水可进入毛细血管。有些血浆蛋白与凝血有关，还有些血浆蛋白与血液中大的有机分子输送有关。例如，白蛋白是血浆中最丰富蛋白，主要负责转运血红蛋白降解产物胆红素；球蛋白是脂蛋白，主要负责转运胆固醇。

1. 血红细胞

血红细胞也称红细胞或红血球，是血液中数量最多的一种血细胞，存在于所有脊椎动物血液中。红细胞呈中央凹的圆饼状，中央较薄。哺乳动物成熟红细胞无细胞核。红细胞含有血红蛋白。每毫升全血大约含有600万个红细胞，每个红细胞大约具有250亿个血红蛋白。血红蛋白含4个球蛋白链，每个都和含铁的血红素相连。血红素中的铁可以和O_2结合。因此，红细胞主要功能是运输O_2。人红细胞的数量和血红蛋白的含量减少到一定程度时，便发生贫血，极易产生头昏和疲劳感。

红细胞生成于骨髓之内。红细胞生成素是肾脏产生的一种激素，可以促进红细胞的生成。红细胞生成素已经成为治疗贫血的药物，有时被运动员滥用以提高运动成绩。

哺乳动物成红细胞从骨髓释放到血液中之前，红细胞合成血红蛋白，失去细胞核。在血液中存活120天之后，红细胞被肝脏和胰脏中的吞噬细胞所吞噬。红细胞被吞噬破坏后，释放出血红蛋白，其中的铁被骨髓吸收再利用，而血红素部分则被肝脏分解成胆色素排泄掉。

2. 白细胞

白细胞一般比红细胞大，有核，但不含血红蛋白。没有染色时，白细胞呈透明状；用瑞氏染料染色后，无颗粒白细胞显淡蓝色，而含有特殊染色颗粒、细胞核分叶的白细胞则显现不同着色，即中性粒细胞显粉红色、嗜酸性粒细胞颗粒可吸收伊红而显红色、嗜碱性粒细胞颗粒可吸收碱性染料而显深蓝色。无颗粒白细胞具有一个球形或锯齿状细胞核，包括较大的单核细胞和较小的淋巴细胞。干细胞生长因子（stem cell growth factors）可以促进所有白细胞形成，一些特异性生长因子可以促进特定白细胞形成。这些生长因子对于免疫力低下的患者如艾滋病患者有很大帮助。

白细胞是人体和脊椎动物与疾病做斗争的"卫士"。当细菌从身体受伤处侵入体内时，受伤处就会红肿，也就是发生炎症反应。这时，受伤组织会释放导致血管扩张的激肽（kinin）和使毛细血管通透性增加的组胺（histamine），使变形虫状的中性白细胞可以改变形态穿过毛细血管壁，进入组织液中，将受伤组织处的病菌包围、吞噬。

淋巴细胞在对抗感染中发挥重要作用。某些淋巴细胞叫T细胞，攻击含有病毒的感染细胞；另一些淋巴细胞叫B细胞，产生抗体。每个B细胞产生一种抗体，特异性作用于一种抗原。抗原通常是存在于细菌、病毒或者寄生虫外膜中的蛋白或者多糖，人体没有，可以诱导抗体产生。抗体和抗原结合形成复合物，可以被巨噬细胞吞噬。

白细胞、T细胞和B细胞也存在于非哺乳类脊椎动物中。它们的功能以及作用机制，都与人类有关细胞相似。

3. 血小板和凝血

血小板是哺乳动物血液中的有形成分之一，是从红骨髓中称为巨核细胞

（megakaryocyte）细胞质裂解脱落下来的具有生物活性的小块胞质。正常人每毫升血液中血小板数量为150 000～300 000个。血小板平均寿命为7～14天，每天产生约2 000亿个血小板。血小板的主要功能是凝血。当人受伤流血时，血小板会在数秒钟内到达受伤处，封闭伤口以止血。血液中大约有2种因子与凝血有关。血小板和血液中其他凝血因子如钙离子、凝血酶等，在破损血管壁上聚集成团，形成血栓，堵塞破损的伤口和血管，血小板还能释放肾上腺素，引起血管收缩，促进止血。

非哺乳类脊椎动物没有血小板。鱼类、两栖类、爬行类和鸟类血液有血栓细胞（thrombocyte），其功能类似于哺乳动物的血小板。无脊椎动物没有专一的血栓细胞，如软体动物的变形细胞兼有防御和创伤治愈作用。甲壳动物只有一种血细胞，也有凝血作用。

二、气体交换

循环系统一个主要功能是在呼吸器官和身体其他部位之间运送O_2和CO_2。动物细胞呼吸需要连续供应O_2，排出CO_2。不要把O_2和CO_2在动物和环境间运输即气体交换与细胞呼吸作用混淆。气体交换为细胞呼吸作用提供O_2、排除CO_2。

地球上O_2主要储藏于大气。大气中大约含有21%的O_2。海洋、湖泊和其他水体也含有溶解氧。O_2来源或称为呼吸介质（respiratory medium），对陆生动物而言是空气，对水生动物而言是水。动物表面与呼吸介质进行气体交换的部分称为呼吸表面（respiratory surface）。围绕在呼吸表面的O_2和CO_2都不能以气泡形式跨越细胞膜，只能扩散透过细胞膜。因此，无论水生还是陆生动物的呼吸表面都必须保持湿润，并且面积要足够大才能有效吸收O_2和排出CO_2。进化过程中，动物解决这一问题的普遍做法是把身体表面一定区域特化成高效的呼吸表面，专门进行气体交换。

（一）呼吸器官

肺、鳃和其他呼吸器官的呼吸表面都是由一层细胞组成的薄而湿润的上皮，它把呼吸介质和血液、毛细血管分隔开，并且有充足的血液供应。有些动物把整个身体表皮作为呼吸器官。例如，蚯蚓通过整个体表进行气体交换，其表皮下面就是一层致密的毛细血管网。由于呼吸表面必须保持湿润，所以蚯蚓和其他用表皮呼吸的动物（如两栖类）必须生活在水中或者潮湿的地方。

多数用整个身体表面作呼吸器官的动物个体相对都比较小，身体细而长（如蚯蚓）或者扁平，以增加表面积。对绝大多数动物而言，身体表面不足以满足气体交换需要，其身体一定区域可以通过广泛折叠或者分叉，增加呼吸表面的面积来满足气体交换。多数水生动物扩展的呼吸表面是外露的，并浸润于海水或淡水中。水生动物身体表面扩展区称为鳃。总体而言，鳃不适合陆生动物呼吸，因为扩张的湿润膜表面暴露于空气中，会因蒸发而很快失去水分，并且失去水分支撑的鳃丝会粘到一起，导致鳃功能崩溃。多数陆生动物呼吸表面陷入体内，只通过一根细管与空气相通，陆生脊椎动物的肺就是其典型代表。

（二）鳃——水生动物的呼吸适应

鳃是身体表面外突、折叠而成的气体交换器官（图9.7）。有些鳃形态很简单，如海星等棘皮动物的鳃只是表皮形成的一点一点隆起而已，身体分节的环节动物的鳃是在身体每节侧面形成扁平状外突，称为疣足（parapodium）。有些鳃形态复杂些，它们不是分布于整个身体表面，而只是由身体一定区域的表皮形成羽毛状（增加表面积）的呼吸表面，如软体动物、节肢动物、鱼和某些两栖类（蝾螈和蛙的蝌蚪）的鳃。虽然只限于身体一定区域，但这些鳃的总表面积可能远大于身体其余部分表面积。由于这些鳃都是外鳃，脆弱而又容易受到物理损伤和其他生物攻击，所以它们往往需要某种外盖保护，如覆盖硬骨鱼鳃上的扁平状鳃盖（operculum）。

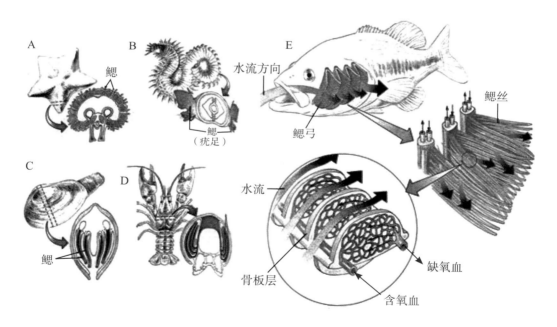

A. 海星的鳃为体腔外凸，它们虽然与外界直接接触，但受到骨质棘刺保护。B. 多毛类每个体节有1对鳃。C. 纤毛摆动使水流经过蛤的鳃。D. 龙虾和其他甲壳动物在胸部外骨骼下面有羽毛状鳃。E. 鱼鳃。鱼类不停泵水入口，流经鳃，并与其中血液完成气体交换

图9.7 无脊椎动物和鱼类的鳃（仿Campbell等，1993）

水作为呼吸介质有其长处也有短处。长处是鳃完全浸润于水环境中，保持呼吸表面湿润没有任何问题；短处是水中氧浓度不如空气中大，而且水温和盐度增加都会降低氧含量，所以鳃从水中获得O_2比从空气获得O_2需要耗费更多能量。因此，动物普遍通过增加水流通过鳃表面促进O_2吸收，如螯虾和龙虾用微小的附属肢体作为桨划水通过鳃而增加水流，硬骨鱼鳃则从不断由口流入的水经咽部鳃裂再从鳃盖后缘流出而增加水流。如果没有这种增加水流作用，水就会很快在鳃周围滞留，结果失去O_2并被CO_2所饱和。

鱼类鳃的毛细血管排列也有助于气体交换。血液沿着与鳃表面水流相反方向流动，这使O_2通过逆流交换（countercurrent exchange）有效转移到血液中。逆流交换中当血液流经毛细血管时，血液中O_2浓度越来越大，同时毛细血管遭遇到刚与鳃接触O_2浓度越来越高的水流，这意味着始终有一个扩散梯度可以促进O_2从水向血液转移。逆流交换机制非常有效，可以使流经鳃表面水中80%溶解氧被鳃吸收。

（三）肺——陆生动物的呼吸适应

肺由体表某一区域内陷形成，其呼吸表面不与身体其他任何部分直接连接，所以只能通过循环系统把O_2从肺输送到身体其他部位。肺高度血管化，其致密的毛细血管网分布于构成呼吸表面的上皮下面，非常有利于气体交换。解决陆地气体交换问题，蜗牛演化出血管化外套膜（vascularized mantle），蜘蛛演化出叶肺（book lung），而脊椎动物则演化出肺。多数蛙类的肺像气球，呼吸表面限于肺的外表面。蛙类肺呼吸表面积不大，不过它可以通过扩散由潮湿的身体表皮获取O_2。比较而言，哺乳类肺为海绵状质地，具蜂窝状上皮，其呼吸表面积比肺本身外表面积大出许多。人肺总的呼吸表面积相当于一个网球场面积。肺整个呼吸表面都包围有一层湿润的薄膜，肺气腔的O_2在扩散通过上皮进入血液前就溶解于湿润薄膜中。肺气泡与外界空气连接的通道狭窄，这可以极大减少由蒸发而导致的呼吸表面水分丢失。

海蛇和海洋哺乳类的呼吸器官也是肺。海蛇除用肺呼吸外，还可通过皮肤摄取O_2，通过皮肤吸入总O_2量可达33%以上。海洋哺乳动物由陆生动物演化而来，依然保持着用肺呼吸的方式，所以需要每隔一段时间便浮出水面换气。它们对水环境有特殊的适应能力，如体内有较大的血容量和血液具有较大的载氧能力等。

第四节 排泄系统与体液调节

动物盐水平衡的维持和代谢废物的排除依赖于排泄器官。但是，并非所有动物都有排泄器官，如水螅就没有排泄器官。水螅身体只有2层细胞组成，水可以通过充满体液的中央管腔进入和排出身体，每个细胞都可以把代谢废物分泌到管腔，被水冲走。较高等的动物通过排泄器官把含氮废物、液体或者盐排出体外。

体液渗透压异常可以导致动物体内液体流失或者从外部获得液体。排泄器官可以调节动物盐水平衡，因此在维持体内平衡中发挥主要作用。人的排泄器官还在体液的正常酸碱度的维持中发挥作用。

体内平衡既包括细胞内氧气和营养的分配，也包括细胞内代谢废物的清除。排泄（excretion）是指对代谢反应所产生废物的清除，与没有消化的物质从消化道排出体外的排遗（defaecation）不同。

一、体液调节

排泄系统参与调节体液浓度，主要通过保留或者排除细胞内某些离子和水分而实现。体液调节依赖于Na^+、Cl^-、K^+和HCO_3^-等。摄取的食物和饮用水中都可以给体液提供离子，而身体失去离子的途径主要依靠排泄。

水可以通过新陈代谢（如细胞呼吸产生水）、摄取含水食物和饮水进入动物体内，而水分从身体流失主要通过表皮和肺蒸发、产生粪便和排泄。体液要维持平衡，进出体内的水分必须等量。

当两个部位渗透压存在差异时，水会流向离子浓度偏高的部位。海洋是高盐环境，海洋动物体液渗透压低于海水渗透压，容易通过渗透而损失水分，并通过饮水而获得离子。淡水是低盐环境，淡水动物体液渗透压高于环境渗透压，容易通过渗透而获得水分，并通过水的过度排泄而导致离子流失。陆生动物水和离子都容易流失到空气中。

（一）水生动物

水生动物中，只有软体动物和节肢动物等海洋无脊椎动物以及鲨鱼和鳐等软骨鱼的体液渗透压与海水渗透压接近相等，因此它们不难维持盐水平衡。令人惊奇的是，软骨鱼体液虽与海水渗透压基本一致，但体液各离子含量与海水并不相同。这一悖论的答案是软骨鱼血液含有高浓度尿素，足以媲美海水渗涨度。由于某种尚未知晓的原因，高浓度尿素对软骨鱼并无毒性。

正常情况下，所有硬骨鱼体液只含有适量的离子。显而易见，硬骨鱼共同祖先在淡水中演化，后来某些种类进入海洋。因此，海洋鱼类容易因水分流失而脱水，而它们应对的方法是不停地饮海水。据估计，海水鱼类每小时要饮相当于体重1%的海水，这等于人类一天24小时，每小时饮水700 mL。海水鱼类在饮海水获得水分的同时，也不断吸纳其中的盐，但它们可以通过鳃把多余的盐主动排出到海水中（图9.8A）。海水鱼在用鳃排盐过程中，会使水分被动流失。

淡水硬骨鱼所遇到的渗透压问题正好与海水鱼相反。淡水鱼体液相对于淡水而言是高渗环境，可以被动获得水分。淡水鱼从不饮水，相反，它们通过产生大量的低渗尿液排出体内多余水分。淡水鱼每天排出的尿液相当于体重的1/3。排尿会导致盐分流失，因此，淡水鱼需要通过鳃主动吸收盐到血液中（图9.8B）。

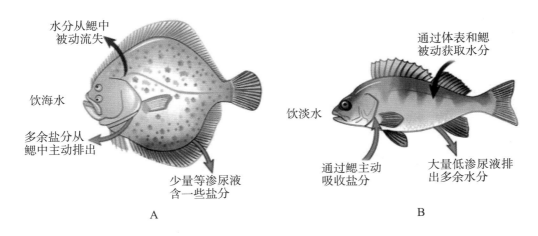

图9.8　海水鱼类（A）和淡水鱼类（B）渗透压调节比较（仿Mader，2001）

海水鱼和淡水鱼对渗透压的适应差异明显。然而，有的鱼类生活史中可以在两种不同的环境下生存。大麻哈鱼生命起始于淡水，后游到海洋生活一段时间，最后又洄游到淡水繁殖。这些鱼类可以根据渗透压变化而改变它们的行为以及鳃、肾功能。

（二）陆生动物

多数陆生动物需要不时地喝水，以便补充因排泄、呼吸、出汗和排便而流失的水分。和海水鱼一样，生活于海边的鸟类和爬行动物可以饮海水，因为它们有鼻盐腺可以排泄大量浓缩盐溶液。

某些动物为了防止水分流失，会分泌不溶性的含氮废物。不透水的外表皮也有助于防止水分流失。把湿润、薄而具渗透性的蛙表皮与干燥、厚而坚硬的蜥蜴表皮比较，很容易发现哪种更适应于陆生环境。除去这些防止水分流失的方法，动物还发展出许多独特适应性，应对水分流失。如为了防止呼吸过程中的水分流失，骆驼和长鼻袋鼠的鼻孔黏膜上皮高度卷曲，以便从呼出的气体中获取水汽，用来湿润吸入的空气。相反，人类呼出的气体充满水汽，它遇冷会浓缩，这在寒冬的早晨显而易见。人类主要依赖产生浓缩的尿液来保持水分。长鼻袋鼠也可以产生浓缩尿液，排出粪便几乎不含任何水分。长鼻袋鼠如此适应于保存水分，以至于它可以依靠细胞呼吸产生的水生存。

二、含氮代谢产物

核酸和氨基酸等分子的降解最终都形成含氮代谢产物。现以氨基酸为例，描述其新陈代谢。氨基酸可以合成蛋白质，而那些不用于蛋白质合成的氨基酸要么被降解产生能量，要么被转变成脂肪/碳水化合物储存起来。无论哪种情况，氨基（—NH_2）都必须被除去，因为氨基酸降解形成能量或者转变成脂肪/碳水化合物储存时，只有碳链可被利用。氨基从氨基酸除去之后，不同的动物会以氨、尿素或尿酸的形式将其排出体外（图9.9）。

从氨基酸上去除下来的氨基，加上一个氢离子就形成氨，这一过程基本不需要能量。氨有毒，作为含氮排泄物需要体内有大量水把它冲洗到体外。氨易溶于水，硬骨鱼、水生无脊椎动物和两栖类，这些鳃和表皮直接与水接触的动物都以氨作为含氮产物把氨基排泄。

陆生动物如哺乳类主要以尿素作为含氮产物把氨基排泄。尿素毒性比氨小，可适度以浓缩液的形式排泄掉，使身体水分得以保存。这也是只能获得有限水分的陆生动物的一大优势。不过，尿素的形成需要耗费能量。尿素通过酶催化反应在肝脏形成。

昆虫、爬行动物和鸟类排泄尿酸。尿酸相对无毒，难溶于水。尿酸的低水溶性有利于水分保持，因为这使得它比尿素更容易浓缩。在爬行类和鸟类，稀尿酸溶液经过肾脏到达消化、泌尿和生殖系统产物的共同储存器——泄殖腔。泄殖腔内容物倒流至大肠，其中水分被重新吸收。爬行类和鸟类胚胎在完全封闭的带壳卵内发育。产生不溶于水、相对无毒的尿酸，也对带壳胚胎有利，因为所有含氮废物都储存于壳内直到胚胎孵化。尿酸也是通过酶催化反应而产生，也需要耗费能量。

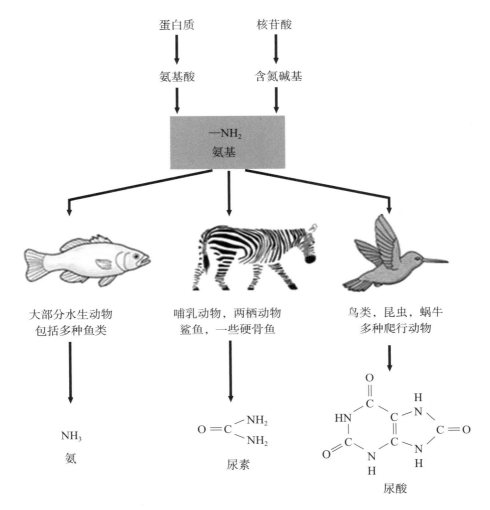

图9.9　不同动物产生不同的含氮废物

三、排泄器官

多数动物具有管状排泄器官，用以调节盐水平衡，排出新陈代谢废物至体外。

（一）无脊椎动物排泄系统

原生动物以伸缩泡从细胞质溶胶中收集水分和代谢废物，并通过体表开孔排出体外。海绵动物的领细胞中也具有伸缩泡。腔肠动物代谢产生的废物主要是氨。与其生活环境相适应，腔肠动物没有特别的排泄器官，氨直接由体壁外层细胞排泄到周围水中，或由内层细胞排入腔肠中。扁形动物的排泄器官是焰细胞（flame cells）。肾管（nephridia）是环节动物、软体动物及其他无脊椎动物似肾样的简单的排泄器官。马尔皮基管（Malpighian tubule）是蛛形纲、多足纲和昆虫纲的排泄器官。

313

1. 焰细胞

扁形动物如涡虫有2排分支的排泄管，通过排泄孔通向身体外部。沿分泌管排列着球状的焰细胞。焰细胞是1个排泄小单位。焰细胞是1个中空的细胞，内含1条或1束纤毛，在显微镜下观察摆动时似火焰一般，故名。焰细胞纤毛的摆动驱使体液经过排泄管到达体外，从而清除体内多余的水分和代谢废物。焰细胞是构成扁形动物和冠轮动物排泄器官的基本单位。

2. 原肾

环节动物如蚯蚓身体分节，而每一体节都有1对称为肾管的排泄器官。每个肾管就是1根具有1个纤毛开口和1个排泄孔的小管。纤毛摆动驱使体腔内体液流经肾管，其中的营养物质被重新吸收，并被分布于肾管周围毛细管网带走，而剩下的尿液只有代谢废物、盐和水，被排出体外。蚯蚓每天排出许多水分，所产生尿液可达体重60%。

3. 马尔皮基管

节肢动物昆虫排泄系统独特，位于腹部体腔内，由细长的小管组成，开口于中肠与后肠的连接处，称为马尔皮基管。尿酸从周围血淋巴中流入马尔皮基管，水随K^+离子主动转运而形成的盐，呈梯度分布。水和其他有用物质在直肠被重新吸收，而尿酸则通过肛门排出体外。生活于干旱环境的昆虫，会把大部分水分重新吸收，而排出半固体的干燥尿酸。

（二）脊椎动物排泄系统

脊椎动物的排泄系统主要为1对发达的肾脏。从低等到高等种类，肾脏可分为3种类型（图9.10A）。

1. 前肾

前肾（pronephros）是无颌类七鳃鳗成体的排泄器官。脊椎动物在胚胎期都有前肾出现，但只在鱼类和两栖类胚胎中，前肾有功能。

前肾位于身体前端，由众多排泄小管或叫肾小管组成。肾小管一端开口于体腔，在开口处小管膨大为漏斗状，其上有纤毛，此即肾口，可直接收集体腔内的排泄物。肾小管另一端与直通体外的1根总管即前肾导管（pronephric duct）相通。肾口附近有血管丛形成血管球（glomerulus），它们用过滤血液的方法，把血中废物排出。

2. 中肾

中肾（mesonephros）位置在前肾后方，是鱼类和两栖类成体的排泄器官，也见于羊膜动物胚胎中。中肾肾小管的开口明显退化，部分肾口甚至完全退化，不能直接与体腔相通。靠近肾口的肾小管壁膨大内陷，形成一个双层的囊状构造，称为肾球囊（glomerular capsule），把血管球包入其中，形成肾小体（renal corpuscle）。肾小体和肾小管一起构成泌尿机能的基本单位，即肾单位（nephron）。

中肾出现后，原来的前肾导管纵裂为二。其中，一条形成中肾的总导管即中肾导管（mesonephric duct），在雄性动物兼具输精功能；另一条则形成雌性动物的输卵管或叫牟勒氏管（Müllerian duct），而在雄性动物则完全退化。

3. 后肾

后肾（metanephros）是羊膜动物成体的排泄器官，其位置在体腔的后部，外形因动物种类而异。后肾的肾小管只有肾小体，肾口完全消失。各肾小管汇集尿液通入一总管，即后肾总管（metanephric duct）或输尿管（ureter）。此管由中肾导管基部生出的1对突起，向前延伸，分别和1个后肾连接而成。后肾发生以后，中肾和中肾导管都失去泌尿功能。中肾导管完全演变成输精管，部分遗留下来的中肾肾小管则形成附睾等构造。

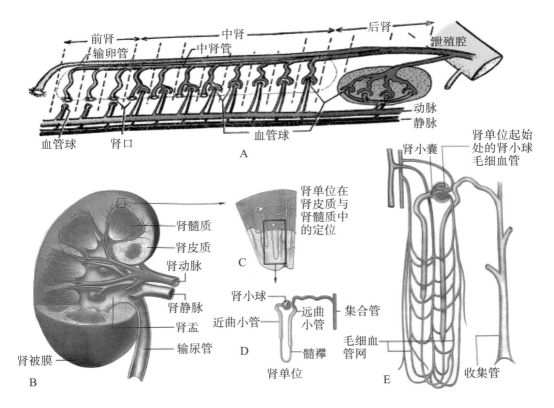

A. 脊椎动物排泄系统模式图；B. 肾脏；C，D. 肾单位；E. 肾单位精细结构

图9.10　排泄系统

后肾是脊椎动物肾脏最高级类型。以哺乳动物为例，后肾是1对呈豆形的结构，滤出尿液，经输尿管、膀胱和尿道排出体外。肾脏沿正中线纵向剖开，从外向内可看到3层结构（图9.10B~D）：外层为皮质部（cortex），是肾小体密集之处；中层为髓质部（medulla），是肾小管汇合之处；内层为肾盂（pelvis），是输尿管在肾内的膨大部分，为暂时盛尿之处。

（三）尿液形成

肾单位中的血球管，是一动脉微血管丛，接受来自肾动脉的血液。血液进入血球管，其血压足以使水、营养、盐和废物等小分子物质从血管球进入肾球囊腔中。进入肾球囊的液体称为肾球囊滤液，也称原尿。原尿的成分和含量与除血细胞和大分子蛋白质之外的血浆基本相同。原尿从肾球囊流向肾小管，先后经过近曲小管（proximal convoluted tubule）、髓襻即亨氏襻（loop of Henle）和远曲小管（distal convoluted tubule），然后汇入集合管（collecting duct），成为终尿，通过输尿管等结构排出体外（图9.10E）。终尿成分和含量与原尿有很大区别，这是因为原尿在流经近曲小管、髓襻和远曲小管等处时，其中葡萄糖和氨基酸等营养物质被小管上皮细胞重新吸收，并送入周围微血管的血液中运走，同时小管上皮细胞分泌的氨和钾等物质加到原尿中。

第五节　神经系统与感觉系统

神经系统（nervous system）分为中枢神经系统和周围神经系统两部分。中枢神经系统包括脑和脊髓，周围神经系统是指脑和脊髓以外的所有神经结构，包括神经节、神经干、神经丛及神经终末端。感受器（sensory receptors）接受内、外环境刺激，通过感觉神经纤维把神经冲动传递到脑和脊髓，整合后通过运动神经纤维把冲动传递到效应器（effectors），即肌肉和腺体，对刺激做出反应。神经系统运作原理很简单，但系统本身错综复杂。人脑执行各种各样高级心智功能，细微的结构差别就足以影响其表现。爱因斯坦大脑与常人比，只是处理数学关系部分的脑裂少些，而这可能正是其成为天才的原因。

较高等动物中，内部各系统的协调对于相对恒定的内稳态的维持至关重要。食物消化、呼吸和营养物质的运输都需要神经系统的调节以及内分泌系统的帮助。所有动物包括轮虫和扁形动物的生存，都有赖于对环境的感知并做出恰当的反应。

一、神经元和支持细胞

构成神经系统的细胞主要有神经元（neuron）和支持细胞（supporting cells）。神经元是实际负责沿神经通路传递信息的细胞，而支持细胞主要是给神经系统提供结构支撑的细胞，也可以给神经元提供营养、保护和隔离作用（图9.11）。

（一）神经元

神经元是一种高度特化的细胞，是神经系统的功能单位，可以把信号从身体一个部位传递到另一部位。神经系统不同功能的神经元呈现许多种不同的结构，但多数神经元具有共同的特征，即具有相对大的胞体、内含细胞核和细胞器以及纤维状的细胞突起，用以增加信息传递距离。神经元的突起分为树突（dendrite）和轴突（axon）。树突接受神经冲动，并将冲动传至胞体，而轴突则将冲动从胞体传递出去。树突一般短但分支较多，这样的结构增加了接收表面，适宜于接受神经冲动。多数神经元只发出一条轴突，长短不一，但有的轴突如人坐骨神经的轴突长度可达1 m以上。脊椎动物神经元的轴突被一串支持细胞所包围，在周围神经系统中这些支持细胞称为施旺细胞（Schwann cells），形成叫髓鞘（myelin sheath）的绝缘层。轴突也形成分支，每个分支可产生成百上千个特化末端即突触终端，通过释放化学信使分子即神经递质（neurotransmitters）把神经冲动传达至下一个细胞。突触终端和靶细胞（可以是神经元也可以是效应细胞如肌肉细胞）的接触点称为突触（synapse）。因此，突触是一个神经元和另一个神经元或另一细胞相互接触的结构，由此实现神经冲动向下游传递。

少数特定类型神经元胞体成簇位于中枢神经系统之外的神经节

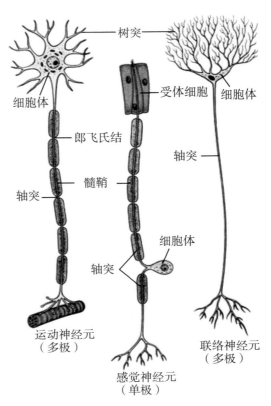

图9.11　不同类型神经元结构（仿Mader，2001）

（ganglia）中，但大多数神经元胞体位于中枢神经系统（脑和脊髓）内。神经元根据功能分为感觉神经元（sensory neurons）、运动神经元（moto neurons）和联络神经元（interneurons）。感觉神经元又称传入神经元，把感受器接收到的内、外环境刺激信号传递到中枢神经系统。运动神经元又名传出神经元，将冲动从中枢神经系统传递至肌肉或腺体等效应细胞。联络神经元又称中间神经元，是位于感觉和运动神经元之间的神经元，起联络、整合等作用。多数情况下，感觉神经元通过突触和联络神经元连接，而联络神经元又通过突触和运动神经元连接。

（二）支持细胞

支持细胞数量是神经元的10~50倍。支持细胞不传递神经冲动，但它们对于维持神经系统的完整性以及神经元功能不可或缺。

中枢神经系统内的支持细胞叫胶质细胞（glial cells）。脑和脊髓里的胶质细胞主要有星形胶质细胞（astrocytes）和少突胶质细胞（oligodendrocytes）。星形胶质细胞环绕在脑毛细血管周围，参与血脑屏障的形成。血脑屏障能够阻止多数物质（多半有害）由血液进入脑组织，使中枢神经系统胞外化学环境得到严格控制。少突胶质细胞围裹着中枢神经系统神经元，和周围神经系统中的施旺细胞围裹神经元一样，形成绝缘层髓鞘。

神经系统在发育过程中，施旺细胞或少突胶质细胞一个接一个包裹着神经元的轴突，卷成同心圆层，形成髓鞘。施旺细胞和少突胶质细胞的质膜主要是脂质，为不良电流导体。因此，髓鞘和包裹着导线的橡皮类似，给神经元提供绝缘层。有一种退行性神经疾病称为多发性硬化症（multiple sclerosis），就是由髓鞘逐渐受损破坏神经冲动传递，而造成协调性逐渐丧失所引发。显然，支持细胞对于神经系统正常工作不可或缺。

二、无脊椎动物神经系统

整个动物界神经细胞的工作原理高度一致，但神经系统组成却变化极大。最简单的动物海绵也能对刺激产生反应，如最常见的水孔闭合反应。刺胞动物水螅身体可以收缩和伸展，可以摆动触须捕捉食物，甚至可以翻筋斗。它们已具有简单的神经系统——神经网（nerve net）。水螅神经网是一个松散的神经系统（图9.12），一个神经元连接另一个神经元或者可收缩上皮肌细胞（epitheliomuscular cells）。

海葵和水母也是刺胞动物，它们具有2个神经网：快反神经网主要对遇到的危险做出反应，而慢反神经网主要协调缓慢而又微弱的运动。扁形动物涡虫身体两侧对称，其神经系统也出现两侧对称性。它们有2条纵向侧神经索，之间通过多条横向神经（transverse nerves）相连接，整个神经系统排列呈梯形。涡虫神经系统已出现头部集中化（cephalization），即神经节和感受器集中出现于头部。前端脑神经节接收来自眼点（eyespots）感光细胞和耳郭（auricles）感受细胞的刺激，纵向侧神经索把冲动迅速传递到身体后端，而神经索之间的横向神经使身体两侧的运动协调一致。两侧对称性和头部集中化是神经系统发育适应主动生活的2个重要特征。涡虫神经系统已经出现脊椎动物所见的中枢神经系统（脑神经节和神经索）和周围神经系统（横向神经）的先兆。

环节动物（如蚯蚓）、节肢动物（如蟹）和软体动物（如乌贼）都是具有真正神经系统的动物。环节动物和节肢动物神经系统由脑和一条腹神经索组成，腹神经索在每个体节有一神经节，是无脊椎动物神经系统的典型代表。脑接受感受信号，控制神经节和各种神经活动，保障全身肌肉运动协调。蟹和乌贼的神经系统头部集中化明显，前端有界限清楚的脑以及发达的感觉器官。脑和神经节在这些动物体内的出现表明神经元（神经细胞）数量随无脊椎动物的进化而逐渐增加。

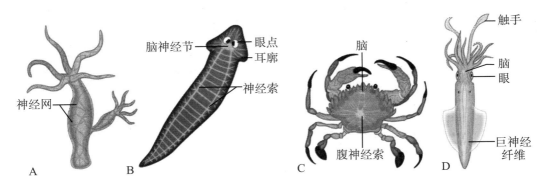

A. 水螅神经网，是松散的神经系统；B. 扁形动物两侧对称性神经系统，神经节和感受器向头部集中；C，D.蟹和乌贼神经系统头部集中化明显，前端有界限清楚的脑以及发达的感觉器官

图9.12　无脊椎动物神经系统（仿Mader，2001）

三、脊椎动物神经系统

脊椎动物神经系统主要包括中枢神经系统和周围神经系统。中枢神经系统负责信息加工，而周围神经系统则负责把信息传入或传出中枢神经系统以及感受细胞、肌肉细胞和腺体细胞。

（一）中枢神经系统

脊椎动物中枢神经系统分为脑和脊髓两部分。

1. 脑

脊椎动物复杂行为的进化主要缘于脑复杂程度的增加。脊椎动物脑由胚胎背神经管的前端膨大发展而成。在胚胎期，神经管前端膨大成原脑（archencephalon），原脑后面部分称为次脑（deuterencephalon）。原脑只有1个明显的膨大，为一部脑（图9.13A）。一部脑发展成为三部脑，即前脑（prosencephalon）、中脑（mesencephalon）和菱脑（rhombencephalon）。三部脑再发展，成为五部脑，即前脑分化成端脑（telencephalon）或称大脑（cerebrum）和间脑（deincephalon），中脑维持不变，菱脑分化成后脑（metencephalon）或称小脑（cerebellem）和髓脑（myelencephalon）或称延脑（medulla oblongata）。大脑又分化成左右两半，各为一大脑半球。胚胎期神经管的腔发展成为脑室（ventricle）。

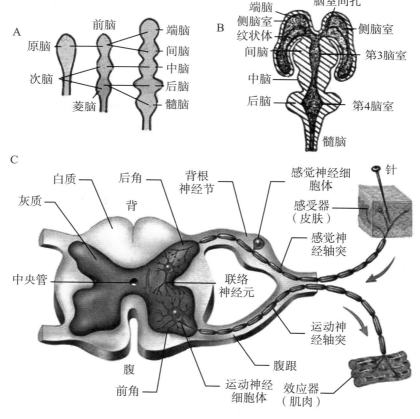

A. 脑的演化；B. 脑室；C. 脊髓横切面，兼示反射弧传导

图9.13 脑和脊髓

脊椎动物脑的进化有3点趋势非常明显。首先，脑相对体积逐渐增大。鱼类、两栖类和爬行类脑体积相对于体重而言基本上是一个常数，但鸟类和哺乳类的脑体积相对于身体大小而言显著增加。体重100 g的啮齿动物的脑要比同样体重的蜥蜴的脑明显大许多，但是体重同样100 g的鱼和蜥蜴的脑体积则几乎一样。脑进化的第二点趋势是功能区域化。高等动物脑在原始三部脑分区基础上，划分出不同区域执行特定功能。前脑分化成端脑和间脑，前者包含大脑皮层，是学习和记忆的最重要功能区，后者包含丘脑、下丘脑和其他细胞，是调节内脏及内分泌活动的功能区；菱脑分化成小脑和髓脑，其中小脑是协调运动的中心。脑进化的第三点趋势是前脑精细化和复杂化不断增加。随着两栖类和爬行类由水生向陆生转变，中脑和后脑的视觉和听觉功能变得越来越重要，而自然选择的结果导致这些区域变大。动物进化越过这点之后，与更为复杂的行为相伴而生的是前脑重要区域大脑的生长，特别是在哺乳类，复杂行为总是与相应大小的大脑及其褶皱（可以增加大脑表面积）关联。由于大脑细胞体位于大脑皮层（外层），所以在决定行为表现上脑表面积比体积作用更为重要。人大脑皮层厚度虽不足5 mm，但却占脑总质量的80%。有袋类动物如负鼠大脑皮层没多少褶皱，而猫和其他有胎盘动物大脑皮层则具有较多褶皱。灵长类和鲸目动物（鲸和海豚）大脑皮层比其他脊椎动物都大而复杂，其中海豚大脑皮层就表面积而言仅次于人类。

2. 脊髓

脊髓主要有2个功能，即神经反射作用中心以及脑和脊髓神经之间的通讯联络。它紧接在延脑之后，呈圆柱状，由胚胎期神经管发育而成。脊髓管壁很厚，中央管腔极细。在脊髓背、腹面正中线上各有1条纵沟，分别称为背沟（dorsal fissure）和腹沟（ventral fissure）。脊髓内层称为灰质（gray matter），主要由神经细胞体和无鞘的短神经纤维组成；外层称为白质（white matter），主要由联络神经元的有鞘长神经纤维聚集成神经束而形成（图9.13B）。脊髓灰质和白质分布与脑中灰质和白质分布正好相反：脑灰质分布在表层，脑白质分布在内层。灰质在脊髓中呈蝴蝶形或H形。白质的神经束把脑和脊髓联系起来。白质背部神经束主要是上行神经束，把冲动传入到脑，而白质腹部神经束主要是下行神经束，把冲动传出脑。由于神经束发生一次交叉，所以左脑控制身体右侧，而右脑控制身体左侧。

（二）周围神经系统

周围神经系统位于中枢神经系统之外，包括从脑和脊髓发出而分散到身体各处的神经，主要由轴突和神经节内胞体组成。神经细胞轴突也称为神经纤维（nerve fibers）。

1. 脑神经

发自脑部的神经叫脑神经（cranial nerve）。无羊膜动物有10对脑神经，羊膜动物包括人有12对脑神经，其中，有些是只含感觉神经纤维的感觉神经，有些是只含运动神经纤维的运动神经，还有些是既含有感觉纤维又含有运动纤维的混合神经。脑神经主要与头部、颈部和面部关联，但其中的迷走神经不仅发出分支到咽和喉，也发出分支到多数内脏器官。

2. 脊神经

发自脊髓的神经叫脊神经（spinal nerve）。脊神经数目随动物种类而异，如猪有33对脊神经，而人有31对脊神经。每条脊神经形成2根短的分支从脊髓的背、腹部发出。背部分支称为背根（dorsal root），包括来自皮肤和内脏的感觉纤维，能传达刺激到脊髓；腹部分支称为腹根（ventral root），包含运动神经纤维，分布到肌肉和腺体，将脊髓发出的冲动传递到各效应器。靠近脊髓处的背根有一膨大的神经节，称为背根神经节（dorsal-root ganglion），内含感觉神经细胞体。脊神经的背、腹根在脊柱内合并为一根，然后从椎间孔伸出分为背支、腹支和脏支。背支分布到背部皮肤和肌肉，腹支分布到腹部和体侧皮肤、肌肉，脏支分布到内脏器官。所有脊神经都是含有感觉纤维和运动纤维的混合神经。

3. 自主神经系统

位于脊柱两侧的链状神经结构称为交感神经（sympathetic nerve），位于颅、骶的部分神经称为副交感神经（parasympathetic nerve）。交感神经和副交感神经共同组成自主神经系统（automatic nervous system）或植物神经系统（vegetative nervous system）。自主神经系统主要调节心脏、平滑肌和腺体活动。

四、感觉系统

感觉系统（sensory system）可以说是神经系统的前门，接受体内、外特定信息变化，并通知脊髓和脑正在发生的变化。它由感受器、把信息从感受器传递到脑的神经通路以及把信息转换成"感觉"（sensation）的部分大脑区域所组成。

动物依赖感受器感知刺激。主要感受器有感觉触摸和压力变化的机械感受器（mechanoreceptors）、感觉冷热变化的温度感受器（thermoreceptors）、感觉组织损伤的痛感受器（pain receptors）、感觉体液中化学物质变化的化学感受器（chemoreceptors）、感觉体液浓度变化的渗透压感受器（osmoreceptors）和感觉可见光和紫外光变化的光感受器（photoreceptors）。

（一）躯体感觉

躯体感觉始自于体表、肌肉和脏壁感受器。感受输入传递到脊髓，再到大脑半球灰质中的躯体感觉皮质。躯体感觉皮质内的中间神经元与体表特定部位相联系。

1. 体表感受器

体表感受器可觉察到体表处的触摸、压力、冷、热和疼痛。体表感受器见于所有脊椎动物皮肤里，指尖和舌尖处最多，手背和后颈处较少。最原始的体表感受器形式是游离的神经末梢终止于表皮而成，较发达的体表感受器则形成触觉小体（tactile corpuscle），还有特化的体表感受器如蝮蛇类的颊窝，能觉察出与周围气温只有 0.003℃的变化。

体表感受器还包括鱼类和经常水栖的两栖类所特有的侧线系统。侧线属于皮肤感觉器官中高度分化的构造，呈沟状或管状，内含神经丘（neuromasts），可以感觉水流震动。

2. 牵张感受器

横纹肌、关节、肌腱、韧带和皮肤里的机械感受器能觉察肢体运动和身体在空间的位置。肌梭里的牵张感受器（stretch receptors）是典型的机械感受器，它与横纹肌细胞平行排列。牵张感受器对刺激的反应取决于肌肉伸展的强度和频率。

3. 痛感

疼痛（pain）或痛感（nociception）是从身体受伤部位发出的刺激传导至中枢神经而表现出来的感觉。痛觉感受器主要是游离的神经末梢。躯体痛感始于皮肤、关节、肌腱和横纹肌的神经末梢。内脏痛感与过度化学刺激、肌肉痉挛、肌肉疲劳和供血不足相关。

体表痛感发源于皮肤表面，通常剧烈但不持久，而躯体深层痛感都发生于肌肉或关节处，发散且持续时间较长。内脏痛感也与躯体深层痛感相似，发散且持续较久。躯体深层痛感和内脏痛感被描述为灼痛（burning pain）或揪心痛（gnawing pain）或钝痛（dull ache）。

（二）味觉和嗅觉

味觉和嗅觉都始于化学感受器。化学感受器和化学物质结合后，感受输入经丘脑传递到大脑皮质，形成味觉或者嗅觉。

1. 味觉感受器

动物依据味觉感受器分布的不同，可以用口、触角、腿、触手或者鳍"品味"食物。所有脊椎动物都具有味蕾（taste bud）构造，它就是感受化学刺激的味觉感受器，可以感知酸、甜（葡萄糖和单糖）、苦（植物碱）、咸（氯化钠）和鲜（谷氨酸）5种味道。

2. 嗅觉感受器

嗅觉感受器是高度分化的感受化学刺激的器官，可以察觉水溶性或者挥发性物质。各纲脊椎动物嗅觉感受器有所不同。原口类只有1个外鼻孔（external nare）和单个嗅囊（olfactory sac）；鱼类一般有成对的外鼻孔和成对的嗅囊，软骨鱼的外鼻孔位于吻部腹面，硬骨鱼的外鼻孔则位于吻部背面。嗅囊后方壁上分布有嗅神经。

陆生脊椎动物呼吸空气，其嗅觉感受器和口腔相通，因而出现了内鼻孔。两栖类的内鼻孔开口于口腔前部，羊膜动物因生有次生颌，故内鼻孔后移到咽部。内鼻孔出现后，鼻腔就兼有嗅觉和呼吸2种功能。

（三）平衡感和听觉

引力、速度和加速度等力量都可影响动物所处状态和运动，但它们都可以对此做出反应，维持平衡。原口类和鱼类有成对的内耳，内含感觉神经，主要起身体平衡作用，与听觉几乎无关。当动物从水生发展到陆生后，内耳的听觉作用才逐渐出现并得到强化。因此，陆生动物内耳兼有听觉和感受位置变动的双重功能。

水环境是传导物理刺激的良好导体，空气则所不及。因此，动物登陆必须改造听觉感受器才能适应新环境，结果导致在内耳基础上增加了中耳，后来又出现了外耳。听骨也由1个镫骨（stapes），演化成镫骨、砧骨（incus）和槌骨（malleus）3个听骨；耳蜗更分化成结构复杂的螺旋状器官，具有更高的听觉能力。

（四）视觉

所有生物都对光敏感。向日葵虽然没有感光细胞，但可以追踪天空运行的太阳。即使单细胞变形虫遇到光时也会停止运动。但是，直到无脊椎动物才出现感光细胞。感光细胞构成"眼"，是动物的视觉感受器，分为单眼、复眼和眼睛。

1. 单眼

单眼（ocellus）是一种结构简单的光感受器，见于许多无脊椎动物。由视觉细胞、六角形角膜和圆锥形晶体组成。单眼仅能感觉光的强弱，而不能看到物像。例如，底栖的软体动物上面有鱼游过时，它只能感受光的强弱变化，无法分辨鱼的大小和形状。

2. 复眼

复眼（compound eye）是昆虫的主要视觉器官，呈球形、卵形或肾形，通常位于头部突出位置。它由多数小眼或称个眼（ommatidium）组成。每个小眼都有角膜、晶椎、色素细胞、视网膜细胞、视杆等结构，是一个独立的感光单位。有些节肢动物的复眼中含有色素细胞，光线强时色素细胞延伸，只有直射的光线可以射到视杆，为视神经所感受；斜射的光线被色素细胞吸收，不能被视神经感受。这样每个小眼只能形成一个像点，众多小眼形成的像点拼合成一幅图像。

3. 眼睛

脊椎动物一般具有发达的视觉感受器——眼睛，主要由胚胎期的间脑向两侧外突形成视网膜（retina）和正对外突处的皮肤向内陷入形成晶体（lens）融合而成，加上由眼囊周围的结缔组织分化出巩膜、脉络膜、角膜以及其他附属结构组成。眼睛构造基本没有大的变化，区别只是在视网膜上确定视像焦点的调节方法不同。鱼类用镰状突起移动球形的晶体；陆生脊椎动物则用分布在晶体周围的睫状肌收缩来改变双凸晶体的突出度；鸟类还要加上分布在巩膜（sclera）周围的环状肌收缩来改变眼球的形状，这是鸟类特有的双重调节。

第六节　支持系统与运动

并非所有动物都有肌肉和骨骼，但所有动物都依赖可收缩纤维实现运动。脊椎动物无论是马的奔跑，鱼的游泳，还是鹰的飞翔，都由肌肉系统和骨骼系统协调完成。多数动物还有神经系统可以整合感觉受体接收的信号并协调肌肉运动。动物运动为摄食、躲避天敌所必需，但有时只是简单地为了玩耍而运动。

肌肉收缩必须以某种介质为支点才能实现运动。涡虫、水螅和蚯蚓的肌肉通过推挤腔肠或者体腔内体液实现运动。脊椎动物肌肉与内骨骼连接。骨骼不但为肌肉运动提供支点，而且支持动物躯体维持一定形态、保护内部器官，同时也是体内储存无机钙和生产血细胞的场所。骨骼肌不但可以使身体进行各种动作，还可以释放出热量温暖身体。

一、骨骼多样性

骨骼主要有流体骨骼（hydrostatic skeleton）、外骨骼（exoskeleton）和内骨骼（endoskeleton）。

（一）流体骨骼

流体骨骼由封闭的体内间隔中处于一定压力下的流体组成，主要存在于腔肠动物、扁形动物、线虫和环节动物中。这些动物通过肌肉改变充满流体的间隔形态控制它们的形状和运动。例如，水螅可以紧闭口再用体壁上可收缩细胞束紧中央腔肠而使身体变长（由于水不可压缩，腔肠直径变细必然导致长度增加）。扁形动物的流体骨骼是处于一定压力下的组织间液，体壁肌肉收缩挤压流体骨骼使身体向前运动。线虫的流体骨骼是假体腔内维持一定压力的液体，纵肌收缩挤压体腔内流体骨骼导致波样运动。环节动物的流体骨骼是体腔液。环节动物分成许多体节，不同体节间的体腔由隔膜分开，因此，通过纵肌和环肌收缩每个体节都可以单独改变形状。流体骨骼不能给动物提供保护，当然也无法为较大的陆生动物提供身体支撑。

（二）外骨骼

外骨骼是沉淀于动物体表的坚硬外套。例如，多数软体动物生活于外套膜分泌形成的石灰（钙）质外壳内。软体动物个体不断长大，壳外边缘不断增加，直径随之变大。蛤和其他双壳类通过连接到外骨骼内面的闭壳肌使外壳闭合。

节肢动物的外骨骼是由表皮细胞分泌的无生命角质层。肌肉连接到角质层延伸至体内的角质小片上。角质层成分的30%~50%是几丁质。几丁质纤维包埋于蛋白质组成的基质中，形成类似玻璃纤维的兼具强度和韧性的复合物。起保护作用的角质层内部含有丰富苯醌（quinone），使外骨骼中蛋白质发生更多交联增加硬度。螃蟹和龙虾等甲壳动物还可以通过增加钙盐，增强部分外骨骼硬度。相反，腿关节处的角质层薄而柔韧，只含少量无机盐，蛋白质交联也有限。节肢动物外骨骼一旦形成，便无法变大，因此，必须周期性脱落（蜕皮）才能生长，之后形成新的角质层。

（三）内骨骼

内骨骼位于动物软组织内，由硬的支持性结构组成，如脊椎动物的硬骨。海绵的内骨骼是无机物组成的硬骨针（spicule）或者蛋白质组成的软纤维，支撑着海绵身体。海胆内骨骼是分散在表皮下面由碳酸镁和碳酸钙组成的骨板（ossicle），通常由蛋白质纤维联系在一起。海胆骨板彼此联系较为紧密，而海星骨板之间联系较为疏松，这使得海星较为容易改变腕的形状。

脊索动物内骨骼包括软骨、硬骨和两者组合物。哺乳类骨骼由200多块骨骼组成，有些骨骼融合在一起，有些骨骼在关节处通过韧带连接起来，便于自由活动。解剖学上通常把脊椎动物骨骼系统分成中轴骨骼和附肢骨骼。中轴骨骼包括头骨、脊柱、肋骨和胸骨，附肢骨骼包括带骨和肢骨。

二、脊椎动物骨骼系统

脊椎动物内骨骼组织学上可分为软骨和硬骨（图9.14）。软骨是低等脊椎动物如圆口类和软骨鱼等的骨骼组织。两栖类以上的脊椎动物，只有胚胎期的骨骼是软骨组织，成体则为硬骨所代替，仅在骨端、关节面、椎骨间、气管、耳郭、腹侧肋骨和胸骨等处仍有软骨存留。

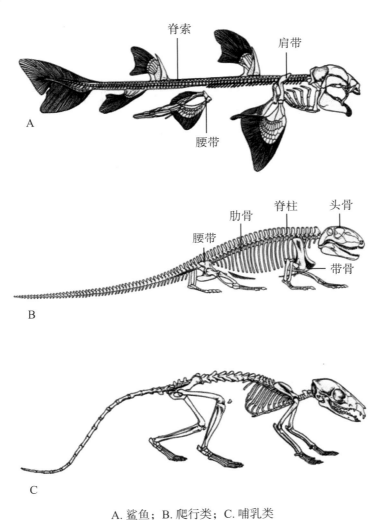

A. 鲨鱼；B. 爬行类；C. 哺乳类

图9.14　脊椎动物骨骼系统（仿Starr和Taggart，2001）

硬骨是多数脊椎动物骨骼的主要组成部分，是体内最主要的支持组织。硬骨内含有大约65%的无机盐（绝大部分是磷酸钙、碳酸钙和少量氟化钙）、氯离子和钠离子，其余35%是以蛋白质为主的有机成分。

长骨由骨组织和伸入骨组织的血管、神经、淋巴管等组成，表面为坚硬的骨密质，内部为疏松的骨松质（图9.15）。骨密质主要由整齐排列的骨板构成，骨松质主要由不规则排列的骨小梁构成。长骨两端骨密质薄窄，骨松质发达；骨干则骨密质厚，骨松质少。骨髓腔位于骨干中央和骨松质的空隙间。骨外和骨髓腔里面都有结缔组织形成的骨膜，具有造骨功能。

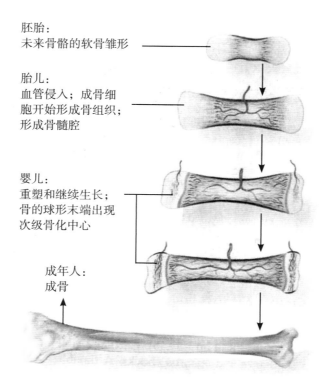

胚胎：
未来骨骼的软骨雏形

胎儿：
血管侵入；成骨细胞开始形成骨组织；形成骨髓腔

婴儿：
重塑和继续生长；骨的球形末端出现次级骨化中心

成年人：
成骨

图9.15 长骨的发育（仿Starr和Taggart，2001）

1. 头骨

头骨位于脊柱的前端，包括脑颅和咽颅2个部分，和脊柱直接连接。

脑颅是中轴骨骼最前端的延续，作用是保护脑和眼、耳、鼻等重要感觉器官。在低等鱼类如软骨鱼中，脑颅只是一个结构简单的软骨脑箱，到了硬骨鱼和高等脊椎动物，软骨脑箱被硬骨所取代，出现了枕骨、前耳骨、基蝶骨、眶蝶骨和中筛骨等硬骨，组成脑底并保护感觉器官；脑的背方则出现顶骨、额骨等硬骨遮护着脑。

咽骨由一系列咽弓组成，围绕在消化管的前端，支持并保护着咽部。鱼类咽弓的数目是7对，进化过程中趋向于逐渐减少。鱼类第1对咽弓称为颌弓，形成上颌和下颌；第2对咽弓称为舌弓，主要作用是把颌弓的上半部和脑颅连接起来；其余5对咽弓称为鳃弓，支持鳃裂。到了陆生脊椎动物，颌弓的上半部和脑颅发生融合，舌弓和鳃弓逐渐退化，功能上也出现改变，如哺乳类中耳槌骨、砧骨和镫骨3块听骨就是由颌弓和舌弓的一部分变化而来。

颌弓和脑颅的连接，随着动物由低等到高等的演化而逐渐增强，变得越来越牢固。连接的方式一般分为双接式、舌接式和自接式。双接式即颌弓通过舌颌软骨与脑颅连接，见于原始的软骨鱼；舌接式即颌弓借舌颌软骨与脑颅连接，见于多数鱼类；自接式即腭方软骨直接与脑颅连接，舌弓已和脑颅脱离，见于肺鱼和陆栖脊椎动物。

2. 脊柱

所有脊索动物胚胎期，最初出现的骨骼都是位于神经管和消化道之间的呈棒状的脊索。脊索在文昌鱼等原索动物中终生保留，在高等动物中则被脊椎连接而成的脊柱所取代。

一个典型的脊椎由椎体、横突、椎弓、椎棘和关节突起等部分组合而成。顺次排列的脊椎，彼此以关节衔接，连成一条脊柱，既可以支撑身体，又可以使全身灵活弯曲，保证动物身体做出各种必需的活动。

3. 肋骨和胸骨

鱼类椎体靠腹面两侧有肋骨，其背端与椎体紧接，腹端游离。高等动物中，一般只有胸椎部分附有肋骨。肋骨腹端和胸骨相连，构成胸廓，既可以保护心、肺，又可以通过其本身的活动增进呼吸功能。

鱼类没有胸骨。脊椎动物从两栖类开始才出现胸骨，可见胸骨和胸廓的出现是适应于肺呼吸的构造之一。

4. 带骨和肢骨

脊椎动物成对的附肢，最多只有2对。鱼类有胸鳍和腹鳍2对附肢，陆生脊椎动物有前肢和后肢2对附肢。附肢必须通过另一套骨骼和中轴骨骼联系起来。所谓另一套骨骼在前肢称为肩带，由肩胛骨、乌喙骨和锁骨3块骨片组成；在后肢称为腰带，由髋骨（肠骨）、坐骨和耻骨3块骨片组成。附肢内的骨骼，就是肢骨。

三、肌肉系统

肌肉具有收缩特性。动物各种动作如游泳、爬行、跳跃、飞翔、行走和奔跑乃至摄食、自卫等，都依赖肌肉收缩来完成。

脊椎动物肌肉系统大体可分为体肌和脏肌2类。体肌是由和骨骼连接的肌肉组成的具有一定形态的肌肉块，分布于皮肤下面躯干部的一定位置，附着于骨骼上，受运动神经支配。体肌的肌纤维有许多明亮和暗淡的横纹，所以又称作横纹肌。体肌的两端借肌腱固着于不同的骨块，其中一端肌肉收缩时并不引起所附着骨块明显运动，称为起点，另一端肌肉收缩时就会牵动所附着骨块一起动起来，称为终点。起点和终点之间的多肉部分叫肌腹。

脏肌是平滑肌，形成内脏器官的肌肉部分，受自主神经支配，不能随意运动。它由细长的细胞或肌纤维构成，没有横纹。心脏的肌肉有时称为心肌，虽然它在组织学上与平滑肌不同，但因心脏属于内脏，所以心肌也可列入脏肌范畴。

头索类、圆口类和鱼类的体肌都有分节现象，但鱼类已经开始分化为背肌和侧肌（类似高等动物腹肌），还出现了偶鳍肌。从两栖类开始，动物体肌的分化日趋复杂，而且肌节互相融合。无尾类的肌肉已经明显失去分节现象，分化出颈肌、躯干肌、尾肌和附肢肌。

脊椎动物头部肌肉主要是脏肌，体肌退化，只留有眼肌、枕肌和舌下肌（鳃下肌）。水生脊椎动物仍保留有鳃肌和颌肌，但形态上它们表现为横纹肌，与体肌没什么区别。到了陆生动物，颌肌逐渐演化为咀嚼肌和颜面肌，鳃肌退化，而舌下肌则随着舌的发达而更加复杂化。从爬行类开始，产生了皮下肌，皮下肌由躯干肌、附肢肌和头部脏肌分离出表皮层附在皮肤上所形成。哺乳类的皮下肌最为发达，分成皮肤肌和颈阔肌，但猩猩和人只有颈阔肌发达，在面部分化成若干表情肌。另外，哺乳类动物还出现了它们特有的膈。这是一块圆形肌肉，和其他肌肉区别是其肌腱位于肌肉中央。膈把体腔分为胸腔和腹腔2部分，有食道和血管在上面穿过。膈有2种作用：一是参与呼吸活动，即由其上升和下降分别导致胸腔扩大和缩小，从而加强肺脏呼吸能力；一是与腹部肌肉协同运动，对腹部挤压以利于动物排泄粪便。

第七节　激素与内分泌系统

神经系统和内分泌系统是动物体内2个重要通信系统，可以协调身体各部分活动。神经系统对环境刺激可以产生即时反应，就像遇到火焰你会立刻把手拿开一样。神经系统可以整合感受器接收到的信息，并通过被称为神经递质的化学信号控制肌肉和腺体的活动。

内分泌系统通过被称为激素的化学信号协调身体各部分活动，其作用通常比神经系统要慢，但调节过程持续时间长，可达数天甚至数月。激素多数时候分泌到血液中，控制整体作用如生长、生殖以及求偶、迁徙等复杂行为。激素一旦到达具有受体的靶细胞，就可以影响细胞代谢。

一、化学信号

化学信号在动物界普遍存在。神经系统的化学信号通常称为神经递质，内分泌系统的化学信号称为激素。其实，化学信号被用于动物个体之间、动物组织（器官）之间以及细胞之间多个水平的通讯联络。

化学信号有时在个体之间发挥作用。雌蛾释放的外激素（pheromone），雄蛾用头上触角在数千米之外就能接受到。触角上有受体，非常敏感，如雄蚕蛾触角上受体由4万个受体蛋白组成，只要其中40个蛋白被激活，就可以发现雌蛾并做出反应。这种高度敏感性被认为可以确保物种交配的特异性。很多动物都会分泌外激素。蚂蚁分泌外激素形成一条线，引导其他蚂蚁去觅食。哺乳类也释放外激素，如狗和羚羊用尿、粪便和肛腺分泌物标记其领地。人类是否分泌外激素尚无定论。

化学信号有时在动物身体各部分之间发挥作用。这类化学信号包括内分泌腺产生的激素。激素是指身体某一部分细胞产生的、可以影响另一部分细胞活动的有机化合物。激素如胰腺产生的胰岛素通过血液运送到靶细胞，靶细胞表面的受体蛋白以类似"锁-钥"的方式和胰岛素结合。细胞和一种激素发生反应而不和另一种激素反应，就是依赖于特异性受体作用而实现的。

在动物身体各部分之间发挥作用的化学信号还包括下丘脑神经分泌细胞分泌的激素。这些激素在下丘脑和脑垂体之间的毛细血管网之中运行，刺激或者抑制脑垂体分泌激素。

化学信号有时作用只局限于相邻细胞之间，如神经元释放的神经递质就属于这类化学信号。多种组织细胞都能产生前列腺素（prostaglandins），它可以影响相邻细胞的生长，有时还可以引起疼痛和炎症反应。阿司匹林（aspirin）可以抵消前列腺素作用。生长因子（growth factors）也是局部作用激素，可以促进细胞分裂。有些生长因子目前被用于治疗人类各种疾病。肿瘤细胞释放的肿瘤血管生成因子也是一种生长因子，可以促进毛细血管网的形成，目前正在开发其拮抗剂，希望可以用于治疗肿瘤。

二、激素作用机制

激素分为2类，即类固醇激素（或甾体激素，steroid hormones）和肽类激素（peptide hormones）。类固醇激素是一类四环脂肪烃化合物，具有环戊烷多氢菲母核；肽类激素包括多肽、蛋白、糖蛋白，甚至氨基酸衍生物。激素由于通过细胞作用可以产生放大效应，所以只需很低浓度就可以发挥功能。

有些激素特别是类固醇激素可以穿过细胞膜到达靶细胞核，影响细胞的基因表达。相反，多数非类固醇激素结合到细胞表面，通过胞质中称为第2信使（second messengers）的中间分子影响细胞活动。这2种作用机制都离不开可以和激素结合的受体。受体一般为蛋白质，它和激素结合形成激素–受体复合体，从而引发靶细胞产生一系列反应，最终显现出激素效应，这一过程被称为信号转导途径（signal transduction pathways）。

（一）类固醇激素和基因表达

类固醇激素是分子质量较小的脂溶性分子，可以穿过细胞膜进入靶细胞。类固醇激素如雌性激素进入细胞后与胞质中的受体结合，形成激素–受体复合体。复合体进入细胞核，再与细胞核内的接头蛋白（acceptor protein）结合，结合到一定区域的DNA上，启动特定基因的表达（图9.16A）。所形成的mRNA分子加工后转运到细胞质，合成蛋白质从而影响细胞活动。有意思的是甲状腺激素虽然不是类固醇激素，但作用机制却与类固醇激素相似。

（二）肽类激素和第2信使

肽类激素不能穿过细胞膜进入靶细胞，而是与靶细胞膜上相应的专一性受体结合。受体为埋于靶细胞质膜里的蛋白质，其位于细胞表面外的部分可以与激素分子相互作用。激素与受体结合立刻激活靶细胞膜上的腺苷酸环化酶系统，使ATP转变为环腺苷酸（cAMP; cyclic adenosine monophosphate）。cAMP为第2信使。钙离子也是常见的第2信使，这也解释了为什么钙调节作用在体内如此重要的原因。第2信使cAMP使胞内无活性的蛋白激酶转变为有活性蛋白激酶，从而激活磷酸化酶，引起靶细胞固有反应，如腺细胞分泌、肌肉细胞收缩与舒张，以及各种酶促反应等（图9.16B）。

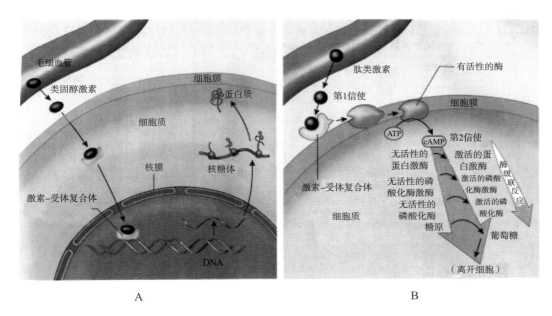

A. 类固醇激素和基因表达；B. 肽类激素和第2信使

图9.16 激素作用机制

自cAMP第2信使学说提出后，人们发现有些多肽激素并不会使cAMP增加，而是降低cAMP合成。原来，在靶细胞膜上还有另一种能与鸟嘌呤核苷酸结合的蛋白，简称G蛋白。G蛋白又可分为α、β、γ3个亚单位。当多肽激素与受体接触时，活化的受体与G蛋白的α亚单位结合，而与β、γ亚单位分离，对腺苷酸环化酶可起激活或抑制作用。起激活作用的叫兴奋性G蛋白（Gs），起抑制作用的叫抑制性G蛋白（Gi）。

三、无脊椎动物激素

无脊椎动物激素调节多种生理功能，其中以与生殖、发育有关的激素研究最多。水螅中有一种激素可以控制生长和出芽（无性繁殖），但却抑制其有性生殖。环节动物沙蚕也产生一种激素，可以刺激卵子发生，但抑制身体生长。软体动物海兔（sea slug）体内被称为囊细胞（bag cells）的特化的神经元，分泌一种多肽激素叫产卵激素。这种激素一旦分泌出来，立刻诱导数千卵子排放，但它同时抑制海兔的摄食和运动，因为这些活动都会干扰生殖。这说明激素可以和神经互相作用，从而控制生殖和行为活动。

节肢动物都存在内分泌系统，如甲壳动物就分泌可以控制生长、发育、盐水平衡、外壳和眼睛的色素运动以及代谢调节的激素。其中，调节生长的激素叫蜕皮激素（ecdysone），由前胸腺分泌。昆虫和虾、蟹体表被有坚硬的、非细胞性质的外骨骼，可保护柔软的内脏，但妨碍生长。在蜕皮激素作用下，它们会周期性蜕去这层外骨骼，让身体长大，再形成新的外骨骼。

四、脊椎动物内分泌系统

动物体内产生或分泌激素的组织称为内分泌腺（endocrine gland）。内分泌腺没有导管，也叫无管腺。它所分泌激素直接进入血液，随着血液循环被带到身体各处，协调机体各种生理功能。身体中也有些腺体如唾腺、汗腺等都有导管把分泌物送出，称为外分泌腺（exocrine gland）。脊椎动物内分泌腺有脑垂体、甲状腺、副甲状腺、肾上腺、胰腺、性腺和胸腺等。

（一）脑垂体

脑垂体位于丘脑下部的腹侧，为一卵形小体。圆口类垂体只有1叶，是胚胎时期由口腔背壁向上突起发展而成。其他脊椎动物脑垂体分为前叶和后叶两部分；前叶发生和圆口类一样，由口腔上皮变来，后叶是间脑神经组织下突所形成。因此，根据来源不同，前叶亦称为腺垂体（adenohypophysis），后叶亦称为神经垂体（neurohypophysis）。脑垂体是身体内最复杂的内分泌腺，所产生的激素不但与身体骨骼和软组织的生长有关，而且可影响内分泌腺的活动（图9.17）。

前叶能分泌多种肽类激素，如生长激素（growth hormone, GH）、促甲状腺激素（thyroid-stimulating hormone, TSH）、促肾上腺皮质激素（adrenocorticotropic hormone, ACTH）、促性腺激素（gonadotropic hormone, GTH）和催乳素（prolactin）等。生长激素主要生理功能是加速机体蛋白质合成，促进幼年动物生长。促甲状腺激素主要刺激甲状腺分泌甲状腺素。促肾上腺皮质激素主要刺激肾上腺皮质分泌皮质激素。促性腺激素与性器官有关，可分为卵泡刺激素（follicule-stimulating hormone, FSH，也称促卵泡激素）和黄体刺激素（luteinizing hormone, LH）2种。这2种激素雌性和雄性动物都能产生。卵泡刺激素能促进卵子或精子的发育，而黄体刺激素能促进睾丸间隙细胞的活动，或加速卵子释放，并促使卵泡产生黄体（排卵后由卵泡转变而成的富有血管的腺体样结构）。催乳素主要刺激黄体分泌黄体酮（progesterone），促进泌乳。

后叶分泌的激素有2种：加压素（vasopressin）和催产素（oxytocin）。加压素亦称抗利尿激素，可促使血管收缩提高血压，又可促进排泄小管更好地重新吸收水分以维持体内水分平衡。催产素主要引起子宫收缩和促进泌乳。

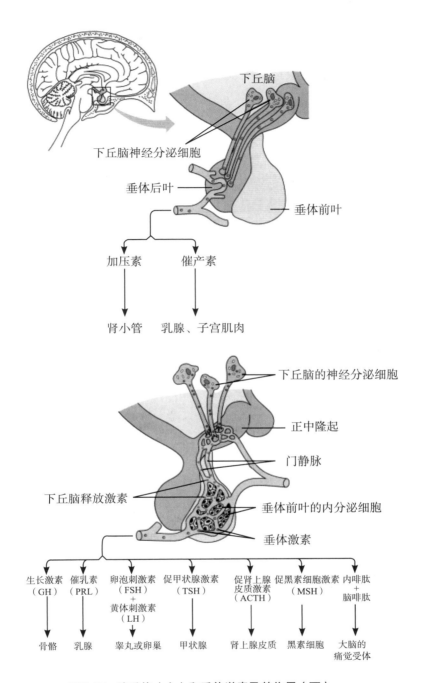

图9.17　脑垂体（上）和垂体激素及其作用（下）

（二）甲状腺和副甲状腺

系统演化过程中，甲状腺（thyroid）由原索动物咽腹侧的内柱发展而成。七鳃鳗幼体仍保留有内柱，至成体时内柱与咽脱离成为单独的内分泌腺，由单层滤泡细胞构成。甲状腺在多数鱼类中分散存在；在两栖类、鸟类和部分爬行类则为成对的实体，位于咽下方。另一部分爬行类如龟、蛇等，甲状腺为一单体。至哺乳类，甲状腺又分为两叶。

甲状腺合成、贮存和分泌甲状腺素（thyroxin）。甲状腺素分四碘甲状腺素（tetraiodothyronine, T4）和三碘甲状腺素（triiodothyronine,T3）2种。甲状腺素的主要作用是提高新陈代谢，促进生长发育，刺激细胞氧化反应，释放能量。甲状腺素缺乏，影响生长发育，皮肤干燥，脱毛；甲状腺素过多，则出现代谢增高、心跳加快、眼球突出等病象。

副甲状腺（parathyroid）见于两栖类和羊膜动物，由胚胎期部分鳃囊发展而成，位于甲状腺背侧，呈卵形。副甲状腺分泌的副甲状腺素（parathyrin），能调节血液中钙和磷的含量。

（三）肾上腺

肾上腺位于肾脏上方，故名。肾上腺由2种组织构成：皮质（cortex）和髓质（medulla）。从鱼类到哺乳类，肾上腺内皮质和髓质逐渐从分离存在走向混杂，最后到髓质集中成团，外面被皮质包裹起来。

肾上腺髓质分泌的主要激素是肾上腺素（adrenalin, AD），可以引起交感神经的兴奋，促使血糖增加、心跳加速和平滑肌收缩。皮质能分泌几种激素，统称为皮质素（cortin），主要调节盐水平衡和糖类代谢，并能促进性腺发育。

（四）胰脏

胰脏是一种重要的消化腺，是一种外分泌腺，但散布在胰脏组织中的具有分泌功能的细胞群即胰岛，是一种内分泌腺。胰岛中有2种细胞：一种叫α细胞，分泌高血糖素（glucagon），促使血糖浓度升高；另一种叫β细胞，分泌胰岛素（insulin），促使血液中的葡萄糖转化为糖原，提高肝脏和肌肉中糖原的储藏量。胰岛素分泌不足，血糖就会升高并随尿排出，形成糖尿病。

（五）性腺

性腺也叫生殖腺，雄性动物生殖腺叫精巢（testis），雌性动物生殖腺叫卵巢（ovary）。精巢和卵巢除产生生殖细胞（精子和卵子）之外，还能产生激素，所以也是内分泌器官。

精巢的生精小管间有间质细胞，能分泌雄性激素（androgen），促进第2性征的发育。卵巢能分泌2种激素：一种是卵泡分泌的雌性激素（estrogen），亦叫卵泡素（folliculin）；一种是黄体分泌的黄体酮，亦称黄体素（leutin）。雌性激素能促进雌性生殖器官和第2性征的正常发育，黄体酮能刺激子宫内膜（endometrium）增生以便接纳受精卵，使之在子宫内黏膜上固生，又能刺激乳腺发育，阻止其他卵母细胞发育成熟。

（六）其他内分泌腺

脊椎动物内分泌腺还有松果体、胸腺、消化道内分泌腺和前列腺等。松果体（pineal body）位于间脑背面，主要分泌褪黑素（melatonin）。褪黑素的分泌受光照制约：光强时分泌减少，光暗时分泌增加，呈现明显的日周期变化。褪黑素具有调节生物节律（生物钟）功能。两栖类动物褪黑素有促使皮肤褪色的作用，在哺乳类已经失去这种作用。胸腺（thymus）位于胸部前方，为一种重要的淋巴器官，是T细胞分化、发育、成熟的场所。胸腺可以分泌胸腺素（thymosin）等激素；胸腺素可使由骨髓产生的干细胞转变成T细胞。胸腺在幼体中发达，此后胸腺逐渐退化甚至消失。消化道分泌的激素有促胃液素、促胰液素和促肠液素等，分别激发胃液、胰液和肠液的分泌。前列腺见于雄性哺乳类，是生殖系统的附属腺体，分泌前列腺素（prostaglandin）。前列腺素有多种类型，对内分泌、生殖、消化、血液循环、呼吸、心血管、泌尿及神经系统均有作用。

第八节　防卫作用

海洋生物面临的主要生存威胁是天敌捕食和疾病。对此，它们会通过多种策略，逃避捕食者的猎杀；利用多种免疫机制，抵抗病原的侵害。

一、外防卫与自我保护

每种动物都是其他种动物的潜在食物。因此，为使自己不被捕食者猎食，动物会采用多种防卫反应保护自己。这些反应统称为外防卫（external defense）。归纳起来，外防卫方法主要包括3种：逃避（avoidance）、拒止（dissuasion）和驱逐（repulsion）。

（一）逃避

逃避是动物的一种本能。不同种类动物，有着不同的逃避方法。一些底栖无脊椎动物如海胆运动能力弱、底栖鱼类游泳慢，它们都可以藏于海底某些结构中避敌。游

泳鱼类和乌贼运动迅速，当它们遇到敌害侵犯时能快速游动逃跑。小型鱼类如蝴蝶鱼
（butterflyfish）、雀鲷（damselfish）和隆头鱼（wrasse）等遇到敌害时，会游进珊瑚
礁保护自己。乌贼身体内还有一个墨囊，里面充满墨汁，在遇到敌害时能迅速喷出，
将周围的海水染黑，掩护自己逃生。海参逃生方式最为奇特，它们遇有敌害时，会
迅速把内脏吐出让对方捕食，同时借助吐内脏时产生的反冲力逃脱，然后重新生出新
内脏。有些海洋浮游动物，运动能力很弱，可以通过上下垂直运动，避开捕食者。它
们一般白天向下运动到深水层，以避开天敌；夜晚向上运动到水面，因为夜晚光线暗
淡，不容易被捕食者发现。

　　海洋动物可以改变体形或者体色，把自己装扮得与外界环境中的一些物体一模一
样，通过这种伪装或叫拟态（camouflage），躲避敌害袭击。动物拟态主要通过体表
色素变化和表皮增长，使之与周围物体看起来没有差别。裸襞鱼（sargassumfish）和
叶海龙（leafy seadragon）全身长满突起物和棘鳞，生活于海藻中间。当它们在海水
中漂荡时，犹如海藻一般，可在敌害面前蒙混过关。石斑鱼身上生有赤褐色的六角形
斑点，中间嵌有灰白色。它们隐藏在珊瑚礁中，身上赤红色的斑点与红珊瑚几乎完全
一样。比目鱼躺在水底淤泥上时，背部会出现与淤泥一样的细密黑点；当它在海草丛
中游动时，其体色又变得与海草极为相似。

　　有时候鱼类还会把自己伪装成天敌不喜欢猎食的物体，这是另一种拟态策略。
例如，鲈（sweetlips）和蝙蝠鱼（batfish）幼鱼颜色和游泳行为看起来都没有鱼的样
子，而像扁虫和裸鳃类；短刺鲀（burrfishes）幼鱼则看起来像后鳃目软体动物。它们
为什么模拟成这些无脊椎动物呢？因为这些无脊椎动物外表鲜艳，表皮具毒素，所以
多数捕食者不喜欢猎食。有些小型鱼类如颌针鱼（needlefishes）、鱵鱼（halfbeaks）
和圆燕鱼（leaffishes）等可以模拟成漂浮的小枝条、草片或者死树叶，以逃避天敌。

　　（二）拒止

　　动物可以通过物理方法或化学反应阻止天敌猎食。防卫性钙化结构在动物界非
常普遍，如海绵骨针、珊瑚钙质骨架、蠕虫管以及软体动物外壳等。软体动物外壳明
显是一种物理防卫结构，壳上还会生出各种突起、刺等结构（图9.18），使其体积大
增，一般捕食者很难吞食。节肢动物几丁质骨骼也是一种防卫性结构，它常被钙化以
增加其防卫功能，如固着生活蔓足类，其外表被有厚厚钙质板。钙化还起一种稀释作
用，使得动物组织的营养成分大大降低而成为"劣质"食物。有趣的是，少数海洋涡
虫有钙质骨片包埋于体壁中，它们也可能具有支撑和降低组织食用价值双重作用。有
观点认为，软体动物的外壳可能就起源于这些钙质骨片。

海鞘身体外面有被囊（tunic）包围。被囊内含有一种类似植物纤维素的被囊素（tunicin），以及蛋白质、无机元素如钙等。被囊还含有淋巴管和变形细胞，因此，它是一种有生命的结构。这是一种特别的支持、保护结构。

鱼类可以通过身体临时或者永久改变（增加），使捕食者难以猎食。许多鱼类背鳍和尾鳍特长，或者身体奇高，明显与身体不成比例，如长鳍鲷（manefish）、鹭管鱼（snipefish）、鳍带鲂（fanfish）和角镰鱼（moorish idol）等，让捕食者难以吞食，即使吞食也难以下咽。刺河鲀（spiny pufferfish）遇到敌害时，可以吞水把胃充满，使身体变大成一圆球，全身针刺竖起，以便让捕食者知难而退（图9.19）。

动物用化学物质自卫也很普遍。许多无脊椎动物组织带有毒素。例如，纽虫（nemertine）体重高达0.3%的部分由神经毒素组成；大量无壳腹足类如后鳃类含有多种毒素（包括硫酸）；某些海绵可产生刺激性物质；有些鱼类具有坚硬甚至带毒的利刺，还有些鱼类皮肤或者内脏含有毒素。

有些动物可以通过警戒色（warning color）保护自己。这些动物常常通过体色和运动显示其不适口性（unpalatability）。它们一般体色鲜艳，行动缓慢，有毒或者不适合食用。

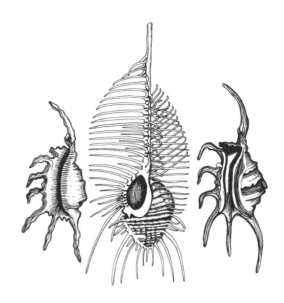

图9.18 贝壳防御型外形（仿Hansell，1984）

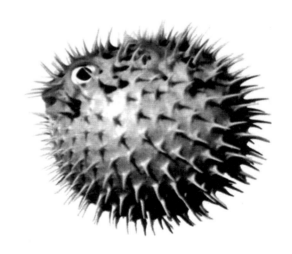

图9.19 河鲀遇到敌害时身体变成圆球，全身针刺竖起（仿Branierd，1994）

鲜艳的颜色还对捕食者有警告作用。例如，刺尾鱼（surgeonfish）尾柄两侧具外科手术刀一样锋利的锐棘，上面具有亮丽的橘黄色斑点；狮子鱼（lionfish）呈对比鲜明的红、黑、白3色以及含毒素的背鳍，始终翘起，起警告、吓退捕食者的作用。

（三）驱逐

动物用于猎食的器官也可用于驱逐猎食者。例如，腔肠动物刺细胞就是一种具有攻击和防卫双重功能的细胞。棘皮动物海胆、海星等的叉棘（pedicellaria）也是一种防御器官。叉棘为棘皮动物体表一种特化的颌状附属结构，其前端为屈曲自如的管状部，末端有2个或3个爪，通过爪基部肌肉作用可以开、闭抓取食物，同时具有防御外敌和清扫体表杂物的作用。有些海胆叉棘还含有腺体可分泌毒素，能致小型动物快速瘫痪，甚至能赶走大型捕食者。

电鱼可以通过所发出的强大高压电流将来犯者击毙。全世界约有500种能够放电的鱼，其发电器官的每个细胞都是一个小电池，能够产生0.1 V的电位差，当成千上万个这类细胞聚在一起时，可获得高达几百伏特的电压。电鳐产生的电流能把电压为50 V和60 V的50 I的电阻丝烧掉，一个电脉冲能使6个100 W的灯泡像霓虹灯似的闪光。电鲶能发出400 V的电压。电鳗可谓是电鱼"冠军"，可放出500 V的高压电流。这么高的电压，足以击毙水中的任何动物，就连凶猛的鳄鱼，也常常因捕食电鳗而遭殃。

二、内防卫与免疫系统

海洋动物生活于海洋，而海水中存在成千上万种微生物（细菌和病毒），其中不乏一些致病微生物，可以引起疾病。但是，所有动物体内都有一套免疫系统，可以防止和抵御微生物攻击，称内防卫（internal defense）。概括起来，内防卫包括物理屏障（physical barriers）、天然免疫（innate immunity）和适应性免疫（adaptive immunity）3个部分。

（一）物理屏障

软体动物外壳和覆盖软体部的黏液是保护其组织不受破坏、不被微生物侵袭的主要物理屏障。同样，鱼类表皮和鳞片是防止微生物感染（侵袭）的第一道屏障。鱼类表皮细胞分泌的黏液起非常有效的防卫作用，它可以捕捉住微生物，并限制其运动。另外，黏液中往往含有可以抑制细菌生长甚至杀死细菌的化学物质，如蛋白酶抑制剂和溶菌酶等。黏液也存在于鱼类鳃、消化道以及无脊椎动物虾、贝类的消化道表面。鱼类在胁迫（如细菌感染）条件下，黏液分泌明显增加。

（二）天然免疫

微生物突破物理防线后，动物会启动天然免疫，清除侵入身体内部的微生物。所谓天然免疫（innate immunity），是指个体出生时即具备的抵抗病原微生物感染的功能，也称非特异性免疫（non-specific immunity）。

微生物侵入体内之后，鱼类可能发生局部炎症反应（图9.20），即血流增加，把对抗疾病的白细胞运送到炎症部位。白细胞主要包括巨噬细胞（macrophages）和细胞毒细胞（cytotoxic cells）。巨噬细胞可以吞噬入侵的微生物细胞，而细胞毒细胞可以破坏受到感染的宿细胞。

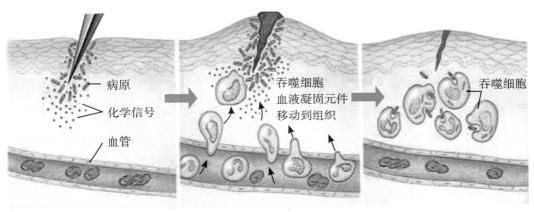

① 组织损伤；释放化学信号（组胺、前列腺素）　② 血管舒张（血流量增加）；血管通透性增加；吞噬细胞迁移　③ 吞噬细胞（巨噬细胞和嗜中性粒细胞）清除病原和细胞碎片；组织愈合

图9.20　炎症反应

无脊椎动物对入侵体内的微生物，主要通过吞噬作用（phagocytosis）和包囊作用（encapsulation）进行清除。吞噬作用主要由吞噬细胞（phagocytes）完成。吞噬细胞在无脊椎动物广泛存在。吞噬作用指吞噬细胞把入侵微生物摄入到细胞内，利用细胞内活性氧、溶菌酶等将其杀死并清除的过程。如果入侵的微生物细胞（直径大于$10\,\mu m$）过大，则单个吞噬细胞难以将其摄入细胞内，这时几个吞噬细胞会共同作用，把微生物包裹起来，消化清除。

吞噬细胞/巨噬细胞是如何辨别自身细胞和异己细胞而不损伤自身细胞的呢？原来，吞噬细胞/巨噬细胞表面具有可以和微生物结合的蛋白质分子，通常叫受体（receptors）。微生物如细菌表面具有真核生物没有的成分，如脂多糖（lipopolysaccharide）和磷脂壁酸（lipoteichoic acid），这些分子被称为病原相关分子模式（pathogen-associated molecular pattern）。吞噬细胞/巨噬细胞遇到入侵微生物，便通过受体与病原相关分子模式结合，然后加以吞噬清除。吞噬细胞/巨噬细胞存在于多种组织，时刻警戒、保卫着有机体。

（三）适应性免疫

天然免疫存在于所有动物中。相比之下，适应性免疫（adaptive immunity）只存在于脊椎动物。适应性免疫也叫特异性免疫（specific immunity）或获得性免疫（acquired immunity），是一种与特定病原（致病微生物）接触后，产生能识别并针对特定病原启动的免疫反应，效率高，特异性强。鱼类适应性免疫反应与高等脊椎动物类似。鱼类参与适应性免疫反应的免疫器官包括肾脏、胸腺和脾脏。

侵入体内、可以诱发特异性免疫反应的微生物或者其他异（外）源物质，称为抗原（antigen）。包括硬骨鱼在内的脊椎动物血液中有2种白细胞：B细胞和T细胞，表面含可以和外来物质相互作用的受体蛋白。当抗原侵入体内时，会被白细胞作为异源物质所识别。如果抗原和B细胞结合，B细胞被激活，开始生长、分裂，产生一群一样的细胞，它们都能识别抗原并与之结合。许多时候，巨噬细胞可以通过吞噬、消化抗原，把抗原组分递呈到B细胞表面，协助B细胞激活。还有一种白细胞即辅助T细胞（helper T cells），与抗原结合后也可以激活结合有抗原组分的B细胞，使得已经和抗原接触的B细胞大量繁殖。

无论是否有巨噬细胞和辅助T细胞的协助，激活的B细胞克隆都形成浆细胞（plasma cells），产生能和（诱导B细胞激活的）抗原特异性结合的抗体（antibody）。抗体和抗原结合把抗原带上标签，以便免疫系统其他成分将其清除，如巨噬细胞可把标记的抗原吞噬、消化，补体系统可以在被抗原标记的细胞表面钻孔致其死亡。

产生抗体的浆细胞的克隆过程也产生记忆细胞（memory cells），它们可以在血液中长时间存在。记忆细胞使得动物再次遇到同样抗原时，可起快速识别作用。因此，初次遇到抗原动物需要较长反应时间，甚至可能引起感染或者疾病，而再次遇到同样抗原时可以迅速做出反应，在引起麻烦之前将抗原加以清除。

第九节　生殖与发育

动物生殖系统分雌性生殖系统和雄性生殖系统。雌性生殖系统主要包括卵巢和输卵管，雄性生殖系统主要包括精巢和输精管。卵巢产生卵子，精巢产生精子。精子与卵子结合形成受精卵，受精卵发育成新的有机体，使生命得以延续。

一、生殖方式

动物生殖方式有2种：无性生殖和有性生殖。无性生殖不经两性生殖细胞（卵子和精子）融合，而由有机体直接产生新个体，它只含有单个亲本的基因组信息。有性生殖是两个亲本分别产生的生殖细胞（germ cell）结合形成受精卵而发育成新个体，兼具父亲和母亲双方的部分基因。生殖细胞也叫配子（gamete），包括卵子和精子。

（一）无性生殖

许多无脊椎动物可通过出芽（budding）生殖自我繁殖。出芽生殖是在机体一定部位长出的与亲本相似并最终脱离亲本而独立生活的新个体。珊瑚、水螅等腔肠动物以及海绵动物都可以行出芽生殖。裂殖生殖（fission）也是一种常见的无性生殖方式，即由亲本分裂成2个（二分裂）或多个（复分裂）大小和形状都相同的新个体。海葵经常以裂殖繁殖。还有一种无性生殖方式叫断裂生殖（fragmentation），它总是与再生（regeneration）相伴。断裂生殖动物一般分裂成数块，然后再生成完整个体。多毛类、环节动物和棘皮动物都可以行断裂生殖。棘皮动物海星再生和无性生殖能力都很强。它如果失去一条腕，数周内就会再生出一条新腕；如果失去的腕仍与中间盘连接，它就可以长成一个完整新个体。

无性生殖优势是动物不需要消耗能量和时间形成生殖细胞，就可以迅速产生后代。无性生殖潜在的劣势是所产生的后代具有遗传均一性，它们在特定环境下可以生活，而一旦环境变得不利，所有个体可能都会一样受到影响而威胁整个种群生存。

（二）有性生殖

动物有性生殖包括单倍体的雌性配子（卵子）和雄性配子（精子）融合形成二倍体的受精卵，即合子（zygote）。卵子一般体积较大、无运动能力；精子通常体积小，可通过鞭毛摆动而运动。合子及其发育形成的有机体有一半的染色体来自卵子（母亲），另一半来自精子（父亲）。与无性生殖不同，有性生殖可以增加后代的遗传变异性。有性生殖过程中基因重新组合而产生的遗传变异为有机体应对环境变化提供更大的适应性。理论上讲，当环境突然或者剧烈变化时，变异的后代比具有遗传相似性的后代更有机会存活和繁殖。

（三）生殖模式

许多动物既可以行无性生殖也可以行有性生殖。轮虫广泛分布于湖泊、池塘、江河和近海等淡、咸水中，以单胞藻、细菌和原生动物为食物。当食物丰富、水温适合生长时，轮虫行无性生殖，即雌性轮虫产生卵子，不经受精直接发育成新个体。这种生殖方式也叫单性生殖或孤雌生殖（parthenogenesis）。单性生殖发育而来的轮虫是单倍体，其细胞不经成熟分裂产生新的卵子。单性生殖可以一直持续，直到冬季来临或者食物匮乏或者池塘干枯才会终止，并转而行有性生殖。轮虫有性世代受精卵拥有厚的卵壳，可以抵御寒冷和干燥。

有性生殖虽有一定优势，但也有一个问题，即固着或穴居生活的动物如藤壶和毛翼虫，运动能力差，它们如何发现配偶呢？动物进化出的一个解决办法是雌雄同体（hermaphroditism）。雌雄同体动物（hermaphrodite）既有雌性生殖系统又有雄性生殖系统。雌雄同体动物可以行自体受精，但多数雌雄同体动物只能异体受精。

另一个不同寻常的生殖模式是渐进雌雄同体（sequential hermaphroditism），即动物在其生命周期中性别可以反转。有些渐进雌雄同体动物是雌性先熟（protogynous），而另一些是雄性先熟（protandrous）。珊瑚鱼中的隆头濑鱼，其性反转与年龄和身体大小有关。加勒比海的蓝头濑鱼是一种雌性先熟鱼类，只有个体最大（通常也是最老）的蓝头濑鱼可以由雌性变成雄性。蓝头濑鱼营眷群（harem）生活，即由一尾雄鱼与数尾雌鱼构成一个群体，一起生活。如果雄鱼死亡或被除去时，眷群中最大的雌鱼就会发生性转变，变成雄鱼，一周内就可以完成由产生卵子到产生精子的转换。雄性蓝头濑鱼负责驱赶入侵者，保护眷群，因此，较大的雄性个体可以获得更多生殖优势。相反，雄性先熟动物体形增大时可以由雄性变成雌性，而较大的雌性个体可以获得更多生殖机会。例如，固着生活的牡蛎属于雄性先熟的雌雄同体动物。较大的雄性个体变成雌性，比小的雌性个体可以产生卵子多，其后代成活的机会也就多。

受精在有性生殖中有重要作用。许多水生无脊椎动物和多数鱼类、两栖类都是体外受精，即父母双方把配子排放到水中受精。就受精作用而言，时间很关键，因为卵子必须成熟才便于精子接触到，也才可以受精。许多动物如贝类，温度和日长都可以导致雌、雄贝类一次性排放所有配子。雌性或雄性动物排放配子时也可释放化学信号，刺激另一性别个体释放配子。和体外受精相对的是体内受精，即精子被置入雌性生殖道，与卵子融合而成受精卵。体内受精动物通常需要交配。

二、发育

多细胞动物新生命开始于卵子和精子的融合，即受精。尽管动物形态不同，卵子类型不同，胚胎发育的模式也多种多样，但它们的发育一般都要经过卵裂、囊胚、原肠胚、神经胚和器官形成等发育阶段。

（一）配子形成

配子分为雄性配子和雌性配子。雌性配子即卵子，雄性配子即精子。精子体积较小，主要为细胞核，仅含少量细胞质，具鞭毛，能运动；卵细胞体积较大，含细胞质多，不能游动。尽管雌、雄配子的体积不同，但它们为子代贡献等量的核DNA，即各提供一套基因组。

配子分别在雌性和雄性生殖腺中发育。在配子发生过程中，二倍体的原始生殖细胞（primordial germ cells）要通过减数分裂和分化，转化成单倍体的卵子或精子（图9.21）。雌、雄配子的发生都要经过3个时期，即增殖期、生长期和减数分裂期。1个初级精母细胞经过2次成熟分裂形成4个精细胞，后者经过进一步的分化才能形成能够运动的精子，而1个初级卵母细胞只能产生1个成熟的卵子和3个极体。

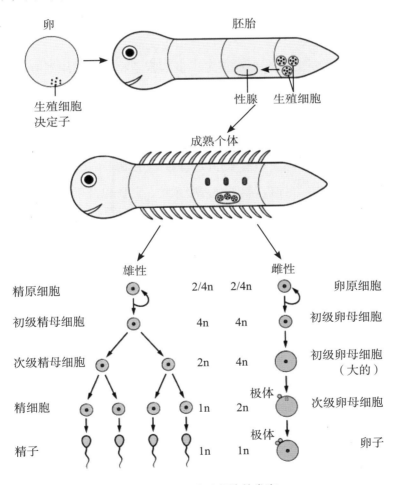

图9.21　生殖细胞的发育

345

（二）个体发育概述

卵子受精后随即开始有丝分裂，进入卵裂（cleavage）期。第1次卵裂是沿着从动物极到植物极的卵轴方向进行，称为经裂。第2次卵裂也是经裂，但分裂面与第1次分裂面相垂直。第3次卵裂方向与卵轴相垂直，称为纬裂。卵裂形成的细胞叫分裂球（blastomere）。随着卵裂进行，分裂球越来越多，形成1个球状的囊胚（blastula）。囊胚中间往往有个空腔，叫囊胚腔（blastocoel）。

囊胚晚期，细胞有丝分裂变慢，细胞分裂也不再同步，胚胎进入原肠形成（gastrulation）期。原肠形成时，动物半球的细胞分裂较快，新产生的细胞向下推移，覆盖在植物半球细胞的外面，而植物半球的细胞开始向囊胚腔内陷入，形成一个新的凹陷，称作原肠腔（archenteron）。随着原肠腔逐步扩大，囊胚腔被挤压逐渐消失。原肠形成是胚胎发育一个关键时期。经过原肠形成，胚胎出现3个胚层：位于胚胎外面的外胚层（ectoderm），位于胚胎内部的内胚层（endoderm）和介于内、外胚层之间的中胚层（mesoderm）。

原肠形成期，胚胎的三胚层形成奠定了多细胞动物各种组织器官发生的基础。外、中、内胚层细胞分化形成具有一定结构并行使特定功能的组织和器官的过程称为器官形成（organ formation）。3个胚层分化形成的主要组织和器官如下：

外胚层：分化出表皮、皮肤衍生物、眼球晶体、垂体前叶等；形成的神经系统包括脑、脊髓、中枢神经、视网膜和视神经以及内耳上皮等。

内胚层：形成消化道、肝脏、胰脏、呼吸系统、膀胱以及甲状腺和胸腺等。

中胚层：主要形成肌肉、骨骼、结缔组织、皮肤的真皮、循环系统（心脏、血管和血液）、排泄系统（肾、输尿管）、生殖系统（生殖腺、生殖管道及附腺等）以及消化道的管壁和体腔膜等。

动物从受精卵到孵化或者从母体出生这段时间叫胚胎发育（embryonic development），此后，进入胚后发育（postembryonic development）期。胚后发育一般认为到性成熟为止，广义讲也包括成年期和衰老期在内。胚胎发育和胚后发育合起来的全过程，称为个体发育（ontogeny）。在胚后发育中，像海鞘、鲆鲽鱼类以及两栖类等动物都有形态结构和生活习性与成体差别很大的幼体时期，必须经历称为变态的形态改变过程，才能发育成成体。其他动物如爬行类、鸟类和哺乳类的个体发育，没有形态和习性与成体差别很大的幼体时期，直接发育成成体，称为直接发育。

思考题

1. 动物有哪些组织结构？

2. 什么叫内稳态？动物是如何维持内稳态的？

3. 不同的动物是如何消化食物的？

4. 动物是如何进行物质循环与气体交换的？

5. 不同动物排泄废物有哪些不同？是如何保持盐水平衡的？

6. 不同动物神经系统有哪些不同？有哪些相同？

7. 动物有哪些骨骼系统？是如何实现运动的？

8. 什么是内分泌系统？激素有什么作用？

9. 什么叫外防卫？什么叫内防卫？

10. 动物有哪些生殖方式？什么叫个体发育？

第四篇　生态篇

第十章　生产力与食物链

生产力（productivity）是生态系统研究中的重要内容。海洋生产力受光、二氧化碳、温度、氧气和营养盐等许多因素影响。食物链是贮存于有机物中的化学能在生态系统中层层传导的过程，通俗地讲，也就是生态系统中各种生物通过捕食与被捕食而彼此联系起来的关系。本章主要介绍生产力、食物链以及营养层级转移。

第一节　生产力与生物量

生产力是指有机体在单位时间和单位空间内合成有机物质的能力，常以有机质中的碳含量计算。生产力一般以每天每平方米水柱（从海面直达海底）中所产生的有机碳总量［以克计；单位：$g/(m^2 \cdot d)$］表示，或以每天每单位水体所产生的有机碳总量［单位：$g/(m^3 \cdot d)$］表示。有机体在一定时间内所产生的有机物质的量叫生产量（production）。在任一特定时间，水柱中所有的活物质（living materials）的量叫生物量（biomass）。在特定时间内（浮游植物常以天为单位）新增加的生物量与这段时间平均生物量的比率称为周转率（turnover rate）；周转率的倒数就是周转时间（turnover time），它是现存生物量完全更新一次或周转一次的时间。

初级生产力（primary productivity）是通过光合作用所产生的有机碳总量。不过，海洋植物昼夜都进行连续不断的呼吸作用，会消耗掉一部分生产出来的有机碳。因此，初级生产力扣除生产者呼吸消耗后其余的生产量称为净初级生产力（net primary productivity）。次级生产力（secondary productivity）是指消耗浮游植物的有机体所产生的有机碳总量。三级生产力（tertiary productivity）是指消耗次级生产力的有机体所产生的有机碳总量。

第二节　海洋初级生产力测定方法

初级生产力可以光合作用的原料消耗来测定，也可以最终产物量来确定。下面，介绍几种常用的初级生产力测定方法。

一、^{14}C示踪法

^{14}C法原理是把一定数量的放射性碳酸氢盐（$H^{14}CO_3^-$）或碳酸盐（$^{14}CO_3^{2-}$）加入CO_2总量已知的海水样品中，经过一段时间培养，测定浮游植物细胞内有机^{14}C的数量，就可以计算出浮游植物的光合作用速率。在实际工作中，水样采自不同的深度，每一层水样分装在白瓶（透光）和黑瓶（空白）里。实验开始时，向以上各水样瓶加入一定量的^{14}C溶液，然后把水样浸入原来采样的水层中去（白瓶水样既有光合作用又有呼吸消耗，而黑瓶水样只有呼吸消耗）。实验经过一段时间（通常2~4 h），取出水样，经过滤洗涤和酸雾处理后测定滤物的^{14}C数量，计算同化的有机碳量。该方法的优点是准确性高，对于生产力水平较低的海域也可获得较为满意的结果。

二、叶绿素荧光测定法

叶绿素荧光测定法是用丙酮萃取水样中的滤物，以分光光度计测定特定波长下滤物中的叶绿素（Chl a）含量，并根据叶绿素含量与光合作用产量之间的相关系数，即同化指数Q来间接计算初级生产力（P）：

$$P=Chl\ a \times Q$$

Q值是根据所调查海区有代表性站位的叶绿素含量与对应的^{14}C法测值之间关系来确定。该方法的优点是便捷、方便。

三、氧气测定法

氧气测定法也叫黑白瓶法。光合作用吸收O_2放出CO_2，所以可以通过测量某一特定时间内光合作用所产生的O_2量或消耗的CO_2量来计算初级生产力。氧气测定法用3个玻璃瓶，1个用黑胶布包上，再包以铅箔。从待测水体取水，保留1瓶（初始瓶IB）以测定水中原有溶氧量。然后，再将1个黑瓶（DB）和1个透明的白瓶（LB）沉入取水样深度，经过24 h或其他适宜时间，取出进行溶氧测定。根据初始瓶、黑瓶和白瓶的溶氧量，可求得生产力：

$$LB-IB=净初级生产量$$

$$IB-DB=呼吸量$$

$$LB-DB=总初级生产量$$

四、水色遥感扫描法

卫星携带的海洋水色遥感装置（CZCS）可以记录海水的颜色，反映海区叶绿素、藻类其他色素以及带有一定颜色的溶解有机物等的浓度，还可以探测水中悬浮颗粒物的含量。因此，CZCS的突出贡献就是克服了现场调查所难以做到的大面积采样问题，其调查的覆盖范围可遍及整个海洋。同时，通过CZCS还可以分析影响海洋浮游植物的空间分布和初级生产力的大、中尺度物理过程，包括诸如北大西洋扰动（North Atlantic Oscillation，NAO）和厄尔尼诺-南方涛动（El Niño-Southern Oscillation，ENSO）等。

第三节　影响海洋初级生产力因素

海洋初级生产力受许多因素影响，包括光、二氧化碳、温度、氧气、营养盐和海洋物理过程等。

一、光

太阳辐射能是海洋浮游植物等绿色植物进行光合作用的重要能源。海洋浮游植物的光合作用与光照强度关系密切，其中380～760 nm的可见光部分是绿色植物进行光合作用吸收利用的部分。在一定的光照强度范围内，光合作用是随着光照强度的增强而增强。光合作用所需要的最大光强值被称为最适光强。当光照强度继续增加时，光合作用就会明显地下降，这种现象称为光抑制。这是由初级生产者生理反应所引起的结果，这时光合作用被酶促反应的速度所制约；如果继续增加光照强度，光合作用中暗反应不能跟上光化学反应，后者会导致光氧化，从而破坏叶绿体中酶的活性，因此光合作用的总速率下降。光合作用会因光照过强而受到抑制，因而在自然海区最旺盛的光合作用常常不是在海洋的最表层（表层光合作用还受到紫外光的抑制）。

二、营养盐

植物光合作用过程中需要吸收多种营养物质，大部分营养物质在海水中的含量不会构成限制因子，但是其中无机营养盐类（NO_3^-和PO_4^{3-}）的含量是影响初级生产力的重要因子，Fe和Mn等微量元素在某些海区的含量不足也可能限制初级生产。在海洋中，某些海区硅酸盐的缺乏可能是硅藻生长的限制因子。

海洋中营养盐总量比陆上耕地土壤的量少几个数量级，更为特别的是海水中营养盐的含量分布很不均匀。浮游植物主要分布在表层水域，这里的营养盐被植物所吸收，容易形成缺营养盐的状态。因此，海洋表层营养盐的补充情况就成为决定初级生产量的重要条件。如果透光层营养盐能及时得到补充，产量就高；反之，产量就低。

铁是植物生命活动必需的一种微量元素，如光合作用的物质基础叶绿素的合成需要Fe，硝酸和亚硝酸还原酶也需要Fe。铁是影响海洋初级生产力（包括固氮作用的效率）的另一个重要因子。海洋中微小的浮游植物需要Fe以便从海水中吸收N、P营养盐，就像农作物需要锌和锰等微量矿物质一样。

三、海洋物理过程

光照和营养盐是初级生产的2个必要条件。光是控制海洋中浮游植物生产的2个主要物理因素之一，另一个物理因素是把深水处富集的营养盐带到真光层的物理过程。光和海洋物理学过程共同决定了全球任一海洋区域内形成的浮游植物群落类型以及潜在的初级生产力，而这又决定着海区海洋动物的数量和类型，包括渔获量。

光照强度从赤道向两极递减，而风把营养盐带到表层的混合量，从赤道向两极增加。因此，在真光层内光照强度和营养盐浓度形成了相反的关系，这种关系决定着不同纬度浮游植物生产的分布模式。在两极地区，当夏季光照充足时，净初级生产增加，出现了浮游植物丰度的单一峰值；在温带地区，当可利用的光照强度和高营养盐浓度耦合时，浮游植物出现赤潮，初级生产力通常在春、秋季达到最大；在热带和赤道地区，强的表面辐射产生永久性的温跃层，浮游植物将终年受到营养盐浓度限制，一直维持常年无变化的低生产力水平。

四、浮游动物的控制作用

植食性浮游动物对浮游植物的摄食作用也影响后者的数量和产量。浮游动物对浮游植物的摄食可以减少浮游植物种群的数量，直接对初级生产力进行控制。自然海区中会存在营养充足而浮游植物生物量却不高的现象，这往往是海区中的浮游动物摄食影响了浮游植物的生长。浮游动物的摄食不仅可以影响浮游植物的丰度和初级生产力，而且可以通过选择性摄食，控制浮游植物的群落结构。

除了以上因素外，二氧化碳、温度以及氧气也是影响初级生产力的重要因素，其中二氧化碳是海洋初级生产力的重要限制因素。可以说海洋生态系统中，初级生产力主要由光、二氧化碳、营养物质、氧气和温度等因素决定（图10.1），各种因素不同的组合都可能产生等值的初级生产量，但在一定条件下，单一因素可能成为限制这个过程的最重要的因素。例如，在营养盐供应充足、光照和温度合适、氧气充足时，限制藻类初级生产力的将是二氧化碳从大气进入水体的扩散程度。如果全部环境因素都是适量的，初级生产力最终将受到光合作用生物量自身数量的限制。

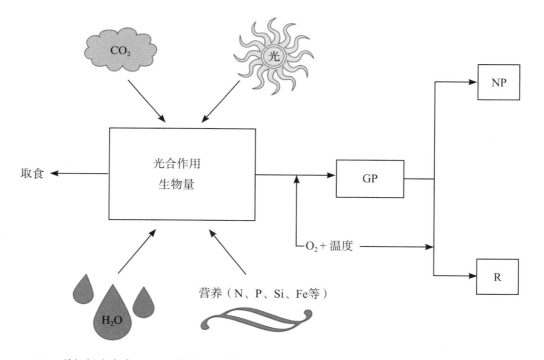

GP：总初级生产力；NP：净初级生产力；R：呼吸消耗

图10.1 初级生产量的限制因素图解

第四节　食物链与食物网

生物可分为两类：一类是提供食物的初级生产者（primary producer），即自养生物；一类是捕食自养生物的消费者（consumer），即异养生物。生态系统中初级生产者吸收的太阳能通过有序的食物关系而逐渐传递组合，如在南极海域初级生产者硅藻被磷虾（初级消费者）捕食，而鲸又捕食磷虾，这就是食物链（food chain）。食物链中每种主要生物都代表一个环节，称为营养层级（trophic level）。在生态系统中，一般包括两类食物链（图10.2）：牧食食物链（grazing food chain）和碎屑食物链（detrital food chain）。

生态系统中往往存在不同的初级生产者，而且许多动物不止捕食一种生物。所以，生态系统成员之间的食物联系实际上比较复杂，食物链通常不是简单的直线联系，而是彼此交错联结，形成一个网状结构即食物网（food web）。

一、牧食食物链

初级生产者从外界获得能量并以有机物形式储存于体内，称为第1营养层级。直接捕食初级生产者的消费者，称为第2营养层级的生物。以第2营养层级生物为食的生物，为第3营养层级，依此类推。高等营养层级消费者的食物来源于低等营养层级。食物网的末端为顶级捕食者。

经典海洋牧食食物链的基本模式可概括为浮游植物→浮游动物→鱼类。海洋牧食食物链一般划分为大洋食物链、沿岸（大陆架）食物链和上升流区食物链3种类型。

大洋食物链包括6个营养层级：微型浮游植物（小型鞭毛藻）→小型浮游动物（原生动物）→大型浮游动物（桡足类）→巨型浮游动物（毛颚动物、磷虾）→食浮游动物的鱼类（灯笼鱼、竹荚鱼）→肉食性动物（金枪鱼、鱿鱼）。

沿岸（大陆架）食物链包括4个营养层级：水层中小型浮游植物（硅藻、甲藻）→大型浮游动物（桡足类）→食浮游动物的鱼类（鲱鱼）→肉食性鱼类（鲑鱼、鲨鱼）或者底层小型浮游植物（硅藻、甲藻）→底栖植食者（蛤、蚌类）→底栖肉食者

（鳕鱼）→肉食性鱼类（鲑鱼、鲨鱼）。

上升流区食物链包括3个营养层级：大型浮游植物（链状硅藻）→食浮游生物的鱼类（鳀鱼）→肉食性鱼类（金枪鱼）；或者大型浮游植物（链状硅藻）→巨型浮游动物（大型磷虾）→食浮游生物的鲸（须鲸）。

从以上食物链可以看出，海洋食物链所包含的营养层级与初级生产者的粒径大小呈相反关系。大洋区主要的浮游植物是微型种类，其食物链最长（可达6个营养层级），而上升流区的浮游植物主要由个体较大的种类组成，食物链最短（平均3个营养层级）。不过，三类海区的食物链营养层级并非绝对，如上升流区以个体大的硅藻为主，但也含有小型的微型浮游植物，因此也存在较长的食物链，只不过个体较大的种类在有机碳传递中起更重要的作用。

二、碎屑食物链

海洋碎屑主要来源于死亡的海洋动、植物残体以及它们排出的粪便等颗粒有机物，这些颗粒有机物可被食碎屑的消费者利用。以碎屑为起点的食物链称为碎屑食物链，其组成为碎屑（浮游植物和水底大型植物残体以及其中原生动物和细菌）→碎屑取食者（如线虫、多毛类、腹足类、小螃蟹、虾类和小鱼）→小型食肉动物（鲤科小鱼）→大型食肉动物（游钓鱼类）。

需要指出的是食碎屑动物本身以及其后的各个营养层级消费者都会产生新的碎屑，再被食碎屑者利用。同时，碎屑食物链与牧食食物链并不是彼此独立的营养结构，而是相互紧密联系，形成一个营养结构的整体。

海洋中碎屑数量很大，特别是河口、港湾中的数量非常可观，据估计，大约有50%的初级生产量是通过碎屑形式参与到食物链中。在大洋中，总的碎屑量也远超年初级生产量，而且经过微生物、原生动物的作用后，碎屑的营养价值逐步提高。因此，海洋碎屑食物链的重要作用绝不亚于牧食食物链。

海洋中碎屑的存在还有加强生态系统的多样性与稳定性的作用。不同来源和不同成分的碎屑，其分解率差别很大，分解过程中间产物的形式也多种多样（溶解有机物、粒状有机质、细菌、真菌、原生动物等），不同大小的碎屑不仅对不同消费者的能量供应比较稳定，并且有助于扩大物种多样性。

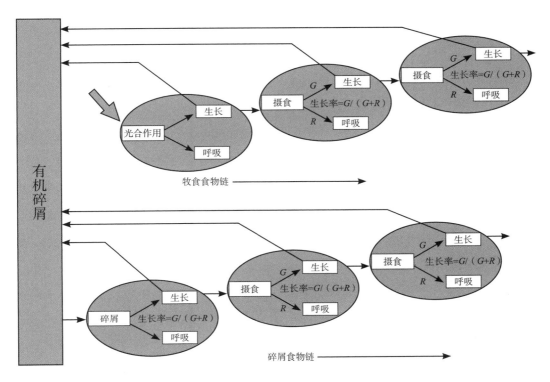

图10.2 碎屑食物链与牧食食物链的相互关系（引自沈国英等，2010）

第五节 营养层级转移——生态金字塔

一切生命活动都伴随着能量的转化，没有能量的转化，就没有生命和生态系统。生态系统的重要功能之一就是能量流动。能量在生态系统内的传递和转化规律符合热力学的能量守恒定律和能量流动非循环性2个定律。例如，光能具有可以在不同情况下转化成为热或食物的潜能，但它一点也不会消灭；通过光合作用进入生态系统的能量在其流动过程中不断损耗，最后以废能形式散发出去。

藻类光合作用所形成的有机物质和能量，一部分为其本身的呼吸作用所消耗，剩余的才是能够提供给后一营养层级的净初级产量。植食性动物不可能把全部净初级产量都消耗掉（这部分损失的能量可能进入碎屑食物链能流），而真正被它们利用的部分（摄食量）也有一些不能被同化而形成粪便排出体外；被同化吸收的量（同化量）

又有相当一部分用于机体的生命活动，转变为热能而散失，还有一部分以代谢废物（如尿液）的形式排出；其余的才是转化为植食性动物的繁殖和生长所需的能量（植食性动物的次级产量），也就是能够提供给后一营养层级利用的总能量。肉食性动物对植食性动物能量的利用及消耗的基本模型也是这样。

生态系统中的能流是单向的，同时也是层层递减的，从太阳辐射能到被生产者固定，再经食草动物到食肉动物，再到大型食肉动物，能流逐级减少。这是因为各营养级消费者不可能百分之百地利用前一营养层级的生物量，后者总有一部分会自然死亡而被分解者利用；各营养级的同化率也不是百分之百，总有一部分变成排泄物而留于环境中，为分解者生物所利用；各营养级生物要维持自身的生命活动，总要消耗一部分能量，这部分能量会变成热能而耗散掉。在能量流动过程中不同环节的能量比值统称为传递效率或转化效率。在不同生态系，能量从低营养层级向高营养层级传递效率为5%~20%，平均约为10%。例如，假设南极海域食物链中硅藻含4 182万焦耳的能量，按照传递效率约10%计算，第二层级的磷虾只能获得约418.2万焦耳的能量，而鲸只能获得约41.82万焦耳的能量。

高营养层级的生物可利用的能量很少，因此其整体生物量也相对较少。初级消费者的数量低于初级生产者；二级消费者的数量低于初级消费者，依此类推。为了维持具有一定生物量的初级消费者，初级生产者必须提供10倍于初级消费者的生物量。例如，要维持1个桡足类的生物量，至少有10个浮游植物被摄食。同样，仅有1/10的初级消费者的生物量可以传递到二级消费者。

生态系统的能流过程是能量通过营养层级不断消耗的过程，意味着任何一个生态系统的食物链环节不可能很长。与陆地食物链通常只有3~4级相比，海洋食物链较长，但很少超过6级，因为能量随营养层级增加而不断减少，意味着生物数量必定不断地下降，而生物种群要能维持正常的繁殖功能需要有一定数量保证。

能量通过营养级逐级减少，所以如果把通过各营养层级的能流量，由低到高画成图，就成为一个金字塔形，称为能量锥体或金字塔（图10.3）。同样，如果以生物量或个体数目来表示，可以得到生物量锥体（或金字塔）和数量锥体（或金字塔）。能量金字塔、生物量金字塔和数量金字塔三者统称为生态金字塔。

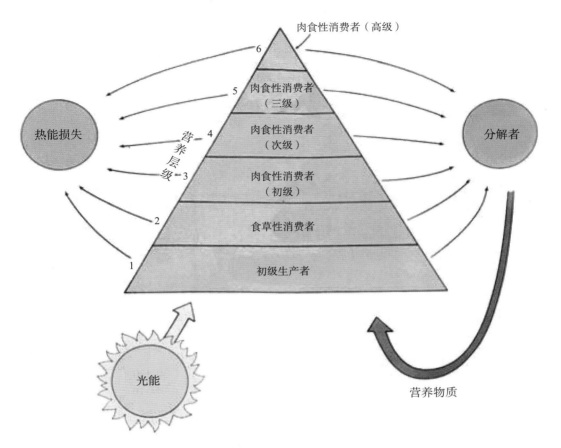

图10.3　生态金字塔

　　一般来说，能量金字塔最符合金字塔形，而生物量金字塔有时会出现倒置金字塔情况。在海洋生态系统，生产者（浮游植物）的个体很小，生活史很短，根据某一时刻调查的生物量，常低于浮游动物的生物量。这样，所绘制的生物量金字塔就倒置过来，呈倒置金字塔。当然，这并不是说流过的能量在生产者的环节要比消费者的环节低，而是由于浮游植物个体小，代谢快，生命短，某一时刻的现存量反而比浮游动物少，但一年中的总能流量还是浮游植物多。数量金字塔也会形成倒置金字塔，但能量金字塔不可能出现倒置情况。

　　在食物网的每个环节，都会有一些有机物在传递中"漏网"，没有被更高级消费者利用，但它们并非真从生态系统中消失。这些"漏网"的有机物被细菌、真菌和其他分解者降解还原为CO_2、H_2O和营养元素。部分有机物或被当作废物而被排泄，或在进食时掉出，或通过扩散从细胞溢出。可溶于水的有机物被称为溶解有机物（dissolved organic matter, DOM），而腐烂的海藻、海草碎片、红树叶、动物的外骨骼以及尸体等以固体形式存在的有机物称为碎屑。许多海洋生物都以碎屑为食，所以碎屑是海洋生态系统能量传递中的重要一环。数目庞大的微型生物（碎屑分解者）的生存就与海洋碎屑有关。食碎屑者常常能从这些碎屑分解者获得比碎屑更多的营养物质。同样，许多生物也会捕食降解溶解有机物的微生物。因此，碎屑分解者在海洋碎屑食物链中发挥关键作用。

如果没有分解者，生物所产生的废物和死亡后的尸体就不会腐烂，就会不断积累，营养物质会继续保留在有机质中，整个食物网会将因此变得相当混乱。分解者使有机质被降解，由此产生的碳、氢、氧、氮等无机物释回环境中，再次被光合自养生物所利用，重新进入食物链，参加生态系统的物质再循环。这一过程被称为营养再生。没有分解者，养分难以产生循环，也就难以再次提供给自养生物，初级生产力将大受限制。

思考题

1. 何谓生产力与生物量？
2. 海洋初级生产力测定有哪些方法？
3. 影响海洋初级生产力的因素有哪些？
4. 何谓食物链和食物网？何谓牧食食物链和碎屑食物链？
5. 什么叫生态金字塔？

第十一章　海洋生物对环境的适应

海洋环境与陆地存在明显不同，如高盐、高压、高酸碱度和流动的海水等。所有这些因素都对生活于其中的生物生存和生命活动产生一定影响，而海洋生物对海洋环境也形成明显的适应性。这是生物长期协同演化的结果。

第一节　海洋生物与理化环境

生活在海洋中的所有生物都与其生存环境密切相关。环境是指生物及其周围许多因素共同组成并相互作用的系统，其中所有的因素都对生物的生存和生命活动有影响，各因素对生物影响的重要性有明显差异，且各因素之间存在相互影响。

除海洋本身具有的特性及海水的光照、温度、盐度、溶解氧和溶解盐等理化环境因子对生物具有重要影响外，海水与大气之间的气体交换会引起一系列环境因子的急剧变化。这一变化在海表面或近表面表现得尤为明显，对生物的生存和生命活动具有重要作用。

环境因子性质的不同，对生物的影响也不同。任何一种环境因子（非生物的和生物的）过量（高温、高NH_4^+浓度等）时，会如同营养缺乏时一样对生物的生长产生限制作用。最大和最小的忍耐水平被定义为某一生物对环境因子的耐受极限（tolerance limit）或生态幅（ecological valence），亦称谢福德耐受定律（Shelford's law of tolerance）。耐受极限与生物新陈代谢和生活环境的特点有关，是生物进化过程中对环境因子适应的结果。

一、温度

温度是海洋环境中重要的物理特性。海洋生物的生命活动，如新陈代谢、繁殖、生长、发育及分布等，都受到温度的影响。对温度变化的适应能力，是决定海洋生物分布界限的主要因子之一。根据海洋生物对温度变化的耐受能力，可以将其分为两类：广温性生物（eurytherm）和狭温性生物（stenothermic）。

能在较广温度范围生活的生物被称为广温性生物，如在温带的潮间带有一些种类有广泛的分布范围；被限制在狭窄温度界限生活的生物被称为狭温性生物，包括造礁珊瑚，它们要求的最低海水温度为20℃。此外，狭温性生物还可以分为冷狭温性生物（cold-stenothermic）和热狭温性生物（hot-stenothermic），前者只生活在冷水区域，后者仅生活在暖水区域。在典型的广温性生物和狭温性生物之间，还存在一些中间类型。

在海洋生物的耐受温度范围内，有3种温度具有重要的生态学意义，即最适温度（optimum temperature）、最低温度（minimum temperature）和最高温度（maximum temperature）。3种温度在不同的种类中相差很大，同种生物的不同发育阶段这3种温度也有差异。

最适温度具有广义和狭义之分。广义最适温度是指生物能正常活动的温度范围，狭义最适温度是指生命活动最旺盛时的温度。最低温度即生物生命活动的温度下限，在此温度以下，生物死亡。最高温度即生物生命的温度上限。在最低温度以下和最高温度以上的温度，称为致死温度（mortal temperature）。一般海洋生物对环境中的低温或高温的耐受能力远比陆地生物弱，如生活在亚热带百慕大岛附近的鱼类，当冬季水温降至7℃时，即会大量死亡。然而，潮间带生物对温度变化具有较高的耐受能力。

（一）温度与海洋生物的新陈代谢

环境温度对新陈代谢的影响在变温动物和植物中表现最为明显。一般在适温范围内，新陈代谢随温度升高而增强。同时，消化等生理作用速率也会加快，如鲈鱼（*Lateolabrax japonicus*）消化作用的速率在15℃～20℃时要比在1℃～5℃时快2倍。如果超出适温范围，温度的升高反而使新陈代谢减弱。

在环境物理化学变化比较复杂的情况下，生物体具有平衡新陈代谢能力，因此不能用简单的物理化学法则去推测温度与生物新陈代谢之间的关系。不过，在一定温度范围内（尤其是适温范围内）海洋变温生物的代谢作用随温度升高而加强这一现象，用物理化学法解释则具有一定的实用意义。在适温范围外，情况则往往较为复杂。

（二）温度与海洋生物的生殖

无论陆生或水生生物，温度对生殖都有极其重要的影响。生物的生殖现象，包括生殖季节、性成熟和生殖量等都在不同程度上受到温度的影响。另外，有些种类的不同发育阶段对温度的要求也不同，在产卵和胚胎发育阶段对温度的要求更为严格。

1. 温度与海洋动物的生殖季节

海洋生物都有明显的生殖季节，特别是生活在浅海的种类。生殖周期虽然与其他环境因子（光照、食物等）有一定关系，但主要是与温度有关。海洋生物生殖周期的不同是生物在进化过程中对环境适应的结果。通常情况下，温带海洋生物主要生殖季节是在春季，有时会延续至夏季，有些种类春季和秋季均可生殖。对于绝大多数无脊椎动物而言，春季是主要的生殖时期，如中国对虾（*Penaeus chinensis*）和无针乌贼（*Sepiella maindroni*）。人工培育的条件下，有些生物可以全年生殖。海洋动物的繁殖季节随隶属的动物区系不同而不同。一般属北极–寒带系的种类产卵季节为1~4月，属寒带系的种类为3~7月，属地中海–寒带系的为5~10月。海洋生物的生殖温度，因其种类不同而具有差异。例如，美国牡蛎（*Cassostrea virginica*）在20℃（某些情况下低至17℃）生殖，长牡蛎（*Cassostrea gigas*）在22℃~25℃生殖，而食用牡蛎（*Ostrea edulis*）在15℃~16℃生殖。

2. 温度与海洋动物的发育

在适温范围内，生物的发育速度与温度升高成正比关系；在适温范围外，可能会导致生物停止发育和死亡。这种关系在海洋动物卵和幼体的发育过程中体现尤为明显。例如，食用牡蛎幼体的浮游期与温度的关系为温度升高，浮游期缩短：24℃~27℃时为1周，23℃~24℃时为13天，20℃时为17天，温度继续降低时，浮游期延至21天。对不同种类而言，温度与发育的关系并非一致。如冷水性鳕鱼和暖水性鲭鱼两者相比，这种关系就存在明显差异（表11.1）。

3. 温度与海洋动物的生长

海洋动物在生长过程中，有一个最适温度范围，高于或低于这一温度范围，生长速率将减慢或停止。不同的海洋动物有不同的适温范围，温度又随季节性变化，因此，生长表现出季节性变化。例如，食用牡蛎仅在春季水温上升至10℃~11℃和秋季水温14℃~16℃时生长。海洋动物的生长与觅食等活动也有关，而觅食又和温度相关。如一种钻孔腹足类动物（*Uosalpinx cinerea*），其产卵的温度不能低于20℃，在

15℃以下停止觅食，在10℃时停止活动；又如，飞马哲水蚤（*Calanus fimarchicus*）的滤食速率与温度变化有明显关系。

表11.1　冷水性鳕鱼和暖水性鲭鱼卵发育速率与温度的关系

温度/℃	鳕鱼（冷水性）	温度/℃	鲭鱼（暖水性）
−2	不发育（生态学零度）	8	不发育（生态学零度）
−1	42 d	10	207 h
3	23 h	12	150 h
5	18 h	15	105 h
8	13 h	18	70 h
10	10.5 h	20	60 h
12	9.7 h	21	50 h
14	8.5 h	23	不发育
16	不发育	—	—

注：引自Clarke（1954）

（三）温度与海洋生物的体征

同一物种在不同水温下生活会出现不同形态，例如，海洋鱼类表现出明显的暖水型和冷水型形态差异。冷水型鱼类的尾椎骨数和鳍条数明显多于暖水型。在水温为4℃~8℃的纽芬兰沿岸生活的鳕鱼，其脊椎骨为56块，而在温度为10℃~11℃的Nantucket以东海区生活的鳕鱼，其脊椎骨只有54块。这种差异源自生物个体发育过程中身体分节时期的环境温度，以及与生物在冷水中运动的适应性有关。这一现象为海洋鱼类的溯源和了解其地理分布提供了重要的科学依据。

海洋生物的个体大小与温度也有一定关系。同一物种冷水型的个体要比暖水型的个体大。关于温度与生物个体大小的关系，一般有2种解释：一是冷水的密度和滞性较大，冷水型比暖水型更易于漂浮，所以冷水型个体可以生长的更大一些；二是低温使冷水动物性成熟时间延长，虽然生长速率低，但生长期加长。

（四）温度与海洋动物的行为及分布

海洋动物对温度有趋性和避性2种行为表现。许多海洋动物可以区别微小的温度差异，如绵鳚（*Zoarces viviparus*）可以感应到0.03℃的温度梯度变化。很多鱼类的洄游（特别是生殖洄游和越冬洄游）与温度有密切关系。生活在潮间带和近岸水域的无脊椎动物的季节性迁移也与温度有关，某些虾、蟹类和软体动物在冬季温度降低时，会向较深水处迁移。浮游动物的周日垂直移动也与温度变化有关，虽然其移动往往受到温跃层的阻碍而被限制在一定水层中。温度是影响海洋动物地理分布的主要因素。

二、盐度

盐度是海水化学的重要组分。绝对盐度是指海水中溶解物质质量与海水质量的比值，在实际应用中引入的是相对盐度。每千克海水中有35 g是溶解盐，包括无机盐和有机盐；在35 g溶解盐中，有55%是氯。在实际应用中，测盐度是指测海水的氯度，根据海水的组成恒定性规律，来间接计算盐度。氯度（Cl）与盐度（S）的关系式（克纽森盐度公式）为：

$$\frac{S}{1\,000} = 0.030 + 1.8050 \times \frac{Cl}{1\,000}。$$

海水中的盐度与蒸发、降水、江河入海径流及海流有关。大洋表层的盐度在32.0～37.0之间，平均为35.0；红海因为强蒸发作用，表面盐度大于40.0。在不同海区，不同深度的盐度均有变化，即使同一海域也表现出季节变化和周日变化。

大洋表层的盐度取决于蒸发量与降水量的差值及洋流。全球大洋表层盐度的最大值出现在北纬25°和南纬25°附近，因为该区域的蒸发量远大于降水量。对全球海洋而言，每年的蒸发量超出降水量10 cm（多出的化为云朵，进而成为雨雪）。海洋-大气-陆地是一个闭合的循环系统，每年蒸发量与降水量的差值通过江河入海径流量（海洋蒸发量提供了海洋降水量和陆地降水量的绝大部分，海洋是大气水分和陆地水的主要来源）予以补充和平衡。

海水盐度对海洋生物的影响主要表现在对渗透压和密度的作用上。根据与环境渗透压之间的关系，可以将海洋生物分为两大类：变渗透压生物（poikilosmotic）和等渗透压生物（homoiosmotic）。大多数海洋无脊椎动物属于变渗透压生物，它们的渗透压调节适应不完全，与外界环境是等渗透压或近等渗透压。海洋硬骨鱼类等动物属于等渗透压生物，该类生物具有正常的渗透压调节机能，能保持与环境不同的渗透压。

根据对耐盐能力的大小，可以将海洋动物分为狭盐性（stenohaline）和广盐性（euryhaline）两类。狭盐性动物主要在大洋热带地区，这类动物对环境盐度的变化十分敏感，甚至对盐度的微小变化都不能忍受。广盐性动物能耐受较大的盐度变化，生活在沿岸浅海、河口区半咸水中以及潮间带生物都属于该类动物。如粗腿厚纹蟹（*Pachygrapsus crassipes*）和一种近方蟹（*Hemigrapsus oregonensis*）具有极强的调节能力，它们可以在高盐度（66.0）水域中正常生活；一种招潮蟹（*Uca rapax*）甚至可以在盐度高达90.0的环境中生活。需特别指出的是，在狭盐性生物和广盐性生物之间，还存在一些过渡类型的海洋动物种类。

（一）盐度与海洋动物的生殖

海洋动物的生殖受环境条件限制。许多海洋动物的生殖要求一定的盐度：中华绒螯蟹（*Eriocheir sinensis*）生活在淡水区，但生殖过程必须在海水中进行；美洲青蟹（*Callinects sapidus*）生活在淡水或咸淡水中，生殖过程也必须在海水中进行，而且受精卵只能在较高盐度的海水中发育、孵化。

同种动物在不同盐度下，其生殖与发育也有差异。例如，有一种小长臂虾（*Palamonetes varians*），栖息在意大利Napoli附近低盐度环境的只产20～25个卵（卵径为1.3～1.4 mm），卵直接发育成与成体无较大区别的幼虾；而生活在法国、英国海区半咸水中的同种虾则可产100～450个卵（卵径为0.7～0.8 mm），经过孵化、变态等一系列发育过程变成成体。这种小长臂虾的2个种群生殖、发育过程存在很大的差异，但成熟的个体之间几乎没有区别。该现象在海洋鱼类中也很常见，许多鱼类移至低盐度水域中，往往生殖力降低，甚至停止生殖，如波罗的海的虾虎鱼（*Gobiodon*）进入低盐度水域后，可以生存却不能生殖。

（二）盐度与海洋动物的个体大小

海水盐度与海洋生物（尤其是海洋动物）的个体大小和形态结构有一定联系。海洋动物的排泄系统、呼吸器官和其他一些外部形态在不同盐度下均有变异。有些软体动物在高盐环境中，贝壳有增厚的现象。地球上个体最大的动物都生活在海洋：头足类的大王乌贼（*Architeuthis princeps*）腕伸长时可达18 m；甲壳纲中的勘察拟石蟹（*Paralithodes camtschaticus*）附肢长达3 m；哺乳动物中的蓝须鲸（*Balaenoptera musculus*）体长达到33 m，体重达到120 t。

广盐性动物种类中，同一种动物栖息在不同盐度的水域，其个体大小也不同。通常生活在低盐度环境中的最大个体要比在高盐度中的最大个体小。如生活在波罗的海不同区域的几种软体动物，其个体与盐度的关系十分明显。关于海洋动物个体大小与盐度之间的关系，有一种观点认为，在低盐度环境下渗透压调节消耗较多能量，且接近其对盐度的耐受限度，这样对它们的生长不利。人工养殖环境条件下，动物生长的某些阶段低盐度有利于生长。

（三）盐度与海洋动物的分布

不同海区中动物种类的丰度与盐度相关联。盐度降低或变动，通常动物种类减少。地中海、黑海到亚速海物种丰度与盐度的比较，清楚说明了这一点（表11.2）。

表11.2 地中海、黑海和亚速海动物种数比较

海区盐度 动物类群	地中海 38.0	黑海 17.0	亚速海 11.0
腔肠动物	208	44	4
多毛类	516	123	23
甲壳类	1 174	290	58
软体动物	145	123	23
棘皮动物	101	4	—
鱼类	549	121	89
其他动物	1 277	405	20
总数	3 970	1 110	217

注：引自李冠国等（2004）

海洋动物区系是以狭盐性变渗压种类为主，尤其是无脊椎动物。这一现象与海水盐度的稳定性有关。当盐度降低时，狭盐性种类会逐渐减少。从上表中可以看出，典型狭盐性变渗压的棘皮动物在低盐度的亚速海中是不存在的。海洋鱼类中的大部分不能忍受过高或过低至某一限度的盐度。盐度过高或过低，种类会减少，如在美国墨西哥湾沿岸捕捞到的212种鱼类中，有109种生活在盐度为30.0以上的水域中，73种生活在盐度为20.0的水域中，仅有30种能耐受盐度5.0的环境。

三、海洋酸化

几乎所有的海洋生物对酸碱性耐受范围都很狭，能忍受的pH范围一般在6～8.5之间。如哲水蚤pH耐受范围是6.5～8.5，超过这一范围则不能生殖。生活在沿岸浅海或潮间带的种类对pH的忍受范围较大，如等足类的蛀木水虱（*Limnoria lignorum*）在pH

为4.5～9.6时，生活不受影响，pH低于4.0时，仍可以忍受48小时，pH继续降低时，24小时即出现死亡。实验与观察发现，pH与海洋生物的新陈代谢和生殖、发育有密切联系。通常酸性条件对于许多海洋生物的新陈代谢是不利的。

海水酸化是21世纪人类面临的重大环境问题。人类对矿物能源的大量使用等活动，导致大气中的CO_2浓度从工业革命前的0.028%上升到2007年的0.038 4%，而且还在以每年约0.5%的速度增加。陆生植物（特别是热带雨林）和海洋浮游植物是重要的CO_2消费群体，海洋初级生产者参与了全球几乎一半的光合作用。海洋作为一个巨大碳库，吸收了约全球50%的CO_2量。CO_2被海洋吸收后，导致HCO_3^-浓度增加，HCO_3^-的分解随之增强，提升海水中H^+的浓度，pH降低，即导致海洋酸化（ocean acidification, OA）。

$$CO_2 + CO_3^{2-} + H_2 \rightarrow 2HCO_3^-$$

$$HCO_3^- \rightarrow H^+ + CO_3^{2-}$$

Caldeira等2003年首次提出海洋酸化这一概念。有研究者发现表层海水的pH自1880年以来下降了0.1，H^+浓度增加了30%。据预测，如果CO_2的排放量未受到控制，2100年时大气CO_2浓度将会达到0.075%～0.1%，表层海水 pH会下降 0.3～0.4，2300年时pH可能再下降 0.7～0.8。

海洋酸化影响着海洋化学变化，改变了海洋生物赖以生存的环境，对海洋生物造成非常严重的损害，给海洋生态系统带来不可估计的负面影响。关于海洋酸化对生物体的研究主要集中在钙化藻、珊瑚、鱼类、甲壳类、棘皮类、软体类等物种。

四、氧气

溶解于海水中的氧气以分子状态存在。海水中的氧气主要来源于大气溶氧和水生生物光合作用产生的氧。

大气中氧气溶解于水中的数量和速率，取决于大气和水系统的一系列物理特性，即大气中氧气分压的高低和在水中溶解度的大小。另外，水体的温度、盐度、水表面波动状况及水中气体的饱和程度等都直接影响氧气溶解于水中的数量和速率。氧气在水中的溶解度要比氮气大得多，因此水中氧气和氮气的比例高于大气，它们在水中的比例是1：2，在大气中的比例是1：4。

海洋中氧气的垂直分布与海洋生物的活动密切相关。一般情况下，海洋表层的溶解氧最高，水深400～600 m氧气经常出现急剧减少，再向深处又稍有增加。所以，在大洋中溶解氧最低的不是在底部，而是在某些中间水层。这与浮游生物的活动有关，也和洋流运动有关。

溶解氧是海洋动物所必需的生存条件。按照海洋动物对氧气的需要程度，可以将其分为两类：广氧性动物（euryoxybiotic animal）和狭氧性动物（stenooxybiotic animal）。广氧性动物能忍受溶解氧较大范围的变化，如潮间带生物（藤壶和牡蛎等）在涨潮时呼吸水中的溶解氧，退潮时暴露于空气中仍能存活。狭氧性动物只能忍受溶解氧较小范围的变化。

生活在潮间带或海底的动物，有许多种类能忍受一定程度的低溶解氧条件，或能在缺氧条件下存活一段时间。例如，瓣鳃类中的湾锦蛤（*Nucula tenuis*），栖息于底泥中，能在缺氧的环境中生活5~17天；紫贻贝（*Mytilus edulis*）常生活在低氧中，能忍受无氧环境长达数周；砂海螂（*Mya arenaria*）能在缺氧条件下存活8天，在此期间其肝糖的含量大大减少。某些底栖的桡足类也能经常出现在缺氧的环境中。另外，在缺氧的海湾深水层中，经常出现浮游动物，如巴拿马湾水深300 m处经常处于低氧状态（仅为饱和度的2%），然而生活着大量的浮游动物。

五、光

光是海洋环境中最重要的生态因素之一。光是海洋植物进行光合作用的能源，直接影响海洋有机物质的生产。光在海洋中的分布特点及周期性的变化，使它直接或间接地影响着海洋生物的分布、体色和行为等。

光透入海水后，其能量具有被吸收和散射的特点，因此在海水的不同深度，光照强度是有差异的。这主要取决于海水中的悬浮物质（包括浮游生物和植物碎屑在内的叶绿素总量）、纬度、时间和气候等因素。另外，不同波长的光可透过不同的深度。红光（约650 nm）难以透入水中，在海面很快被吸收，只有约1%可以到达十分清澈海水的10 m深处；蓝光（约450 nm）能透过到很深处，在82 m深处才衰减10%；绿光（550 nm）在水深35 m处只剩下10%。

根据光照强度在海洋中的垂直分布，可以将海洋环境划分为3层。① 真光层（euphotic layer）：在这一层内光照充分满足植物生长与繁殖的需要。在混浊的近岸水域，真光层的深度自海表面向下延伸只有几米，在大洋水域则可深达150 m。② 弱光层（disphotic layer）：这一水层的光照较弱，不能充分满足植物的生长和繁殖。24小时内植物呼吸作用所消耗的能量超过光合作用所产生的能量。深度由80 m向下延伸至200 m左右或更深一些。弱光层的鱼类和某些无脊椎动物仍有视觉感。③ 无光层（aphotic layer）：这一水层位于弱光层下限直至海底。无光层内没有具生物学意义的光照，植物不能生存，以细菌、肉食性和碎食性的动物为主。这3个水层的界限深度在不同海区将受纬度、季节和水体透明度等因素影响而具有一定变化。

（一）光照与海洋植物的光合作用

海洋植物光合作用速率与光照强度直接相关。每种海洋植物有一个最适的光照强度（光饱和度）。光合作用速率在一定范围内与光照强度成正比，即随光照强度的增加，光合作用速率会逐渐增大。达到光饱和度时，光合作用速率达到最大值；超过光饱和度时，会出现光照过强的抑制作用，光合速率降低；而光照强度过低时，又会产生因光照强度不足的限制作用。

光进入海水后，随着深度增加而衰减，因此光合作用的速率也随之减弱。至某一深度时，光合作用产生氧的量等于呼吸作用消耗氧的量，这一光照强度即称为补偿点（compensation point）或补偿光强度（compensation light intensity），补偿点所在的深度被称为补偿深度。补偿深度以上的水层通常称为光合作用区（photosynthetic zone）。一般情况下，补偿深度亦为真光层的下限。

（二）光照与海洋植物的垂直分布

海洋中浮游植物和底栖植物的垂直分布都与光照强度密切相关，底栖植物垂直分布受光的影响更明显。一般生活在浅海的植物，由沿岸浅海向下依次为绿藻、褐藻和红藻，其分布深度则与地理位置、海水透明度及遮阴条件有关。

海洋植物在垂直分布上呈现带状分布现象。产生这种现象的原因可能有两种：植物对光照强度适应的结果和植物对水中光照性质（不同波长的光线）适应的结果。一般认为，以上两种情况都存在并共同发挥作用。

藻类对较强或较弱的光线有调节适应能力，主要通过增加光合作用的辅助色素（accessory pigments）和增加叶绿素浓度这两种途径，从而增强吸收光谱中间部分的能力。生活在不同波长和强度光照条件下的某些藻类具有变色适应能力，例如，硅藻如果生活在红光和黄光下，变为黄绿色，在绿光和蓝光下则变为深棕色。

（三）光照与海洋动物的体色

海洋动物的体色表现出对光照的适应性，主要体现在体色与背景环境的一致性以及在光照条件或背景环境改变时的变色现象。生活在大洋上层水体的动物一般身体透明，或者体色很淡，从海面至水深200 m或300 m都是如此，如纽鳃樽（*Salpa*）、桶海樽（*Doliolum*）、箭虫（*Sagitta*）、水母类（*Medusetta*）、桡足类（*Copepoda*）和一些浮游的翼足类（*Pteropoda*）以及环节动物（*Polychaeta*）等。生活在外海表层的动物，蓝色是显著的体色特征，这类动物包括很多鱼类及许多无脊椎动物，如飞鱼（*Exocoetus volitans*）、鲭（*Scombrida*）、金枪鱼（*Thunnus*）、银币水母

（*Porpita*）、箭角水蚤（*Pontellopsis*）和大眼剑水蚤（*Corycaeus*）等。此外，淡红色也是大洋上层水体中海洋动物的常见体色，主要是一些小型的浮游性甲壳类。海洋动物随着海水深度增加，光照减弱直至消失时，其体色也随之改变。在水深300～500 m水层中，红色和深色的动物明显增多，如深色的动物有圆罩鱼（*Cylothone*）、翼足类中紫色的长轴螺（*Peraclies diaersa*）和棕色的深水水母（*Atolla*）等，红色的动物有虾类（*Acanthephyra*）、真刺水蚤（*Euchaeta*）和箭虫类。

在光照条件下，动物不仅可以显现出一定的颜色，也能改变体色。海洋动物体色的改变有2个特点：一是变色速率快，甚至几秒内即可完成，如头足类软体动物从浅色的海底进入深色海底时，其体色很快由灰色变为棕色；二是变色很慢但变色后的颜色能保持较长时间，如比目鱼。

海洋动物与陆地动物一样，体色与其环境背景保持一致并随环境背景颜色的变化而改变，这是动物在进化过程中形成的一种保护机制。动物的保护色（protective color）可以分为警戒色和伪装色两种，警戒色在陆地动物中极为常见，伪装色在水生动物尤其是在海洋动物中比较普遍。

（四）光照与海洋动物的垂直分布

浮游动物的垂直分布与其生物学特性和环境因素的作用密切相关。在环境因素中，光照有着重要的作用。

光照条件的差异，可以改变浮游动物的分布水层。在某一海区栖居在一定水层的物种，在其他海区则因光照或温度等环境因子的差异而分布在另一水层。如一种毛颚动物（*Eukrohnia hamata*）在热带及亚热带海区分布的水层要比在极地海域深，桡足类中的鼻镖水蚤（*Rhincalanus nasutus*）和*R. gas*也有类似现象。鱼群白天栖居的水层与海水的透明度具有密切关系，透明度高时栖居于较深水层，透明度低时则在较浅水层。

（五）光照与海洋动物的行为

海洋中光照条件与海洋动物的行为有着密切关系。许多海洋动物表现出趋光性或避光性。有视觉器官的动物必须在有光照的条件下才能实现视觉作用。一些深海动物有发光器官，很多深海鱼类的眼球特别大或有其他的适应性特征，有些深海鱼类的视觉器官则退化或消失。深海虾类、蟹类有视觉器官，但已经退化没有了视觉功能。一些海洋动物具有趋光特性，灯光诱捕经济鱼类、虾类，是海洋动物趋光性的一个很好应用例证。

六、压力

海水流体静压是影响海洋生命活动的重要环境因子之一。海水深度每增加10 m，流体静压增加101.325 kPa（1个大气压）。目前，已知海洋最深处超过10 000 m，压力在101 325 kPa（1 000个大气压）以上。当深海动物被带到海面时，一般已经死亡。以往认为这是压力骤降而造成，后来发现除了闭管鳔类的硬骨鱼是因压力骤降导致死亡外，其他深海动物的死亡或受伤很可能是温度骤变所致。从地中海水深1 650 m处所采集到的动物一般均完好，这一海区从水深160 m到深海底部的水温均为12.9℃。

第二节　生物与运动的海水

海洋永远处于不停的运动之中，海水的运动不仅仅发生在表层，而且直到底层的海水也有运动。运动的海水可以给海洋生物提供便利，如为海洋生物传递信号（如气味）。海水也会给海洋生物带来不利影响，试想一下，军舰鸟（frigate bird）潜入水深10 m处捕鱼，所受到的阻力肯定远大于穿越同样距离的空气的阻力。

在漫长的进化过程中，海洋生物已经完全适应了海洋环境。海水的物理特性与空气不同。海水比空气浮力大，因此生活于其中的大型动物不需要陆生动物那样强壮的骨骼。海水比空气密度大，所以，海洋中大多数鱼类体形呈流线型，体表被黏液覆盖，这样可以大大减少运动时海水的阻力。鱼类体表还有机械感受器，可以感知海水流动方向和压力。

海水的运动特别是洋流影响海洋生物资源以及世界渔场的地理分布。在寒、暖流交汇的海区，海水受到扰动，可以把下层丰富的营养盐类带到表层，使浮游生物大量繁殖，各种鱼类到此觅食。同时，两种洋流汇合可以形成"潮峰"，是鱼类游动的障壁，此处鱼群集中，形成渔场。世界著名的三大渔场即日本的北海道渔场、西北欧的北海渔场和加拿大的纽芬兰渔场都是处在寒、暖流交汇的海域。此外，有明显上升流的海域也形成渔场，如秘鲁渔场。

海流对海洋生物最重要、最直接的影响在于海流散播和维持生物的作用。暖流可将南方喜热性动物带到较高纬度海区，而寒流则可将北方喜冷性动物带到较低纬度海区。我国海域的鱿鱼在较低水温的1～4月于东海大陆架上产卵孵化后随着黑潮逐渐向北漂移，在此过程中幼体逐渐长大，到了夏季已随黑潮迁移至日本东海岸，成为该水域最佳的鱿鱼捕捞渔场。在夏季，水温已不成为其繁殖的限制条件（营养条件也较好），其产卵地也从大陆架范围扩展至近岸海域。幼鱿鱼和仔鱿鱼在西南季风或长江淡水注入所产生的偏东向流动驱使下也漂入黑潮并随之北移，最终穿越对马海峡、朝鲜海峡进入日本海，使日本海沿岸成为另一个鱿鱼捕捞渔场。

在不同性质的海流里，栖息着不同种类的浮游生物，这些浮游生物可以作为海流的指标种。根据对海流指标种的鉴定，可以了解海流及水团的移动，尤其是判断不同性质海流的交汇锋面，对探索一个海流余脉的分布具有重要意义。

第三节　迁移与扩散

海洋生物的生活史包括了海洋生物在一生中所经历的每个阶段，包括了繁殖、发育、生长和休眠等。许多海洋无脊椎动物在其生活史中具有一个浮游生活阶段，它们能被海流带到远处扩大分布范围，一旦条件适宜，在完成附着变态过程后就定居下来。潮流对潮间带底栖生物的生长有重要作用，如扩散生物分布、增加底栖附着生物获得食物的机会，并有助于清除其排泄物、稀释各种污染物等。

一、迁移

海洋生物迁移是指由于繁殖、觅食等原因而进行一定距离的移动，如鱼类幼体从产卵场漂流到索饵场（nursery area），长大后又从索饵场迁移到聚食场（feeding ground），即成鱼生活的地方；成体繁殖时，又迁移到产卵场（图11.1）。产卵、漂

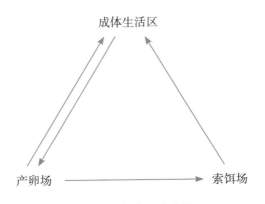

图11.1　鱼类迁移路径

流和主动迁移的循环，让生物获得了最佳产卵地和摄食地，保障生殖获得最大成功。从索饵场到成体聚食场的迁移可能反映幼体和成体对有限的食物资源存在竞争，也可能反映幼体和成体对食物有不同需求。多数情况下，鱼类会在多个生殖季节产卵，因此会在产卵场和成体生活区之间反复迁移。鱼类这种迁移运动（洄游）跟季节密切相关，而季节变化对水温和食物可获得性有很大影响。因此，产卵时间必须精准，以便幼体在合适水温下发育，同时又有充足食物供给幼体捕食。

海龟繁殖地和捕食地存在巨大差异。所有雌海龟都会把卵产在热带或亚热带沙滩上，并埋起来。沙内温暖的温度保障了卵子的正常发育，特定的温度甚至可以改变孵化小海龟的性别比例。但是，不同种海龟迁移到不同的捕食地，这则依赖于其对食物要求的不同。绿海龟（green turtles）通常捕食海洋底栖植物及其附生的某些无脊椎动物，因此会迁移到底栖植物丰富的地方生活，这可能意味着要游数百甚至数千千米远。相反，革龟（leatherback turtles）主要捕食水母。它们把卵产在热带沙滩，而在加勒比海滩产卵的革龟会迁移到加拿大和欧洲的高纬度冷水区（那里水母丰富）。大量革龟一般都是在水母丰富的大陆架区域被发现，这说明革龟的迁移可能受海洋中不均匀分布的水母影响。

根据产卵场和成体生活区的不同，鱼类可分为海河洄游鱼类（diadromous fish）、溯河洄游鱼类（anadromous fish）和降海洄游鱼类（catadromous fish）。海河洄游鱼类在生命某个阶段生活于河口，而在另外某个阶段生活于海洋。溯河洄游鱼类如鲑鱼和海鳗，它们成体大部分时间在海洋中生活，但到淡水中繁殖。降海洄游鱼类如鳗鲡，成体在淡水或潮沟（tidal creeks）里生活，但到海水繁殖。溯河洄游鱼类在高纬度常见，而降海洄游鱼类在低纬度常见，这主要与成体食物的获得性有关。

二、幼虫扩散

幼虫发育及其扩散是一个复杂的生命周期，包括成体繁殖产生幼虫，扩散到新的地方附着变态，发育成性成熟个体，再到繁育新生命。幼虫扩散距离具有连续性。但是，扩散距离受幼虫发育模式影响。有些动物幼虫发育模式是直接发育（direct development），即发育的幼体（juveniles）直接释放到成体附近，这类动物的幼虫扩散距离最短，如出芽生殖的动物，产生的幼体直接爬行至底质或者岩石上生长。另外，有些动物是卵胎生，受精卵在体内发育。玉黍螺（peirwinkle）受精卵在输卵管内孵育，螺贝壳充分发育后幼体释放出来，而南极海百合（feather star）受精卵在臂上羽枝基部性腺附近的育儿室（brood chamber）里发育成为幼体释放出来，它们都在父母生活地附近生长。还有些动物是卵生，受精卵在体外发育。数种犬峨螺（drilling genus *Nucella*）把卵子产于卵袋（egg capsule），卵袋黏附到岩石上。卵子在卵袋内发育，到具有螺壳的幼体形成后，从卵袋内孵化出来。卵袋内有些卵子不发育成幼体，而是作为营养被孵化幼螺所摄食。在小型底栖动物（meiofauna）中，幼虫直接发育非常普遍，因为任何水流驱动的扩散，都有可能把它们的幼体带到不利的生境，而直接发育对它们最为有利。同时，小型底栖动物的个体都不大，产生的幼体数量一般都有限，幼虫就近生活可以保障有最大成活率，因为扩散存在巨大风险。所以，小型底栖动物幼虫发育模式一般都是直接发育。

多数无脊椎动物幼虫发育模式是间接发育（indirect development），即发育形成的幼虫会在水中浮游一段时间，遇到合适环境后附着、变态。间接发育产生的幼虫包括卵黄营养幼虫（lecithotrophic larvae）和浮游营养幼虫（planktotrophic larvae）。卵黄营养幼虫是指依靠孵化后卵子中剩余的卵黄作为营养的浮游幼虫。由于游泳能力有限，多数卵黄营养幼虫只能在海底或水体中浮游数小时或者1天左右。因此，卵黄营养幼虫扩散距离不可能太远，一般在数百米以内。卵黄营养幼虫在软体动物、环节动物和外肛动物（ectoprocts）中非常常见。有趣的是生活于高纬度的棘皮动物也产生卵黄营养幼虫，但它们可以在水中浮游数周，这对于卵黄营养幼虫而言是比较罕见的。

浮游营养幼虫是指浮游期间以浮游生物为食物的幼虫。浮游生物营养幼虫一般具有特殊的摄食结构和消化系统，可以捕食浮游细菌、藻类以及身体较小的浮游动物，可在水体中浮游1至数周。它们在公海上浮游时间比较长，因此可以随海水运动而被动运动，长距离扩散。浮游营养幼虫一般经历多个浮游幼虫期，直到幼虫发育至最后阶段，遇到合适环境附着，完成变态，长成成体。浮游营养幼虫发育到附着变态的时间是有限的，在有限时间内，如果不能遇到合适附着的环境，可能会推迟变态。变态包括幼虫结构退化，转变成成体形态。

亲缘关系很近的动物通过间接发育形成的浮游幼虫，可以是卵黄营养幼虫，也可以是浮游营养幼虫，但是一种动物既形成卵黄营养幼虫又形成浮游营养幼虫的情况很少见。具有两种幼虫发育模式的动物称为异型生殖（poecilogony）动物，见于多毛类和腹足类。小型多毛类本氏搓海稚虫（*Streblospio benedicti*）在北美潮泥滩广泛分布，其发育形成的幼虫可以是卵黄营养幼虫，也可以是浮游营养幼虫，因种群而异。分布于南加州海岸的奥尔苔虫也属于异型生殖动物，它夏季产生卵黄营养幼虫，冬季产生浮游营养幼虫。这种幼虫发育模式的季节性转换可能与浮游食物存在与否相关。

卵黄营养幼虫常被有纤毛带（ciliary bands），并借由纤毛摆动产生的推力，使幼虫在水中主动运动。浮游营养幼虫也被有纤毛带或纤毛簇（ciliary tufts），既用于主动运动，也用于捕食浮游食物。虽然纤毛带形态变化很大，但大多数无脊椎动物幼虫都具有纤毛带。

生活于潮间带和潮下带岩石上的紫贻贝（*Mytilus edulis*），其幼虫是浮游营养幼虫的代表。紫贻贝雌雄异体，分别把精子和卵子产于水中受精。受精卵于9小时内，发育成全身被有纤毛的幼虫，具有较强游泳能力。随后7天内，发育成捕食浮游食物的面盘幼虫（veliger larvae），正常情况面盘幼虫生活4～5周。相比之下，大西洋泥螺（*Ilyanassa obsoleta*）受精卵在黏附到岩石上的卵袋内发育，幼虫从卵袋内孵化出来，直接游泳离开。浮游营养幼虫也可以在母体身上发育，并直接释放出来，如藤壶和螃蟹的幼虫。

硬骨鱼类幼体与无脊椎动物幼虫明显不同。多数海洋鱼类产生浮性卵，受精后发育，孵化的胚胎先形成带有卵黄囊的幼体（卵黄给幼体提供营养），卵黄囊一旦被吸收完，幼体通常会捕食浮游动物获取营养。鱼类幼体会在水面维持浮游生活2周甚至数月（鳗鱼），然后变态形成成体。值得注意的是珊瑚礁鱼类幼体游泳速度很快，这可能与其需要到达特殊的生境有关。

思考题

1. 海洋理、化因子是怎样影响海洋生物生存的？

2. 海洋生物如何适应海水运动？

3. 海洋生物有哪些适应海洋的生活行为？

第十二章　海洋生物多样性保护

　　生物多样性（biodiversity）是指一个地区内基因、物种和生态系统的总和。通常，生物多样性包括基因、物种和生态系统3个水平，分别被称为遗传多样性（genetic diversity）、物种多样性（species diversity）和生态系统多样性（ecosystem diversity）。物种内的遗传变异是遗传多样性，物种之间的多样性是物种多样性，生境类型和生态系统过程的各种形式是生态系统多样性。

　　海洋生物多样性是指海洋中生命的多样性，包括海洋生物种内与种间的多样性及复杂的栖息地多样性，是伴随地球演化，经历了数十亿年海洋生物与海洋环境相互作用及生物间协同进化的结果。海洋生物多样性对人类的生存与持续发展具有极其重要的意义。然而，随着地球人口的增加以及工业的发展，海洋生物多样性面临着严重的威胁。因此，迫切需要采取科学有效的保护措施，保护海洋生物多样性。

第一节　海洋生物多样性消减

　　生物多样性受一系列因素影响。分析海洋生物多样性大尺度时空变化时，必须同时考虑物种的形成与灭绝。捕食者存在可能会降低种间竞争排斥，增加局部生物多样性，但这一过程不会产生新物种。同样，密集捕食也不太可能导致整个地理范围内一个物种灭绝。然而，较大的区域变化如气候恶化通常可以导致物种灭绝。因此，只有了解控制物种形成以及引起物种灭绝的区域变化过程，才能更好理解调节物种数量变化的因素。

一、物种形成–灭绝平衡

物种形成（speciation），又称为种化，是新物种从旧物种中分化出来的过程，即从一个种内产生出另一个新种的过程。物种形成通常包括3个环节：突变以及基因重组为进化提供原料；自然选择是进化的主导因素；隔离是物种形成的必要条件。一般认为，地理隔离可以促进物种形成。已分离的种群由于地理隔离，沿不同方向进化，导致生殖隔离，分别演化为不同的物种，称为异域物种形成（allopatric speciation）。两个处于半分离状态（存在一定接触）的种群，由于存在不同的自然选择压力，可能彼此发生分化，产生变异，最终导致生殖隔离，称为邻域物种形成（parapatric speciation）。同一物种在相同的环境，由于行为改变或基因突变等原因而演化为不同的物种，称为同域物种形成（sympatric speciation）。海洋中，同域物种形成的概率很低。

随着物种形成和相关物种之间基因差异的积累，生殖隔离机制遂在两者间形成。生殖隔离包括交配前隔离（premating isolation）和交配后隔离（postmating isolation）。前者是指两个物种交配被阻断，无法产生合子；后者是指两个近缘物种可以杂交并形成合子，但不能形成后代。交配前隔离对于产生浮游配子（planktonic gametes）的物种而言，尤其重要。例如，有两种亲缘关系很近的珊瑚，分别在夜晚不同时间释放配子，所以使得它们的配子没有机会彼此相遇，即使配子同时存在于水体中，也会通过其他机制阻止它们受精，如精、卵不能相互吸引和识别以及精子不能进入卵子等。也有些物种可以通过不同的行为如交配时间、地点不同以及配偶识别信号差异避免与其他物种交配。新形成的物种与近缘物种再相遇时，可以进化出交配前隔离机制。交配后隔离机制主要是由于两个分离的物种产生了遗传差异，从而出现一系列基因不匹配，导致受精卵不能正常发育或者发育胚胎早早夭折。所有这些隔离机制都可以增加全球物种数量。

环境改变如温度突然变化可以导致物种灭绝，生境毁坏也可导致物种灭绝。例如，多数沿岸咸水湖是地理上不稳定的生境，历经数千年生境大多已被毁坏，其中一些物种可能已经灭绝。生境毁坏导致物种灭绝的又一个例子是地中海，这里曾经历过严重缺氧、海水几近完全蒸发的时期，偶尔成为非海洋性环境。

生物依存性（biological dependency）也可能成为物种突然灭绝的原因。疾病在海洋中的快速传播甚至可以导致大量存在的优势种灭绝。多生于近岸浅海中的大叶藻

（eelgrass），20世纪30年代曾发生过一种被称为萎缩病（wasting disease）的流行病（可能由真菌*Labyrinthula*引起，导致大叶藻顶梢枯死），使得美国东部沿海其数量快速消失，导致以大叶藻为食的一些底栖无脊椎动物大量减少，有的甚至灭绝。例如，帽贝（limpet）生活于大叶藻上，并摄食大叶藻，萎缩病导致帽贝这一共生种，彻底消失，自20世纪30年代以来，再也没有在该海域发现过。竞争者和捕食者进入新的生境中，也可能引起类似的物种灭绝效应。

因此，一个区域物种总数是物种形成速度和灭绝速度的平衡结果。在环境处于极端条件且不断变化的不稳定区域，新分离而形成的物种由于气候和生境的快速转变很容易灭亡，或者根本就难以形成。这些区域物种灭绝速度会比较快，所以，物种形成–灭绝平衡导致形成长期的低多样性。在相对稳定的生境，新物种形成时成活概率较高，从而有利于增加多样性。在某些区域，从另一生物地理区域迁移来的物种，也可以成为新物种。

二、海洋生物多样性影响因素

海洋生物多样性是一个动态的实体，处于不断变化之中。许多因素都对海洋生物多样性有影响，其中人类活动是海洋生物多样性变化最强烈的驱动力。因此，海洋生物多样性的未来趋势很大程度上取决于与人类相关的威胁。这些威胁包括生境破坏、过度捕捞、污染、全球变暖和生物入侵等。

（一）生境破坏

生境破坏（habitat destruction）是指一个或多个物种的生境在数量、质量或空间结构上发生变化，包括生境退化（habitat degradation）、生境破碎化（habitat fragmentation）和生境丧失（habitat loss）。生境退化是指生境质量和支持生物群落能力的下降，持续的生境退化会导致生境丧失。当局部生境丧失逐渐积累，导致原来成片的生境支离破碎，被分割成若干相互隔离、不连续的小生境时，就出现了生境破碎化。海洋生境破坏主要是由围填海工程、水利工程、疏浚工程、开辟水道、采沙、渔业拖网等活动造成，这些活动重则使海洋生境彻底丧失，如滩涂围垦破坏红树林资源直接造成一些物种栖息和繁殖场所遭到破坏，轻则使海洋生物的正常活动受到严重干扰，如许多洄游鱼类的生活史受到航道工程的影响。

（二）气候变化

全球气候变化是指全球范围内气候平均状态发生统计学意义上的显著变化或者持续一段时间（如10年）的气候变动。近100年来，全球平均气温经历了"冷—暖—

冷—暖"的波动，但总体表现为上升趋势。全球变暖对许多海洋生物物种造成影响，例如，1999年气候变暖事件引起在地中海西北潮间带至少16种悬浮食性底栖动物大规模死亡。海水温度升高，引起与珊瑚虫共生的藻类死亡，从而导致珊瑚礁白化和死亡，估计印度洋珊瑚礁死亡率可能高达70%。同时，大气CO_2浓度升高造成海洋酸化，降低珊瑚沉积碳酸钙骨骼的能力，珊瑚礁的形成也会变慢。

全球变暖已经导致海洋生物分布的地理范围发生明显移位。近几十年来，随着气候变暖，许多海洋生物的分布已经被证明明显向地球两极移动。例如，水温升高已经使欧洲北海2/3鱼类分布发生纬向或垂直变动，其中一半鱼类向北移动，并且体形变小、生活史缩短。这种全球变暖导致的物种向极地迁移、分布的结果，可能促进入侵物种成功建立种群，危害原有物种生存。

全球变暖和病害之间的联系也增加了对海洋生物多样性的威胁程度。近年来，病害发生率在很多海洋物种中都有增加趋势。病害通过病原体感染多种宿主或攻击专一宿主生物，导致海洋生物种群下降，甚至物种灭绝。

（三）过度捕杀

海洋野生生物资源的过度开发、利用，造成生物种群数量急剧下降，甚至导致某些物种灭绝。有证据显示，海洋捕鱼工业化以来，90%的大型掠食性鱼类已从大西洋、太平洋和印度洋中消失。人类捕杀导致海洋生物物种灭绝最引人注目的例子是大海牛（*Hydrodamalis gigas*），它们是海牛目中已知体形最大的物种，比起其近亲海牛与儒艮都要大。它们也是生存至近代的海牛目动物中，唯一适应寒带气候的物种。大海牛于1741年在白令海峡发现，发现者为博物学者乔治·斯特拉（Georg Wilhelm Steller）。但是，到1768年由于人类大量捕杀，大海牛最终灭绝，从发现它们存在到灭绝仅仅只有27年。另一个物种灭绝的例子是加勒比僧海豹（*Monachus tropicalis*），它们最早被发现是在1494年哥伦布第2次航海期间，数量最多时曾超过25万只。然而，由于人类的狂捕滥杀，到1952年后就再未见到它们。

（四）污染

海洋污染物质种类繁多，根据污染物质来源可分为石油类及其产品、重金属、农药、营养盐与有机物以及放射性物质等。目前，比较突出的海洋污染是由营养盐、石油类和重金属造成的污染。海洋营养盐污染物质主要是无机氮和磷酸盐。过去几十年中，来自生活污水和农业源污染使大量氮、磷排入沿海，造成水体富营养化，导致了海域大面积缺氧，形成死亡地带，造成海洋生物栖息环境破坏，食物网结构改变，生物多样性减少。石油污染直接会导致鱼、虾、蟹、贝等海洋生物的大量死亡，海洋生态系统遭到破坏。重金属污染物包括铬、镉、铅、铜、锌、银、锑、汞、砷等，其来源主要是工业污水、矿山污泥和废水以及石油燃烧生成的废气中包含的重金属。这类物质是河口、港湾及近岸水域中的重要污染物。一方面，海洋生物对重金属的富集能力较强，随食物链传递产生生物放大作用（biological magnification），会危害处于营养层级顶端的生物乃至人类健康；另一方面，重金属污染物直接影响海洋生物的生长、发育和繁殖，可以导致敏感种灭绝，降低生物多样性，对生态系统造成威胁。

（五）种间关系——生物相互作用

个别物种的灭绝可能会对生物多样性产生生态系统水平上的影响。这些具有重要作用的物种可能是捕食者或初级生产者，通过营养级联效应（trophic cascade）对整个生态系统产生影响；或是形成栖息地的物种，失去它们就意味着失去栖息地。

1. 营养级联效应

如果将群落中的关键种（keystone species）去除掉，即使它们只占生物量的一小部分，群落结构也将发生巨大变化，同时引起生物多样性的丧失，这种现象称为营养级联效应。营养级联效应包括下行控制（top-down control）与上行控制（bottom-up control）2种类型。

下行控制是指较高营养层级的种类组成和生物量对较低营养级位的控制作用。例如，去除捕食性物种后会使具有竞争优势的猎物种群数量激增；如果该捕食者具有重要作用，将引起群落的剧烈变化，群落多样性下降，甚至可能涉及整个生态系统的结构变化。典型例子是北美太平洋沿岸海藻林群落。与陆地森林相似，海藻林可以抑制海浪对海岸的侵蚀，防止海岸附近的陆地被破坏，并为众多的物种提供食物与栖息地。20世纪在阿拉斯加、不列颠哥伦比亚以及美国的西北海岸中的很多地方，海藻林已经消失，而造成这一结果的主要原因是对海獭的猎捕。海獭曾广布于太平洋北部。由于皮毛商对海獭皮毛的需求，人们大量猎捕海獭，使之几乎绝种。海獭以贝类、海胆为食，缺少海獭的地区，贝类及海胆数量大增。大量海胆过度啃食海藻，使原本常见海藻的地方变成了荒芜之地，造成了物种丰富度和生物量的下降。

营养级联效应的下行控制也发生在海洋水层环境中。例如，黑海掠食性鱼类包括狐鲣（*Sarda sarda*）、大西洋鲭鱼（*Scomber scombrus*）和鲯鳅（*Coryphaena hippurus*）等数量减少，导致食浮游动物的鱼类增加，结果浮游动物丰度下降，浮游植物现存量增加。这说明在群落中扮演重要角色的大型食肉动物，其数量变化对群落水平生物多样性的间接影响巨大。

上行控制是指较低营养层级的种类组成和生物量对较高营养层级的种类组成和

生物量的控制作用，即资源控制。人类活动的影响，特别是气候变化可能导致群落低营养层级的物种丰富度变低，随之而来的是上行控制的营养级联效应。例如，过去30年间，全球变暖南大洋海冰减少，导致生活在海冰覆盖下的藻类数量下降；南极磷虾（*Euphausia superba*）主要以藻类为食，藻类数量下降致使南极磷虾丰度降低大约80%。相反，樽海鞘因为更适应暖水而丰度增加。这些动物的种群变化又导致了以南极磷虾为食的海鸟与海洋哺乳动物种群下降，尤其是南乔治亚岛的南极毛皮海狮（*Arctocephalus gazella*）种群数量下降明显。

由人类活动产生的过量氮、磷进入海洋，也会产生上行控制效应，并最终导致"死亡地带"（death zones）的形成。农业施肥的流失使沿岸海域有大量养分输入，刺激浮游植物大量繁殖。死亡后的浮游植物沉入海底，被微生物分解的同时消耗大量溶解氧，造成了缺氧与水体分层现象，使深层水体难以恢复正常溶解氧水平。当溶解氧低于2 mg/L，大部分大型海洋生物都会死亡或迁移；当溶解氧低于0.5 mg/L时，底内生活的无脊椎动物物种丰富度和数量都会降低。如果溶解氧水平更低，将导致物种更加贫乏、单一，甚至仅支持一些硫化细菌存在。复杂的底栖与浮游生物群落变成了简单的微生物群落，生物多样性在生态系统水平上大大降低。目前，据报道全球海洋有150多个"死亡地带"，主要集中于墨西哥湾、地中海、里海和波罗的海等地区。

生态系统水平上对生物多样性产生影响的上行控制效应，也可能发生在高生产力的生态系统中。例如，在上升流区，食物链较短，周转率高，捕捞低营养层级的生物如沙丁鱼、鳀鱼和鲸类，会导致其丰度减少从而产生上行控制效应。例如，第二次世界大战后，东北太平洋大型鲸类的过度捕捞曾导致其掠食者虎鲸开始以海豹、海狮为食，甚至最后以海獭为食。

2. 基础物种的改变

基础物种（foundation species）一般是指对群落结构和多样性具有显著影响的初级生产者或者是生境形成物种，如大型海藻、珊瑚或红树林等。由于人类的破坏活动，基础物种的改变对生物多样性产生巨大影响。例如，地中海西北部的优势褐藻（翅藻属*Cystoseira*）就属于基础物种。大量鱼类以及无脊椎动物以这些海洋森林作为食物和栖息地，因此失去海藻就意味着失去这些生物。珊瑚死亡也会导致群落水平多样性的显著变化。例如，在巴布亚和新几内亚，珊瑚覆盖率的下降直接导致了鱼类生物多样性下降，有超过75%的珊瑚礁鱼类丰度下降，50%下降到不足原来丰度的一半。那些直接依靠活珊瑚提供营养的鱼类遭受了最惨烈的种群下降，一些稀有的特化种甚至局部灭绝。

第二节　海洋生物多样性保护策略

　　生物多样性保护需要在多个层面操作，需要考虑单一物种、相关物种种群以及区域生境和生态系统。许多时候，生物多样性保护针对单一物种，这在某些情况下往往与社会审美观有关，因为该物种的消失可能会影响人们享受自然环境。但是，许多单一物种都对区域生态系有强大影响。例如，营养级联系统中顶级掠食者由于过度捕捞而数量锐减，对海洋食物链产生严重影响。

　　近年来，西方发达国家的生态环境保护者和政府机构开始采用基于生态系管理（ecosystem-based management）的方法，以期实现对物种、生境和生态系统的最佳保护。基于生态系管理可以广义地定义为保护包括环境、社会群体和经济发展要素在内的生态系统管理方法。环境保护方法由科学家设计，以便减少人类活动对自然生态系的影响；社会学管理包括政府、非政府组织和社会大众参与，使每个人都认识到其活动都会对生态系有影响，而生态系统功能的破坏又会影响娱乐休闲、食物资源、水供应以及灾害保护等。基于生态系管理的经济学考虑通常指当生态系统尚未遭受人类活动严重破坏时，生态系统服务所能提供的货币价值。最直接的经济考量可以通过渔业损失计算，因为估计一个地区所销售鱼类的损失甚至食物链中某一种鱼的减少很容易。但是，其他生态服务也可能有巨大经济价值。例如，滨海沼泽地保护可以极大减轻飓风对沿岸社区的影响，并为许多珍贵资源物种提供庇护场所，给近岸物种提供碎屑食物，而这又给顶级掠食者提供了食物。生物之间这种复杂的相互作用的重要性只有在生态系统水平上研究生物保护问题时才能充分理解。

　　建立基于生态系管理和生物多样性之间的联系很重要，但首先需要理解物种的存在和生态学功能之间的关系。就生态服务而言，区分几种不同的物种具有特殊意义。除去上面提到的基础物种之外，还有营养级联物种（trophic cascading species）和资源物种（resource species）。营养级联物种指食物网中某营养层级的物种，其消失后会导致营养层级发生重大变化；资源物种指可以为人类提供食物、药物和其他天然产物的物种。基础物种、营养级联物种和资源物种，都是重要的保护对象。

一、海洋保护区

保护海洋生物多样性最好的策略是建立海洋保护区（marine protected area或marine reserves）。没有在一定范围内实施严格的保护措施，基于生态系管理就难以成功。海洋保护区是指以海洋自然环境和资源保护为目的，依法把包括保护对象在内的一定面积的海岸、河口、岛屿、湿地或海域划分出来，进行特殊保护和管理。海洋保护区包括实施全面保护的自然保护区，也包括局部或临时保护的其他保护区，如季节性禁渔区、特定物种捕捞限制区、禁止采矿区和禁止倾废区等。设立海洋自然保护区遇到的一个主要问题是保护区域大小的规划。在具有有限边界并很大程度上受基础物种控制的生态系中，比较容易设立保护区。这样的生态系统常包括珊瑚礁、海草床、海藻林和红树林。设立的保护区如果太小，则容易遭到破坏，甚至由于风暴、局部污染和疾病而局部生物灭绝。例如，牡蛎礁如果太小，生长的牡蛎便不足以抵消由死亡、腐蚀和扩散而引起的牡蛎损失。因此，成功的牡蛎礁保护区其面积必须至少可以保证生长的牡蛎和消失的牡蛎达成平衡。保护区种群可能产生联合种群（metapopulation），它们可以保证浮游幼虫和幼体彼此交换以及具有移动食肉动物（如大型鱼类）的区域生境之间的联系。

海洋保护区要取得成功，最重要问题是利益攸关方参与以及好的区域管理。海洋保护区一般在当地几个部门管辖之下，因此多个利益攸关方（如渔业、旅游、环保等）必须一起合作规划保护区，制定管理条例，并提供护理人员。

海洋保护区在生物保护层次上各种各样。例如，荷兰安的列斯群岛（Antilles）是一个海洋保护区，聚焦于珊瑚礁保护；在保护区内不许捕捞任何生物，潜水也受到限制，只能在早晨从锚泊船下去潜水。这里的保护分3个层次，称为分区制（zoning）：有些区域完全禁止人员进入；有些区域只对研究人员开放；有些区域允许游人参观。这个保护区是一个禁区（no-take area），保护措施最严。世界上其他一些海洋保护区都没有如此严格，对游人也缺少限制，甚至还一定程度允许垂钓。例如，在美国佛罗里达礁群海洋保护区（Florida Keys National Marine Sanctuary）内，多数地方对游人没有限制，可以垂钓和潜水，只有约1%的区域（约占珊瑚礁65%）属于禁区。

海洋保护区已经存在数十年了。例如，建于1975年的澳大利亚大堡礁海洋公园，总面积达349 000 km²，包括了澳大利亚东北海岸外大陆架的2 600个暗礁、浅滩、岛屿及其他地理构造，有400余种珊瑚、1 500种鱼类、4 000种软体动物、6种海龟和儒艮，上万种海绵、蠕虫、甲壳类和棘皮动物，是世界上最好和最大的海洋自然保护区。事实表明建立海洋保护区的策略是成功的。Halpern（2003）研究了89个保护禁区的效果（多数面积在1～10 km²之间），对其中69个禁区内鱼类种群密度、生物量、个体大小和生物多样性进行了量化分析，发现禁区内鱼类种群密度、生物量、个体大小和生物多样性都有所增加，无脊椎动物种群密度和生物多样性也有增加。

二、多样性热点地区

生物多样性保护一个简单方法是确定具有高度多样性的地区，集中保护这些地区的生物多样性。这一方法缺点是如果多样性热点地区（diversity hotspots）分布的物种与区域外物种不同，可能会忽视许多物种。不过，多样性热点地区一般是特有物种分布区，地理面积有限。这些区域如不加保护，会有大量物种消失，降低生物多样性。有人研究珊瑚礁分布，发现10个丰度最大的狭布物种中心虽然只占全球珊瑚礁总面积的5.8%（占全球海洋面积0.012%），但却包含半数以上的狭布物种。在印度-西太平洋，这些珊瑚礁区域常受到污染和过度捕捞。对这些区域进行保护，可以增加大多数物种的保护效率。在大洋，食物网的顶级掠食者多样性在北纬20°～南纬30°之间最大。在这一区域内，热带和温带物种重叠，形成最大生物多样性。这一点对于渔业保护政策的制定具有指导意义。

三、生物多样性保护立法

当前，各国政府和公众都很重视生物多样性保护问题，纷纷采取立法行为保护生物多样性，保护生物赖以生存的环境。国际上，1948年成立了世界自然保护联盟（International Union for the Conservation of Nature, IUCN），负责对全球范围内物种和亚种的保护状态做评估，重点关注受灭绝威胁的类群以及促进对它们的保护。IUCN存有受威胁物种红色名录，它提供了有关全球受威胁的生物多样性现状的基础科学信息。《南极条约》也是国际上较有力的保护政策之一，要求该地区有领土的国家签约，禁止一切军事活动和核废物处理，但给科学研究以完全自由。

我国作为《联合国海洋法公约》缔约国之一，坚决履行开发、利用和养护管辖海域及公海生物资源的权利和义务。此外，我国制定了有关保护海洋生物多样性的法规，主要有《海洋环境保护法》《野生动物保护法》《渔业法》《自然保护区条例》《海洋自然保护区管理办法》和《红树林生态系保护管理办法》等。目前，国家海洋局正在探索建立海洋生态红线制度，其中重要河口、滨海湿地、海洋保护区、重要渔业区域等是海洋生态红线的重点，已在渤海率先启动海洋生态红线制度建设。

第三节　保护遗传学

遗传学方法可以用来鉴定新物种。有许多海洋生物形态看起来相似，其实它们生殖完全隔离，并具有独立进化史。在海洋生物多样性研究中，这些物种被完全忽视，因为相似的形态掩盖了生殖隔离和独立进化史。近年来，分子生物学技术极大地增加了物种鉴定能力，特别是DNA测序已经成为新物种鉴定的常规手段。

同样，遗传学方法可以用来鉴定种内不同的遗传群体。东太平洋驼背鲸（humpback whale）有个种群可以在夏威夷和阿拉斯加之间迁移，还有一个种群可以在墨西哥和加利福尼亚之间迁移。它们是不是同一种鲸呢？DNA序列分析表明这2个种群存在遗传差异。因此，它们应该被分开保护。

地中海西部蠵龟（loggerhead turtle）的捕杀是造成去美国东南部海滩筑巢蠵龟种群减少的原因。这一发现也得益于遗传标记的应用。现在，可以利用遗传标记追踪捕杀对远距离迁移的种群所造成的影响。这对甲壳类和海龟尤其适用，因为它们都有远距离迁移种类。为了保护目的种群实施的管理应建立在对不同的迁移种群中个体之间相互交换的详细了解之上。有一个联合国公约规定，世界各沿海国家有权对在本国水域中筑巢或者产卵的物种在其他生殖地之外水域中被猎捕进行投诉。

保护遗传学在珍稀濒危海洋生物保护方面也有广泛应用前景。运用分子技术，探讨濒危动、植物的遗传多样性，包括获得遗传标记以及检测种群间杂交和基因渗透等。对新西兰弓海豚（*Cephalorhynchus hectori*）研究表明，过去20多年中其遗传多样性明显降低，其中北岛种群的单倍型多样性从0.41降低到0，灭绝风险极大；南岛东部种群单倍型多样性从0.65降到0.35，预计在未来的20年中其遗传多样性将会全部丧失。这说明人类活动造成的栖息地破坏已严重危及弓海豚的生存。弓头鲸（*Balaena mysticetus*）的白令海峡—楚克奇—波弗特海（Bering–Chukchi–Beaufort Seas, BCB）种群曾因捕猎数量一度剧减，但遗传多样性和杂合度分析却发现，BCB种群遗传多样性水平普遍较高，这一种群在近期内不太可能受到瓶颈效应的影响。

第四节　生物入侵与防除

外来物种（alien species; exotic species）是指由于人类活动打破天然的地理屏障，而在远离原产地以外的地区生存的物种。大多数外来物种由于不适应新环境，或者到达新生境的种群数量不够多而无法在新生境中存活，所以对本地生态系统无害。然而，一定比例的物种却能在新生境中建立种群，以牺牲本地种（native species）为代价，换取种群的繁盛。这种由于人类有意识或无意识地把某种生物带入适宜其栖息和繁衍的地区，其种群不断扩大，分布区逐渐稳定地扩展，并对本地生态系统造成一定危害的过程，称作生物入侵（biological invasion）。能够改变本地生态系统、栖息地和生物组成的外来种，称为入侵物种（invasive species）。

海洋中无意引入外来物种的途径主要是船舶压舱水和海上交通运输工具上残留的碎片或海洋碎屑等。船舶压舱水是海洋和淡水物种进入沿海地区最重要的载体。据估计，全世界每天多达3000个外来物种在压舱水中被运送到一个新的环境。海洋中有意引进的外来种引入主要是随着海水养殖业的发展而引入的新的养殖种类，包括鱼、虾、贝、藻等。由于这些物种跨洋扩散（transoceanic dispersal），全球近岸生物区系（biota）地区差异正在逐渐消失。

一、入侵生物的危害

生物入侵对本地生物群落和生态系统的稳定性会造成极大的威胁，可以导致群落结构变化、生境退化和多样性下降，甚至导致生态系统崩溃的严重后果。其危害主要体现在以下几个方面。

（一）破坏栖息地

海洋中的外来入侵物种包括初级生产者、底栖无脊椎动物、浮游动物，它们会通过营养级联效应产生上行或下行控制。一个极端例子是20世纪80年代浮游性栉水母（*Mnemiopsis leidyi*）入侵黑海。这种栉水母（图12.1A）以浮游动物、鱼卵以及幼鱼为食，鱼卵及幼鱼被栉水母掠食，结果导致一些浮游动物和鱼类消失。在我国江苏、福建沿海疯狂扩张的互花米草（*Spartina alterniflora*）也是生物入侵的典型例子。互花米草为禾本科米草属多年生草本植物（图12.1B），原产于大西洋沿岸和墨西哥湾。

我国于1979年从美国引种，首先将其移栽至福建罗源湾，种子成熟后再经沿海各省滩涂多点引种。目前，互花米草种群在我国呈现爆发增长，分布面积在不断扩张，对我国东南海岸生态带来严重危害。例如，造成沿岸养殖生物窒息死亡；与经济类物种如海带、紫菜争夺营养，使其产量逐年下降；堵塞航道，影响海水交换；与滩涂本土植物竞争生长空间，直接威胁生物多样性。

（二）抑制或排挤本地物种

入侵种与本地种竞争，可能导致本地种丧失，改变群落种类组成和结构，甚至形成单优势种群落。例如，热带绿色海藻杉叶蕨藻（*Caulerpa taxifolia*）入侵地中海（图12.1C），最早在1984年被发现时，它在摩纳哥水族馆前占据了1 m²的海床，如今它占据了超过30 000公顷的整个地中海，形成单优势种群落；另一种热带海藻总状蕨藻（*C. racemosa*），于20世纪90年代开始入侵地中海，正以比杉叶蕨藻更快的速度增加。滨岸蟹（*Carcinus maenas*）原产于东北大西洋和波罗的海，大约在19世纪早期入侵到美国东海岸和澳大利亚南部沿海，目前已成为当地优势种。滨岸蟹是肉食性动物，其入侵已导致美国沿海当地种黄色食草蟹（*Hemigrapsus oregonensis*）和2种蛤种群锐减90%。我国福建海域发现一种原产南美洲的沙筛贝（*Mytilopsis sallei*），占据了海岸基岩及养殖设施的表面（图12.1D），不仅导致当地的附着生物减少，而且还因争夺饵料使人工养殖的各种贝类产量下降。

A. 栉水母；B. 互花米（张艳拍摄）；C. 沙筛贝（*Mytilopsis sallei*）；D. 杉叶蕨藻

图12.1 典型入侵生物

（三）改变本地种的遗传多样性

外来种可能通过与本地种杂交或种质渗入，对本地种的遗传多样性产生很大影响，包括遗传多样性的丧失、本地适合种种群损失（尤其是一些珍稀濒危物种）和造成遗传污染。

二、入侵生物的防除

考虑外来物种控制和清除的复杂性，入侵物种的防治和控制一般需要遵循2个原则：一是以防控为主，使用合适的控制方法；二是采用不同的手段，尽可能地消除外来物种及其影响与危害。

（一）外来物种入侵的防范

预防外来生物入侵是生物多样性保护工作的一项重要内容，主要包括入侵防御体系建设、早期预警体系建设、引进后监测和快速反应体系建设等内容。

1. 入侵防御体系建设

为降低外来物种入侵危害的风险，各国政府需要制定严格的法律和措施，建立国家防御体系。我国涉及海洋外来物种管理的法律主要有《渔业法》《海洋环境保护法》《进出境动植物检疫法》《动物防疫法》《野生动物保护法》等，都对引入物种有原则性规定。

2. 早期预警体系建设

加强检疫和控制引进，并不能完全阻断外来物种入侵。一旦发生入侵，如果不能及时发现入侵并采取控制措施，将会造成严重的后果。如前文提到入侵地中海的杉叶蕨藻，1984年第1次被发现时在摩纳哥水族馆前仅占据1 m²的海床，当时这种杂草本可以在半小时内就能被根除，遗憾当时没有采取清除措施！因此，早期预测入侵并及时采取控制措施非常重要。

3. 加强监测外来物种和快速反应体系

对于已经确认的外来入侵物种或具有较高入侵危险但已引入的物种，需要实施严密的监测措施。监测中一旦发现种群扩展，或种群再入侵的现象，要及时采取措施进行治理。

（二）外来物种入侵控制与治理

海洋外来入侵物种的治理方法有物理清除、化学治理、生物治理和综合治理等。这些方法各有优、缺点，应该根据具体情况取长补短，寻找和采取解决外来物种入侵最有效的方法。

1. 物理清除

物理清除包括人工和机械两种手段，是外来入侵物种清除的基本方法，也是最简便直接的清除方法。物理清除特别适合于早期发现外来入侵物种，其种群分布范围不大，这时合理利用不同物理方法，能够有效遏制外来物种的入侵和扩展。与化学和生物防治相比，物理清除一般不会造成环境污染，对其他生物的影响也较小，因此是首选方法。

2. 化学清除

利用化学方法清除入侵外来物种的特点是效果迅速、使用方便，适用于大面积暴发的灾害，但是成本高，对本地环境有可能产生污染。海洋生态系统，海水流动性强，扩散广，有时因为化学药剂被稀释，效果并不明显。在治理海洋外来物种入侵中化学清除的方法一般是小规模使用。例如，压舱水的脱氧处理，封闭压舱水后加入亚硫酸钠、二氧化硫、偏亚硫酸钠等耗氧物质，造成缺氧环境，能够杀死鱼类、无脊椎动物幼虫和需氧细菌等，但对厌氧菌、孢子等效果较差。另外，使用强电离气体放电产生羟基，杀灭压舱水中外来生物，具有广谱、快速、成本低、无残留等优点，是治理压舱水外来物种入侵的理想方法。

3. 生物控制

生物控制是利用不同生物之间的相互作用，降低或控制目标生物的存活率或繁殖率，达到缩小有害生物种群的目的。生物控制不能彻底消灭有害生物，而是将有害生物的种群数量降低至生态、经济和社会可接受的水平。目前，对于海洋系统中进行生物控制的研究很少。以互花米草生物控制为例，可采用从互花米草原产地引入昆虫、真菌以及病原生物等天敌抑制互花米草的生长和繁殖，从而遏制其种群的暴发。因为天敌的作用是极其复杂的，有可能对其他非目标物种也会有威胁，所以利用天敌对入侵物种进行生物防治存在一定的争议。

人们可能会为追求自然和谐而保护一个物种如海兽，但更需要了解其在生态系统中所发挥的作用。例如，某区域存在2种主要的滤食性底栖生物，如果其中一种即将灭绝，另一种随之扩展生存空间，那么虽然出现生态功能消减（ecosystem functional redundancy），但由滤食性生物执行的生态功能仍可维持。又例如，某些区域存在数种海草，虽然其中一种海草消失，但其他海草继续存活并扩展到已消失海草曾占据的空间，可能并不影响海草所能提供的生态服务功能。因此，了解生物多样性本身在生态系统复原能力（ecosystem resilience）中的价值至关重要。

思考题

1. 影响海洋生物多样性的因素有哪些?

2. 何谓物种形成-灭绝平衡?

3. 如何保护海洋生物多样性?

4. 如何防止和消除外来物种入侵?

第十三章　全球变化与人类活动对海洋生物影响

　　海洋是地球生物圈的重要组成部分，其中生存着种类繁多的海洋生物。海洋生物作为可再生资源为人类提供了大量的食品、药品和工业原料，并且对维护整个地球生物圈的生态平衡起着至关重要的作用。长期以来，海洋是地球上最稳定的生态系统。然而，自工业革命开始以来，人类活动所排放 CO_2 等温室气体迅速增加，引起全球变暖，海水酸化和海平面上升，同时人类活动所产生的大量有毒、有害物质被有意无意地排入海洋，引起海洋环境条件的变化，已开始威胁到海洋生物的生存。

第一节　全球变化的影响

　　全球变化（global change）目前尚无统一定义，一般指对人类现在和未来的生存与发展有重要的直接或潜在影响、由自然或人类因素所驱动而发生的全球范围的地球环境变化，或与全球环境有重要关联的区域性环境变化。对全球变化的研究历史虽然较短，但是，其发展迅速，研究重点从单学科（比如大气污染、温室效应等）寻找变化规律向多学科、跨领域集成研究方向转变，研究方向也从发现全球变化对人类的影响转向同时关注人类对全球变化的适应与响应的双向探索，最终导致一门新兴学科——全球变化科学（global change science）的诞生。

　　全球变化的驱动力包括外力和地球内力。外力主要包括太阳辐射、其他天体引力作用产生的地球运动轨道参数的改变，以及小行星和彗星等天体对地球的撞击等。

地球内力主要包括板块运动所造成的海陆分布形式的变化、海底地形与陆地地形的变化、火山活动等，地球内部物质重新分布导致的地极漂移，以及人为因素，即人类活动所引起地球系统状态和功能的改变。在数十年至百年的时间尺度上，人类活动对全球变化的影响及全球变化对人类的影响极为显著，特别是自工业化以来的200多年，人类因素已成为全球变化过程的一个不可忽视的组成部分。

目前，全球变化研究主要围绕全球气候变化（global climate change）这一核心展开，主要探讨区域及全球气候变化的趋势、原因、机制和效应。全球气候变化是指全球范围内气候平均状态和离差（距平）两者中的一个或两者一起出现了统计意义上的显著变化，或持续较长一段时间（10年或更长时间）的气候变动。离差值增大，表明气候状态不稳定性增加，气候变化敏感性也增大。气候学家关注的焦点是从历史记录中寻求气候变化的证据，并根据气候系统的动行规律预测未来气候的特征。

地球气候系统的自然变化表现为不同时间尺度上的季节性周期变化、年际模式如厄尔尼诺-南方涛动、年代际周期如北大西洋扰动和太平洋年代际振荡（Pacific Decadal Oscillation，PDO），以及百万年尺度上的变化如冰冻期到冰冻间期的转变。生物对这种自然变化可以产生适应性进化。然而，在过去的几个世纪中，人类活动对地球气候系统的影响已经接近甚至超过自然变化的强度和速率，即人类活动已经成为影响气候系统的重要组成部分，对气候和生物都产生了不利影响。

一、温室效应

最早引起人们广泛关注的气候变化是全球变暖（global warming），即地球表层大气、土壤、水体及植被温度年际间缓慢上升的现象。自1950年以来，观测到的全球气候系统的许多变化是过去数十年甚至近千年以来史无前例的。全球几乎所有地区都经历了升温变暖过程，具体体现在地球表面气温和海洋温度的上升、海平面的上升、格陵兰和南极冰盖的消融和冰川的退缩、极端气候事件发生频率的增加等。全球地表持续升温，1880～2012年，全球平均温度已升高0.85℃（0.65℃～1.06℃）。过去近30年，每10年地表温度的上升幅度高于1850年以来的任何时期；在北半球，1983～2012年可能是近1 400年来气温最高的30年。据估计1971～2010年间，海洋变暖所吸收热量占地球气候系统热能储量的90%以上，海洋上层（0～700 m）已经变暖。与此同时，1979～2012年，北极海冰面积每10年以3.5%到4.1%的速度减少；自20世纪80年代初以来，大多数地区多年冻土层的温度已升高。虽然全球气候变化是由自然影响因素和人为影响因素共同作用所引起的，但是对于1950年以来观测到的变化来看，人为因素极有可能是显著和主要的影响因素（图13.1）。目前，大气中温室气体浓度持续显著上升，CO_2、CH_4和N_2O等温室气体的浓度已上升到过去80万年来的最高水平，人类使用化石燃料和土地利用变化是温室气体浓度上升的主要原因。在人为影响因素中，向大气排放CO_2的长期积累是主要因素，但非CO_2温室气体的贡献也十分显著。

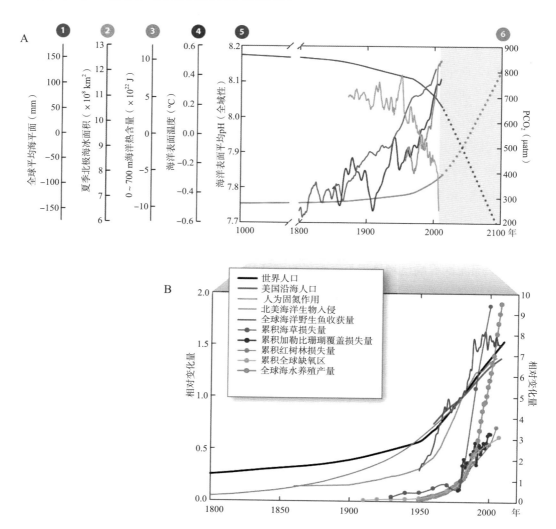

A. 全球平均海平面（蓝绿色线）、夏季北极冰面积（黄色线）、0～700 m海洋热容量（橙色线）、海平面温度（褐色线）和平均海面pH（蓝色线）变化。B. 时间和变化趋势：世界人口、美国人口、人为固氮、北美海洋生物入侵、全球野生鱼产量、累积海草损失、累积加勒比海珊瑚礁损失、累积红树林损失、累积全球缺氧区和全球水产养殖产量变化趋势

图13.1　温空效应及其成因

解释全球变暖的理论是所谓的"温室效应"（greenhouse effect）假说。在寒冷地区的农业生产中，为使农作物如蔬菜等能够在寒冷气候中正常生长，经常建造玻璃（或透明塑料）房屋，将农作物种植在里面。利用玻璃可以让太阳短波辐射通过的原理，保持白天室内足够温暖的温度；同时又利用夜晚玻璃阻挡了热交换的原理，继续保持室内夜间温暖的温度。人们称这样的玻璃房屋为温室。在地球大气层中有些微量气体，如水汽、CO_2、O_3、N_2O、CH_4等，能够起到类似玻璃的作用，即大气中的这些微量气体能够让太阳短波辐射透过（指很少吸收短波辐射）而达到地面，从而使地球表面升温，同时阻挡地球表面和大气向宇宙空间发射的长波辐射（指明显吸收长波辐射），使地球发射的长波辐射返回到地表面，从而维持着地球表面温暖舒适的温度。它们的作用相当于给整个地球建造了一个巨大的"温室"，故称之为"温室效应"，而将这些具有温室效应的大气气体统称为"温室气体"（greenhouse gas），它们对气候变化有重要影响。

影响气候变化的最重要温室气体主要包括CO_2、CH_4、N_2O、氢氟碳化物（CFCs）、全氟碳化物（PFCs）和六氟化硫（SF_6）。虽然大气层中水汽是形成天然温室效应的主要原因，而且其浓度仅次于CO_2，但是其在大气中的浓度变化并不直接受人类活动影响，因此，在讨论温室气体的温室效应时，一般并不讨论水汽的作用。因为非CO_2温室气体的温室效应与CO_2有着固定的函数关系，所以，联合国在制定《气候变化框架公约》（1992）及《气候变化框架公约京都议定书》（1997）时，将非CO_2温室气体排放量折算成CO_2排放当量，从而使温室气体的减排问题，可以归结为CO_2减排问题，温室气体排放权问题也可以形式化为CO_2排放权问题。

二、全球变化对海洋生物的影响

温室气体（主要是CO_2）排放影响全球气候系统。CO_2浓度增高和全球平均温度升高，引起海洋系统的物理和化学级联变化，影响海洋理化环境。海洋理化环境的变化，必然会直接或间接影响着海洋生物的生理和行为，进而产生种群和群落水平的变化，改变海洋生态系统的结构和功能。

（一）个体水平的生理反应

生理机能是决定一个物种能否承受环境变化的主要因素。当气候或其他环境条件改变时，生物体可根据长期进化形成的生理和行为适应模式做出反应。对于新环境，生物体可表现为生理耐受、可驯化（个体生理调节）或适应（通过多个世代提高耐受基因型繁殖量和丰度），或者因无法接受而迁出（个体或种群）或改变物候，甚至因无法适应而死亡、局部灭绝。环境变化也可能有利于某些物种或种群，例如，使它们的食物或营养物质供给更充足，生理成本（如呼吸、酸碱平衡和钙化所需能量）下降，以及竞争者或捕食者数量减少。这样，该类生物的存活率、生长率和繁殖力均可能升高，而成为环境变化的"赢家"。然而，对于多数物种而言，超出正常范围的环境变动，往往使机体处于生理机能亚适应状态，导致死亡率增加，生长下降，体形变小，繁殖力减弱，而成为环境变化的"输家"。

一般而言，生物体在其可耐受的温度范围内，随着温度升高，代谢率呈指数上升，绝大多数生理过程如光合作用和呼吸作用等的速率也升高。这种关系可用Q_{10}来表示，即温度增加10℃其相应速率的变化。例如，埃普利于1972报道了130种（株）浮游植物的平均生长率Q_{10}为1.9。因此，可推测随着海洋变暖，初级生产力、变温动物和病原体的生长率也将增加。尽管随着温度升高，生物的代谢率增加，但营养状况、耐热性、可利用氧、环境因子、食物供给以及其他因素都可能限制海洋生物的生长和生物量累积。对于异养生物，随着温度升高，虽然其基础代谢率升高，但是其呼吸消耗也相应增多，觅食和趋避捕食者等有氧活动会消耗更多能量，因而供给生长和繁殖的所需能量反而下降。例如，鲑在游经北太平洋的高温水域时，其呼吸和新陈代谢速率升高，能量消耗增多，加之表层温暖海水中的氧气含量低，因此，北太平洋鲑的生长、存活率和产卵量低的原因可能是其能耗超过摄入量所致。

缺氧区域的扩张和强化对于许多海洋生物也极具挑战。严重缺氧可致海洋生物大量死亡，轻度缺氧也可强烈影响其生理及活力。缺氧可触动海洋生物的呼吸代偿作用，包括血流加快、通气量增多或呼吸蛋白的浓度及其与氧结合的亲和力升高，或者通过氧保护（通过降低活性和/或减少细胞功能）和增加无氧代谢以应对缺氧。缺氧对不同物种产生不同的效应，包括摄食、生长、繁殖或存活率下降等。

海洋酸化可降低碳酸盐离子浓度，提高碳酸盐溶解度，增加海洋生物的钙化作用能耗。CO_2浓度升高，对许多海洋无脊椎动物的钙化作用产生负面效应。例如，在低pH时，贝类和某些鱼类的呼吸蛋白（如血蓝蛋白）结合氧的能力下降，有氧呼吸活动范围受限。海洋酸化和海水缺氧可能产生协同效应。例如，Portner（2010）发现浸泡于酸性水体中，生物体内的酸碱平衡紊乱，影响到许多生物代谢过程。对于呼吸系统发育良好的物种如鱼类，可耐受一定程度的海洋化学变化，并维持或恢复其体内酸碱平衡，但对于生理可塑性差的物种如海胆，则可能无法耐受海洋化学变化。

（二）种群与群落水平的反应

生物对气候变化的生理反应，可以通过改变生物的丰度、物候和空间组织（分布和分散）等，而反映在种群水平上，典型表现为种群范围和分布漂移。首先，物种的扩散能力决定其是否可成功入侵或定居于某地。第2，一个物种对非生物环境的生理耐受性，决定其基本生态位，而其生态位边界可因气候所致的海洋环境变化而改变。第3，在某些情况下，生物间的相互作用（捕食和竞争等）可限制或扩大其可定居的范围或物种的现实生态位。现实生态位重叠的物种构成了群落。气候变化可通过影响上述所有过程，进而改变海洋生物群落的组成和功能。例如，北极严苛的海洋环境条件抑制了某些物种扩散，因此，目前北大西洋或北太平洋的许多物种处于隔离状态，无法交流。然而，随着气候变暖和北极海冰减少，北极海洋环境的屏障作用不断削弱，在未来数十年内，跨北极两大洋间的大规模物种交换可能发生。其实，2007年Reid等报道北太平洋生态系统占优势物种硅藻（*Neodenticula seminae*）在 1999年5月份持续大量出现于北大西洋海域，这是80万年来首次在该海域发现该物种。

气候变化引起海洋生物的地理分布范围发生明显移位，是其生理机能适应变化的新环境。随着气候变暖，海洋鱼类和无脊椎动物分布范围向高纬度地区和/或深海漂移。例如，Southward 等 （1995）发现从20世纪20年代起，英吉利海峡西部暖水性浮游动物和潮间带生物栖息分布的北限已向北移动约222.24 km，并预测到21世纪中叶，如果海水温度再上升2℃，那么浮游生物、底栖生物和鱼类栖息分布范围的变动幅度将达到370.4～740.5 km，北海浮游生物、底栖生物和浮游鱼类的群落结构将重组。

研究气候变化引起的海洋生物分布范围移位，有助于理解从岩石潮间带无脊椎动物到海鸟以及不同生物类群的群落结构和生物多样性的变化。气候变暖引起蒸散量增加和土壤干燥，导致盐沼植物群落的多样性降低。在欧洲北海，随着温度升高，从1986年到2005年鱼类物种丰度增加约50%，其总趋势是南方小型物种增多，预测到2050年全球平均入侵强度（入侵者数量相对于当前物种量）将达到55%。随着大气中CO_2浓度升高，海洋pH下降，北太平洋沿岸群落结构也发生改变，以钙化生物如贻贝为主的群落逐渐被以海藻和藤壶为主导的温带海岸群落所替代；在浅水底栖群落，钙质的珊瑚和藻类被非钙质的藻类取代，未成熟软体动物数量急剧下降或完全缺失。

引种、气候和开发等许多其他因素也改变海洋生物群落组成和营养结构。无论是水生生物群落还是陆生生态群落，气候变化对高营养级物种影响更大，变异和灭绝风险更高。研究发现，沿岸海洋生态系中灭绝的物种主要是捕食者和次级消费者，而侵入的物种多数是初级滤食生物、食碎屑动物、食粪动物和初级消费者。灭绝的物种处于高营养水平，而入侵物种处于低营养水平，这样，可引起海洋食物网形状改变，从原来的由不同捕食者和消费者组成的营养金字塔，转变为以滤食性动物和食腐动物为主的短而扁平的食物网。因此，低营养级的小型生物增加，而大型鱼类的渔获量将下降。也有研究表明，在温暖水域中，污损无脊椎动物群落中的外来物种比当地物种生长更好。因此，气候变暖可致海洋生物群落组成均质化。此外，气候变化对生物的生理效应具有物种特异性，对不同物种的物候效应也不相同，可能引起营养不同步和消费者-猎物时空错位等。例如，厄尔尼诺现象引起我国浙江近海鮐鲹鱼类产卵场的时空错位，影响鮐鲹类幼鱼的生长发育，也改变了闽南-台湾浅滩上升流渔场环境，进而改变了该渔场中上层和中下层鱼类群落结构。气候变化所致物种分布移位后，逐渐构建了由不具有（或极少有）共同进化史的物种所组成的全新（或非同类）的生态系统。

随着全球气候变暖，海洋生物疾病频繁发生。气候变暖可能扩大病原生物及其传播媒介的分布范围，同时环境胁迫增强，提高宿主对病原体敏感性等，可导致海洋生物疾病发生频率加快及损失加重。例如，20世纪80年代中期，由于气候变暖，原来限制病原体生长的冬季冷水屏障逐渐消失，使得美国牡蛎寄生虫海产派金虫（*Perkinsus marinus*）分布范围从长岛向北延伸到缅因州。在墨西哥湾地区也可观察到类似现象：在寒冷潮湿的年份，牡蛎受海产派金虫感染的强度及患病率下降，而在温暖干燥的年份，牡蛎受海产派金虫感染的强度及患病率都会上升。

（三）生态系统结构与功能

气候变化的生态效应整合了生物体的生理和生态反应，引起种群和群落水平的多样性改变，进而导致如营养结构、食物网动力学、能量流和生物地球化学循环等生态系统特性的变化。例如，捕猎者和猎物种群的季节性物候变化不同步，可扰乱现存生物间的相互作用；生物地理的重组可改变群落结构和生物多样性以及优势物种的功能性丧失。这些变化过程可引起生态系统结构和功能上的改变。

气候变化影响海洋初级生产力。海水表层温度升高引起水体垂直分层，导致浮游植物和初级生产力下降，尤其是中、低纬度更是如此。气候变暖也可致小型浮游植物（微微型浮游植物）比例增加，从而使流向高营养级的能量减少。据Steinacher等（2010）预测，由于海水温度升高和海冰减少，到2100年全球初级生产力将下降2%~20%；主要是在中、低纬度初级生产力降低，而南印度洋和北极将会升高。此外，由于生物群系扩大或缩小，可能出现前所未有的生物和非生物条件相结合的新区域。据Polovina等（2011）预测，到2100年北太平洋的亚热带生物群系面积将增加30%，这种温暖而营养贫乏的海洋环境条件，可使初级生产力下降，而形成以微生物为主导的食物网，最终使有机物沉降量下降，而可溶性有机质产量增加。

气候变化对指标物种和基础性物种影响特别重要。某些决定性的栖息地物种如牡蛎或珊瑚，对CO_2和气候变化的敏感性可直接以及通过病原体得以体现。例如，在美国特拉华湾（Delaware Bay）牡蛎种群的寄生虫海产派金虫，在高温、高盐环境中繁殖加快，因此气候变暖会导致该流行病的暴发。与此类似，海水温度升高，珊瑚共生藻类的色素或密度降低，导致从外观上看，整株珊瑚呈现白色，即所谓的"漂白"或"白化"（bleaching）病，珊瑚生长和繁殖都会受到影响，甚至停止生长或发生大规模死亡。1982～1989年，印度尼西亚、澳大利亚大堡礁和巴拿马附近海域的珊瑚发生漂白病，1998年全球珊瑚礁出现大面积漂白病，都与厄尔尼诺期间海水温度升高有关。这些因素可改变物种组成，对生态系统造成重要影响。

气候变化和海洋环流变动可影响生物扩散、跨海洋生态系统的营养和有机物质的转运，可引起整个食物网的变化，最终改变重要经济鱼类资源的种群稳定性及其生产率。例如，美国沙丁鱼的捕获量1936年高达700 000 t，但1950～1970年其捕获量持续下降。在太平洋的其他地区也发生类似变化。20世纪70年代后期以来，其捕获量又开始增加。太平洋大麻哈鱼的捕获量的变化情况与沙丁鱼捕获量的变化情况类似。大量证据表明，太平洋沙丁鱼、大麻哈鱼捕获量的上述周期性上升和下降，可能与全球气候10年尺度的波动有关。

海平面上升，可引起海岸生态系统向陆后退，沿岸湿地的盐沼、红树林和珊瑚礁等生境将受到严重破坏。海平面上升，还会抬升潮间带，使其变狭窄，削弱其稳定海岸线的功能，并使生活于其中的物种消失。红树林、珊瑚礁和海藻等是许多鱼类繁殖的理想场所，其面积减少将对渔业生产造成重大的负面效应。例如，草食性虹彩鹦嘴鱼，必须依赖红树林才能生存；红树林的消失可导致其在当地灭绝。据推算，若海平面平均上升25 cm，美国沿海褐对虾产量将下降25%；若上升34 cm，则将下降40%。

第二节　渔业生产的影响

水产养殖业与捕捞业对人类的食物供应起更重要的作用。水产养殖是增速最快的食品生产行业之一，目前为人类提供近一半的食用鱼。全球渔业捕捞和养殖从业人员2012年达5 800万人，其中养殖业从业人员近1 900万人，绝大部分来自发展中国家。由此可见，渔业捕捞与水产养殖业对于海洋生物的影响是巨大而持久的，必须密切关注。

一、水产养殖对海洋生物的影响

水产养殖是通过人工辅助强化手段，达到在一定区域中高密度养殖水生生物，并获得远高于自然环境中生物量的一种生产方式。随着水产养殖业快速发展，养殖过程排放的含残饵、残骸、排泄物和化学药剂的废水，对天然水体及海洋造成污染。特别是有些国家的水产养殖业总体规划不够科学，放养密度不够合理，养殖废水排放超过环境的承受力，严重破坏水域生态平衡。

（一）养殖污染对海洋生物的影响

海洋毫无疑问将承受着水产养殖所带来的污染问题。无论是陆基养殖还是海水网箱养殖系统，都需要投喂饵料，为养殖对象提供营养物质和能量，而多余的残饵会以不同方式污染养殖水体。例如，对虾养殖过程中所投喂饵料中的氮元素仅19%转变为虾的蛋白质，有62%～68%的氮元素贮积于虾池底泥中，8%～12%的氮元素以悬浮颗粒和可溶性无机氮等形式存在于水中；网箱养殖的鲑、鳟鱼类，饵料中氮和磷总量约75%被排入环境。其中，10%的总氮和65%的总磷是以固态形式沉于底泥，65%的总氮和10%的总磷溶于水中。养殖动物的排泄物更是直接进入水体。富含氮、磷等营养元素的大量残饵和养殖生物的代谢产物，已经成为海洋有机污染及富营养化的重要根源。据2013年《中国渔业生态环境状况公报》显示，我国重点海水养殖区的无机氮和活性磷酸盐超标面积分别占所监测总面积的70.4%和42.6%。据估算，仅莱州湾沿岸对虾养殖年平均向湾中排入化学耗氧量1 173.4 t，无机氮排放45.1 t。在墨西哥的半精养池塘虾类养殖系统中，对虾所利用的氮和磷仅占总量的约35.5%和6.1%，而36.7%的氮和30.3%的磷都被排入大海。水产养殖排放大量富营养的废水，直接导致养殖海区或排污口周围赤潮或绿潮高发，极大影响其他海洋生物的生存。

水产养殖过程中，抗生素及其他药物也可随养殖水体直接或间接排放进入水环境，造成水体污染。例如，我国珠江口典型水产养殖区的水体和沉积物中分别检出2大类3种（诺氟沙星、氧氟沙星和四环素）和3大类 5 种（诺氟沙星、氧氟沙星、恩诺沙星、四环素和脱水红霉素）抗生素残留，其平均浓度范围分别为 7.63～59.00 ng/L 和 0.97～85.25 ng/g。沉积物中抗生素检出率和种类均高于水体，表明沉积物既是抗生素的储存库，又是水中抗生素潜在污染源。相同养殖模式下，养殖时间越长，抗生素总质量越大，显示出抗生素的累积效应。渤海湾周围水产养殖废水的排放，是渤海湾沿岸水中抗生素污染的重要来源。抗生素和其他药物在水产养殖业中广泛应用，导致抗生素等药物在水域环境中残留，并可造成次生性伤害，如诱导细菌产生耐药性、破坏微生态平衡、对非靶生物产生毒害以及威胁水生生物群落的结构等。Tendencia等发现养殖过程中使用抗生素的虾塘中，多重耐药物性的弧菌检出率普遍高于未使用抗生素的池塘。抗生素在抑制或杀灭病原菌的同时，也可抑制水生动物体内外的有益微生物生长，破坏其微生态平衡，导致新疾病的发生。

（二）养殖构筑物对海洋生物的影响

许多水产养殖需要借助特定的构筑物，如网箱、吊养贝类的棚架、底部安放的条石或水泥柱等。这些构筑物和养殖其中的生物共同形成水流运动的滞碍区，可减缓流速增加颗粒物的沉降作用。某些过度养殖区域，这种情况更为明显，导致水交换不畅；若遇到特定气候条件，可引起水体缺氧，甚至导致水生生物大规模窒息死亡。另外，滤食性贝类的过滤与生物沉积作用，使已被捕食但未被同化的物质，沉积于养殖区海底，形成一个"有机质库"。同时，生物沉积作用减少了养殖海域颗粒物质的向外扩散和运移，加剧了局部海域的沉积有机污染。这些有机物被微生物分解的过程中需要消耗大量溶解氧，导致海底出现缺氧和无氧环境区，进而引起海水中的硫酸盐还原，产生大量可严重毒害水生生物的氢气或硫化氢，将严重破坏养殖区的生态系统健康，并诱发产生疾病，特别是影响了底栖生物的分布和生存。

（三）养殖行为的影响

养殖的水生生物通常是经过选择、具有特殊品质的种类，比如生长快、体形大和抗病力强等。它们有的是经过长期遗传选育获得，有的是采用现代生物技术手段培育获得，还有的是未经改良而由异地引入。因此，它们与当地的野生种群存在一定差异，对它们进行集约化培养，会对当地生态系统构成潜在风险。

据统计，至2001年，我国至少从国外引进海洋鱼类10种、虾类2种、贝类9种、藻类4种和棘皮动物1种。同时，有数百种外来海洋生物被无意中带入国内。多数引入种带来了较大的经济效益，然而，也有部分物种在养殖过程中发生逃逸或遭人类遗弃而进入自然海域。由于这些引入种往往具有较强的环境耐受力，其可通过生态位竞争，与本土物种进行杂交，改变当地种遗传多样性和当地生态系统。例如，我国北方的土著栉孔扇贝（*Chlamys farreri*）的繁殖期是每年4～6月，而引入养殖的虾夷扇贝（*Patinopecten yessoensis*）繁殖期是2～4月，自然条件下外来虾夷扇贝能与土著栉孔扇贝成功杂交获得后代，造成栉孔扇贝基因污染；从日本引进的马粪海胆

（*Hemicentrotus pulcherrimus*）从养殖笼中逃逸在自然海域不断繁殖，不仅与土著种光棘球海胆（*Strongylocentrotus nudus*）争夺食物与生存空间，对其生存构成潜在威胁，而且经常啃食咬断海底大型海藻的根部，破坏当地海藻床，严重干扰了当地海洋生态平衡。

引进物种除了影响自然种群的遗传多样性，还可能携带病原，引起疫病暴发对自然种群构成威胁。例如，在引进凡纳滨对虾（*Litopenaeus vannamei*）时，桃拉病毒也同时携带入境，引起该病毒在我国不同水域流行。

因自然灾害等导致养殖生物逃逸，也可能改变当地海洋生物群落结构。水产养殖生物高密度地集中在某些海域，一旦自然灾害或人为因素导致养殖设施破坏，大量养殖生物逃逸可能迅速改变该地区物种分布及数量关系。另外，随着水产养殖业的发展，消耗大量鱼粉，需要大量捕捞低质鱼类，这会直接导致相应种群数量下降。

二、捕捞业对海洋生物的影响

随着科学技术的进步，捕捞设施设备不断更新，人类捕捞能力快速提升，海洋总捕捞产量不断增加（图13.2），直接影响到捕捞目标生物的种群规模和可持续性发展，并间接地影响到其他相关海洋生物种群规模和生存。

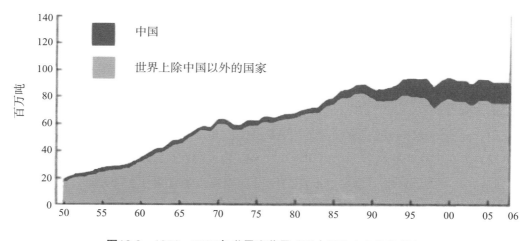

图13.2　1950～2008年世界渔获量（联合国粮农组织数据）

过度捕捞是指人类的捕捞活动导致海洋中生存的目标生物种群不足以繁殖并补充种群数量。资料显示，在生物学可持续水平内捕捞的评估海洋鱼类种群比率，从1974年的90%降至2011年的71.2%，即28.8%的鱼类种群是在生物学不可持续的水平开发，也就是过度捕捞。工业化捕捞已严重影响大约90%的大型肉食性鱼类生存，如箭鱼、黑皮旗鱼及某些金枪鱼可能已灭绝。

不适当的捕捞方式，也会损害其他海洋生物。例如，通过飞机寻找鱼群和多艘围网船协同作业，常常可以将目标鱼群一网打尽；网目过小的渔具，造成大小通杀的后果，大量幼龄鱼、虾因此丧生，可直接导致相应种群数量快速下降，无法维持种群个体数量的稳定；流刺网，尤其是大型流刺网往往由大、中、小网目的3层网所构成，对海洋生物的杀伤力很强，不论是大鱼、小鱼都全部落网。另外，海洋生物也可被网挂住，无法脱身而死亡；延绳钓法中拖着数千米长线的带饵鱼钩，成为蠵龟和漂泊信天翁等动物的陷阱。可以说过度捕捞以及不当的捕捞方式是海洋生态浩劫的重要原因之一。

第三节　人类其他活动的影响

海洋面积辽阔，体积庞大，长期以来是地球上最稳定的生态系统，它接纳了陆地和大气中的几乎所有物质，而本身却未曾发生显著变化。然而，随着工业革命的到来以及农业快速发展，人类活动所产生的大量有毒、有害物质排放入海，海洋污染也日趋严重，局部海域环境发生重大变化，特别是靠近大陆的海湾。例如，曾经盛产牡蛎的美国力登湾（Raritan Bay），现在已然成为世界上最大的垃圾填埋场。海洋正遭受着前所未有的污染压力。

一、工、农业生产活动对海洋生物的影响

环境污染直接或间接地影响海洋生物的生长、发育及生存。人类对海洋污染的重要来源是各类工、农业生产活动向海洋直接排放污水，或者通过河流的汇集作用间接进入海洋，还可以通过降水等方式将大气污染物汇入海洋，即海洋是地球上所有污染物最终归宿。

为了降低成本，许多工厂大量排放未经处理或处理不充分的工业废渣、废水及有毒化学品，最后在海洋中沉积，严重污染水域。此外，某些具有放射性和毒性的危险废物被固化后，投入海洋，具有潜在的泄漏可能。海水中含有的有毒、有害成分可影响海洋生物的生理、生化过程，进而抑制其生长、发育与繁殖等机能，严重时可导致个体死亡。通常低浓度有害成分会引起机体的防御反应，随着浓度增加，生物受损害逐渐加重，直至死亡。例如，蓝藻（*Plectonema boryanum*）受UV-B和镉的联合胁迫

后，其过氧化氢酶和超氧化物歧化酶活性均增高；Pb^{2+}、Cd^{2+}和Hg^{2+}3种重金属及苯并芘都可抑制文蛤D形幼虫的生长、降低胚胎发育成功率、改变抗氧化酶活性，引起血细胞结构及功能异常等；一定浓度的金属离子也会引起鱼、虾、海参、贝类等其他海洋生物抗氧化酶活性增加。

低浓度的某些污染物也可能引起海洋生物重要组织器官发育异常、遗传物质变异和后代畸形。例如，低分子量的石油烃可使海胆受精率下降、胚胎发育异常；苯并三唑可以诱导黄斑篮子鱼肝脏组织增生，导致肝脏组织的损伤，并改变血清的pH，对篮子鱼肝脏、脾脏及头肾有不同程度的毒性作用，抑制其免疫功能；某些重金属及苯并芘可延缓文蛤性腺发育速度、破坏卵母细胞的膜结构、阻碍卵黄蛋白原的合成，造成卵黄颗粒减少。

为消灭陆生昆虫而设计的杀虫剂，在农业生产上大量使用，最后经雨水冲刷到沿海水域，对海洋生物造成毒害作用，尤其是对昆虫的近亲甲壳动物伤害最大。例如，喷洒杀虫剂十氯酮（kepone）引起美国弗吉尼亚州中部河流詹姆斯河（James River）的蓝蟹种群崩溃；灭蚁灵可伤害蟹类，特别是幼体。有些杀虫剂即使不影响海洋无脊椎动物种群，也可能对人类构成危险。例如，二噁英是某些除草剂的衍生物，具有致癌作用，在某些鱼类和贝类体内已经检测到二噁英，人类食用受污染的鱼类和贝类就可能造成不良影响。另外，海底沉积物中的二噁英也会扰乱河口鱼类的繁殖周期。

多氯联苯作为润滑剂而广泛使用，它可以引起小鼠恶性肿瘤，被认为对人类具有潜在危害。此外，多氯联苯化学性质稳定，被海洋细菌降解速度相当缓慢。在全球范围内，各种商业捕获鱼类中如在纽约和新英格兰南部区域捕获的竹荚鱼和条纹鲈都发现多氯联苯，被认为是导致捕食这些鱼类的海豹生殖能力下降和种群减少的原因之一。在美国阿拉斯加，美洲土著人所捕获的鱼中也发现多氯联苯。目前，尚不知晓鱼类吸收的多氯联苯，主要是源于其所捕食的受污染食物，还是直接源于海水。

1970～1990年，全球尺度上陆地输入海洋的氮、磷大量增加，影响着海岸带的生物地球化学循环和生态系统健康。人类向海岸带输入营养物可导致海洋藻类大量繁殖，发生藻华，引起海洋生物大量死亡，乃至病原生物爆发生长。同时，富营养化也可引起过敏等皮肤病，对人类公共安全具有潜在危害。海岸带生态系统缺氧区的扩张主要是由全球变暖以及从陆地和大气输入的营养物增多所造成。目前，缺氧区主要出现在发达国家的海岸带和河口地区，预计未来最大的缺氧区可出现在南亚和东亚地区。如果缺乏细致的海陆管理，人口增长和进一步的海岸带城镇化可能更为加剧海岸带的缺氧。由于食物网结构和生物多样性的改变，缺氧可以直接影响海洋生态系统的服务和功能。目前，全球大部分河口和海岸带生态系统已处于过度开发与胁迫状态，人类活动对它们的破坏与日俱增，约50%的盐碱地、35%的红树林、30%的珊瑚礁和29%的海草生态系统已经消失或严重退化，输入的大量营养盐是主要原因之一。

工业生产活动及相关设施也不同程度地影响着海洋生物。例如，含放射性元素废水的排放，导致排污口附近水域的生物畸形率升高；热废水排放区域与周围生境差异大，可能形成物种分布的飞地现象。海上石油开采及运输是海洋石油污染的重要来源。大多数石油污染物亲脂性强，对海洋生物的神经系统毒害作用明显，可导致鱼、虾等生物行为失常、急躁不安，出现狂游、冲撞现象，进而行动缓慢，失去平衡，抽搐痉挛，逐渐麻痹昏迷致死。蟹类也可出现运动器官衰退、掘穴能力降低、逃难反应迟钝、脱皮次数增加、在非交配季节展示交配色泽等异常行为。海洋生物体表或鳃部黏附的原油，可导致呼吸不畅而窒息死亡。原油黏附还可导致海鸟皮毛羽毛等失去防水及保暖性等，导致其无法飞行、觅食。

二、噪音对海洋生物的影响

许多涉海工程项目或活动形成一定噪音，会对海洋生物造成多方面的影响。据报道，70 km远处的打桩噪音，可引起听力敏感鱼类鳕（*Gadus morhua*）及不具有鱼鳔的欧洲鳎（*Solea solea*）明显的行为反应。涉海工程建设中产生的高强度噪声，可造成靠近声源的鱼类内脏破裂，导致其死亡；或者因破坏内耳毛细胞，导致听力暂时或永久性丧失。暂时性听力丧失的鱼类，可因噪声的持续时间以及频率不同，在数小时或数天内恢复听力。然而，即便是暂时听力丧失，也可导致鱼类被捕食风险增加。

风电场及港口码头等日常运行也存在大量的噪音，可持续影响对声压敏感的鱼类。不同鱼类对风电场噪音的探测能力不同，鲱和鳕可以探测到16 km之外风电场噪声，具有特化结构的鱼类（如斜齿鳊）探测范围甚至能超过20 km。在不同声学性质的海域，鱼类可探测风电机噪音的距离各不相同。生活在海底的鱼类可以在更远的距离感受到风电机噪声，因为声音也会在海床中传播，且传播速度更快。推测风电场噪音可干扰许多鱼类产卵、求偶及抵御入侵时的声音信号，或提高局部地区的背景噪声，从而降低信噪比，使得鱼类难以探测到有用的声音信号。据推测，近岸风电场等人类活动产生的低频噪声，可能影响褐菖鲉的声讯交流，这种鱼在生殖期或非生殖期，可通过肌肉发出声音进行同类间交流。

随着世界各国海洋工程逐渐增多，港口与桥梁建设、石油勘探开发活动日益频繁，海下爆破技术被广泛应用，产生大量冲击波和噪声等。鱼类对爆破冲击波敏感，可致其丧失平衡能力、鳃部充血、鱼鳔极度膨胀和内脏红肿，死亡率增高。贝类虽然对冲击波耐受力相对较强，但是也表现出反应迟钝和摄食能力下降等。距离爆破点越近，生物受伤害程度越大。爆破周围水域内，鲍的性腺及其他脏器明显萎缩、体质消瘦、活力差，甚至死亡。

三、采沙及近岸工程施工对海洋生物的影响

采沙及近岸工程可引起局部悬浮物浓度增加，悬浮颗粒组成变化，使附近海水变混浊，沉积物中污染物重新悬浮，对海洋生物产生不利影响。例如，对藻类而言，水体变混浊，透光率下降，削弱光合作用、阻碍气体交换，从而导致初级生产力降低；悬浮物过多可阻碍滤食性浮游动物的摄食，堵塞过滤系统和消化器官，引起饥饿而亡。悬沙对浮游动物的种群增长也有明显的负面影响。疏浚土、悬沙及其携带的污染物不利于虾蟹的幼体发育，高浓度污染物甚至可致DNA损伤。然而，混浊水体有利于蜕皮的幼虾逃避敌害，从而提高存活率。高浓度悬浮物对底栖生物的影响，主要是通过颗粒物的沉降，导致掩埋和覆盖作用，以及对原有生境的改变影响底栖生物群落，因此，可能出现种类组成和多样性的改变。

高浓度悬浮物可降低鱼卵的孵化率、影响胚胎发育，降低存活率。一旦悬浮物沉降，可覆盖于某些鱼卵上，导致鱼卵窒息、死亡。同时，沉降后悬浮物可掩埋水底凹凸不平的构造，破坏鱼苗躲避敌害的天然庇护场，进而降低鱼卵的孵化率或仔鱼的成活率。混浊度增加可降低鱼类的摄食率，某些移动性强的水生生物对混浊水域产生驱避反应。总之，悬浮物以及其中所含有的有害物质可破坏鱼类产卵场、索饵场，破坏鱼类资源的自我更新。

港口、堤坝等人工设施可能改变海水的自然流动状态，导致淤积或者冲刷，从而改变原有生境，影响海洋生物生存。采沙会直接破坏底栖生物的群落，因此，长期的采沙场所在地往往成为荒芜之地。

第四节　人口增长的影响

联合国人口基金会统计显示全球人口在2011年10月31日达到70亿。预计在未来数十年世界人口还将持续增长（图13.1），2050年世界人口将达75亿～105亿。海洋蕴藏

着宝贵的生物资源以及丰富的矿物资源和动力能源，是人类社会物质生产的重要来源和基地。在巨大的人口压力之下，开发海洋资源，发展海洋经济，不仅成为沿海国家经济发展的重要组成部分，而且也是世界各国共同关心的问题。许多国家先后制定了大陆架资源保护和开发计划及相关法律，海洋产业发展规模逐渐扩大，海洋开发产值逐年增加，掀起了全世界海洋开发热潮。同时，过度开发和破坏性开发也给海洋生物的生存带来严重的威胁。

一、食物需求增长的后果

随着人口的增长，要满足大量的人口的食物需求仅靠土地已远远不够。海洋作为生物资源宝库，早已成为开发热点。

（一）对海洋渔业的影响

人类最早利用的海洋资源是海洋生物资源，特别是鱼类等水产品，是蛋白质、无机盐和维生素的良好来源。水产品蛋白含量高、脂肪含量低，且蛋白质易于被人体消化吸收，利用率可达85%～90%。因此，水产品在支撑全球人口增长和保证食物安全等方面具有无法替代的重要地位。联合国粮食与农业组织发布《2012年世界渔业和水产养殖状况》报告指出，全球每年出产1.28亿吨鱼类和其他水产品供人类消费，平均每人每年达18.4 kg，渔业和水产养殖为全球粮食和营养安全做出了重要贡献，为43亿人提供了大约15%的动物蛋白摄入量，是5 500万人的主要收入来源。水产品是世界17%的人口以及低收入缺粮国家近1/4人口的主要蛋白质来源。海洋渔业对许多国家，特别是沿海国家的社会、经济发展具有举足轻重的作用。

人口增长对海洋资源的影响，往往通过收入或者消费等因素起作用。也就是说，人口增长对海洋资源的作用是通过人类活动来实现的。随着收入水平的增加，刺激了人们对海洋食品的消费。有数据表明，城市居民比农村居民消费更多的海产品。对海产品的需要增加，导致对水产品的过度捕捞，对海洋生物严重影响。由于过度捕捞，我国近海渔业资源的衰退已是不争的事实，主要体现在单位能耗渔获量明显下降、部分经济鱼类消失或渔获量减少和渔获物营养级逐渐下降。

（二）对海洋生物种类的影响

人类选择性的食物嗜好，往往导致资源匮乏。例如，鲨鱼翅一直被广大食客们奉为至尊美食，鲨鱼的肉、鱼肝油和软骨也是能满足人们口腹之欲的美味。但是，这个传统已对世界各地的鲨鱼族群以及鲨鱼息息相关的海洋生物造成极大的伤害。据估计，目前全球有近1/3的鲨鱼濒临灭绝，而且几乎完全不受任何保护。对全球64种外海鲨鱼和魟鱼的保育状况调查表明，其中32%的鱼类因为过度捕捞，种群遭受威胁，而有52%的鲨鱼物种面临严重威胁。

二、土地需求增长的后果

人口增长对居住地及生产用地的大量需求，导致围海造地成风。人类大举侵占海洋生物的栖息地，极大地压缩了它们的生存空间，造成重大危害。

（一）围海造地工程对底栖生物的影响

围海造地工程通常是在滩涂上直接筑堤围涂，极大地破坏了海底底质环境，除少数活动能力强的底栖生物种类得以逃生外，大部分底栖生物难逃惨遭掩埋死亡的命运。有证据表明：苏北竹港滩涂围垦后，沙蚕在2个月内全部死亡；胶州湾滩涂围垦后，潮间带底栖生物种类，1960～1980年由154种减至17种，14种优势种类只剩下1种，贝类几近灭绝。日本九州岛西部Isahaya湾的滩涂围垦，导致堤内底栖双壳类动物大量死亡。可见，围海造地对围垦区内的底栖生物影响很大。

围海造地使沿岸失去潮汐涨落变化的环境，导致红树林群落遭到彻底破坏，而红树林这个生物多样性极其丰富的群落，也因此失去其中关键物种从而走向萎缩。目前，我国大部分天然红树林已经消失，其衍生的生物多样性减少问题不可小觑。

（二）围海造地工程对浮游及游泳生物的影响

潮间带是多数鱼类产卵和索饵的场所，大约有2/3的经济鱼类捕捞产量来自潮间带及河口育幼场。因此，海域范围的大小和生态条件的优劣将直接影响到经济鱼、虾资源量。围海造地工程严重挤占、直接掩埋鱼、虾类生活栖息地，改变了水体和底质的理化性质、生态群落，继而使关键生态环境发生变异，因此阻碍了生物的正常洄游、繁殖和种群补充。另外，围海造地工程导致的水体悬浮物增加，对浮游生物及鱼、虾等水生生物生存也有影响（见本章第三节）。

思考题

1. 何谓温室效应？
2. 全球变化对海洋生物有什么影响？
3. 人类活动对海洋生物有什么影响？

参考文献

［1］冯士筰，李凤岐，李少菁. 海洋科学导论［M］. 北京：高等教育出版社，1999.

［2］顾福康. 原生动物学概论［M］. 北京：高等教育出版社，1991.

［3］郝守刚，马学平，董熙平，等. 生命的起源与演化：地球历史中的生命［M］. 北京：高等教育出版社，2000.

［4］江静波，陈俊民，陈如作，等. 无脊椎动物学［M］. 北京：高等教育出版社，1965.

［5］李冠国，范振刚. 海洋生态学［M］. 北京：高等教育出版社，2004.

［6］李太武. 海洋生物学［M］. 北京：海洋出版社，2013.

［7］宋微波，徐奎栋，施心路，等. 原生动物学专论［M］. 青岛：青岛海洋大学出版社，1999.

［8］武汉大学，南京大学，北京师范大学. 普通动物学［M］. 北京：高等教育出版社，1978.

［9］杨德渐，孙世春. 海洋无脊椎动物学［M］. 青岛：青岛海洋大学出版社，1999.

［10］张昀. 生物进化［M］. 北京：北京大学出版社，1998.

［11］Brusca RC, Brusca GJ. Invertebrates［M］. Sunderland: Sinauer Associates, 1990.

［12］Starr C, Taggart R. Biology: The Unity and Diversity of Life［M］. Beverly: Wadsworth Publishing Company, 1995.

［13］Levinton JS. Marine Biology: Function, Biodiversity, Ecology［M］. 4th ed.

Oxford: Oxford University Press, 2014.

［14］Helfman GS, Collette BB, Facey DE. The Diversity of Fishes［M］. 3rd ed. Hoboken: Wiley-Blackwell, 1999.

［15］Campbell NA. Biology［M］. 3rd ed. San Francisco: Benjamin Cummings, 1993.

［16］Mader SS. Biology［M］. 7th ed. New York City: McGraw-Hill Education, 2001.